JN418234

해양과학총서 9

해양법과 정책

해양과학총서 9

해양법과 정책

발행인 | 김웅서
발행처 | 한국해양과학기술원
책임편집 | 양희철 · 이문숙
출판기획 | 한국해양과학기술원
편집디자인 | (주)애드.가
인쇄 | 팝콘프린팅
표지 일러스트 | 손정호

초판 발행 | 2020. 12

출판등록 | 1990. 09. 07 안산시 제9호
ISBN 978-89-444-1022-2 (세트)
ISBN 978-89-444-9094-1 (04450) 값 18,000원

한국해양과학기술원 www.kiost.ac.kr
주 소 | 49111 부산광역시 영도구 해양로 385
Tel. 051)664-3000
주문 • 보급 | 계백북스
Tel. 02)734-2267, 734-9914 Fax. 02)736-9917

해양법과 정책

양희철 · 이문숙 엮음

KIOST
한국해양과학기술원

목 차

1장 국제 해양규범의 형성

해양법은 국제법의 한 부분이면서 가장 역사가 오래된 학문이다. 해양법은 해사법과 함께 초기 관습법으로 발전되어 오다가 점차 성문화 되었다. 이 과정에서 강한 해양력을 가진국가는 자국에 유리한 국제해양질서 형성을 위한 이론적 근거를 주장하였다.

2장 우리나라 해양법과 정책

유엔해양법협약이 국내에 발효되면서, 우리나라는 국제적 규범의 국내이행과 해역관리의 효율화를 위한 국내법 제정 및 개정작업을 추진하였다. 대외적으로는 해양관할권 관련 법제와 함께 외국인의 행위에 대한 절차적 규정을 입법하고, 국민의 해양공간 이용에 관한 법제도를 단계적으로 정비하여 왔다.

5장 해양환경보전 제도

해양환경에 대한 국제사회의 관심은 이제 '해양이용과 해양환경'을 연안국에 전적으로 의존하지 않게 되었다.
해양환경은 이미 국제사회가 공동으로 해결하여야 할 과제이자, 훼손된 환경의 결과는 전 지구적 환경문제와직결되기 때문이다.

3장 우리나라 주변수역의 해양갈등과 관리

유엔해양법협약이 200해리 EEZ제도를 제도화하면서, 모든 연안국은 200해리 EEZ와 대륙붕(최대 350해리 혹은 2,500 m 등심선에서 100해리)을 가질 수 있게 되었다.

4장 해양이용관리 제도

해양공간 계획은 국제사회에서 가장 효율적이고 유력한 해양자원 관리의 수단으로 인식되고 있다. 미래세대에까지 전수되어야 하는 공유재임을 근거로 한 것이며, 해양공간이용 가치 또한 현재와 미래 가치를 동시에 고려할 수 있도록 하였다.

6장 해양 생태계 및 생물보호 제도

지구상에는 약 1,400만 종의 생물종이 서식한다. 해양생물은 식량자원으로서 수산중심의 관리가 강조되어 왔으나, 최근에는 기후 조절, 생태계 균형, 정화작용, 의약품 · 물질 개발 등과 관련한 해양생물 및 생태계의 가치가 중요하게 인식되고 있다.

7장 북한의 해양법과 정책

북한의 국제법 해석과 태도는 분명하지 않다. 그러나 개별법에서는 '조약 우위' 혹은 '동등효력', '국내법 우선' 등이 혼재되어, 적어도 국제법 우위 혹은 동등효력을 인정하는 것으로 해석된다.
유엔해양법협약에는 서명국으로 참여하였으나, 비준은 하지 않고 있다.

부 록

바다는 곧 경쟁이고, 국가안보이며,
국민의 생존을 위한 터전이다.

바다는 매혹적이다. 그리고 또한 위협적이다. 인류의 바다에 대한 기억 또한 그렇다. 때로는 엄청난 부를 가져다주기도 하지만, 모든 것을 빼앗아 가는 양면의 모습을 보여준다. 그러나 인류는 끊임없이 바다를 향해 나아갔고, 그 곳에서 모든 생존과 사회적 발전을 이끌어 왔다.

바다에 대한 무지와 기술의 한계에도 불구하고, 모든 시대를 관통하는 '바다'에 대한 인류의 의식은 '도전'이었다. 혹은 인류의 바다로의 진출이 독일의 철학자 요한 J. G. 헤르더(Johann Gottfried Herder, 1744년 ~ 1803년)가 표현하는 시대정신(時代精神, Zeitgeist, spirit of the age)에서 발로(發露)한 것일지도 모른다. 헤르더는 시대정신을 사람들의 의식을 지배하는 정치적 · 사회적 자세와 정신적 경향으로 정의하였다. 즉, 그 시대의 전반을 특징짓는 고유한 속성을 말한다. 정확한 진단이다. 다만, 이를 단순히 분절된 시대정신으로 표현하는 데는 한계가 있다. 이러한 이유로 저자는 인류의 바다 진출을 딜타이(독일, Wilhelm Dilthey, 1833년 ~ 1911년)가 정의하는 시대정신, 즉 "생활 체험의 시점"으로부터 접근하는 것이 맞는다고 본다. 인류의 바다로의 진출은 "삶 그 자체로 부터", "생존 필요"에 의해 생성되었고, 모든 시대를 연결하는 시대정신이었다. 인류에게 바다는 항상 존재하는 "가야할 그 곳"이었고, 사회적 발전 단계에 따라 "바다로 혹은 바다를 통한" 생활방식의 확대는 당연한 것이었기 때문이다. 그리고 그러한 생활방식과 생존은 하나하나 인류의 역사이자 기록으로 남았다. 바다의 역사가 인류의 역사로 쌓여진 것이다.

그러나 도전은 항상 또 다른 경쟁을 야기한다. 경제적 이익이 있으면 더욱 그렇다. 국가는 해양력 확대를 위해, 개인은 생존을 위해, 그리고 집합된 사회군체(群體)는 안보와 안전을 위해 경쟁하고 투쟁하였다. 이익의 충돌 과정에서 때로는 기꺼이 전쟁을 감수하였다. 집단 이익을 위해서다. 중세시대에 접어들면서, 포르투갈과 스페인은 항행과 통항권을 독점하였고, 영국과 프랑스, 네덜란드는 이러한 패권적 상황에 도전하였다. 해양에 대한 통제와 자유로운 이용, 즉 국제해양법 영역에서의 해양자유론과 폐쇄해론 논쟁의 시작이었다.

해양을 둘러싼 경쟁은 새로운 국제규범의 필요성을 국제사회에 제기하는 계기가 되었다. 기원전 4천 년 전부터 나타난 법 현상은 고대 로마에 이르러 국제법의 기원을 형성하였고, 17세기에는 해양의 이용을 둘러싼 국제적 질서규범 형성 경쟁으로 확대되었다. 이 시기 네덜란드의 법학자이자 정치가였던 그로티우스의 『전쟁과 평화의 법』은 이런 의미에서 국제법 역사에 획기적 이론을 제공하는 계기가 되었다. 이후 산업혁명으로 촉진된 해상교통의 발달과 비행기의 출현, 해저전선 부설 등은 인류의 해양이용에 대한 경계를 대폭 확대하는 계기가 되었다. 해양자유론이 절대적 우세를 확보하게 된 것이다.

해양자유원칙의 확립은 바다의 질서를 다루는 국제해양법 영역에 엄청난 변화를 가져왔다. 국제기구와 국제법 학회 등을 중심으로 해양법의 성문화를 위한 노력이 점진적으로 추진되었고, 국제연합은 이를 주도하였다. 국제사회는 1973년부터 10여 년 동안 제3차 해양법회의를 진행하였고, 1958년 제네바 해양법협약과 1960년 제2차 해양법회의에서 해결하지 못했던 성문화 작업을 완료하였다. 1994년 발효된 유엔해양법협약은 '바다의 헌법전'으로 불리고 있다. 협약은 총 17개 부와 320개 조문으로 구성되었으며, 9개의 부속서와 2개의 이행협정이 있다.

유엔해양법협약은 국제사회의 다양한 구성원 이익을 절충하고 있으며, 과거 해양 관련 협약을 보완하거나 새로운 제도를 도입하는 등 현대 과학기술의 발전 양상을 적극 수용하고 있다. 오랫동안 국제사회의 첨예한 갈등 이슈였던 영해의 범위를 12해리까지 확대하였고, 타국의 항행권 보장을 위해 무해통항권, 국제해협의 통과통항권을 신설하였다. 200해리까지의 배타적경제수역이 신설되었고, 대륙붕 범위는 영해기선으로부터 200해리, 350해리 혹은 2,500 m 등심선으로부터 100해리까지 확대될 수 있도록 하였다. 군도수역제도가 신설되었고, 해양환경 보호와 보전, 해양생물자원의 어종별 보존과 관리 방식으로의 접근 같은 규정이 수용되었다. 협약에 따라 국제해저기구, 국제해양법재판소, 대륙붕한계위원회가 설립되었다.

유엔해양법협약은 현재 168개국(EU 포함)이 비준하였으며, 대부분의 규정은 관습국제법으로 비당사국에 대하여도 구속력을 가지고 있다. 우리나라를 비롯한 대부분의 동북아 국가는 협약 당사국(북한 제외)이며, 국내법 제정을 통해 협약이행의 효율성을 확보하고, 지역해의 지속적이고 평화적 관리이용을 위한 협력관계를 형성하고 있다.

북한 역시 예외는 아니다. 비록 남북한은 특수관계를 형성하고 있으나, 해양자원의 '지속가능한 이용'과 통합된 해양자원 관리의 효율성을 위한 협력수요는 남북 모두에게 부여된 과제이다. 이미 북한의 해양자원은 제3국에의 과도한 의존으로 인해 심각한 훼손에 직면하고 있으며, 그 영향은 비단 북한 해역에 제한되지 않는다. 정치적 긴장관계에도 불구하고, 해양분야에서의 관리협력, 기술협력, 자원이용협력이 추진되어야 하는 이유다.

해양은 변한다. 국제해양법 또한 변화한다. 끊임없이 전 지구 환경의 변화에 최적화된 모델과 규범으로 대응하여야 한다. 이는 유엔해양법협약 자체가 완성된 규범이 아니며, 일정한 한계를 내포하고 있다는 측면에서도 향후 해양을 둘러싼 국제규범이 변화되어야 한다는 당위성은 설득력이 있다. 에서도 그 추진의 당위성을 확보할 수 있다. 모든 의제를 포괄하는 320개의 협약 조문에도 불구하고, 협약은 모든 국가그룹의 이익을 절충하면서 진행되었다. 국제사회는 총합된 결과를 도출하는 과정에서 협의가 불가능한 문제를 의도적으로 회피하기도 하였다. 국제사회가 전혀 예상하지 못했던 의제도 있었다. 해양생물유전자원, 기후변화, 해양과학조사, 배타적경제수역에서의 군사활동 등이 그 예다. 국제해양법협약의 개정 및 새로운 이슈에 대한 규범 제정이 끊임없이 진행되는 이유다. 국제사회가 post-UNCLOS를 준비하여야 하는 당위적 사명일 수도 있고, 새로운 영역의 해양권익을 확보하기 위한 경쟁 시대로의 전환일 수도 있다. 중요한 것은, 이 과정에 여전히 확보해야 할 우리나라의 '해양권익'이 존재한다는 것이다. 우리가 해양에 관한 법과 정책에 고민하여야 하는 이유다.

역사적으로 볼 때, 고대로부터 지금까지 끊임없이 "국가역량"을 위해 고민하여 왔던 국가들의 가장 유력한 활용 수단은 국제(해양)법이었다. 아쉽게도, 그 과정에 우리의 권리를 공고히 하기 위한 무대는 없었다. 국제질서에 대한 국제(해양)법의 영향력은 현대에 더욱 분명하게 대두되고 있다. 현재 그리고 향후 진행될 새로운 해양질서의 규범화가 대부분 '과학'과 '기술' 환경의 변화에 기인하는 것이 이를 뒷받침한다. 이미 "해양력"에 대한 국제사회의 정의는 '하드파워' 중심에서, '하드파워'와 '소프트파워'의 결합된 기능으로 전환되었다. 해양과학기술과 해양정보력이 새로운 시대의 해양을 주도하는 핵심인자로 등장한 것이다. 국제(해양)법의 규범화 작업에 우리나라가 주도하는 과학과 기술이 지금보다 수월성(秀越性)을 가졌던 시기도 없다. 혹자는 이 또한 기존의 강대국들이 의도하였던 자국중심의 질서 형성과 무엇이 다른가 하고 질타할 수 있다. 그러나 피할 수 없는 문제다. 설령 그럴지라도, 과거와 같이 제국주의와 실용주의 사이에서 고민할 만큼 엄중한 시대적 환경도 아니다. 우리가 끊임없이 도전하고 타개하고자 하였던 것 또한 '해양의 평화적 이용과 지속가능성', 그리고 그 틈에서 시도하였던 '해양권익'이었기 때문이다. 물론 국제사회의 공동의 이익을 어떻게 확보할 것인가에 대한 국제공동체 구성원으로서의 책임의식은 당연히 고민하여야 한다. 이는 주변국 및 국제사회와의 소통으로 해결할 문제다. 중요한 것은, 바다는 끊임없이 방향을 바꾸고, 해양의 법과 정책은 국가의 해양력을 결정한다는 것이다. 이 책을 기획하고 출판하게 된 동기이자 목적이기도 하다.

『해양법과 정책』은 해양을 다스리는 법과 정책을 다루고 있다. 기획부터 집필에 이르기까지 3년이 걸렸다. 그만큼 광범위한 역사를 담고 싶었다. 국제해양법의 태동 시기부터 현대해양법의 성문화, 해양공간의 기능적 분화, 그리고 국내법을 통한 해양공간의 관리 제도까지를 포괄하고 있다. 새로운 영역으로 북한의 해양정책 소개와 남·북한 해양협력의 당위성도 포함하였다.

그러나 마지막 작업을 하는 지금까지 아쉬움은 있다. 좀 더 많은 이야기를 담고, 정확한 시대적 배경과 입법 배경을 담았어야 했다. 독자층을 위해서는 좀 더 쉬운 언어와 쉽게 이해할 수 있는 그림과 지도가 활용되었어야 했다. 모두 저자들의 한계에서 비롯되었다. 다만, 해양질서가 변화하듯이 이 책의 내용 또한 새로운 해양질서를 담아내어야 하는 과제는 지속될 것이라는 점에 스스로 위안하기로 한다. 우리가 지속적으로 수정하고 보완해야 할 과제로 남아 있기 때문이다.

이 책이 나오기까지 많은 분들의 관심과 지원이 있었다. 먼저, 몇 년 전에 책의 집필을 처음 제안하신 김웅서 원장님께 감사드린다. 권성국 실장과 조정현 선생님은 이 글의 처음부터 끝까지 하나하나 확인하는 작업을 마다하지 않았다. 그동안 이 책의 탈고를 위해 채찍질 해주신 모든 고마움은 이후 작업으로 보답할 것임을 약속드린다. 마지막으로 이 책의 작성에 참여해 주신 모든 집필진에게 감사의 말씀을 드린다.

2020. 12. 18
집필진을 대표하여, 양희철

해양법은 국제법의 한 부분이면서 가장 역사가 오래된 학문이다. 해양법은 해사법과 함께 초기 관습법으로 발전되어 오다가 점차 성문화 되었다. 이 과정에서 강한 해양력을 가진 국가는 자국에 유리한 국제해양질서 형성을 위한 이론적 근거를 주장하였다.
20세기에 들어 국제기구와 학술기관을 중심으로 해양법 성문화 요구가 강하게 제기되었고, 3차례의 유엔해양법회의를 개최하였다. 국제사회는 1982년 유엔해양법협약을 채택하여 1994년 발표하였으며, 심해저와 공해어업에 관한 별도의 협정을 채택하였다.
협약에 따라 국제해양법재판소와 유엔대륙붕한계위원회가 설립되었다.

국제 해양규범의 형성

Formation of international maritime norms

국제해양법의 형성과 발전기

국제법은 국가 상호 간의 합의를 통해 이루어진 것으로 주로 국가 간의 관계를 규율하는 법이다. 해양법 또한 국제법의 한 부분이다. 해양강국들은 자국의 권익 확보를 위하여 해양자유론과 폐쇄해론을 주장하면서 국제사회 해양법의 이론적 틀을 형성하였다.

양희철 한국해양과학기술원

● 국제법의 형성과 발전

국제법이라는 용어는 고대 로마의 라틴어 *Jus Gentium, Jus inter gentes*에서 유래한 것으로 전해진다. 그러나 엄밀하게 말해서 *Jus Gentium* 또한 국제법은 아니며, 단지 섭외적 성격을 띤 로마의 국내법이었다. 고대 로마의 시민법 *Jus Civile*이 로마 시민 간의 관계를 조정하는 데 적용되었다면, *Jus Gentium,* 즉 만민법은 로마 시민과 외국인, 외국인과 외국인 간의 관계를 조정하기 위한 법률이었기 때문이다. 더욱이 *Jus Gentium*은 국가 간의 관계에 대한 것이 아니었다는 점에서 사법(私法)에 해당했다. 그러나 국제법의 아버지라 불리는 휴고 그로티우스(또는 휘호 흐로티위스) Hugo Grotius(1583~1645)가 1625년에 출판한 『전쟁과 평화의 법 *De iure belli ac pacis*』은 *Jus Gentium*을 모든 국가 또는 다수 국가의 의지에 의해 구속력을 지니는 법률로 해석하였다. 이로써 '*Jus Gentium*'은 단순한 국내법적 틀을 벗어나 근대 국제법 개념의 기초를 형성하는 계기가 되었다.

이후 영국 학자 리처드 주치 Richard Zouche(1590~1661)는 1650년 *Jus Gentium*을 영어인 Law of Nations로 대체하여 사용하면서 근대적 의미의 국제법 개념을 형성하였다. 그러나 이 용어 또한 국가 간의 관계를 조정하는 법적 특징을 표현하는 데는 한계가 있었다. 이후 제러미 벤담 Jeremy Bentham(1748~1832)은 『도덕 및 입법의 원리 서설 The Principles of Morals and Legislation』을 통해 '국제법 International Law'이라는 개념을 사용하면서 '국가 간의 법률'로 정확하게 표현했다. 이는 과학적으로 국가 간의 관계를 규율하는 법적 본질과 특징을 포함한다는 점에서 국제적으로 수용됐으며, 지금까지 널리 사용되고 있다. 동양에서는 헨리 휘턴 Henry Wheaton(1785~1848)의 저서 『국제법 원리

Elements of International Law』가 중국에서 『만국공법(萬國公法)』이라는 제목으로 번역되어 도입된 것이 처음이다. 이후 일본에서 국제법이라는 용어를 사용하면서 국제법이라는 명칭은 우리나라를 포함한 동양에서도 널리 사용되었다.

국제법은 국가 상호 간의 합의를 통해 이루어진 것으로, 주로 국가 간의 관계를 규율하는 법이다. 따라서 과거 국제사회와 국제법 학자들은 국가만이 국제법의 유일한 행위자이며, 국제법상 권리의무의 주체가 될 수 있다는 견해를 취했다. 국제법 주체에 대한 이러한 해석은 1927년 상설국제사법재판소 Permanent Court of International Justice, PCIJ가 로터스호 Lotus 사례에서 "국제법은 독립된 국가들 간의 관계를 규율"하는 것으로 정의한 데서도 엿볼 수 있다.

그러나 20세기 중반, 특히 제2차 세계대전(1939~1945) 이후 국제사회에는 다양한 국제기구들이 새로운 권리의무의 주체로 등장하였다. 그중 국제연맹 League of Nations(1920~1946)과 국제연합 United Nations(1945), 국제경제관계를 위해 설립된 가트 General Agreement on Tariffs and Trade, GATT(1947~1994)와 세계무역기구 World Trade Organization, WTO(1995) 등 다양한 무역기구들은 국제사회의 중요한 국제법 주체로 활동하고 있다. 국제법을 이야기할 때 이른바 국제법상 주체 subject of international law란 국제법인격자 international personality로서 국제관계에 독자적으로 참여하고 국제적 권리와 의무를 보유할 능력이 있으며, 국제청구를 제기함으로써 자신의 권리를 주장할 능력이 있는 실체를 말한다(ICJ, Reparation for Injuries Suffered in the Service of the UN).

반면 개인에 대한 국제법적 시각은 여전히 제한적인 범위의 발전에 머물러 있다고 보아야 할 것이다. 전통 국제법적 시각에서 개인은 항상 국제법상 의무만 인정받았을 뿐이다. 따라서 국제법 객체에 불과했던 개인은 스스로 국제법을 근거로 권리를 보장받을 수 없었고, 필요한 경우 자국의 외교적 보호를 통해야 했다. 자국 정부로부터의 침해에 대해서도 국제법 영역이 아닌 국내적 사안으로 간주되었다. 그럼에도 불구하고 국제법상 주체로서의 개인은 인권, 투자 분야를 중심으로 꾸준히 향상되고 있다. 물론 이러한 개인의 권리 보호를 위한 국제소송의 접근 또한 여전히 국가들의 의지에 의존한다는 한계는 있다.

● 해양 진출과 초기 규범의 형성

해양법 Law of the Sea은 국제법의 한 부분이다. 해양법은 자주 해사법(海事法, Maritime Law)과 유사한 것으로 언급되지만, 양자는 다르다. 해사법은 국제해사기구 International Maritime Organization, IMO[1]를 중심으로 채택된 각종 협약을 통해 해상활동을 공적으로 규제하기도 하며, 국내적으로 사법(私法)과 공법(公法)을 통해 선박, 선원, 해상 등의 문제를 규율한다. 즉 해사법은 해상에서 선박을 통해 이루어지는 인간의 활동을 규율하는 법을 중심으로 형성되어 있다. 반면 해양법은 가장 전형적인 국제공법에 해당하며, 해양 그 자체에 대한 국제적 규범으로 각국의 권리와 의무를 규정한 국제적 규범을 말한다.

그러나 이러한 분류 방식에도 불구하고 초기 해사법과 해양법은 서로 분리되지 않은 상태로 발생하였는바, 주로 지중해 도시국가들의 교역과 항행(航行) 분쟁을 처리한 것이 그 시작이었다. 가장 초기의 해사관습법으로 평가받는 기원전 3세기의 로오드 해법 Rhodian Sea Law이 이미 해양자유 원칙과 유사한 내용을 담고 있다(Luc Cuyvers, Ocean Uses and Their Regulation, John Wiley & Sons Inc., 1984, p.146). 9세기부터 12세기에는 유럽 중세상인들의 무역이 활발해지면서 해사관습법의 형성이 촉진되었는데, 올레롱 해법(Lois d'Oléron, Rolls of Oleron : 항해에서 선장과 선원의 권리의무 및 공동해손, 해난구조에 관한 해사재판소 판결과 규정을 집대성), 해사영사법(Consolato del Mare : 통상과 항행 계약 때 발생하는 분쟁 처리, 전쟁 때 중립국 선박의 화물 포획면제 등을 작성) 등이 대표적이다.

1) IMO는 1948년 해운 분야의 기술자문을 위해 설립된 정부간 해사자문기구(Inter-governmental Maritime Consultative Organization, IMCO)를 근간으로 한다. 그러나 정부 간 해사자문기구협약은 1958년 발효되었고, 본 협약은 1975년 IMCO를 IMO로 개정하고 국제적으로 국가 간 해사문제를 적극 해결하고 개입하기 위한 토대를 마련하였다. 이 협약 개정안은 1982년 정식 발효되었고, IMO는 현재 UN의 12번째 전문기구로서 해상에서의 안전과 보안, 해양오염 방지에 관한 상호협력을 촉진하고 있다.

이후 1681년 프랑스의 루이 14세는 이 해사관습을 성문화한 해사대칙령 grande ordonnance de la marine d'août을 편찬하였으며, 이는 유럽과 영국 등의 해사법원에서 원용되었다. 다만 이들 해사법은 해상운송과 해난사고의 특수성 때문에 한 국가의 법을 적용하기 어려웠던 상인들이 형성한 관습이자 법전으로, 국제법상 해양법과는 구별되었다. 그러나 20세기에 접어들면서 공해상 선박충돌에 대한 형사재판, 해양오염과 해난구조 등에 대한 해사법의 조약들은 일정 부분 해양법과 중복적 영역을 확보하면서 그 영역을 넓혀가고 있다.

국제법이 주로 국가 간의 관계를 다루는 법이라고 할 때, 고대부터 바다를 통해 단백질을 얻어온 인류에게 해양에 관한 규범의 형성은 자연스러운 것이었다. 해양법의 형성은 근대 자본주의 초기, 고대 유럽 노예제의 중후기까지 거슬러 올라간다. 다만 초기 국제사회가 해양을 이용하던 시기에는 과학기술의 한계로 인해 해양 진출에는 한계가 있었고, 국가 간 이익이 충돌할 염려도 없었다. 인류에게 해양자원은 아무리 사용해도 무궁무진하고 끊임없이 재생 가능한 풍부한 대상이었다. 해양자원을 둘러

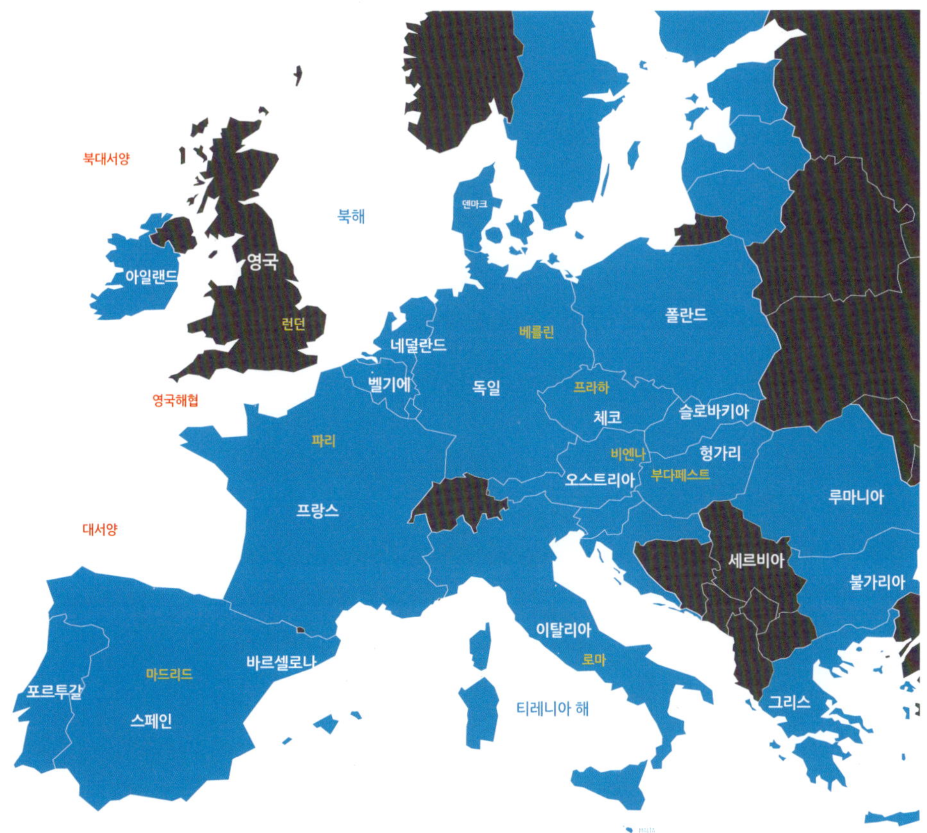

중세 영국의 해양에 대한 주권인식
북해부터 스페인의 피니스테라곶까지 광역 주권을 주장

중세 지중해에 위치한 공화국 (현, 이탈리아)의 해양주권 인식

싼 갈등이 없었기 때문에, 국제사회가 복잡한 규범을 만들거나 공통의 규범을 만들어 통제할 필요도 없었다.

그러나 근대 유럽국가의 부흥과 함께 항해 기술은 빠르게 발달하였다. 바다를 사용하는 수요가 늘어나면서, 해양을 통해 자국의 힘을 확대하려는 강국들을 중심으로 바다를 통제하려는 움직임 또한 확대되었다. 이러한 이익의 충돌은 아이러니하게 근대적 의미의 국제법 발전을 이끄는 동력이 되었다. 해양을 통한 국가 간의 왕래는 점차 상호 충돌을 방지하기 위해 국제적 규범화를 요구하게 됐으며, 국제해양법은 바로 이러한 배경 아래 생성되었다. 특히 해외에 광범위한 식민지를 둔 국가들은 자국의 상업적 이익과 항행이익을 확보하기 위해 규범화 작업에 적극적이었다. 이 시기 해양자유원칙과 인접 해양에 대한 연안국의 관할권 행사는 해양법 규범화를 논의하는 중요한 근간을 형성하였다.

중세(476~1640) 후반 봉건제도가 시작되면서 군주들의 관심은 토지에 대한 소유권에서 해양에 대한 소유권으로 범위가 넓어졌다. 비잔틴제국은 9세기에 해양어업과 제염업에 대한 관할권 행사를 주장했으며, 영국의 국왕 에드거 1세 Edgar I (943~975)는 '영국 해양의 왕'이라고 칭하였다. 이후 에드워드 3세 Edward Ⅲ(1312~1377)는 스스로를 '모든 바다의 왕'으로 칭했는데, 1377년 국왕칙령과 1430년 의회 기록에는 "사면팔방 영국 바다의 왕"이라는 언급이 담겨 있다. 영국은 해협(영국해협 English Channel,

도버해협 Dover Strait, 아이리시해 Irish Sea)뿐 아니라 북해 North Sea에서 스페인의 피니스테레곶 Cape Finisterre까지의 광대한 대서양을 자국의 주권이 미치는 곳으로 생각하였다. 이 시기 지중해에서는 베니스가 아드리아해 Mar Adriatico, 제노바가 리구리아해 Ligurian Sea, 피사와 토스카나가 티레니아해 Tyrrhenian Sea, 북해의 덴마크와 스웨덴 · 폴란드가 발트해 Baltic Sea, 노르웨이가 그린란드와의 중간선 이내 해역과 어민들이 활동하는 해역 모두에 대하여 각자의 주권을 행사하면서, 바다는 본격적인 경쟁관계를 형성하였다. 이는 해양에 대한 국제사회의 통제와 권리 주장이 14세기 이후 빠르게 확대되었음을 의미한다.

14세기 중엽 이탈리아의 법학자 바르톨루스 Bartolus de Saxoferrato(1314~1357)는 국가의 육지영토와 인근 해양의 연대적 관계를 이론적으로 정리하였다. 그는 모든 국가의 군주는 연안 100해리 범위 내의 도서에 대한 소유권이 있으며, 또한 도서와의 사이에 있는 바다에 대해서도 소유권을 향유한다고 보았다. 그의 제자 발두스 Baldus de Ubaldis는 국가의 군주는 영토와 인접 해안의 왕이며, 영토와 해역은 해당 국가의 관할에 속한다고 주장하였다. 이때의 인접해역에 관한 이론은 현대의 개념과는 다르지만, 내수와 영해 개념을 의미하는 것으로서 초기의 이론적 기초를 형성하는 데 중요한 역할을 하였다.

콜롬버스의 신대륙 발견과 항행경로

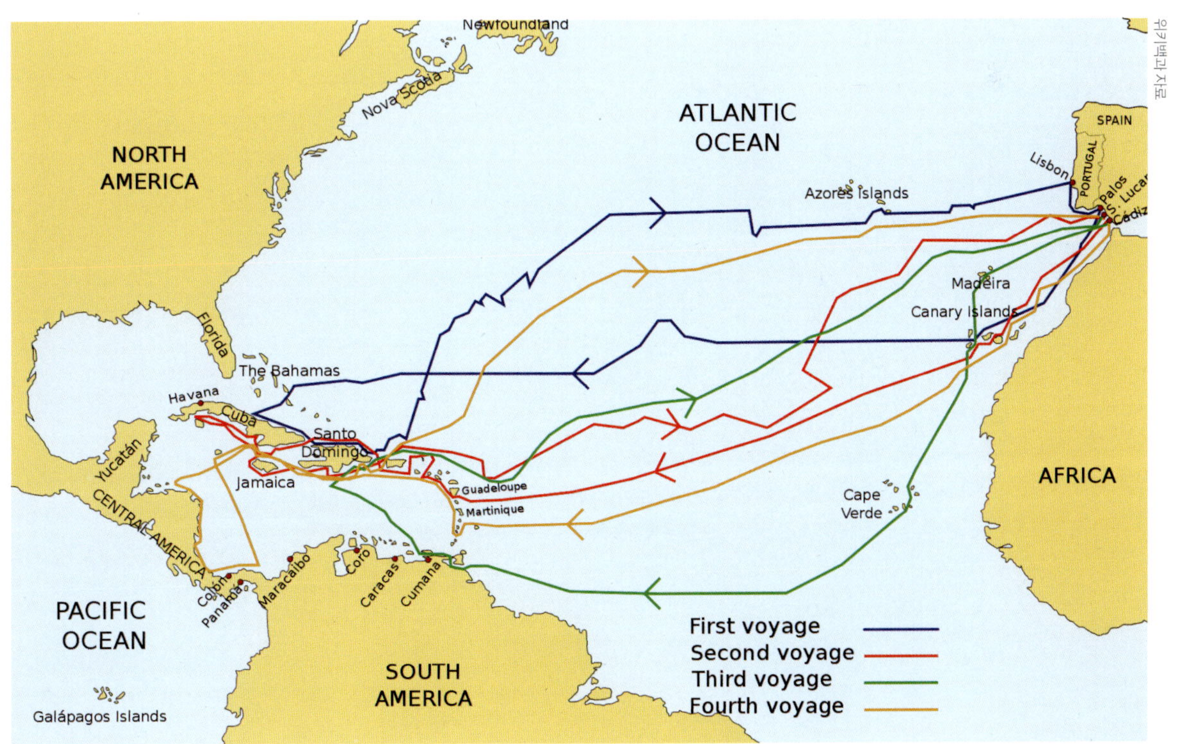

위키백과 자료

포르투갈이 점령한 세우타 지역(15세기) 2)

● 해양패권을 둘러싼 해양자유론과 폐쇄해론의 대립

15세기 중후기, 포르투갈과 스페인은 정치적 통일과 중앙집권화를 통해 사회 생산력과 상품화폐 경제의 안정적 발전을 추구할 수 있었다. 이들 국가는 중세 말부터

1494년 체결한 토르데시야스 조약과 사라고사 조약(1529) 3)

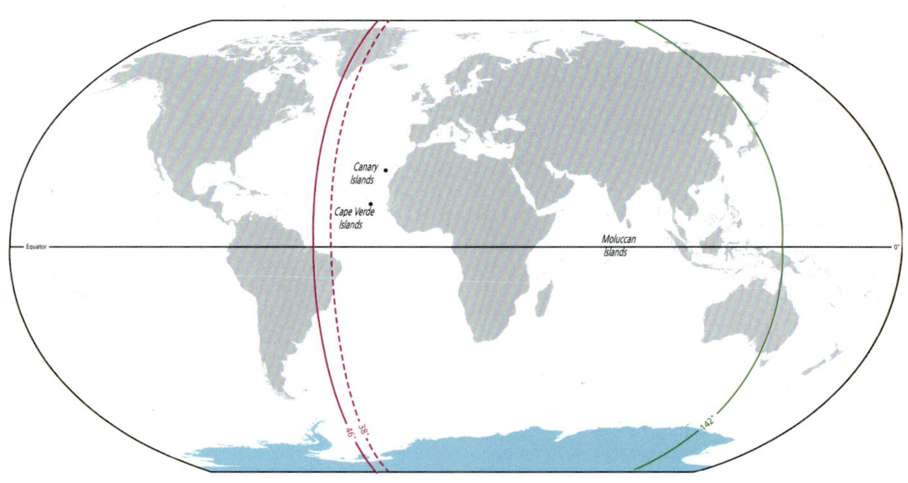

2) 이후 1668년 스페인으로 관할이 스페인령으로 이전되었다. 이 지역은 오래전부터 영토갈등이 지속되고 있는 곳 중의 하나이며, 상호 점유국과 영유권 주장국이 복잡하게 형성되어 있다.

3) 포르투갈과 스페인의 영토 분할은 1493년(교황칙령)과 1494년(토르데시야스 조약)에 의해 이루어졌는데, 그림에서 보라색 점선이 교황에 의한 경계선이고, 보라색 실선이 이후 양국이 서로 조정한 선이다. 이 조약은 브라질이 남미에서 유일하게 포르투갈어를 사용하는 계기가 되었다. 녹색 실선은 포르투갈의 마젤란(Magellen)이 1519년 인도네시아의 몰루카제도(Kepulauan Maluku) 점유를 계기로 발생한 분쟁을 조정한 것으로 1529년 체결된 사라고사 조약(Treaty of Zaragoza), 즉 양국의 태평양 경계를 정한 선이다. 포르투갈은 1512년 몰루카제도에 동남아 식민지 건설의 거점을 두고 활용하였다.

근세 초기를 거치면서 약화한 로마의 지배에서 이탈하여 해양을 통한 해외 식민지 개척에 적극적으로 나섰다. 초기 유럽에서 동방으로의 해상항로를 개척한 것은 포르투갈이었다. 1415년, 포르투갈은 아프리카 서북단의 세우타 Ceuta를 점령하고, 아프리카 서쪽 해안 원정을 통해 노예를 매매하고 황금, 상아 등을 채취하는 한편, 아프리카 서안의 카보베르데 Cabo Verde, Cape Verde 군도 이남으로 남하를 지속하였다. 포트투갈은 이 지역에서 스페인의 활동을 배제하기 위해 로마교황(니콜라오 5세 Pope Nicolaus V)에게서 칙령을 받아 육지와 도서, 항구, 해안에 대한 점유권을 획득하기도 하였다.

스페인 역시 식민지와 시장 쟁탈 및 부의 축적을 위해 포르투갈의 패권에 지속적으로 도전하였다. 1492년 콜럼버스 Christopher Columbus가 이끄는 선단이 신대륙을 발견한 후, 포르투갈은 교황이 비준한 권리를 스페인이 훼손하였다고 하며 콜롬버스가 발견한 토지에 대한 원정을 준비하였다. 스페인은 포트투갈과의 경쟁을 염려하여 교황 알렉산더 6세 Pope Alexander VI에게 조정을 부탁하였다. 교황은 1493년 칙령 Inter Caetera에 따라 카보베르데섬 서쪽 38°를 기준으로 남북으로 일직선을 그어 경계선의 동쪽은 포르투갈, 서쪽은 스페인 영토로 하였다. 그러나 포르투갈은 자국에게 불리하다고 보고, 별도로 스페인과 협상을 통해 조약을 체결하였다. 양국은 1494년에 스페인의 토르데시야스 Tordesillas에서 대서양과 태평양에서의 경계선을 정한 영토분할 조약 Treaty of Thrdesillas, Tratado de Tordesillas에 서명함으로써 문제를 해결하였다. 이전 조약이 기준을 38°로 잡은 것은 서경 46°(46° 37′, 혹은 48°에서 49° 사이라는 일부 주장도 있다)로 조정되었다. 전 세계를 분할한 양국의 조약은 이후 영국과 네덜란드 등 새로운 강국의 등장으로 유명무실해졌다.

스페인, 포르투갈의 항행과 통항권의 독점은 신흥 해양국가인 영국과 프랑스, 네덜란드 등의 강력한 도전에 직면하게 된다. 토르데시야스 조약은 사실 영토관할권을 귀속하는 선인 동시에, 이들 지역에서 양국이 독점적 상업권을 갖는다는 것을 의미하기 때문이다. 이러한 권리는 이후 외국선박에 대한 통행비 징수, 통항(通航) 제한과 금지, 외국 어선의 입어(入漁) 제한이나 금지를 포함하는 것으로 이어졌다. 이들 신흥국가들은 스페인과 포르투갈의 금지령에도 불구하고 인도양과 태평양에서 항행을 지속하였다.

네덜란드는 1581년에 스페인으로부터 독립을 선포한 후, 포르투갈의 동남아 식민지 일부와 군사거점을 점거하고 거대한 네덜란드 동인도회사 Dutch East India Company를 설립하였다. 포르투갈은 무력으로 네덜란드 세력을 몰아내려고 했지만, 네덜란드는 오히려 포르투갈 선박을 나포해 보복하였다. 1603년, 네덜란드 동인도회사는 포르투갈의 선박을 믈라카해협에서 나포하여 경매에 붙인 수익을 주주들에게 분배하려 했는데, 법적 근거도 없고 기독교의 비전쟁 원칙을 위반했다고 주장하는 일부 기독교

주주들의 반대에 직면하였다. 동인도회사는 당시 국제법학자이자 법률 고문인 휴고 그로티우스[4]에게 이러한 행위에 대한 법적 근거를 확정해줄 것을 요청하였다. 그로티우스는 포르투갈과 동인도회사를 위해 『포획법 주해 De Jure Praedae Commentarius(1604)』을 저술했지만 출판하지 않았다.[5] 스페인은 1608년 네덜란드의 독립을 승인하는 조건으로 동인도회사의 무역활동 포기를 요구했지만 거부당했다. 네덜란드는 1609년 『포획법 주해』 제12장을 수정하여 「자유의 바다 혹은 네덜란드의 동인도 무역권」이라는 제목으로 익명 발표하였다. 이 책은 1618년에 재인쇄되었고, 이때 그로티우스라는 저자를 명기하였는데, 이후 이 책은 국제적으로 『해양자유론 Mare Liberum』이라 불린다. 『해양자유론』은 네덜란드의 포획권과 해양자유원칙을 옹호하기 위한 목적으로 간행됐지만, 이론적 토대는 (1) 해양은 점유할 수 없는 것으로 어떤 국가도 실질적 통제 아래 둘 수 없다, (2) 해양은 고갈되지 않고 타인에게 해를 주지 않으며, 어업이든 항행이든 인류가 공동으로 사용하고 공유(공유물 res communis)한다는 것이었다. 이로써 그로티우스는 해양을 국가의 재산으로 할 수 없고, 본질상 어떤 국가의 주권적 통제를 받지 않는다고 주장함으로써 해양에 대한 법적 이론을 체계화하였다고 평가받는다. 자연법 natural law과 만민법 jus gentium 사상에 근거한 그로티우스에 의하면, 국제법상 항행과 어업은 모든 사람에게 자유이며, 영유가 불가한 해양에서 외국인의 어업을 배제할 수 없고, 과세 또한 자국민에게만 가능하다. 그러나 그로티우스도 협소한 해협과 만에 대해서는 장기적 관습이 있을 경우 영유가 인정된다고 보았다.

그로티우스의 『해양자유론』은 국제사회의 주목과 함께 많은 반대에 직면하였다. 특히 이 시기에 이미 스페인과 포르투갈의 해양력을 제압했던 영국 학자들의 반론이 거세었다. 또한 영국 국왕 제임스 1세 James Ⅰ는 1604년 '육지 영토의 최외곽 끝을 연결하는 원칙'에 따라 맨섬 Isle of Man에서 앵글시섬 Isle of Anglesey까지 총 27개의 육지 끝을 연결한 수역에 대하여 어업과 통항 관할권을 주장하였다. 1609년에는 이들 수역에서 외국 어선에 대한 세금을 징수하고, 영국해협에서는 네덜란드의 어업을 배척하는 정책을 추진하면서 양국 간 어업관할권 분쟁이 발생하였다. 영국의 윌리엄 웰우드 William Welwod는 『해상법개론 An Abridgement of All Sea-Lawes(1613)』을 발표하면서 해안에 인접한 해역은 항행권과 어업권을 포함하여 연안국이 관리해야 한다고 주장하였다. 이후 윌리엄 웰우드는 제임스 1세의 명에 따라 『해상법개론』을 수정하여 1616년에 『해양

4) 휴고 그로티우스는 국제법의 아버지, 자연법의 아버지로 칭해지는 네덜란드의 법학자이자 정치가이다. 그로티우스는 전쟁과 평화의 법(De jure belli ac pacis libri tres, 1625), 포획법 주해 (De Jure Praedae Commentarius, 1604), 해양자유론(Mare Liberum, 1609), 화점론(Mare Liberum, 1609) 등이 대표 저작이며, 특히 국제법과 해양법 분야에 기여한 바 크다.

5) 출판을 못한 이유는 여러 가지가 있을 수 있으나, 1580년도에 스페인은 포르투갈을 병합하고 신생국인 네덜란드를 소멸시키기 위해 부단히 전쟁을 진행하였다는 점도 관련된다.

통치론 De dominio maris, On the Possession of the Sea, 혹은 해양점유론』을 라틴어로 발표하게 되었다.

그로티우스의 『해양자유론』에 대한 가장 이론적이고 비판적 반론은 영국의 셀던 John Seldon(1584~1654)에 의해서 이루어졌다. 셀던은 1635년 『폐쇄해론 Mare Clausum』을 발표[6]하면서, 해양을 '무주물(無主物)'로 보고 그 개념을 "토지와 마찬가지로 사유의 영지 혹은 재산"이라고 주장하였다. 즉 육지에 부속되는 해양은 법적으로 영유가 가능하고 국가의 관행도 이를 인정하고 있었으며, 영국 군주 역시 영국 주변의 해양을 점유할 권리를 갖는다는 것이다. 셀던에 의하면 어업자원은 그로티우스가 말한 바와 같이 무한한 것이 아니라 한정되어 있고, 남획으로 고갈될 수 있다는 것이 요지였다. 반면 셀던은 무해한 통항을 금지할 경우 이는 인성의 요구에 위배되는 것으로 보아 '무해통항(無害通航)'의 개념을 주장하기도 하였다. 해양의 경계 또한 해안이나 도서 등을 중심으로 범위의 기준을 설정할 수 있다는 입장이었다.

● 해양패권화에서 영해-공해 분할 시대로의 전환

『해양자유론』과 『폐쇄해론』은 국제해양법에 대한 법적 개념과 이론적 틀을 형성하는 데 중요한 기여를 하였다. 물론 그 논리적 이론화의 목적은 분명 자국의 해양권익을 대변하기 위한 것이었다. 당시의 국제관행상으로 볼 때 두 학자 간의 논쟁에서는 셀던의 주장이 유력했지만, 그로티우스의 『해양자유론』은 시대적 변화에 따라 점차 세력을 얻어갔다. 자본주의 생산수요와 국제해상무역의 확대는 항행의 자유를 필수적으로 요구했고, 해양기술의 발달 또한 어느 일방 국가에 의한 해양통제는 불가능했다.

18세기에 접어들면서 대부분의 국제법학자들은 육지 연안의 일부에 대한 영유를 인정하는 한편 대양에 대해서는 일반적으로 『해양자유론』이 적용된다는 견해를 수용하였다. 빈케르스훅 Bynkershoek(1673~1743)은 1703년 『해양영유론 De dominio maris dissertation』을 통해 영유할 수 있는 해양의 범위는 무력으로 지배할 수 있는 범위까지라고 기준을 확정하였다. 구체적인 범위는 해안으로부터 대포의 사정 거리 내 Cannon Shot Rule의 범위를 연안국이 관할하는 영수(領水)의 범위로 보았으며[7], 그 외측의 바다는 국가가 점유하거나 취득할 수 있는 대상이 아닌 무주물이라는 입장이었다. 이는 해양을 법적 개념의

6) 셀던의 폐쇄해론은 사실 1618년 영국과 네덜란드의 북해 어업분쟁 갈등이 고조되던 시기에 작성되었다. 셀던은 이 책을 영국 국왕인 제임스 1세에게 헌정하였으나, 제임스 1세는 당시 북대서양에서 해양주권을 주장하고 영국의 주요 채권국이었던 덴마크를 자극할 것을 염려하였다. 그로티우스의 해양자유론과 마찬가지로 셀던의 폐쇄해론 역시 정치적 이유로 출간이 늦어진 것이다. 1635년 네덜란드는 북해에서의 청어 어획을 거의 독점하고 있었고, 그 어업 범위를 영국 해안선 부근까지 확대하기에 이르렀다. 네덜란드는 또한 Elsevier사를 통해 그로티우스의 해양자유론 등 기타 해양자유와 어업자유 등을 주장하는 책을 재 출판하여 영국의 입지를 좁혀갔다. 이에, 셀던의 폐쇄해론은 영국 국왕 찰스 1세(Charles I of England)에게 재차 추천되었고, 1635년 2권으로 출판되었다.

7) 영해의 범위에 대하여는 눈으로 볼 수 있는 범위(line-of-sight doctrine), 대포의 착탄거리설, 고정거리이론(marine league doctrine) 등이 주장되었는데, 이들 주장은 상호 혼용되면서 일반적으로는 3해리 영해제도로 수용되었다. 이후 대포의 사정거리가 확대되었으나, 해양강국 들을 중심으로 3해리 원칙이 고수되면서 20세기 초까지 국제해양법 체계로 유입되었다.

영해(영수)와 공해로 구분하는 데 선구적 역할을 했다고 할 것이다.

이후 18세기와 19세기 영국의 산업혁명을 통한 증기기관의 발명은 선박을 통한 해상교통의 발달을 대폭 촉진하면서 공해자유의 원칙을 공고히 하는 근간을 형성하게 되었다. 어업기술의 진전은 원양어업의 생산을 늘렸고, 해저전선의 부설과 비행기의 출현으로 인류의 해양이용에 대한 경계는 대폭 확대되었다.

해양자유론』은 19세기 2개의 협약, 즉 1882년의 '북해어업협정 International Convention for regulating the police of the North Sea fisheries outside territorial waters, North Sea Fisheries Convention', 1884년의 '해저전선 보호협약 Convention for the Protection of Submarine Telegraph Cables'을 통해 절대적인 우세를 확보하게 된다. 이 협약을 통해 영국을 포함한 해양강국들은 영해 외측의 해역에 대한 주권 주장을 포기하였고, 1893년 영미 양국으로 구성된 국제중재재판소는 '베링해 물개 어업 중재사건 Bering Sea Fur Seals Fisheries Arbitration'에서 "미국은 3해리 외측 베링해의 물개에 대하여 어떠한 보호권이나 재산권도 갖지 못한다."고 판시함으로써 해양자유원칙은 더욱 확대되었다.

그렇다면 이 시기 영국은 왜 과거 폐쇄해론을 포기하고 자유해론으로 입장을 전환하였을까? 그 이유는 절대 강자로서의 영국은 과거의 폐쇄해론을 주장하는 것보다 해양자유론을 주장하는 것이 자국 선박의 제한 없는 활동과 자유항행에 훨씬 더 유리했기 때문이다.

해양법 발전의 양대 축이 된 해양자유론과 폐쇄해론 출판물 표지

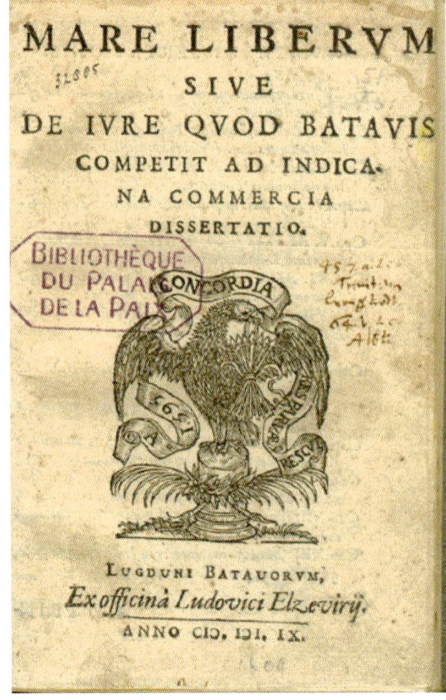

MARE LIBERVM
SIVE
DE IVRE QVOD BATAVIS
COMPETIT AD INDICA-
NA COMMERCIA
DISSERTATIO.

CONCORDIA

LVGDVNI BATAVORVM,
Ex officinâ Ludovici Elzevirij.
ANNO CIↃ. IↃI. IX.

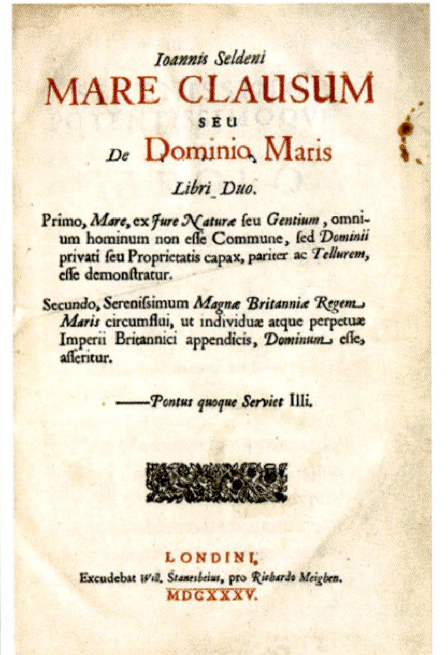

Ioannis Seldeni
MARE CLAUSUM
SEU
De Dominio Maris
Libri Duo.

Primo, Mare, ex Jure Naturæ seu Gentium, omnium hominum non esse Commune, sed Dominii privati seu Proprietatis capax, pariter ac Tellurem, esse demonstratur.

Secundo, Serenissimum Magnæ Britanniæ Regem Maris circumflui, ut individuæ atque perpetuæ Imperii Britannici appendicis, Dominum esse, asseritur.

——Pontus quoque Serviet Illi.

LONDINI,
Excudebat Will. Stanesbeius, pro Richardo Meighen.
MDCXXXV.

영국은 1805년 트라팔가르 해전 (Battle of Trafalgar)[8)]을 계기로 프랑스와 스페인 연합함대를 격파하고 해양강국으로 독보적 위치를 차지하고 있었다. 이는 과거 해양의 이용방식을 결정하는 데서 해양강국들의 주장이 자국의 필요 이익에 따라 변화해왔음을 의미한다.

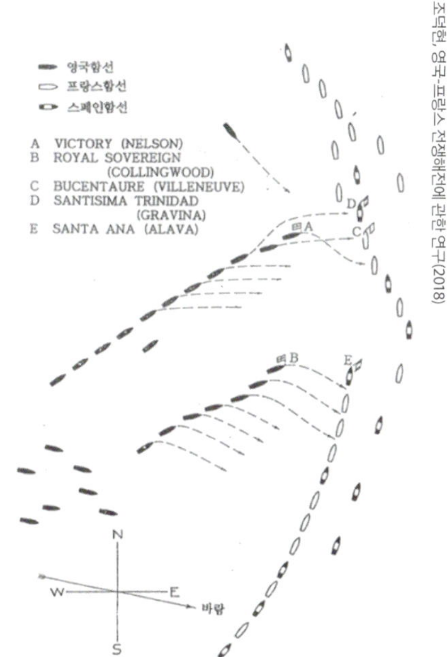

조덕현, 영국-프랑스 전쟁해전에 관한 연구(2018)

나폴레옹의 영국 점령 야욕으로 시작된 트라팔가 해전(세계 4대 해전)의 전투와 나폴레옹

트라팔가 해전은 나폴레옹 시대에 가장 유명한 해전으로, 세계를 제패하고자 했던 나폴레옹에게 큰 좌절을 안겨 주었다. 하지만 영국은 국가를 구한 시대의 영웅 넬슨과 함께, 이후 상당 기간 동안 바다를 지배하는 국가로 성장하였다.

8) 트라팔가르 해전은 1805년 영국 넬슨함대가 프랑스-스페인 연합함대를 트라팔가르에서 격파한 해전으로, 이 해전을 계기로 영국은 이후 약 100여 년 동안 해양에서 제해권을 확립할 수 있게 되었다.

UN해양법회의와 해양법협약

일반적으로 우리가 현대 해양법이라고 칭하는 것은 제2차 세계대전 이후 점진적으로 형성된 해양법을 말한다. 국제기구와 학술기관을 중심으로 한 국제사회는 제1차, 제2차, 제3차 유엔해양법회의를 개최하고 해양법 분야를 점진적으로 성문화하였으며, 현재의 유엔해양법협약 체제를 형성하였다.

양희철 한국해양과학기술원

● 현대 해양법으로의 전환과 성문화 촉진

영해와 공해 제도의 정착

해양 자유 원칙의 확립으로 바다를 영해와 공해로 나누는 이분법적인 접근은 17세기 이후부터 20세기 초반까지 국제해양법의 공고화한 원칙으로 유지되어왔다. 해양법의 발전 과정을 보면, 영해 개념과 공해 개념이 동일 시기에 생성된 것 역시 우연은 아니다. 자본주의 생산방식의 필요에 따라 넓은 바다를 자유롭게 항행하고자 하는 국제적 의지는 공해에 대한 해양자유의 사상에 힘입어 보편적 수용 단계로 이행했다. 육지 주변의 일정 수역에 대하여 관할권과 권리를 보호받고자 하는 연안국들의 의지와 적절히 절충하며 접근한 것이었다.

그러나 영해와 공해자유가 해양법 원칙으로 성립되었음에도 불구하고, 공해자유 원칙과 국가관할권 외측 한계 간의 모순은 여전히 존재하였다. 이러한 갈등의 중심에는 영해 폭을 결정하는 문제가 관련되어 있다. 사실, 1745년 덴마크가 처음으로 연안 3해리에 대한 관할권 행사를 주장한 이래, 1794년 미국의 3해리 중립해역(이후 '영해') 선포, 3해리 영해를 설정한 1878년 영국의 '영해관할권법' 등의 관행은 19세기 들어 다수의 국가들이 3해리를 수용한 영해제도를 선포하는 계기로 작용하였다. 국가 간 협정에서는 1838년 영국과 프랑스가 체결한 영불어업협정 The Anglo-French Fishery Convention이 최초로 3해리의 영해를 규정하고 있다. 다만 영해의 폭에 대한 관행은 통일적으로 확정되지 않았으며 스칸디나비아 국가의 4해리, 스페인의 6해리 등 다양하게 이행하고 있었다.

영해와 공해 제도의 정착과 관련하여 특히 러시아와 영국, 미국 간의 해역 사용에

대한 타협 과정을 살펴보는 것은 의미가 있다. 상술한 바와 같이, 영국은 자국의 국가이익에 따라 해양폐쇄적 태도를 해양자유의 개념으로 전환했으며, 이러한 입장을 타국에도 요구하였다. 1821년 러시아 황제 알렉산드르 1세 Alexander I 는 칙령 Ukase 을 통해 베링해협에서 북위 54°까지, 아시아 해안부터 알래스카 해안 100해리 이내의 해역에서 러시아가 특수한 권리를 가진다고 선포하였다. 외국 선박이 어업활동을 할 경우 선박, 화물, 어업장비 등을 몰수할 권리도 부여했다. 영국과 미국은 러시아의 100해리 주장이 국제법에 위반하는 조치라고 반발하였고, 러시아가 100해리로 선포한 외국어선 금지수역을 6해리로 축소해야 한다고 주장하였다. 러시아는 미국 및 영국과 1824년, 1825년에 각각 협상을 진행하여 협정을 체결하였는데, 협정에서는 체약국 간에는 연안 6해리 이내에서 배타적 어업권을 자국민에게 부여한다고 규정하고 있다. 이는 영국과 미국이 그동안 주장하였던 3해리보다는 넓은 수역인바, 이는 러시아의 해역에 대한 배타적 어업권 주장을 어느 정도 수용하면서 체약국 간에는 각국이 해당 범위를 주장할 수 있도록 절충한 것으로 판단된다.

일반적으로 우리가 현대 해양법이라고 칭하는 것은 제2차 세계대전 이후 점진적으로 형성된 해양법을 말한다. 과학기술의 비약적인 발전과 국제관계의 변화는 이 시기 해양법 발전의 중요한 계기가 되었다. 이런 측면에서 해양법이 국제사회에서 광범위하게 적용되고 실체적 규칙이 어느 정도 단계로 진입한 것은 제1차 세계대전과 이후

1919년 파리평화회의까지 거슬러 올라가 살펴볼 필요가 있다.

1873년에 사람이 탑승한 열기구를 개발한 이후 1903년에 비행기를 개발함으로써 국제사회는 항공시대로 진입하는 동시에 관련 법률문제를 준비할 필요가 있었다. 1889년 프랑스는 브라질, 영국, 미국, 러시아 등 약 28개 국가를 초청하여 항공문제를 논의한 바 있지만, 1910년 다시 국제항공항행 회의를 통해 비행 공역의 법적 문제와 공역 소속국이 자국의 육지와 영해 상공을 비행하는 것에 대한 관리 및 제한 문제를 논의하였다(합의에 도달하지는 못했다). 1911년 영국은 국내법(민용항공법)을 제정하고 비행기의 영국 영해 및 해안 전부(혹은 일부)에 진입하는 것을 금지하였다. 제1차 세계대전을 계기로 비행기는 전쟁에 광범위하게 사용되었으며, 전후에는 민간항공의 비약적 발전으로 이어졌다.

1919년 파리평화회의에서는 전승국이 파리항공협약 Paris Convention for Aerial Navigation을 체결함으로써 영공주권에 대한 최초의 국제법적 근거를 마련하였다. 협약 초안을 기초한 파리평화회의 법률위원회는 '지위 일치 원칙'을 근거로 "어느 국가에도 속하지 않은 공해의 상공은 해양과 같이 자유"이며, "체약국은 각국의 그 영역상의 공간에 대하여 완전하고 배타적 주권을 갖는 것을 승인"하고(제1조), 이때의 '영역'은 "주권, 종주권, 보호 또는 위임통치 하에 있는 육지와 그에 인접하는 영수(영해)"를 말한다고 규정하고 있다(제2조). 이 협약은 공해자유 원칙의 확인과 함께 영해가 주권이 미치는 공간을 확정한다는 점에서 해양법 발전사에서 중요한 의미가 있다.

해양법 성문화를 위한 국제사회의 노력

해양에 관한 여러 국가들의 관행과 관습법은 성문법으로 발전해갔는데, 해양법 역시 국가간 협정과 다자간 조약 등의 과정으로 확대되어 왔다. 해양법의 성문화(codification)는 국가 간 해양 관련 원칙과 규칙, 제도를 그 성질과 유형에 따라 협약으로 문서화하는 것을 말한다. 각국은 조약 체결과정에 참여함으로써 그 효력 발생을 위한 조치를 취하고 협약을 준수하게 함으로써 각각 다른 해역에서의 법률제도를 확정, 해역 이용을 둘러싼 권리와 의무를 규범화하게 된다. 엄격한 의미에서 성문화란 관습국제법을 조약이나 협약 방식으로 명확화하는 것이지만, 단순히 관습국제법을 명확하게 문서화하는 데 제한되지 않는다. 성문화 작업은 형성 과정에 있는 국제해양법을 국제적 합의 문서로 확인하거나, 국제사회에 시급한 해양규범의 형성을 촉진하는 역할을 한다는 점에서도 중요하다.

국제기구가 국제사회에서 중요한 주체로 등장하기 전까지, 해양법의 성문화는 사적 영역(학술 혹은 학회)과 공적 영역(국가기관)에서 동시에 진행되었다. 학술기관으로는 특히 1873년 벨기에의 브뤼셀에서 설립된 국제법협회 International Law Association, ILA와 1873년 벨기에 겐트타운홀에서 설립된 국제법학회 Institute of International Law, IIL의 역할이 지대하였다. 비정부 간 기구로서 국제법협회는 설립 후 다양한 문제를 논의하고 보고서를 내놓았는데, 여기에는 영해, 해양오염, 해상(ocean floor)과 그 자원, 국제수로, 해적, 심해저 광물, 항만국 관할권 등의 문제를 포함하고 있다. 국제법협회의 논의 과정에는 국제법학자뿐 아니라 선주와 정치인, 경제학자 등 비법학 분야의 전문가도 참여하였으며, 합의에 이른 의제에 대해서는 조약 초안을 제안하기도 하는 등 국제법 발전에 큰 영향을 주었다. 해양법 분야에서는 수중문화유산보호협약초안 Draft Convention on Protection of Underwater Culture Heritage, 국제하천수보호협약초안 Helsinki Rules on the Use of Waters of International Rivers 등이 논의되었다.

국제법학회는 국제법협회와 달리 회원자격을 엄격히 제한하여 높은 학술 수준을 요구하였고, 사용된 문헌과 문서 또한 영어와 프랑스어 등을 함께 사용하였다. 국제법학회가 결의를 통해 통과시킨 의제는 국제수로, 공해, 상선제도 the regime of merchant ship, 해저전선, 해양자원, 영해와 내수 등을 포함하고 있다. 이 밖에 영해와 해적 연구 보고서 등 국제법을 성문화하기 위해 노력한 하버드법학원 Harvard Law School(1817년 설립), 미국 국내 법원에서의 해양법 문제 처리에 중대한 영향을 끼친 「미국대외관계법 리스테이트먼트 Restatement of Foreign Relations Law of the US」를 정리한 미국법률학회 American Law Institute 등이 이러한 주역으로 평가받을 만하다.

비정부 간 국제조직과 학술단체가 해양법 분야의 성문화에 공헌했음에도 불구하고, 역사상 가장 중요한 성문화 작업은 여전히 국제조직을 통해 진행되었다. 20세기, 국제

사회에서 비교적 규모가 있고 전면적으로 진행되었다고 평가받는 해양법 편찬 작업은 총 4차례 걸쳐 이루어졌다. 이 중 한 차례는 제1차 세계대전 이후 1920년에 설립된 국제연맹 League of Nations이 주도하였고, 세 차례는 제2차 세계대전 이후 1945년에 설립된 국제연합 United Nations, UN이 주도하였다.

국제사회의 국제법 편찬 움직임은 1907년 제2차 헤이그평화회의 Second Hague Peace Conference 결의를 통해 시도되었지만, 제1차 세계대전 발발로 연기되었다. 다만 회의의 결의는 이후 국제연맹의 전문가위원회 Committee of Experts, 국제연합의 국제법위원회 International Law Commission가 태동하는 계기가 되었다. 국제연맹은 설립 이후인 1922년 국제법 편찬 작업을 위한 전문가위원회를 설립, 성문화 작업의 재개를 추진하였다. 전문가위원회는 1925년 제네바에서 회의를 소집하고, 그중 세 명의 전문가로 구성된 분과위원회를 통해 영해문제를 연구하도록 하였다.[9] 1930년 헤이그에서 열린 국제법전편찬회의에는 47개 국가가 참석하여 영해의 법적 지위와 만, 항, 해협 등에 대해 합의했지만, 영해의 폭에 대해서는 합의에 이르지 못하고 결국 해양법을 법전화하는 데 실패하였다. 다만 특별보고자였던 프랑수아 J.P.A.François 교수는 영해문제에 대한 각국의 합의를 보고서로 작성하고 12개 조문으로 구성된 초안을 회의 최종의정서의 부속 문건에 포함시켰다. 헤이그 회의는 비록 성문화라는 측면에서는 한계가 있었으나, 국제기구를 통한 작업이라는 점과 전문가위원회 설치와 논의, 프랑수아 교수의 보고서 등은 이후 해양법이 점진적 발전을 이루는 데 중요한 토대가 되었다. 이후 1930년대의 경제대공황(1929~1939)과 1939년에 일어난 제2차 세계대전(1939~1945)으로 해양법의 성문화 작업은 또다시 중단되었다.

● 제1차, 제2차 해양법회의와 제네바협약

제2차 세계대전이 끝난 1945년 설립된 UN헌장 제13조는 "정치적 분야에서 국제협력을 촉진하고, 국제법의 점진적 발전과 법전화를 장려하는 것"에 대하여 "총회가 연구를 발의하고 권고"하도록 규정하고 있다. 1948년 UN은 산하에 국제법위원회를 설치하고 34명의 국제법위원을 선임하였으며, 해양법을 최우선 처리 과제로 부여하였다. 1949년 국제법위원회에 부여된 14개 과제에는 관습해양법이 포함되고 공해제도가 우선 처리과제로 열거되었다. 사실 공해제도와 상당히 관련이 있는 영해제도 또한 14개 항목에는 포함됐지만, 우선 처리과제에는 해당되지 않았다.

9) 국제연맹은 원래 4개의 의제, 즉 영해, 정부선박의 법적 지위, 해적, 해양생물자원 개발규범 등의 문제를 다룰 계획이었으나, 최종적으로는 영해문제만 위원회의 정식 의제로 상정되었다.

1950년 국제법위원회는 법전화의 범위를 확정하고 기술적 문제와 기타 UN 기구가 이미 처리한 문제, 처리의 시급성이 없는 문제는 연구를 진행하지 않았다. 특별보고자로 선임된 프랑수아 교수는 공해, 대륙붕, 어업구역, 접속수역 문제를 연구하고 대륙붕 보고서를 완성하였으며, 1952년에는 공해와 영해 관련 보고서를 완료하였다. 1953년 전문가위원회는 국제법위원회의 영해제도 보고 초안에 대한 기술적 문제를 검토하였는데, 특히 연해도서와 항만, 암석 등의 조건에서 영해기선의 획정 문제를 다루었다. 1954년 영해에 관한 조약 초안을 각국에 회람하여 의견을 구하였고, 1955년에는 의견 수렴을 위해 공해조약 초안을 회람하였다. 1956년 국제법위원회는 영해와 공해로 구분된 73개 조문의 최종 초안을 완성해 UN총회에 제출하였다. 1957년 UN총회는 제11차 총회를 통해 해양법협약 제정을 위한 결의를 채택하였다. 이 결의는 국제회의를 통해 해양법 문제의 각종 논점을 정리하고 단순히 편찬하는 것뿐 아니라 해양법을 제정할 것을 요구하고 있다.

1957년 UN 사무총장은 상술한 결의에 따라 제1차 해양법회의 소집을 위한 초청서한을 발송하였고, 1958년 첫 번째 회의가 제네바에서 개최되었다. UN총회 제21차 회의에는 총 86개 국가(당시 UN회원국은 79개국이었으며, 전문기구 회원국이 7개국 참여)가 참여하였고, 그 밖에 UN 전문기구와 정부 간 국제기구, 600여 명의 해양분야 전문가들이 참여하였다.

제1차 회의 과정에서 총 8개 위원회를 구성했는데, 이 가운데 실질문제 논의를 위해 제1위원회(영해와 접속수역), 제2위원회(공해), 제3위원회(공해어업), 제4위원회(대륙붕), 제5위원회(내륙국의 해상진출권)가 구성되어 논의를 진행하였다. 논의과정에서 제5위원회는 제2위원회와 통합하여 진행해 공해협약, 공해어업협약, 대륙붕협약이 통과되었다. 반면 제1위원회는 영해 폭에 대한 합의를 도출하지 못하고 접속수역에 관한 사항만 통과시켰다. 회의 결과, 제1차 해양법회의에서는 총 4개의 협약이 채택되었으며, 각각 「영해 및 접속수역에 관한 협약 Convention on the Territorial Sea and the Contiguous Zone」, 「공해에 관한 협약 Convention on the High Seas」, 「대륙붕에 관한 협약 Convention on the Continental Shelf」, 「공해어업 및 생물자원보호에 관한 협약 Convention on the Fishing and Conservation of the Living Resources of the High Seas」 등이다. 이들 4개의 협약을 통칭하여 '제네바 해양법협약'이라고 한다. 이 외에 「분쟁의 의무적 해결에 관한 선택서명 의정서 Optional Protocol of Signature concerning the Compulsory Settlement of Dispute」가 채택되어 서명을 위해 국가들에 개방되었다. 이 중 앞의 3개 협약은 기존의 관습국제법을 성문화하였다는 점에서 다수 국가들이 당사국으로 서명에 참여했지만,[10] 4번째의

10) 물론 이들 협약이 단순히 과거의 관습국제법을 성문화한 것에 제한적이지는 않았으며, 다수의 내용과 조항은 새롭게 입법화한 것이다. 예컨대 공해에 관한 협약의 경우 국제관습법 우위를 언급하면서도, 선박충돌에 대한 형사관할권, 선박의 국적국과의 진정한 관계, 방사성 폐기물의 오염방지조치 등은 해양법 분야의 발전 수요를 점진적으로 수용하는 것이라고 평가받을 수 있기 때문이다.

「공해어업 및 생물자원보호협약」과 「분쟁의 의무적 해결에 관한 선택서명 의정서」는 서명국이 매우 적었다.

제1차 해양법회의는 원래 포괄적인 단일 해양법협약 채택을 목표로 하였지만, 4개로 분할되어 각국의 이익에 따라 참여할 수 있는 협약 체계가 형성되었다. 즉 4개 협약이 각각 독립된 체재로 채택됨에 따라, 국가들은 모든 협약에 가입하는 것이 아니라 선택적으로 가입할 수 있게 되었는데, 이는 4개의 협약이 유기적으로 운용되는 것을 방해하는 요인으로 작용하였다. 예컨대 원양 대국이었던 러시아와 일본의 경우 공해자유를 규정하는 「공해에 관한 협약」에는 가입하면서도, 공해어업에 수반되는 의무를 엄격히 규정하는 「공해어업 및 생물자원보호에 관한 협약」에는 참여하지 않음으로써 권리만 행사하고 의무를 이행하지 않는 문제를 야기하였다. 해양법 분야의 오랜 이슈였던 영해의 폭에 대해 합의를 도출하지 못한 것도 제1차 회의의 한계로 남는다.

이에 따라 제1차 해양법회의는 영해의 폭과 부수되는 어업구역의 범위를 논의하기 위하여 제2차 회의의 소집 필요성을 요구하는 결의를 채택하였고, 1958년 1월에 개최된 제13차 UN총회는 1960년에 제2차 해양법회의를 개최하도록 하는 제1307(ⅩⅢ)호 결의를 채택하였다.

UN총회 결의에 따라 제네바에서 개최된 제2차 유엔해양법회의는 영해의 폭과 어업수역의 외측 한계 문제에 중점을 두고 진행되었다. 제2차 회의는 전체위원회 Committee of the Whole를 설치하고, 영해 폭과 어업수역 문제 논의를 일반 논의와 조문별 논의의 2단계로 나누어 진행하였다. 주요 쟁점이었던 영해범위에 대하여 일부 해양국은 3해리의 전통적 주장을 고집하였고, 미국과 영국, 네덜란드는 12해리 영해 폭은 법리적 혹은 실행 측면에서도 공해의 자유를 침해한다는 입장이었다. 반면 일부 국가들은 연안국은 12해리 이내에서 영해의 폭을 결정할 권리가 있으며, 국제법 역시 국가의 일방적 실행(예컨대 1945년 미국 트루먼 선언)을 통해 형성되고 있다고 주장하였다. 특히 일부 국가는 1945년 국제법위원회가 제출한 초안 제3조 또한 "국제법은 12해리를 초과할 수 없다"고 규정하고 있다는 점을 들어 국제법 위반이 아니라고 주장하였다.

회의 과정에서 구소련은 12해리를 주장하면서 12해리에 못 미치는 해역에서는 해당 범위까지 어업수역을 설정할 수 있다고 주장했고, 멕시코는 12해리 영해와 함께 그 외측으로 어업수역을 설정할 수 있다고 주장하였다. 미국과 캐나다는 절충안으로 6해리의 영해와 영해기선으로부터 12해리 이내의 어업수역을 주장하였다. 미국과 캐나다의 안(案)이 전체위원회에서 통과된 후 일부 수정이 진행되었으며, 최종적으로는 "(1) 영해폭은 기선으로부터 6해리를 넘지 못하며, 이 협약에서 '해리'라 함은 1,852 m이다. (2) 영해에 인접한 어업수역의 폭은 영해기선으로부터 12해리를 넘지 못한다"는 것이었다. 그러나 최종 표결 결과 미국과 캐나다 안은 1표 차이로 3분의 2의 다수표 확보에 실패했으며, 제2차 회의 또한 영해의 폭과 어업수역 범위를 결정하는 데는 실패하였다.

● 제3차 UN해양법회의의 전개와 해양공간의 기능적 구분

제2차 해양법회의 이후 국제정세에는 거대한 변화가 있었다. 약 10여 년 동안 30여 개 국가가 독립을 쟁취하였고, 국제사회에서 그 입지를 빠르게 확대하고 있었다. 더욱이 제네바 해양법협약이 채택된 이후 전개된 국제사회의 비약적인 기술발전과 국제관계 변동 등은 기존 해양법협약의 정상적 운용을 의심하는 수준에 이르렀다. 특히 해양환경과 해양생물자원의 보전, 해저광물자원 개발 문제는 기존의 협약 체제에서 해결될 수 없거나 기존 해양질서가 선진국의 일방적 이익을 중심으로 편제되어 있다는 신생 독립국들의 주장을 더 이상 무시할 수도 없었다.[11] 여기에 제네바 해양법협약 운용의 불완정성과 제2차 영해범위 도출에 대한 실패 역시 기존 협약체제와는 전혀 다른 제3차 유엔해양법회의가 추가적으로 진행되어야 하는 원인이 되었다.

제3차 해양법회의를 개최한 결정적 계기는 1967년 UN총회 제1위원회에서 행한 몰타 Malta 대사 파르도 Arvid Pardo의 '인류공동유산 Common Heritage of Mankind' 제안이었다. 파르도 대사는 UN 사무총장에게 "각국의 관할 범위 외측 해수 아래의 해상과 하층토의 평화적 사용과 인류 복리를 목적으로 그 자원의 사용을 위한 선언과 조약"을 제안하였고, UN총회 22차 회의에 상정해줄 것을 요청하였다. 이 건의 초안에는 주석을 붙인 비망록이 첨부되어 있었는데, 이 비망록에는 기술발달로 인해 대륙붕 외측의 지역이 일부 국가에 의해 독점될 수 있으며, 일부 국가의 기술발전은 심해대양저에 군사시설을 설치하는 등 심해자원의 개발과 탐사에서 유리한 위치를 점하고 있다고 적시하고 있다. 따라서 '심해저를 인류공동유산'으로 선포하고 해당 지역의 평화적 이용과 인류 전체의 이익을 위해 개발해야 한다는 것을 적고 있다. 파르도의 제안은 결국(1) 국가관할권 외측의 심해저는 어떤 국가도 점유할 수 없다는 원칙, (2) 해저와 하층토의 탐사는 UN헌장의 원칙과 목적에 따라 진행하여야 하며, (3) 해저 및 하층토의 개발 이익은 주로 개발도상국 발전에 활용해야 하며, (4) 국가관할권 외측 해저는 평화적 용도로만 이용되어야 한다는 것이었다. 이는 사실상 기존의 해양법 원칙으로 유지되던 공해자유 원칙에 대한 재검토이자 심해저 자원에 대한 공동 관리 방식을 도입하는 획기적 시도였다.

---

11) 신생 독립국들은 좁은 영해와 넓은 공해로 이루어진 기존 체제의 전면적 개정을 통해 선진국 주도형 해양이용 형태 자체를 재배분하려고 시도하였다. 즉 기존의 공해자유 원칙은 강력한 자본과 기술을 가진 선진국이 사실상 독점적으로 이용할 수 있는 제도적 보장이라고 평가하고, 질서 재편을 통해 신흥 연안국들의 우선적 권리가 인정되는 관할해역을 최대한 확보해야 한다고 주장하였다.

UN총회는 파르도의 제안을 수용하여 심해저의 평화적 이용을 주요 의제로 채택하였다. 1967년 35개국으로 구성된 특별위원회(*ad hoc* Committee: *Ad Hoc* Committee on Peaceful Uses of the Sea-bed and Ocean Floor beyond the Limits of National Jurisdiction)를 설치하고, 특별위원회는 1968년 3차례의 회의를 개최하였다. 위원회는 법률분과와 경제기술분과 등 2개 업무분과를 두었는데, 법률분과에서는 심해저의 법적 지위와 국제법 원칙의 적용, 평화적 이용을 위한 유보, 자원개발에 따른 오염문제와 국가책임 등의 문제를 논의하였고, 경제기술분과에서는 자원 개발과 탐사기술의 진전과 개발과 이용방식의 촉진, 국제협력, 장기계획, 관리기구 등의 문제를 다루었다. UN총회는 위원회의 작업 결과를 바탕으로 1970년 12월 17일 「국가관할권 이원의 심해저, 해상, 하층토를 지배하는 원칙 선언 Declaration on Principles Governing the Seabed and the Ocean Floor and the Subsoil Thereof Beyond the Limits of National Jurisdiction」을 채택하였다(UNGA,Res.2749, 1970). 또한 제2750호 결의(UNGA.Res.2750, 1970)를 통해 제3차 UN해양법회의를 개최하고, 관련 준비작업을 상기 특별위원회가 담당하게 하였다. 해당 위원회는 이때부터 작업을 시작하여 작성한 최종보고서를 1973년 제28차 UN총회에 제출하였고, 총회는 제3067호 결의(11월 16일)를 통해 제3차 UN해양법회의의 개최를 결정하였다.

1973년 12월 3일 뉴욕에서 개최된 제3차 UN해양법회의에서는 회의의 조직 및 절차 문제를 협의하였는데, 특히 해저위원회 위원장 Hamilton Shirley Amerasinghe의 건의로 해양법회의 표결 문제에 대한 신사협정 Gentleman's Agreement을 통과시켰다. 이에 따라 회의는 표결제도보다는 만장일치의 보편성을 유지하고, 공식협의 기구 외에 각각의 이해그룹(77그룹, 연안국 그룹, 내륙국이나 지리적 불리국, 지역그룹 등) 간의 비공식 협상을 진행하였다.[12] 신사협정의 내용으로 볼 때 만장일치는 오직 실질문제 substantive matters에 해당하며, 절차 문제는 이에 해당하지 않는다. 다만, 실질문제라 하더라도 만장일치를 도출할 수 없을 경우, 여전히 표결에 의존하는 것은 피할 수 없는 문제였다.[13]

제3차 UN해양법회의는 1973년부터 1982년까지 진행되었는바, 관련 회의(회기)는 다음과 같이 정리할 수 있다.

제3차 UN해양법회의는 10여 년 동안 진행되었으며 인류역사상 가장 많은 국가가 참여한 다자회의로 기록된다. 그러나 150여 개 국가의 이해관계를 모두 절충하는 단계에서 협상의 교섭은 매우 어려운 일이었다. 1981년 협약 초안을 통과한 시점에도 문제는

12) 만장일치의 보편적 적용에 따라 총회에서는 실질문제에 대하여 협상을 통해 만장일치로 통과시키고, 모든 방법을 통해 합의를 도출하기 전에는 투표를 통한 표결을 진행하지 않기로 하였다. 신사협정은 1974년 제2차 회의에서 승인되었고, '제3차 UN해양법회의 의사규칙'으로 문건화했다.

13) 이러한 상황을 고려하여, 해양법회의 의사규칙은 제37조를 통해 두 가지 표결제도를 두고 있는데, (1) 2차례의 표결제도, (2) 표결 연기 제도가 그것이다. 전자는 특정 의제에 대하여 표결을 진행하기 전에 단순 다수결 방식으로 해당 의제에 대한 모든 노력과 협상을 다하였는가에 대한 투표를 진행하고, 이 절차에 따라 합의를 도출할 수 없다고 판단될 경우 표결 단계를 진행할 수 있다는 것이다. 후자는 표결로 이미 더 이상의 합의 도출이 불가능할 경우에도, 의장이 표결 연기를 요구하고 추가 협상을 할 수 있게 한 제도이다. 의장 외에 15개 회원국이 제기할 경우 최대 10일 간 표결을 연기할 수 있다.

제3차 UN해양법회의 주요 일정 및 주요 성과

회기	기간(장소)	의제 및 성과
제1회기	1973. 12. 03 ~12. 15 (뉴욕)	• 회의조직 및 절차 문제 • 의사규칙 합의 실패
제2회기	1974. 06. 20 ~ 08.29 (카라카스)	• 의사규칙 채택(만장일치 등)
제3회기	1975. 03. 17 ~ 04. 09 (제네바)	• 비공식 단일협상문건(ISNT) (총304조)
제4회기	1976. 03 .15 ~ 05. 07 (뉴욕)	• 단일협상문건 수정(RSNT)
제5회기	1976. 08. 02 ~ 09. 17 (뉴욕)	• 3개 위원회가 RSNT 심의 → 종합협상문건 제출 (그룹 간 이견으로 결과 도출 실패)
제6회기	1977. 05. 23~07. 15 (뉴욕)	• 비공식 종합협상문건 제정(ICNT)(총303조, 7개 부속서, 서문, 최종 조항)
제7회기	1978. 03. 28 ~ 05. 20 (제네바) 1978. 08. 21~ 09. 15 (뉴욕)	• 7개 협상소위원회를 구성, 핵심문제 hard core논의 (심해저 자원탐사와 개발에 집중)
제8회기	1979. 03. 19 ~ 04. 27(제네바) 1979. 07. 19 ~ 08. 24(뉴욕)	• 비공식 종합협상문건(수정1) 제정 • 제1위원회에 21개국으로 업무그룹, 법률그룹 구성 → 최종 조항 심의
제9회기	1980. 03. 03 ~ 04. 04 (뉴욕) 1980. 07. 28 ~ 08. 29 (제네바)	• 비공식 종합협상조문(수정2) 제정 • 국제해저기구 이사회표결제도 해결 → 해양법협약 초안 도출 (비공식 조문)
제10회기	1981. 03. 09 ~ 04. 24 (뉴욕) 1981. 08. 03 ~ 08. 28 (제네바)	• 해양법협약 초안 정식 통과 • 자메이카를 ISA 소재지로 결정 • 함부르크를 ITLOS 소재지로 결정
제11회기	1982. 03. 05 ~ 04. 30 (뉴욕) 1982. 09. 22 ~ 09. 24(뉴욕)	• 168개국 혹은 지역대표가 참여 → UNCLOS 및 제3차 해양법회의 최종 문건 통과 • 자메이카 몬테고베이에서 마지막 해양법 회의를 진행하는 것으로 결정 *1982. 07. 12 ~ 08. 20. 문안검토위원회(Drafting Committee)의 최종 조문 손질 → 최종 회의 승인
최종회의	1982. 07. 12 ~ 08. 20 (몬테고베이)	• UNCLOS 서명(117개국+2개 실체*) *쿡아일랜드, 나미비아

여전히 있었다. 심해저제도에 대하여 불만이 있었던 미국은 행정부 변경을 이유로 종래 입장의 재검토 의지를 밝혔고, 심해저에 대한 재교섭을 조건으로 공식협약 초안의 채택에 합의하였다. 심해저제도에 대한 미국의 반대는 1982년 제11 회기에도 지속되었는데, 특히 선행투자자보호제도, 심해저 기술의 강제적 이전, 국제해저기구의 권한, 이사회의 상임이사 확보 등의 수정을 요구하였다. 그러나 다른 국가들은 결국 신사협정에 따른 만장일치 채택이 불가하다고 판단하고 표결을 통해 협약을 채택하였다. 표결 결과는 찬성 130표, 반대 4표, 기권 17표였다. 반대한 나라는 미국, 터키, 이스라엘,

베네수엘라였다.[14)]

UN해양법협약 UN Convention on the Law of the Sea, UNCLOS 은 총 320개 조문, 8개 부속서, 4개 결의로 구성되어 있으며, 320개 조문은 총 17개 부로 구성되어 있다. 협약은 60개 국가가 비준한 날부터 12개월이 지난 후에 효력이 발효(1994. 11. 16. 발효)되며, 비준서는 UN 사무총장에게 기탁하도록 하였다(제308조). 협약 채택 이후에도 미국을 중심으로 한 일부 국가는 여전히 협약에 반대하였으며, UN 사무총장은 비공식협의를 통해 1994년 심해저에 관한 제11부를 사실상 수정한「1982년 UNCLOS 제11부의 이행에 관한 협정 Agreement Relating to the Implementation of Part XI of the UN Convention on the Law of the Sea of 10 December 1982」을 채택하였다(심해저 이행협정은 1996. 7. 29. 발효). 이후 국제사회는 1980년 들어 대두된 세계 수산자원의 고갈을 우려하여 1995년「1982년 12월 10일 해양법에 관한 국제연합협약의 경계왕래어족 및 고도회유성어족 보존과 관리에 관한 조항의 이행을 위한 협정 Agreement for the Implementation of the Provisions of the Convention relating to the Conservation and Management of Straddling Fish Stocks and Highly Migratory Fish Stocks」을 채택하였다. 이 협정은 1995년 서명을 위해 개방되었으며, 2001년 12월 11일 발효되었다. 이 협정은 특히 경계왕래성 및 고도회유성 어족에 관한 국제적 보전관리를 위해 마련된 것으로 지역수산기구 내에서 제3국의 공해상 승선 검색을 허용하고 있다. 이는 전통적인 기국관할권 원칙이 제한된다는 것을 의미한다.

---

14) 미국은 심해저제도에 대한 불만이 이유였고, 터키와 베네수엘라는 해양법협약 제309조가 유보를 제한하고 있다는 점, 이스라엘은 당시 결의 Ⅳ가 PLO의 지위를 인정한다는 데 불만이 있었다. 기권은 미국에 동조한 일부 국가와 소련에 동조한 동구권 국가들이었다.

1982년 채택된 UNCLOS는 인류역사상 가장 많은 국가가 참여하여 만든 다자조약 multilateral treaty이면서 입법조약 law-making treaty이다. 모든 이해그룹을 조율하는 과정에서 다수 의제에 대하여는 조문을 절충적 상태로 수용하였다는 점에서 조항의 모호성이 비판받기도 한다. 그러나 UNCLOS가 바다의 헌법전(憲法典)으로 불리고 존중되어야 한다는 데는 문제 되지 않는다. 해양에 관한 제반 의제를 포괄하면서도 모든 국제법 주체가 승인하는 규범으로 수용되었기 때문이다. UNCLOS는 과거 해양 관련 협약을 보완하거나 새로운 제도를 도입하는 등 현대 과학기술의 발전 양상을 적극 수용하고 있다. UNCLOS는 과거 첨예한 갈등 이슈였던 영해의 범위를 12해리까지 확대하였고, 타국의 항행권 보장을 위해 무해통항권 right of innocent passage, 국제해협의 통과통항권 right of transit passage을 신설하였다. 200해리까지의 배타적경제수역 Exclusive Economic Zone, EEZ이 신설되었고, 대륙붕 범위는 영해기선으로부터 200해리, 350해리 혹은 2,500 m 등심선으로부터 100해리까지 확대될 수 있도록 하였다(이 경우, UNCLOS 제76조의 과학적 절차가 수반). 군도수역제도가 신설되었고, 해양환경 보호와 보전, 해양생물자원의 어종별 보존과 관리 방식으로의 접근 같은 규정이 수용되었다. 협약에 따라 국제해저기구 International Seabed Authority, ISA, 국제해양법재판소 International Tribunal for the Law of the Sea, ITLOS, 대륙붕한계위원회 Commission on the Limits of the Continental Shelf, CLCS가 설립되었다.

국제해양공간의 기능적 구분과 법질서

1982년 채택되고 1994년 발효된 유엔해양법협약은 총 17개 장, 320개 조문, 9개의 부속서로 구성되어 있다. 협약은 연안국의 해양범위를 대폭 확대시켰으며, EEZ, 심해저와 같은 새로운 제도를 법제화 하였다. '바다의 헌법전'이라 칭하는 협약은 현재 168개국이 비준하여 국제사회의 보편적 지지를 바탕으로 안정적으로 이행되고 있다.

양희철 한국해양과학기술원

● UN해양법협약의 이행 현황

1994년 발효한 UN해양법협약은 2020년 현재 157개국이 서명하였고, 168개국(국가 외에는 EU가 협약 제305조에 근거하여 참여)이 비준하였다. 협약 체결에 반대한 4개 국가(미국, 터키, 이스라엘, 베네수엘라)는 여전히 비준을 하지 않은 상태이다. 미국은 심해저 이행협정에 서명했지만 비준하지 않고 있으며, 공해어업협정에 대하여만 비준한 상태이다(Division for Ocean Affairs and the Law of the Sea, Office of Legal Affairs, United Nations, Chronological lists of ratifications of, accessions and successions to the Convention and the related Agreements). 그러나 UN해양법협약을 구성하는 다수의 중요 규정 대부분은 관습국제법으로, 협약 비체결국에 대해서도 구속성을 가지고 있다.

심해저 이행협정과 공해어업 이행협정 역시 각각 150개 국가, 90개 국가가 비준을 완료한 상태다. 이는 UN해양법협약 체제가 국제사회의 보편적 지지를 바탕으로 안정적으로 정착되고 이행되고 있음을 의미한다. UN해양법협약 비준국 수와 비교할 때, 협약 비준국 중 17개 국가가 추가로 심해저 이행협정 비준에 참여하지 않은 상태이다. 그러나 이는 참여를 거부하는 것으로 볼 수 없고, 단순히 비준 절차를 취하지 않은 상태로 보는 것이 적절할 것이다. 비준국이 90개국인 공해어업 이행협정 또한 일부 협약 비준국이 참여하고 있지 않다. 그러나 UN해양법협약과 공해어업 이행협정의 규정은 이미 FAO와 지역 수산기구를 통해 공해어업에 대한 규제와 관리 조치로 수용되어 이행되고 있다는 점에서 사실상 준수 의무가 적용된다는 일반적 지지를 확보하고 있다.

UN해양법협약의 구성과 조제

구분		조문
전문		전문
제1장	용어	제1조(용어 사용과 적용 범위)
제2장	영해 및 접속수역	제2조~제33조(영해의 한계, 군함, 무해통항, 접속수역)
제3장	국제항행용해협	제34조~제45조(일반개념, 통과통항, 무해통항)
제4장	군도국가	제46조~제54조(군도기선, 군도수역, 항로 설정 등)
제5장	배타적경제수역	제55조~제75조(개념, 한계, 경계획정, 관할권 및 주권적 권리, 생물자원보존 및 잉여분 배분)
제6장	대륙붕	제76조~제85조(정의, 관할권, 주권적 권리, 외측한계 및 경계획정)
제7장	공해	제86조~제120조(공해의 자유, 경찰권, 협력 의무, 생물자원의 보존 및 관리)
제8장	섬제도	제121조(섬의 개념, 법적 체제)
제9장	폐쇄해 또는 반폐쇄해	제122조~제123조(개념, 연안국 간 협력관계)
제10장	내륙국의 해양출입권과 통과의 자유	제124조~제132조(내륙국의 해양출입권, 통과의 자유)
제11장	심해저	제133조~제191조(일반개념, 법적 체제, 자원개발, 국제해저기구, 심해저 공사, 심해저 분쟁해결)
제12장	해양환경의 보호 및 보존	제192조~제237조(일반개념, 국제협력, 기술원조, 국제규칙 및 국내법규 제정, 규제조치, 법령집행)
제13장	해양과학조사	제238조~제265조(개념, 국제협력, 해양과학조사 수행과 촉진, 시설 설치나 장비, 국제책임, 분쟁해결)
제14장	해양기술의 개발 및 이전	제266조~제278조(국제협력, 국내·지역 해양과학기술연구소)
제15장	분쟁의 해결	제279조~제299조(평화적 해결의무, 강제적 절차, 강제절차의 제한)
제16장	일반규정	제300조~제304조(신의성실, 권리남용, 해양의 평화적 이용, 국제책임)
제17장	최종규정	제305조~제320조(조약의 체결, 효력발생, 개정)

동북아에서는 우리나라를 비롯해 중국, 일본, 러시아가 모두 UN해양법협약과 2개의 이행협정을 비준한 상태이다. 북한은 UN해양법협약 서명국이지만 비준을 하지 않은 상태이다. 이들 국가는 모두 UN해양법협약에 따라 관할해역의 범위를 설정했지만, 각국의 해양경계선은 아직 해결되지 않은 상태이다(북한과 러시아가 유일하게 해양경계획정을 완료한 상태).

UN해양법협약의 9개 부속서

구 분		조 문
제1부속서	고도회유성 어종	17개조
제2부속서	대륙붕한계위원회	9개조
제3부속서	개괄탐사, 탐사 및 개발의 기본조건	22개조
제4부속서	심해저 공사	13개조
제5부속서	조 정	14개조
제6부속서	국제해양법재판소 규정	41개조
제7부속서	중 재	13개조
제8부속서	특별중재	5개조
제9부속서	국제조직의 참여	8개조

우리나라와 주변국가의 UN해양법협약 수용 현황

구 분	한 국	일 본	중 국	북 한	러시아
UNCLOS 비준(서명)	1996. 1. 29 (1983. 3. 14)	1996. 6. 20 (1983. 2. 7)	1996. 6. 7 (1982. 12. 10)	(1982. 12. 10)	1997. 3. 12 (1982. 12. 10)
심해저 이행협정 비준(서명)	1996. 1. 29 (1994. 11. 7)	1996. 6. 20 (1994. 7. 29)	1996. 6. 7 (1994. 7. 29)		1997. 3. 12
1995년 공해어족협정 비준(서명)	(1996. 11. 26)	(1996. 11. 19)	(1996. 11. 6)		1997. 8. 4 (1995. 12. 4)
영 해	12해리 (1996. 8. 1) (일부 지역 : 3해리)	12해리 (1996. 7. 20) (일부 지역 : 3해리)	12해리 (1992. 2. 25)	12해리	12해리(1960)
접속수역	24해리 (1996. 8. 1)	24해리 (1996. 7. 20)	24해리 (1992. 2. 25)		24해리
배타적 경제수역	선포 (1996. 8. 8) 시행 (1996. 9. 10)	선포 (1996. 6. 14) 시행 (1996. 7. 20)	선포 (1998. 6. 26) 시행 (1998. 6. 26)	선포 (1977. 6. 21)	선포(1983)
대 륙 붕	자연연장 + 중간선(1970)	중간선 (1978)	자연연장 + 형평의 원칙	중간선	중간선
직선기선제도 시행	1978. 4. 30	1997. 1. 1	1996. 5. 15	1977. 8. 1	1984
기타			• 군사경고수역 • 군사항해수역 • 군사작전수역	• 군사경계수역 (서해측 : EEZ전체 • 동해측 : 영해기선에서 50해리)	

2020년 현재 각국의 해양관할권 이행 현황을 보면, 12해리 영해를 수용하는 국가는 우리나라를 비롯하여 143개국에 달한다. 12해리 이상의 영해를 주장하는 국가는 7개 국가로 과거의 주장 사례와 비교할 때 상당히 감소되었음을 알 수 있다(예컨대 토고는 30해리, 소말리아는 200해리, 페루 200해리 주장 등). 배타적경제수역의 경우 협약을 비준하지 않은 미국, 터키, 베네수엘라를 비롯하여 대부분의 국가가 협약이 규정한 200해리를 주장하고 있으며, 4개 국가는 배타적경제수역 설정 없이 배타적 어업수역 Fisheries Zone만을 설정하고 있다. 이로써 UN해양법협약의 국제적 수용이 12해리 영해, 200해리 배타적경제수역 그리고 그 이원의 해양공간(공해, 200해리 외측 대륙붕, 심해저)으로 정착해가고 있다는 것을 알 수 있다.

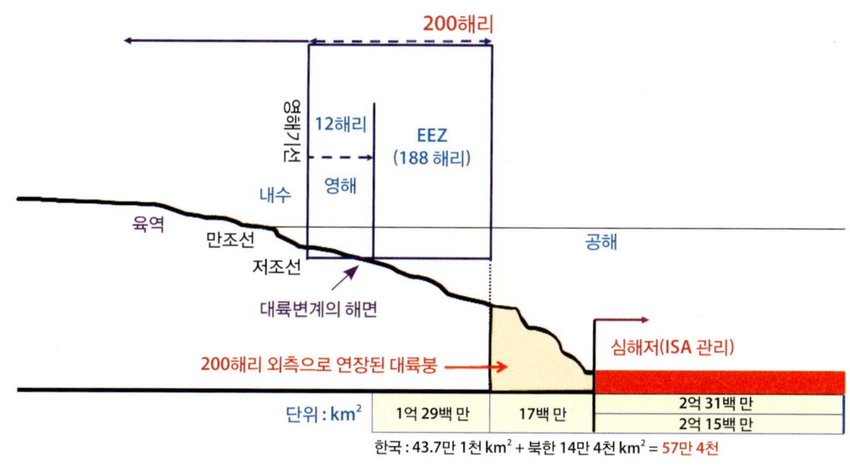

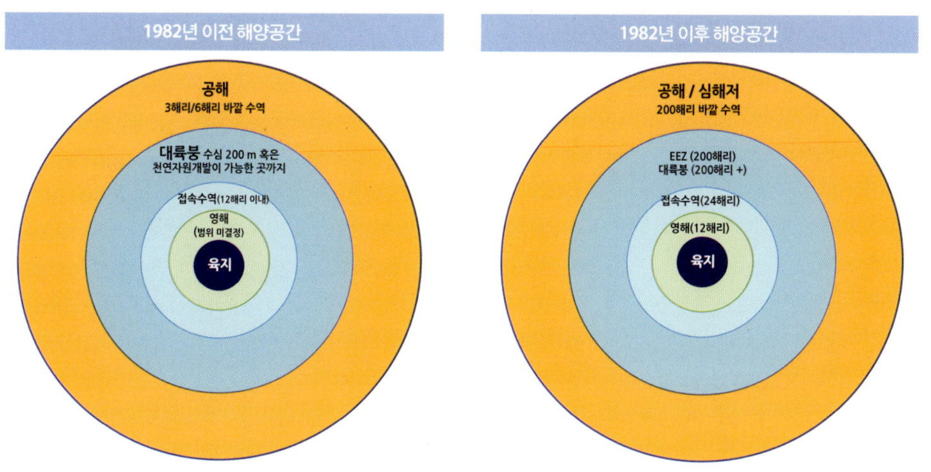

UNCLOS에 의한 해양공간의 구분과 바다 면적

● 영해와 접속수역

UN해양법협약 이전부터 국제사회는 육지영토에 인접한 일정 범위의 수역에 대하여 연안국이 배타적으로 관할권을 행사하는 것을 인정해왔다. 자국 영토에 인접한 일정 범위의 수역에 대하여 연안국이 권리를 행사한다는 개념은 폐쇄해를 주장한 국가나 자유해양을 주장한 국가나 관계없이 수용되었던 개념이다. 그러나 연안국이 배타적 권리를 갖는다고 주장하는 주변수역의 범위가 어디까지인가를 둘러싸고 오랜 갈등이 지속되었다. 1982년 UN해양법협약은 오랫동안 묵은 쟁점이었던 '영해의 범위'를 12해리로 확정하였고(제3조), 연안국은 영해의 폭을 측정하는 기준이 되는 기선 baselines으로부터 12해리 내측의 영해에 대하여 연안국의 주권이 미치는 공간으로 규정하였다(제2조).

그렇다면 영해는 어떻게 설정되는가? UN해양법협약은 영해의 바깥한계는 "기선상의 가장 가까운 점으로부터 시작"되고, 영해기선을 설정하는 방법으로 통상기선 normal baseline과 직선기선 straight baseline 방식을 규정하고 있다. 영해기선은 원칙적으로 통상기선을 적용한다. 다만, 해안선이 깊게 굴곡지거나 잘려 들어간 지역, 해안을 따라 섬이 아주 가까이 흩어져 있는 지역, 해안선 구조가 복잡하게 형성된 지역 등에서는 예외적으로 직선기선을 활용할 수 있도록 하고 있다. 국가마다 해안선의 형태에 따라 영해기선을 선택적으로 채용하고 있으며, 우리나라는 통상기선과 직선기선을 혼용하여 채택하고 있다. 이렇게 형성된 영해기선의 외측 12해리가 영해에 해당하며, 영해기선 내측(육지 해안까지)은 내수라고 한다.

해안선의 지형 특징 구조에 따른 영해기선 설정 사례

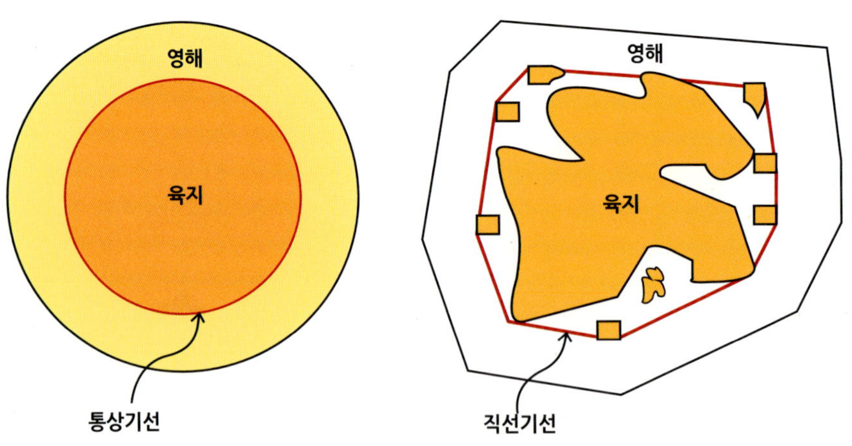

우리나라는 남해안과 서해안의 형태가 매우 복잡하고, 육지영토 외곽에 도서군이 다수 형성되어 있어 총 23개의 직선기점을 활용하여 기선을 적용하고, 해안선이 비교적 단순한 동해안은 통상기선을 통해 영해를 설정하고 있다. 북한은 동해의 해안선이

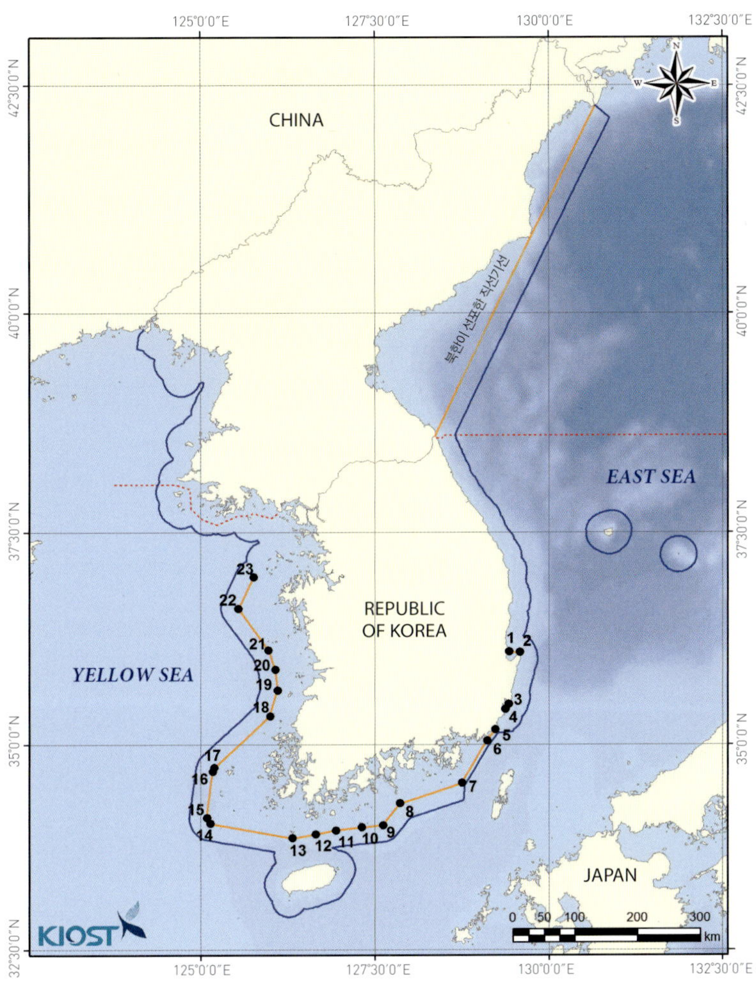

우리나라의
직선기점과
통상기선 적용 사례

비교적 단순함에도 불구하고 동한만을 폐쇄하는 방식으로 과도하게 직선기선을 적용하고 있다.

연안국은 영해에 대하여 육지와 같은 주권을 행사하며, 그 주권은 영해의 상공과 해저, 하층토까지 미친다. 연안국이 영해에서 행사할 수 있는 배타적 관할권에는 경찰권, 관세권, 보건위생권, 자원관할권, 항로지정 및 통항분리제도 실시권, 독점적인 영공이용권, 국가안전 등 광범위한 권한을 포함한다. 그렇다고 해서 영해가 육지와 같은 절대적이고 완전한 영토주권을 향유하는 것은 아니다. 국제사회는 오랫동안 관습법으로 인정되어오던 외국선박의 영해 무해통항권 right of innocent passage을 1958년 영해협약으로 수용한 바 있으며, 이는 현재의 UN해양법협약에서도 그대로 이어지고 있다. 이는 국제통항상 필요에 따라 연안국의 주권에 해당하는 부분을 제한한 것으로 해석할 수 있다. 따라서 연안국이거나 내륙국이거나 관계없이, 모든 국가의 선박은 타국의 영해에서 무해통항권을 향유한다(제17조).

무해통항이란 외국선박이 타국 영해를 항행할 때 연안국의 평화, 공공질서, 안전을 해치지 않고 국제법 규칙을 따르는 것을 말한다. UN해양법협약은 제19조를 통해 유해한 통항 유형을 규정하고 있다.[15] 협약은 군함에 대한 무해통항권을 명시적으로 규정하고 있지 않지만, 제17조가 "모든 선박"이라고 규정하고 있다는 점에서 다른 선박과 동일하게 무해통항권을 향유하는 것으로 해석된다. 다만, 군함에 대한 각국의 실행은 사전허가 혹은 사전통고, 통항규제 등으로 다양하게 접근되고 있으며, 향후에도 여전히 갈등 요인으로 작용할 수 있다. 우리나라는「영해 및 접속수역법」제5조와「영해 및 접속수역법 시행령」제4조를 통해 "통항 3일 전"까지 외교부장관에게 사전통고하도록 규정하고 있다. 군함 또는 비상업용 정부선박은 연안국 관할권으로부터 면제되며, 연안국은 자국의 법령을 위반하는 경우에도 나포 등의 조치를 할 수 없다. 다만 영해를 즉시 떠나도록 요구할 수 있을 뿐이다.

한편, 협약은 연안국이 12해리 영해 외측에 추가로 영해기선으로부터 24해리 범위까지 접속수역을 설정(선포)할 수 있도록 규정하고 있다. 접속수역의 개념은 원래 18세기 영국에서 영해 밖을 배회하면서 밀수에 종사하는 선박을 단속하기 위해 제정한「배회법 Hovering Act」에서 유래한다. 일종의 좁은 영해를 보완하기 위한 조치로 도입된 것이다. 이후에는 미국과 다수의 유럽국가가 관세법 등에서 이 제도를 운영하였고, 이러한 국가관행은 국제관습법으로 형성되었다.

국제적으로는 약 89개 국가가 이 제도를 선포하여 운용하고 있다. 이 수역에서 연안국은 "(a) 연안국의 영토 혹은 영해에서의 관세, 재정, 출입국관리 또는 위생에 관한 법령의 위반 방지, (b) 연안국의 영토나 영해에서 발생한 위의 법령 위반에 대해 처벌할 권한을 갖는다(제33조 1항). 따라서 접속수역은 12해리 영해 범위로는 충분하게 대응할 수 없는 연안국에 추가적 범위를 부여하고, 해당 범위 내에서 특정한 사항에 대하여만 관할권을 행사하게 한 조치이다.

접속수역은 사실 배타적경제수역에 해당하는 수역이다. 이는 접속수역의 법적 지위 변화와 함께 그 필요성도 과거와 달리 감소되었다는 의미이기도 하다. 그러나 배타적경제수역과 대륙붕에 대한 연안국의 권리는 자원에 대한 관할권과 주권적 권리

---

15) UN해양법협약은 무해통항이 아닌 유해한 행위에 해당되는 유형으로 다음을 규정하고 있다 : (a) 연안국의 주권, 영토보전 또는 정치적 독립에 반하거나, 또는 UN헌장에 구현된 국제법의 원칙에 위반되는 그 밖의 방식에 의한 무력 위협이나 무력 행사, (b) 무기를 사용하는 훈련이나 연습, (c) 연안국의 국방이나 안전에 해가 되는 정보수집을 목적으로 하는 행위, (d) 연안국의 국방이나 안전에 해로운 영향을 미칠 것을 목적으로 하는 선전행위, (e) 항공기의 선상 발진·착륙 또는 탑재, (f) 군사기기의 선상 발진·착륙 또는 탑재, (g) 연안국의 관세·재정·출입국관리 또는 위생에 관한 법령에 위반되는 물품이나 통화를 싣고 내리는 행위 또는 사람의 승선이나 하선, (h) 이 협약에 위배되는 고의적이고도 중대한 오염행위, (i) 어로활동, (j) 조사활동이나 측량활동의 수행, (k) 연안국의 통신체계 또는 그 밖의 설비·시설물에 대한 방해를 목적으로 하는 행위, (l) 통항과 직접 관련이 없는 그 밖의 활동.

행사를 중심으로 형성되어 있다는 점에서, 이들 권한 이외의 추가적 기능을 가진 접속수역의 필요성은 여전히 연안국의 이익 보호에 유용하다. 주의할 것은 접속수역에서의 연안국 집행권한은 '접속수역 내의 연안국 법익'에 근거한 것은 아니며, '연안국 영토나 영해'의 법익을 옹호하기 위한 것이라는 점이다.

● 배타적경제수역과 대륙붕

배타적경제수역

배타적경제수역(이하 'EEZ')은 연안국의 영해기선으로부터 200해리 이내의 범위에 대하여 연안국이 선포할 수 있는 수역이다. EEZ의 법적 효력은 수면과 수체(水體), 해저와 하층토를 포함하며, 연안국은 해당 수역에서 경제적 우선권을 부여받는다. 그러나 EEZ는 연안국에 당연히 부여되는 권리는 아니며, 연안국이 대외적으로 주장하거나 국내법을 통해 제정하는 등의 조치를 통해서만 생성되는 수역이다. EEZ는 협약 제121조가 규정하는 섬의 조건을 만족시킬 경우, 육지와 마찬가지로 섬에 대하여도 동일하게 생성될 수 있다. 다만 섬이 아닌 암석은 영해와 접속수역만 가질 수 있을 뿐이며, EEZ와 대륙붕을 창출할 수 없다.

EEZ 제도는 UN해양법협약에서 처음 법적으로 제도화했다. 국가 실천 이력을 보면, 1945년 미국 트루먼 선언으로 자극 받은 칠레와 페루가 1947년 200해리 수역에 대한 주권을 향유한다고 선언하면서 촉발되었다. 이후 남미의 페루, 칠레, 에콰도르 3국은 1952년 산티아고 선언 santiago declaration을 통해 200해리까지의 해양공간 maritime zone에 대한 주권과 권할권 sole sovereignty and jurisdiction을 주장하였는데, 이는 미국의 해안과 달리 이들 국가는 육지영토의 자연연장에 근거하여 설정되는 대륙붕이 거의 없었기 때문이다. 영해 외측의 수역으로 주권 및 관할권을 확대하려는 시도는 1970년대 중남미 국가, 아프리카 국가를 통해 확대되었다. 1972년 카리브해 국가들은 산토도밍고 선언을 통해 이른바 '세습수역 patrimonial sea'을 주장하고, 연안국은 해당 수역에서 해양자원에 대한 주권적 권리, 제3국은 항행의 자유 등을 보호받는다고 주장하였다. 1972년 케냐를 포함한 아프리카 17개 국가는 영해 외측에 경제수역 설정을 주장하고, 「배타적경제수역 개념에 관한 조약 초안」을 작성하여 해저위원회에 제출하였다. 조약 초안에는 (1) 모든 국가는 12해리 영해 외측에 관할 범위를 설정할 수 있다, (2) 모든 국가는 자국의 경제적 이익을 위해 12해리 영해 외측에 경제수역을 설정하고, 탐사와 개발을 위해 자연자원에 대하여 주권적 권리를 행사하고, 자원의 통제 · 보호 · 관리 · 개발과 오염방지를 위해 배타적 관할권을 행사한다, (3) 경제수역의 설정은 국제법이 승인하는 항행의 자유, 비행의 자유, 해저전선과 관선 부설의 자유를 침해하지 않는다 등의 내용을 담고 있다.

제3차 UN해양법회의 과정에서는 EEZ의 법적 지위가 영해라는 주장(라틴아메리카 국가)과 공해라는 주장(영국, 미국, 프랑스, 일본 등), 배타적 관할수역이라는 주장(다수의 개발도상국)이 대립했다. UN해양법협약은 특히 세습수역과 경제수역 개념을 기본 골자로 하여 현재의 EEZ를 탄생시켰다. UN해양법협약은 EEZ의 법적 지위를 명시적으로 규정하고 있지 않지만, 영해 혹은 공해와는 성격이 다른 특별한 법제도 the specific legal regime, 혹은 기능적이고 제한된 주권적 권리 sovereign rights와 관할권 Jurisdiction을 행사할 수 있는 수역으로의 지위를 갖는다고 볼 수 있다. 예컨대 제55조는 "연안국의 권리와 관할권 및 다른 국가의 권리와 자유가 이 협약의 관련규정에 의하여 규율 …… 수립된 특별한 법제도"라고 규정하고, 제86조는 "이 부(공해)의 규정은 어느 한 국가의 EEZ · 영해 · 내수 또는 군도국가의 군도수역에 속하지 아니하는 바다의 모든 부분에 적용된다"고 규정하여 EEZ가 공해의 일부가 아님을 분명히 하고 있다. 또한 연안국이 EEZ에서 행사하는 제반 권리와 의무는 영해에서의 그것과 확연히 다르다는 점을 통해서도 EEZ의 법적 지위가 공해 혹은 영해와는 다른 중립적 성격이라는 점을 알 수 있다.

(a) 해저의 상부수역, 해저 및 그 하층토의 생물이나 무생물 등 천연자원의 탐사, 개발, 보존 및 관리를 목적으로 하는 주권적 권리와, 해수·해류 및 해풍을 이용한 에너지생산과 같은 이 수역의 경제적 개발과 탐사를 위한 그 밖의 활동에 관한 주권적 권리

(b) 이 협약의 관련 규정에 규정된 다음 사항에 관한 관할권

(i) 인공섬, 시설 및 구조물의 설치와 사용

(ii) 해양과학조사

(iii) 해양환경의 보호와 보전

(c) 이 협약에 규정된 그 밖의 권리와 의무

연안국은 UN해양법협약 제56조에 따라 EEZ에서 다음과 같은 권리를 갖는다 :

UN해양법협약은 연안국에 부여하는 주권적 권리(sovereign right)와 관할권(jurisdiction)에 대한 차이를 명확하게 적시하고 있지 않다. 다만 주권적 권리가 이용과 관리에 관한 것이라면, 관할권은 주권과 주권적 권리가 실효성을 갖기 위해 파생되는 질서에 관한 권리라고 해석된다. '주권적 권리'의 시작은 1958년 「대륙붕협약」 제2조에서 기인하는데, 이는 '주권'과 '통제 및 관할권' 혹은 '배타적권리'를 절충한 용어로 수용되었다.

또한 연안국이 자원과 에너지를 개발할 때 종종 인공섬과 시설, 구조물 등을 설치하여 운용할 필요가 발생한다. 해양환경과 생물자원의 관리, 보전 등의 조치를 위해서는 과학적 근거와 기술을 필요로 하게 된다. 연안국이 이러한 조치를 효과적으로 수행하게 하는 것이 관할권이다. 연안국은 EEZ에서의 생물자원 탐사·개발·보전 및 관리에 관한 주권적 권리를 행사하는 데서 자국 법령의 이행을 위해 승선·검색·나포 및 사법절차를 포함한 필요 조치를 취할 수 있다(제73조).

EEZ에서 연안국의 권리와 의무, 주요 대상

연안국의 권리와 의무		주요 대상(연안국 권한 특징)
주권적 권리	(1) 생물자원 탐사 · 개발 · 보전 · 관리	생물자원(타국에 비해 우선적 사용권)
	(2) 비생물자원 탐사 · 개발 · 보전 · 관리	석유가스, 해양광물 등(사실상 독점사용권)
	(3) 기타 경제적 탐사 · 개발 활동	해수 · 해류 · 해풍을 이용한 에너지 생산 등 *인공섬, 시설, 구조물 등 부수적 설치
관할권	(1) 인공섬, 시설, 구조물 설치-사용	해양과학기지, 석유가스개발플랫폼 등 시설 주변에 500 m 이내의 안전수역* 설정 *관세 · 재정 · 안전 · 출입국관리 가능
	(2) 해양과학조사	자국 EEZ에 대한 외국의 해양과학조사를 규제(동의) 가능* *협약 제13부가 상세히 규정
	(3) 해양환경 보호와 보전	EEZ 해양환경보호를 위한 법령제정권 제3국의 해저전선/관선부설, 투기, 위반 선박 *협약 제12부가 상세히 규정

그러나 연안국은 상술한 EEZ에서 향유하는 권리와 동시에 협약이 부여하는 관리의 요건에도 따라야 한다. 이는 특히 생물자원의 보전과 이용적인 측면에서 요구되고 있다. 첫째, 연안국은 국제기구들과 협력하여 EEZ에서의 생물자원이 남획으로 인해 위태롭지 않도록 보장하여야 한다(제61조 제2항). 이러한 조치는 최대 지속생산량maximum sustainable yield(catch), MSY을 가져올 수 있는 수준으로 어획대상 어종의 자원량을 유지·회복하도록 계획해야 한다(제61조 제3항).[16] 둘째, 연안국은 자국 EEZ에서 '생물자원의 허용어획량(allowable catch of the living resources, TAC)을 결정'[17] 할 수 있지만(제61조 제1항), '생물자원의 최적 이용목표(optimum utilization of the living resources)'를 달성하도록 해야 한다(제62조 제1항). 연안국에 자율성을 부여하되, 최적이용형태를 통해 다른 국가의 이용을 보장하려는 조치이다. 그러나 이는 연안국이 허용어획량을

16) 연안국은 최대 지속생산량을 결정할 때, 자국 연안어업지역의 경제적 필요, 개도국의 특별한 요구, 어로방식, 어족 간 상호의존성, 일반적으로 권고된 국제적 최소기준을 고려하도록 규정(제61조 제3항)하고 있는데, 사실상 연안국이 자유롭게 판단할 수 있는 여지를 부여하고 있다.

17) UN해양법협약은 제61조 제1항에서 '허용어획량allowable catch', 제62조 제2항에서 '전체 허용어획량(entire allowable catch)', 제66조 제2항에서 '총 허용어획량(total allowable catch)'이라고 다르게 표현하고 있다. 용어의 통일성은 없지만, 이는 일반적으로 '총 허용어획량(total allowable catch, TAC)'으로 총칭되고 있으며, 해석상의 차이는 없다.

사실상 자율적으로 규정하면서(제61조 제1항) 제62조의 최적이용과 허용어획량의 잉여량을 타국에 분배하도록 한다는 점에서 연안국에 적절한 의무로 이행될 수 있을지는 의문이다. 셋째, 연안국은 자국의 어획능력을 결정(제62조 제1항)하고, 제61조 제1항이 규정하는 허용어획량을 어획할 능력이 없을 경우, 허용어획량의 잉여량에 대하여 다른 국가의 입어를 허용하도록 하고 있다(제62조 제2항). 이때 연안국은 다른 국가의 입어를 허용함에 있어서 개도국, 내륙국, 지리적 불리국 등을 특별히 고려하여야 하며, 연안국의 경제와 그 밖의 국가이익에 미치는 중요성 등 모든 관련 요소를 고려하여야 한다(제62조 제3항). 즉 연안국은 다음과 같은 단계로 생물자원을 생산하고 보전하거나 분배하게 된다.

생물자원 이용과 보전 요건					
접근	총 허용어획량 결정	→	자국 어획능력 결정	→	허용어획량의 잉여량 다른 국가 분배
예시	100만 톤		70만 톤		30만 톤
목표	생물자원 보전(과학적 증거) + 최대 지속생산량 + 최적 이용목표				

연안국의 EEZ 생물자원 이용 요건

연안국의 생물자원 보전 · 이용 권리 요건	주요 대상(연안국 권한 특징)
(1) 총 허용어획량(TAC) 결정과 최적 이용목표	연안국은 EEZ에서 총 허용어획량을 결정할 수 있으나, 이는 최적 이용목표를 추구 * 제61조 제1항, 제62조 제1항
(2) 최대 지속생산량(MSY)	부여된 환경에서 특정 생물자원을 자원량 변동에 영향이 없는 상태로 최대수준에서 지속적으로 포획하는 것
(3) 자국 어획능력결정 및 잉여량 분배	개도국, 내륙국, 지리적 불리국 등 * 협정이나 약정을 통해 입어 허용

대륙붕

대륙붕 continental shelf이란 원래 지질학적 개념으로, 연안 저조선부터 수심 200 m까지의 해저를 나타내는 용어이다. 영국의 지질학자 휴 로버트 밀 Hugh Robert Mill은 그의 저서 『자연의 영역 The Realm of Nature (1891)』에서 최초로 대륙붕 continental shelf이라는 용어를 사용하였는데, 그 개념은 "육지에 연접하고 수심 100 fathom(약 183 m)까지의 경사가 완만한 연안 해저"라고 규정하고 있다. 해양에서 해양퇴적학의 발전은 해양조사기술 수단의 발전과 밀접한 관련이 있는데, 1872년부터 1876년까지 영국 챌린저호 Challenger가 전지구 항행을 통해 해저퇴적물을 채취한 이후, 1940년까지 퇴적학은 전후 석유공업의 침적연구에 대한 수요급증을 통해 새로운 발전 단계로 접어들었다.

국제사법재판소 International Court of Justice, ICJ는 '영국-노르웨이 어업분쟁사건 *Anglo-Norweigian Fisheries Case*(1952)'에서 연안국의 연안이원 해역에 대한 권리가 육지를 근거로 부여되고 있음을 지적한 바 있으며(ICJ Reports, at 133), 국가 실행에서는 1945년 미국의 트루먼 대통령이 선포한 「대륙붕의 해저와 하층토 자연자원 정책에 관한 제2667호 대통령 선언(Proclamation 2667-Policy of the United States With Respect to the Natural Resources of the Subsoil and Sea Bed of the Continental Shelf)」이 처음이다. 이른바 법적 대륙붕 개념이 나타나기 시작한 것이다. 국제법위원회의 초안을 토대로 채택된 1958년 「대륙붕협약」은 대륙붕 범위를 "수심 200 m에 이르는 지역 혹은 천연자원의 개발이 가능한 수심까지"로 규정(제1조)하였다. 그러나 대륙붕협약의 개념에 의하면 대륙붕은 '과학기술의 발전과 자원개발 가능성'이라는 동태적 변수에 의해 끊임없이 변화하는 불확정성을 내포하고 있었다. 1969년 ICJ의 '북해 대륙붕 사건 *North Sea Continental Shelf Case*'에서 "육지영토의 자연연장" 범위로까지 확장되었다. 이후 제3차 UN 해양법회의를 거치면서 과학적이고 법적인 개념을 바탕으로 대륙붕에 대한 재정의가 이루어졌고, 이는 UN해양법협약 제76조에서 제85조까지 규정되어 있다.

협약에 따라 연안국의 대륙붕은 영해 밖으로 영토의 자연연장에 따라 대륙변계의 바깥 끝까지 또는 대륙변계의 바깥 끝이 200해리에 미치지 않는 경우, 영해기선으로부터 200해리까지 해저지역의 해저와 하층토로 확장하게 된다(제76조). 또한 협약은 대륙변계 continental margin가 연안국 육지영토의 바다로의 연장 부분을 포함하며(제76조 제1항), 육지 대륙붕과 대륙사면, 대륙융기의 해저와 하층토로 구성되어 있고, 이는

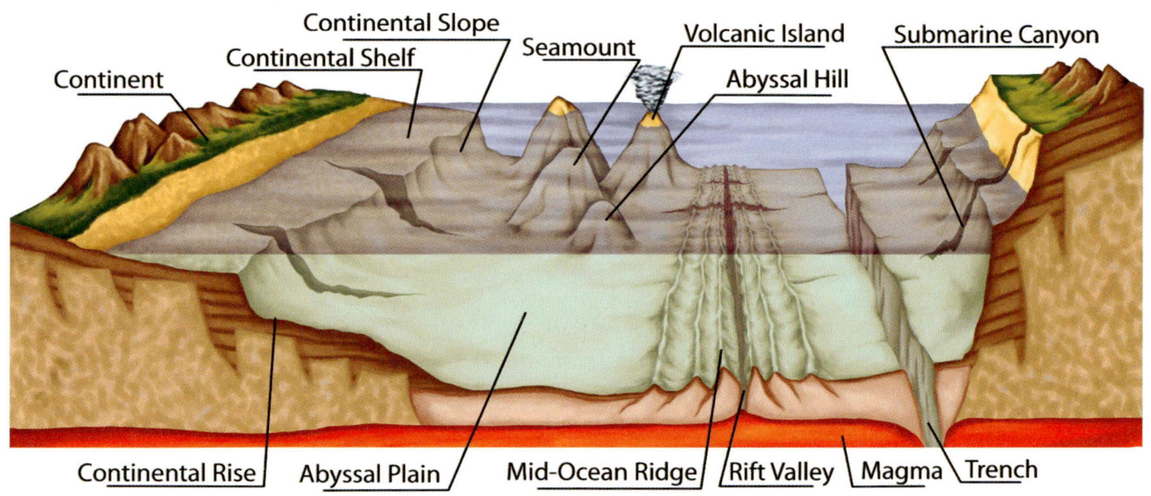

해양산맥을 포함한 심해대양저나 그 하층토를 포함하지 않는다(제76조 제3항)는 발전적 해석을 도출하고 있다.[18] 넓은 대륙붕을 가진 국가들은 제76조 제4항에서 제6항까지 규정된 "두 개의 공식선"과 "두 개의 제한선"에 근거하여 최대 "영해기선으로부터 350해리 혹은 등심선 기준 2,500 m로부터 100해리"라는 두 제한선 중에서 자국에 유리한 거리까지를 대륙붕으로 확대할 수 있게 되었다. 단, 연안국이 200해리 외측으로 대륙붕을 연장하고자 할 경우 연안국은 200해리 초과 대륙붕에 관한 정보를 1996년 설립(UN해양법협약 제2부속서)된 UN 대륙붕한계위원회 Commission on the Limits of the Continental Shelf, CLCS에 제출하여야 한다. 또한 200해리 초과 대륙붕에서 무생물자원을 개발할 경우, 개발이익의 일정분(금전 혹은 현물지급)을 국제해저기구에 납부, 협약당사국에 분배하도록 하고 있다(제82조). 제82조의 규정은 넓은 대륙붕을 가진 국가의 주권적 권리를 인정하는 대신, 200해리 외측 확장으로 야기되는 인류공동유산에 대한 이익을 일정 부분 지리적 불리국(개발도상국)에 배분하고자 하는 주장과 타협한 결과이다. 지리적으로 좁은 대륙붕을 가진 국가 역시 자연적 연장에 근거한 대륙붕은 없을지라도, EEZ라는 제도를 통해 사실상 200해리까지는 확보할 수 있는 근거가 마련되어 있다. EEZ는 수층뿐 아니라 해저와 그 하층토를 포함하는 개념이기 때문이다.

UN해양법협약은 지질학적 개념의 대륙붕을 훨씬 초과하는 법적 대륙붕에 대한 연안국의 주권적 권리와 관할권을 인정하고 있다. 여기서 EEZ와 대륙붕에 공통적으로 적용되는 '주권적 권리' 혹은 '관할권'은 상술한 것처럼 전통적 의미에서의 '주권'과

---

18) UN해양법협약 제76조(대륙붕의 정의)는 다음과 같이 규정하고 있다 :

1. 연안국의 대륙붕은 영해 밖으로 영토의 자연적 연장에 따라 대륙변계의 바깥 끝까지, 또는 대륙변계의 바깥 끝이 200해리에 미치지 아니하는 경우, 영해기선으로부터 200해리까지의 해저지역의 해저와 하층토로 이루어진다.
2. 연안국의 대륙붕은 제4항부터 제6항까지 규정한 한계 밖으로 확장될 수 없다.
3. 대륙변계는 연안국 육지의 해면 아래쪽 연장으로서, 대륙붕·대륙사면·대륙융기의 해저와 하층토로 이루어진다. 대륙변계는 해양산맥을 포함한 심해대양저나 그 하층토를 포함하지 아니한다.
4. (a) 이 협약의 목적상 연안국은 대륙변계가 영해기선으로부터 200해리 밖까지 확장되는 곳에서는 아래 선중 어느 하나로 대륙변계의 바깥 끝을 정한다.
   (i) 퇴적암의 두께가 그 가장 바깥 고정점으로부터 대륙사면의 끝까지를 연결한 가장 가까운 거리의 최소한 1퍼센트인 가장 바깥 고정점을 제7항에 따라 연결한 선
   (ii) 대륙사면의 끝으로부터 60해리를 넘지 아니하는 고정점을 제7항에 따라 연결한 선
   (b) 반대의 증거가 없는 경우, 대륙사면의 끝은 그 기저에서 경사도의 최대변경점으로 결정된다.
5. 제4항 (a) (i)과 (ii)의 규정에 따라 그은 해저에 있는 대륙붕의 바깥한계선을 이루는 고정점은 영해기선으로부터 350해리를 넘거나 2500미터 수심을 연결하는 선인 2500미터 등심선으로부터 100해리를 넘을 수 없다.
6. 제5항의 규정에도 불구하고 해저산맥에서는 대륙붕의 바깥한계는 영해기선으로부터 350해리를 넘을 수 없다. 이 항은 해양고원·융기·캡·해퇴 및 해저돌출부와 같은 대륙변계의 자연적 구성요소인 해저고지에는 적용하지 아니한다.
7. 대륙붕이 영해기선으로부터 200해리 밖으로 확장되는 경우, 연안국은 경도와 위도 좌표로 표시된 고정점을 연결하여 그 길이가 60해리를 넘지 아니하는 직선으로 대륙붕의 바깥한계를 그어야 한다.
8. 연안국은 영해기선으로부터 200해리를 넘는 대륙붕의 한계에 관한 정보를 공평한 지리적 배분의 원칙에 입각하여 제2부속서에 따라 설립된 대륙붕한계위원회에 제출한다. 위원회는 대륙붕의 바깥한계 설정에 관련된 사항에 관하여 연안국에 권고를 행한다. 이러한 권고를 기초로 연안국이 확정한 대륙붕의 한계는 최종적이며 구속력을 가진다.
9. 연안국은 측지자료를 비롯하여 항구적으로 자국 대륙붕의 바깥한계를 표시하는 해도와 관련 정보를 국제연합사무총장에게 기탁한다. 국제연합사무총장은 이를 적절히 공표한다.
10. 이 조의 규정은 서로 마주 보고 있거나 이웃한 연안국의 대륙붕경계 획정문제에 영향을 미치지 아니한다.

UNCLOS에서의 대륙붕과 법적 레짐

<table>
<tr><th>구분</th><th colspan="4">권리 및 접근</th><th>근거(조)</th></tr>
<tr><td rowspan="5">폭</td><td colspan="4">영해기선에서 200M까지</td><td>76(1)</td></tr>
<tr><td rowspan="4">200M
외측확장</td><td rowspan="2">공식선</td><td colspan="2">(1) 퇴적암 두께, 혹은</td><td rowspan="4">76(4)(5)(6)</td></tr>
<tr><td colspan="2">(2) FOS + 60M</td></tr>
<tr><td rowspan="2">제한선</td><td colspan="2">(1) 영해기선에서 350M, 혹은</td></tr>
<tr><td colspan="2">(2) 2500m 등심선 + 100M</td></tr>
<tr><td rowspan="2">권원</td><td>200M</td><td colspan="3">실효적, 관념적 점유 또는 명시적 선언 불요</td><td>77(3)</td></tr>
<tr><td>200M 외측대륙붕</td><td colspan="2">CLCS 절차</td><td>연안국 CS 외측 : ISA(134)</td><td>76(8)</td></tr>
<tr><td>범위</td><td colspan="4">해저와 하층토</td><td>76(1)</td></tr>
<tr><td rowspan="2">legal regime
내용</td><td>주권적 권리</td><td colspan="3">• 타국은 연안국의 명시적 동의 없이 탐사나 개발을 할 수 없는 배타적 권리
• 실효적, 관념적 점유 또는 명시적 선언 불요</td><td>77(1)(2)(3)</td></tr>
<tr><td>관할권</td><td colspan="3">• 인공섬, 시설 및 구조물
• 모든 시추의 허가와 규제
• 인공섬, 시설, 구조물 운용 및 대륙붕 탐사와 자원개발을 위한 전선과 관선 부설
• 해양과학조사와 해양환경의 보호 및 보전</td><td>80
81
79
246
208</td></tr>
<tr><td>천연자원
정의</td><td colspan="4">• 해저와 하층토의 광물자원, 무생물자원
• 정착성 어종에 속하는 생물체(수확가능단계에 해저표면 또는 그 아래에서 움직이지 않거나 또는 해저나 하층토에 항상 밀착하지 않고는 움직일 수 없는 생물체)</td><td>77(4)</td></tr>
</table>

(양희철 외 6인, 『국제해양질서의 변화와 동북아 해양정책』, 2009, p.355)

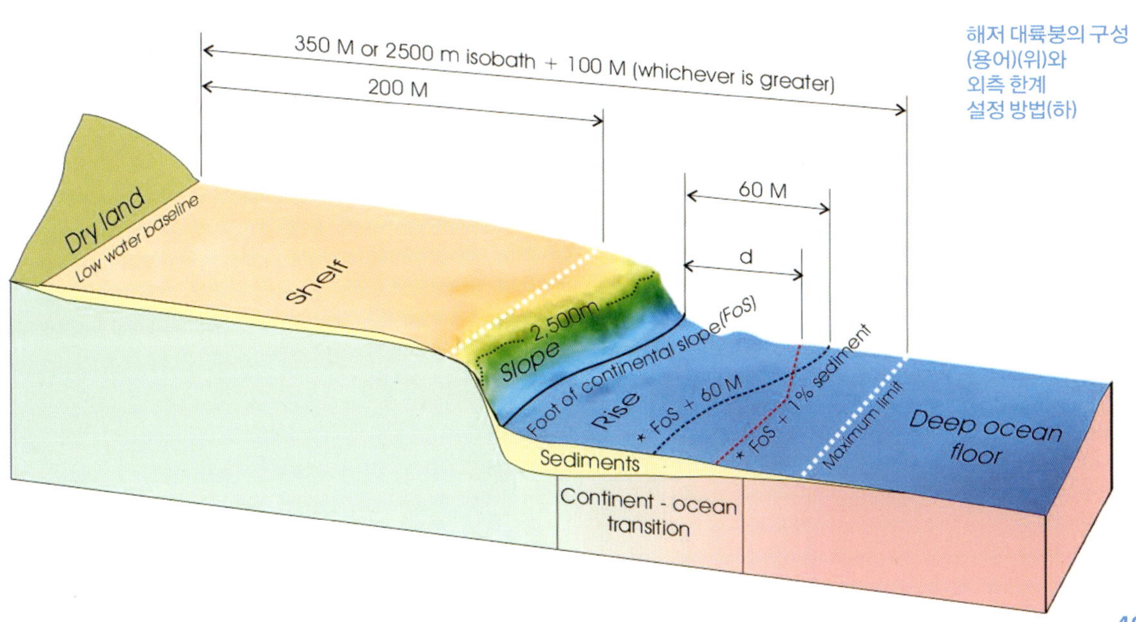

해저 대륙붕의 구성(용어)(위)와 외측 한계 설정 방법(하)

의미를 달리한다. 협약상의 EEZ와 다른 점은 EEZ에 대한 연안국의 권리는 반드시 명시적 주장이 있어야만 발생하는 권리인 반면, 대륙붕에 대한 연안국의 권리는 실효적이거나 관념적인 점유 혹은 명시적 선언을 필요로 하지 않는다(The rights of the coastal State over the continental shelf do not depend on occupation, effective or notional, or on any express proclamation)는 점이다(제77조 제3항). 즉 대륙붕은 선언에 의존하지 않고 연안국 영토가 해양까지 자연적으로 뻗어나가 형성되었다는 사실에 근거한 것으로, ICJ가 '북해 대륙붕 사건(1969)'에서 '당연히 원초적으로(*ipso factio ab initio*)' 연안국에게 부여된 권리라고 판단한 바 있다.

대륙붕에 대한 연안국의 권리는 대륙붕 탐사와 그 천연자원의 개발에 제한된다. 여기서 이른바 '천연자원'이란 해저와 하층토의 광물, 그 밖의 무생물자원 및 정착성 어종에 속하는 생물체를 말한다. 정착성 어종이란 "수확가능단계에서 해저표면 또는 그 아래에서 움직이지 아니하거나 또는 해저나 하층토에 항상 밀착하지 아니하고는 움직일 수 없는 생물체"를 말한다(제77조). EEZ에서의 잉여권을 다른 국가에 분배하는 것과는 달리, 대륙붕에 대한 연안국 권리는 설령 대륙붕을 탐사 · 개발하지 않아도 연안국의 명시적인 동의 없이는 다른 국가의 접근이 허용되지 않는다. 한편, 대륙붕에 대한 연안국의 권리는 상부의 수체와 수면 위 상공의 법적 지위에 영향을 미치지 않는다. 따라서 연안국이 다른 국가의 항행 권리나 협약이 규정한 다른 권리와 자유를 침해하거나 부당한 방해를 초래할 수 없다(제79조). 모든 국가는 대륙붕에서 해저전선과 관선을 부설할 자격이 있으며, 연안국은 대륙붕의 탐사와 대륙붕의 천연자원 개발 그리고 관선에 의한 오염 방지, 경감 및 통제를 위한 합리적 조치를 취할 권리에 따라 이러한 전선이나 관선의 부설, 유지를 방해할 수 없다. 단, 대륙붕에서의 관선 부설 경로 설정은 연안국의 동의를 받아야 한다(제79조).

연안국은 대륙붕에서 (a) 인공섬, (b) 제56조에 규정된 목적과 그 밖의 경제적 목적을 위한 시설과 구조물, (c) 대륙붕에서 연안국의 권리행사를 방해할 수 있는 시설과 구조물의 건설, 운용, 사용을 허가하고 규제하는 배타적 권리를 갖는다. 연안국은 이러한 인공섬, 시설 및 구조물에 대하여 관세 · 재정 · 위생 · 안전 및 출입국관리 법령에 관한 관할권을 포함한 배타적 관할권을 가진다. 연안국은 필요한 경우 항행의 안전과 인공섬 · 시설 및 구조물의 안전을 보장하기 위하여 이러한 인공섬 · 시설 및 구조물의 주위에 적절한 조치를 취할 수 있는 500미터의 안전수역을 설치할 수 있다(제79조~제80조).

대륙붕과 EEZ는 연안국의 해양자원에 대한 주권적 권리와 관할권의 적용을 주된 내용으로 하는 해양법상 제도이다. 다만 EEZ는 상부수역, 해저, 하층토을 포함하는 개념인데, 연안국은 그러한 수역에서의 생물자원 개발 및 이용과 관련하여 총 허용

어획량을 넘는 잉여분에 대한 개도국, 내륙국 등 제3국의 권리를 고려해야 한다. 반면, 연안국의 대륙붕 자원에 대한 권리는 타국의 권리를 고려할 필요가 없다.

● 공해

공해(公海, High Seas)에 대해 UN해양법협약은 "어느 한 국가의 배타적경제수역, 영해, 내수 또는 군도국가의 군도수역에 속하지 아니하는 바다의 모든 부분"으로 규정하고 있다. 따라서 연안국이 관할권을 행사하는 200해리 이원의 대륙붕 또는 심해저의 해저와 하층토를 제외한 상부수역이 공해에 해당한다.

공해의 법적 성질에 대하여는 무주물설(*res nullius*), 공유물설(*res communis*), 국제공역설(*res extra commercium*, international public domain)이 주장된 바 있으나, 20세기 이후 대부분의 학자들은 더 이상 무주물과 공유물설을 주장하지 않는다. 현재 국제법상 공해의 법적 성격은 어느 한 국가에 의해 영유하거나 관할할 수 없도록 보장된 지역이라는 점에서 국제공역으로 보는 것이 타당하다.

공해 개념이 생성된 이후 오랫동안 국가의 해양관할범위는 내수와 영해에 제한적이었다. 공해자유의 개념은 17세기 이래 각국의 관행으로 수용되다가 19세기에 국제관습법화되었으며, 1958년 공해협약을 통해 공해자유의 원칙으로 성문화했다. 공해협약 제2조는 특히 공해를 어느 국가의 주권에도 귀속시킬 수 없는 강행법규 jus cogens 로 지위를 확고하게 하였고(제2조), UN해양법협약은 이를 그대로 계승하고 있다(제89조). 따라서 공해제도를 관통하는 '영유금지'와 '자유이용'은 공해자유의 원칙 principle of freedom of the high seas 을 구성하는 핵심 원칙이다. 1958년 「공해협약」 제1조는 "공해라 함은 국가의 영해 또는 내수에 포함되지 않는 모든 부분"으로 정의하고 있으나, 이후 EEZ 개념의 출현으로 이러한 공간 개념은 수정이 필요하였다. 1958년 공해협약은 공해자유원칙으로 항행의 자유, 어업의 자유, 해저전선과 관선 부설의 자유, 비행의 자유를 언급하고 있으나(제2조), UN해양법협약은 여기에 추가하여 국제법상 인정되는 인공섬과 그 밖의 시설 건설의 자유, 과학조사의 자유를 추가하여 규정하고 있다(제87조).

UN해양법협약이 부여하는 공해자유는 일반적으로 사용의 자유를 중심으로 구성되어 있다. 그리고 그 주체는 모든 국가(연안국과 내륙국)와 모든 선박 · 항공기를 포함한다. 선박의 범주에서는 군함, 공선, 사선 등을 구분하지 않는다. 공해에서 활동의 자유 범주에 군사연습과 핵실험 여부가 논의된 바 있으나, 군사연습은 공해자유의 범위에 속한 것으로 해석되며, 핵실험에 대하여는 논쟁이 있다. 예컨대 1973년 프랑스는 태평양에서 핵실험을 이유로 다른 국가들의 진입을 차단한 바 있는데, 호주와 뉴질랜드는 공해자유 원칙을 위반한 것이라 주장하고 국제사법재판소에 제소한 바 있다.

이른바 핵실험사건 *Nuclear Tests Case*이다. 국제사법재판소는 제소국이 확정판결 시까지 실험을 중단하도록 신청한 잠정조치 요청을 받아들여 실험 금지를 명한 바 있다. 이후 프랑스가 핵실험을 중단한다고 선언하면서 추가적 본안 판결 없이 사안은 종료되었지만, 핵실험이 공해자유 범위에 해당되는가는 여전히 논쟁이 있다고 보인다.

공해자유의 내용

구분	내용 및 제한요소
항행의 자유	• 모든 국가의 선박(공선, 사선, 군함 구분 없음)은 항행의 자유를 누림. 다만 해난 구조와 선박충돌 등은 항행에 관한 국제법 규칙을 준수하여야 함. • 공해에서 해적행위, 노예수송, 무허가 방송선박, 무국적 선박에 대하여는 인정되지 않음.
상공비행의 자유	• 모든 국가의 항공기에 대하여 인정됨. 전시와 평시를 불문하고 인정됨.
어업의 자유	• 모든 국가의 선박에 인정되며 타국의 허가나 부담을 받지 않음. 다만 제87조에 의해(다른 국가의 이익, 심해저 활동과 관련된 다른 국가의 권리를 적절히 고려) 제한되는 경우가 있음.
해저전선과 관선 부설의 자유	• 모든 국가에 인정됨. 다만 경로는 연안국 동의 필요하고(제79조), 기존에 설치된 전선과 관선을 고려하여야 함(제112조).
인공섬과 기타 시설설치의 자유	• 인공섬과 시설 설치의 자유가 인정됨. 이는 연안국 대륙붕(200해리 외측 대륙붕 포함)에서도 인정되나, 연안국의 규제와 허가를 받음.
과학조사의 자유	• 모든 국가와 권한 있는 국제기구에 인정됨. • 제6부(대륙붕)과 제13부(해양과학조사)에 따라 자유롭게 수행.

그러나 공해상에서의 자유 또한 무제한적인 것은 아니다. UN해양법협약은 공해가 국가관할수역과 같이 일정한 질서유지가 필요하다는 것을 고려하여, 특히 공해상 선박에 대한 기국의 관할권 행사를 요구하게 되었다. 여기서 기국 state of flag이란 '선박이 등록된 국가'를 말하며, 선박의 국적에 해당한다. 무어 John Basset Moore는 공해상 선박을 '기국 영토의 일부를 형성'하기 때문에 '준영토적' 개념으로 기국 관할권을 인정하는 것이라고 해석한다. 이러한 객관적 영토원칙에 근거하여 1958년 공해협약 제11조와 UN해양법협약 제97조는 공해상에서 선박충돌 또는 그 밖의 항행사고가 발생할 경우의 관련자에 대한 형사 또는 징계 절차는 "가해 선박의 기국이나 그 관련자의 국적국" 사법 및 행정 당국 외에 제기될 수 없도록 하고 있다.[19)]

일반적으로 모든 국가는 선박등록의 조건을 스스로 결정하여 설정하는데, 일부 국가(파나마, 라이베리아, 온두라스 등)는 외국인 선박에 대하여도 자유롭게 등록을 허용하기도 한다. 이를 '편의치적 flag of convenience'이라고 한다. 편의치적 선박은 일반적으로 노동조건과 안전관리 규정이 낮게 규율되고 있다는 점에서 해상사고의 원인이 되고 있으며, 국제사회는 이를 위해 오랫동안 논의하여왔다. 1958년 공해협약에서는 "진정한 관련 genuine link" 개념을 도입하고, 기국에 "관할권과 통제권을 실효적으로 행사" 하도록 규정하고 있으나(제5조), 명확한 개념을 내놓고 있지는 않다. UN해양법협약 역시 공해협약을 수용하는 한계는 있으나, '진정한 관련'을 선박의 국적 조항(제91조)과 연계하고, '실효적 관할권과 통제'를 기국의 의무 조항(제94조)과 연결하는 차이가 있다.

협약은 공해가 평화적 목적으로 보존되어야 한다고 규정하고 있다(제88조). 설령 공해에서의 모든 국가의 선박은 국적국 외에 국가관할권이 부정되더라도, 국제사회 전체 이익을 위해하는 행위에 대하여는 이를 금지하고, 제3국에 의한 관할권을 인정하고 있다. 이른바 보편적 관할권이다(제99조~제109조). 이에 따라 협약은 제110조를 통해 공해상의 외국선박에 대하여 임검권 규정을 두고 있는데, 이는 주권면제를 누리는 선박이 아닌 외국선박에 대하여 해적행위, 노예무역, 불법방송, 무국적 선박 등의 혐의가 있을 경우 군함이 행사하도록 하고 있다. 이는 군용 항공기나 정부업무에 종사하는 것이 명백히 표시되어 식별 가능하며 정당하게 부여된 모든 선박이나 항공기도 행사 가능하다(제110조 제4항, 제5항). 다만 그럼에도 불구하고 군함이나 비상업용 정부선박은 공해상 기국 외에 어떠한 국가의 관할권으로부터도 완전히 면제된다(제95조, 제96조).

한편 협약은 연안국에 자국 관할수역(내수, 영해, 접속수역, EEZ와 대륙붕)에서 법령을 위반한 외국선박을 공해까지 추적하여 나포할 수 있는 권한을 부여하고 있는데, 이를 추적권 right of hot pursuit이라 한다(제111조). 추적권은 19세기 영국과 미국의 관행에서 시작된 것으로 19세기 후반에 국제관습법으로 유지되었고, 1958년 공해협약에서 성문화했다.

추적권은 연안국에 관할수역에 대한 관할권 행사를 실질적으로 보장해주는 제도이면서, 공해에서의 기국주의에 대한 예외에 해당한다. 추적은 군함, 군용기, 정부선박과 항공기를 통해 이루어지며, 추적의 개시는 피추적 선박이 내수, 군도수역, 영해, 접속수역, EEZ, 대륙붕의 상부수역 안에 있을 때 개시되어야 한다. 법령위반의 모선(母船)은 공해에 있고, 자선(子船)이 연안국 관할수역에 있는 경우에도 추적 대상이

19) 1958년 공해협약 이전에 공해상 선박충돌에 관한 형사관할권 행사와 관련하여서 논란이 된 사건이 있었다. 1926년 공해상에서 프랑스 선박 로터스호(가해 선박)가 터키 선박 보즈-쿠르트호Boz-Kourt와 충돌하였는데, 터키인 8명이 사망하고 선박은 침몰되었다. 터키는 형사처벌 절차를 시작하고 벌금을 부과하였으나 프랑스가 반발하여 상설국제사법재판소가 이 사건을 다루게 되었다. 재판소는 1927년 본 사건에 대한 재판관할권은 가해국적인 프랑스는 물론 피해국적인 터키로부터도 가능하다고 하여 피해국에 의한 재판관할권 행사를 인정하였다. 선박사고에 대한 피해국과 가해국 모두의 경합관할권을 인정한 것이다. 이 사건은 국제법학자들로부터 많은 비판을 받았고, 이후 1958년 공해협약은 판례의 태도를 부정하고 재판관할권을 '가해국'으로 인정하는 입법을 하게 되었다.

된다. 다만 추적선이나 항공기가 반드시 피추적선과 동일 수역에 있을 필요는 없다. 추적권은 피추적 선박이 기국이나 제3국의 영해로 들어감과 동시에 소멸한다(제11조 제3항).

추적권의 합법적 행사는 즉각적이고 중단되지 않는 계속성이 있어야 한다. 이는 추적권이 공해자유의 제한을 의미하고, 연안국에 부여된 권리는 급박한 상황에서 행사되도록 보장한 것이기 때문이다. 법령 위반선박을 추적하는 데서 중단 없는 계속성을 요구하는 것은 연안국 권리행사의 연속성을 확보하기 위한 것이면서, 동시에 지나친 권리남용으로 확대되는 것을 방지하기 위한 것이다. 따라서 일단 추적한 뒤에도 아무런 조치 없이 피추적선을 보낸 후, 다시 추적권을 행사하는 것은 추적의 남용에 해당될 수 있다. 추적을 피한 경우에는 재개될 수 없으며, 불가피한 경우에는 다른 선박이나 비행기에 추적을 인계할 수 있고, 이 경우 추적은 계속된 것으로 본다.

● 심해저

심해저란 국가관할권 밖의 해저 sea-bed, 해상 ocean floor 및 그 하층토 subsoil를 말한다(제1조). 즉 내수, 영해, 접속수역, 배타적경제수역, 대륙붕이 아닌 공해 부분의 밑바닥과 그 지하를 의미한다. 심해저 제도는 1967년 주UN 몰타 대사 파르도 A. Pardo가 심해저 자원의 인류공동유산화를 주장한 이후, 제3차 UN해양법회의를 거쳐 현재의 협약으로 새롭게 확립된 개념이다. 이후 심해저 자원개발 제도의 운영 주체라고 할 수 있는 국제해저기구가 UN해양법협약 제308조 제3항에 의거, 협약 발효일인 1994년 11월 16일 설치되면서 실질적인 적용기에 접어들었다.

제3차 UN해양법회의 과정에서 심해저를 둘러싼 법제도에 대하여는 상당한 논쟁이 있었으며, 선진국 중심의 해양질서 개편에 반대한 다수의 개도국들을 중심으로 1982년 협약의 심해저 관련 조문이 형성되었으나, 일부 선진국들은 UNCLOS 제11부를 문제 삼아 지속적으로 협약 비준을 거부하여왔다. 그러나 서방 선진국들의 협약 비준 거부는 사실상 심해저 광물자원 개발 자체를 어렵게 할 것이라는 점은 자명하였고, UN 사무총장은 문제 해결을 위하여 여러 차례 중재를 시도, 1994년 7월 28일 서방선진국들의 비준에 장애가 되었던 상당한 조항을 삭제, 개정한 「UNCLOS 제11부 이행에 관한 협정 Agreement relating to the Implementation of Part XI of the UN Convention on the Law of the Sea(이하 '이행협정')」을 채택하게 되었다.

심해저 접근을 둘러싼 논쟁에서 해양선진국이 내세운 논리는 해양의 자유와 무주지에 대한 선점이었다. 그러나 이러한 논쟁은 파르도가 UN총회에서 "심해저는 평화적 목적으로 유보되어야 하고, 어떠한 국가의 취득 대상이 될 수 없으며, 개도국의 필요를 고려하고 인류의 이익을 위해 개발되어야 한다"는 제안(UN Doc A/C.1/PA 1515, A/C.A/PV 1516[1967])으로 중대한 변화를 맞이하게 된다. 파르도 대사의 제안은 트루먼 선언(1945) 이후 연안국의 관할권 확장과 자원개발 가능성, 심해저의 군사적 위기 가능성 등의 1960년대 말 시대적 양상과 접목되면서 많은 국가들의 지지를 받았는데, 브라운 Brown 박사는 이러한 시대적 환경 형성을 'zeitgeist'로 표현하기도 한다(ED Brown, Neither Necessary Nor Prudent at this Stage, 1981, p.205). 이는 일종의 '시대정신'으로 한 시대의 문화적 소산에 공통되는 인간의 이념이나 양식을 말한다.

UN해양법협약은 심해저에 대하여 "(1) 심해저가 인류공동유산이며(제136조), (2) 어떠한 국가도 심해저와 그 자원에 대하여 주권이나 주권적 권리를 주장 혹은 행사할 수 없으며(제137조), (3) 모든 권리는 인류 전체에게 부여된 것으로, 국제해저기구가 인류 전체를 위해 활동하며(제137조 제2항), (4) 관련 이익은 개도국의 이익을 적절히 고려하여(제140조 및 제160조 제2항[f], [i]) 해저기구의 규칙이나 규정, 절차에 의해 양도"되도록 규정하고 있다. 그러나 상기와 같은 원칙을 도출하는 데서 이해관계를 달리하는 선진국과 개도국은 제3차 해양법회의 과정 내내 심각하게 대립했으며, 결국 미국은 1982년 채택된 UN해양법협약의 서명 및 비준을 거부하였다. 이후 UN 사무총장 주재로 비공식 회의를 거친 결과 1994년 심해저 이행협정을 채택하면서 선진국의 입장을 대폭 반영하였다.

국제사회가 심해저에 관심을 기울이는 이유는 해저에 부존된 막대한 광물자원 때문이다. 심해저 자원이란 협약 제133조에 의거하여 복합금속단괴를 비롯해 심해저의

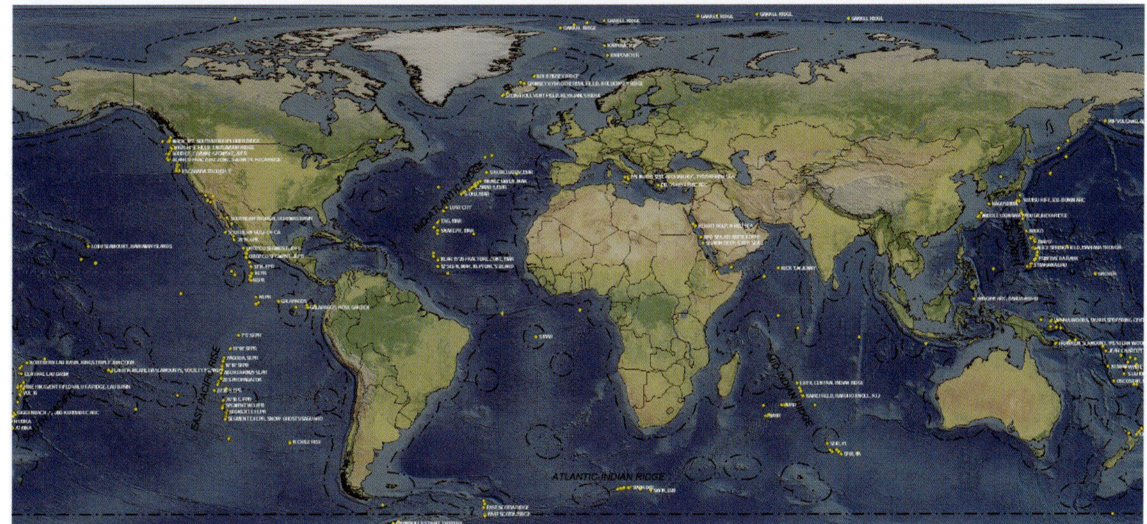

해저열수광상의 분포 유형

ISA

해저나 해저 아래에 있는 자연상태의 모든 고체성, 액체성 또는 기체성 광물자원으로 정의된다. 세계 대륙변계에 부존하는 자원에는 석유, 천연가스, 가스하이드레이트, 망간, 토륨, 모래, 티타늄, 철, 니켈, 구리, 코발트, 금, 다이아몬드 등을 포함할 수 있으나, 이들 광상의 구체적인 규모와 가치는 알려져 있지 않다. 단, 세계적으로 석유와 천연가스 및 유용광물을 개발하려는 노력이 지속되고 있으며, 심해저에서는 망간단괴와 망간각, 해저열수광상 및 메탄수화물 개발이 활발히 추진되고 있다. 특히 심해저 광물자원에는 바다의 '검은 황금'이라 비유되는 직경 3 cm ~ 25 cm 크기의 금속산화물인 망간단괴, 해저산 암반위에 껍질처럼 피복되어 있는 망간각, 해저 화산활동에 수반되어 형성되는 열수광상이 분포하여 있다.

심해저 광물자원에서 상업적 관심이 높은 것은 코발트, 니켈, 망간, 동 등 4대 금속인데, 이들의 이용과 소비는 국민총생산 · 기술발전 상태와 직결된다는 점에서 전략광물이라 일컬어진다. 하그리브 Hargreve와 프롬슨 Fromson은 광물공급의 안정성과 이들 광물의 공급선 붕괴로 초래하는 비용을 계량화하고, 25개 금속의 전략적 중요도를

망간각의 분포유형
주로 해산에 껍데기처럼 분포되어 있다

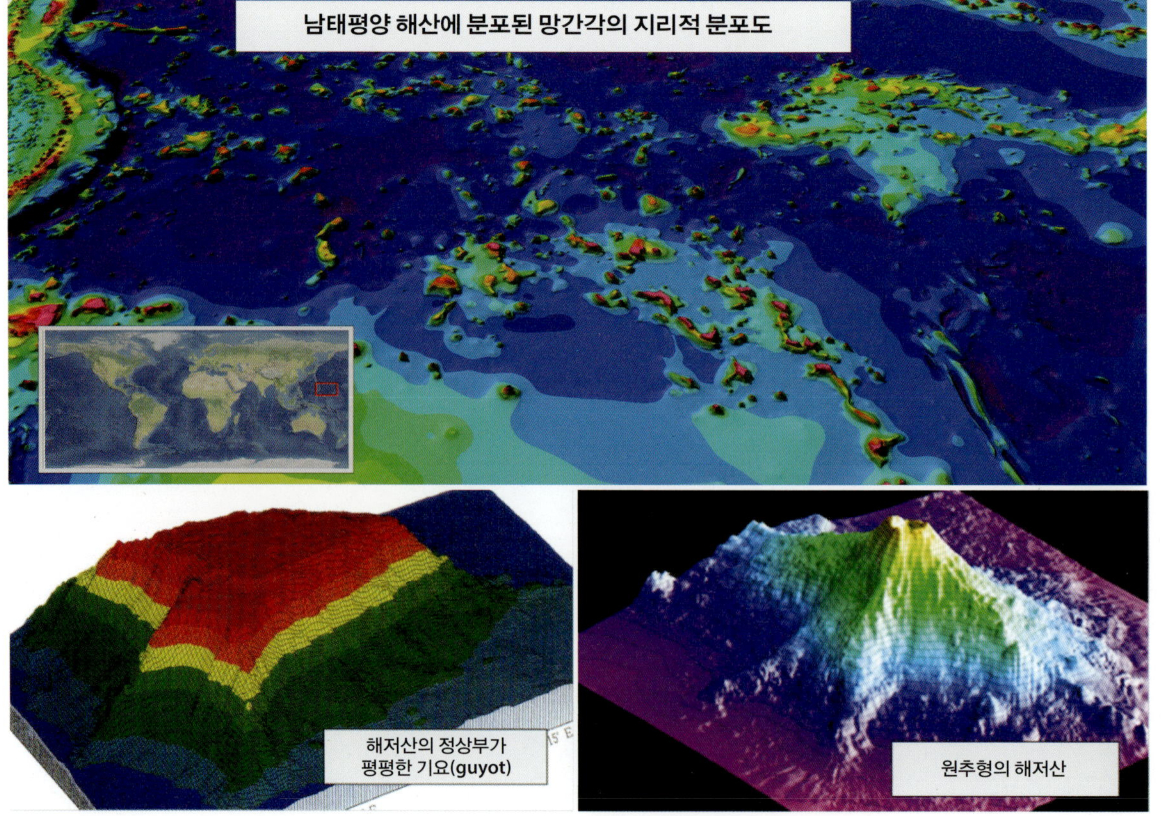

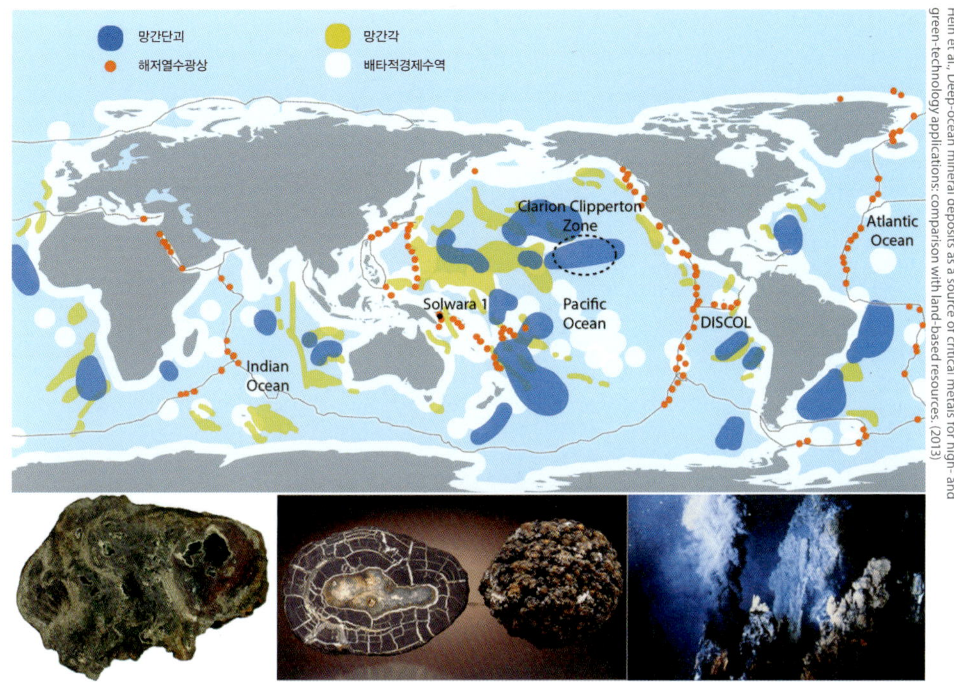

Hein et al., Deep-ocean mineral deposits as a source of critical metals for high- and green-technology applications: comparison with land-based resources. (2013)

심해저 광물자원의 지역별 자원 분포도

심해저 주요 광물자원
좌측부터 망간단괴, 망간각, 해저열수광상

등급으로 수치화하였는데, 이때 점수가 높을수록 위험도가 높고 점수가 낮으면 위험도가 낮은 것으로 평가하고 있다. 이에 따르면 망간단괴 · 코발트 · 동은 전략적 등급이 25점 이상인 고위험 수준, 알루미늄 · 니켈 · 티타늄 등은 10점에서 25점 사이인 중간 위험 수준, 철과 납은 10점 이하로 저위험 수준으로 분류, 심해저 광물의 전략적 중요성을 시사하고 있다. 이들 자원은 육상자원의 감소와 자원공급 문제에 따라 미래 자원공급을 해결할 중요한 원천으로 부각되고 있다. 이 중 코발트, 니켈, 구리, 망간 등을 포함한 4대 전략금속을 함유한 망간단괴 개발을 위하여 각국이 경쟁적으로 심해저 광구 확보를 위해 탐사작업을 지속하고 있다. 2020년 현재, 약 30여 개 국가와 기업 등이 국제해저기구와 심해저 광구계약을 체결하고 있는데, 이 중 망간단괴 18개 광구, 해저열수광상 7개 광구, 망간각 5개 광구가 있다. 한국과 중국, 일본, 러시아는 광종별 광구를 모두 확보하고 있는 국가에 해당하며, 중국은 총 5개의 광구를 확보하여 국제적으로 가장 활발하게 심해저 자원 탐사에 나서는 국가이다.

심해저 자원은 분포 유형이 뚜렷하게 차이가 난다는 점에서 심해저광구의 설정 방식 또한 매우 다르고, 각 주체가 확보하는 광구면적, 단위 광구 block 설정 방식 등에서 차이가 있다.

한편 국제해저기구는 모든 회원국으로 구성되는 총회, 국제해저기구의 집행기관인 이사회, 이사회의 기관인 경제기회위원회와 법률기술위원회로 구성된다. 국제해저

심해저 광물자원의 광구 설정방식 (탐사규칙)

구 분	망간단괴	해저열수광상	망간각
탐사규칙	2000	2010	2012
계약기간	15년(+5년 연장)	15년(+5년 연장)	15(+5년 연장)
광구신청방식	선행투자 광구 유보 광구 혹은 지분참여	선택: 유보 광구 / 지분참여	선택: 유보 광구 / 지분참여
광구신청 및 이행 절차	15만 km^2 동일 경제가치 광구 2개 제출 → ISA 1개 선택 (유보 광구) → 1개는 신청국 할당광구 → 포기절차 이행 → 단독광구(75,000 km^2)	1. (유보 광구 선택 시) 1만 km^2 동일 경제가치 광구 2개 제출 → ISA 1개 선택 (유보 광구) → 1개 신청국 할당광구 → 포기절차 이행 → 단독광구 2. (지분참여) 1만 km^2 1개 광구 신청 → 포기절차 이행 → 단독광구(2,500 km^2)	1. (유보 광구 선택 시) 3,000 km^2 동일 경제가치 광구 2개 제출 → ISA 1개 선택 (유보 광구) → 1개 신청국 할당광구 → 포기절차 이행 → 단독광구 2. (지분참여) 3,000 km^2 1개 광구 신청 → 포기절차 이행 → 단독광구(1,000 km^2)
신청비	25만 달러→50만 달러 (2012 개정)	선택: 일시불 고정비 50만 달러 / 고정비(5만 달러)+연비(광구×달러) → 일시불 고정비 50만 달러 (2014, ISBA/20/A/10)	일시불 고정비 50만 달러
중복광구	×	6개월 한시적용(이사회 결정) → (이후) 선착순	6개월 한시적용(이사회 결정) → (이후) 선착순
광구 설정	×	(10 km × 10 km(100 km^2)) × 100 block = 1만 km^2 ※ 최소 5개의 cluster로 광구 형성 (1개 cluster는 최소 5개 광구)	20 km^{2}의 광구(형태제한 없음) × 150 block = 3,000 km^2 ※ 최소 5개의 cluster로 광구 형성 (1개 cluster는 최소 5개 광구)
광구설정형태	×	모든 광구는 한 변 길이 1,000 km + 30만 km^2 직사각형 범위에 위치	모든 광구는 550 km × 550 km 범위에 위치
거리표시	경위도 좌표	경위도 좌표	경위도 좌표
광구포기시기	3년(20%) → 5년(10%) → 8년(20%)	8년(50%) → 10년(75%)	8년(최초 할당광구의 1/3) → 10년(최초 할당광구의 2/3)
최종할당	75,000 km^2	2,500 km^2	1,000 km^2
우리나라참여	광구 확보	광구 확보	광구 확보

기구의 이사회는 해저기구의 권한에 속하는 모든 문제나 사항에 관하여 해저기구가 수행해야 할 개별 정책을 수립할 권한을 갖는 기관으로 총 36개국으로 구성된다. 법률기술위원회는 15명으로 규정되어 있으나, 현재 30명으로 확대해 운영하고 있다. 이 중 심해저 의사결정을 주도하는 이사회의 의사결정 체계는 협약 채택 시 선진국의

이사회 그룹별 구성 및 의사결정에서의 거부권 행사

그 룹			Chamber (단일)	우리나라 진출
구분	국가	그룹 구성 기준		
A그룹	4	심해저 채취광물 대량소비국/수입국	single	
B그룹	4	심해저 활동 8대 투자국	single	○ (2009)
C그룹	4	심해저 광물 주요 수출국	single	
D그룹	6	개도국 (인구 다수국/내륙국/지리적 불리국)	single	
E그룹	18	지리적 배분		2009년 이전

불안감 해소를 위해 컨센서스에 의하고, 주요 이해그룹에 거부권을 인정하는 방식으로 운영하고 있다. 즉 36개 국가는 5개 그룹(A그룹에서 E그룹)으로 구성되지만 그 구성국 수는 그룹마다 다르며, 이들 중 A그룹에서 C그룹까지는 각각 하나의 Chamber를 구성하고, D그룹과 E그룹은 하나의 단일 Chamber가 되도록 규정하고 있다. 문제는 이사회가 합의에 이르기 위한 모든 노력을 다하고도 합의에 이르지 못한 경우, 실질문제의 결정 decisions on questions of substance은 상기 언급된 어느 한 Chamber 내에서 다수결에 따라 반대하지 않는 한, 출석하여 투표한 2/3에 의해 결정되도록 하고 있다는 점이다. 이는 각국이 심해저 관련 활동을 추진하는 데서 동일한 이해가 있는 소규모 그룹을 통해 자국에 불리한 문제에 대하여는 거부권을 행사할 수 있는 여건을 부여하고 있다는 점에서 중요하다. 주의할 것은, 1996년 초기 이사국 구성 시 지역별 안배를 아프리카(10석), 아시아(9석), 서구(8석), 중남미(7석), 동구(3석)으로 하였는바, 이 총합은 37개국이 된다. 이에, 매년 이사국 구성 시 동구 그룹을 제외한 다른 지역 그룹은 4년 동안 1년 씩 한 석을 순환하면서 포기하는 제도를 도입하여 운영(Floating system)하고 있다.

심해저 광물자원 탐사규칙과 개발규칙 제정 현황

탐사단계	
탐사규칙 제정	현황
망간단괴 탐사규칙	○(2000)
해저열수광상 탐사규칙	○(2010)
망간각 탐사규칙	○(2012)

개발단계	
개발규칙 제정	현황
망간단괴, 해저열수광상, 망간각 통합 규칙	초안 검토 (2020)

심해저 광물자원에 대한 국제사회의 투자와 상업화 노력은 현재까지도 진행 중이지만, 여전히 탐사단계에 머물러 있다. 이는 육상광물의 가격변동과 관련되며, 향후 상업화 단계에서는 해양환경 문제와의 균형도 중요한 변수가 될 수 있을 것이다. 국제해저기구는 2012년까지 심해저 광물자원별 탐사규칙 제정을 완료하고, 현재 모든 광물자원을 통합한 형태의 단일 '개발규칙' 초안을 도출하고 제정 작업을 진행 중이다.

● 해양환경보전

UN해양법협약은 "해양환경오염이라 함은 생물자원과 해양생물에 대한 손상, 인간의 건강에 대한 위험, 어업과 그 밖의 적법한 해양 이용을 포함한 해양활동에 대한 장애, 해수 이용에 의한 수질악화 및 쾌적도 감소 등과 같은 해로운 결과를 가져오거나 가져올 가능성이 있는 물질이나 에너지를 인간이 직접적으로 또는 간접적으로 강어귀를 포함한 해양환경에 들여오는 것"으로 정의하고 있다(제1조 제1항[4]). 과거 해양영역이 영해와 공해로 이분화했을 당시에는 해양환경 보호와 보전의 문제는 국제사회의 큰 관심사가 아니었다. 국제사회의 해양환경에 대한 관심은 어족자원의 고갈과 선박으로부터의 오염에 대한 국제적 합의가 필요하다는 인식에서 출발하였다. 해양오염은 특히 지역적, 국제적 문제로 확대될 수 있다는 점에서 국내법적 규제 외에 국제법적 조치가 불가피하다는 인식이 확대되었는데, 1967년 유조선 토리 캐니언호Torrey Canyon 사건[20]은 이를 국제적으로 확산하는 계기가 되었다. 이 외에도 샌타바버라 유전 폭발사고(1969), 에코피스크 유전 폭발사고(1977), 아모코카디스 유류 유출사고(1978), 엑슨 발데즈호 사건(1989), 시프린스호 사고(1995년) 등이 해양환경에 대한 국제적 보호 필요성을 각인시켰던 사고이다.

국제사회는 제2차 세계대전 이후 심각해지는 해양환경 오염에 대응하기 위해 국제사회 공동의 대응방안을 모색하기 시작하였으며, 1972년 UN인간환경선언(스톡홀름선언), 제3차 UN해양법회의, 1992년 리우데자네이루 UN환경개발회의UNCED, 2002년 지속가능개발에 관한 세계정상회의WSSD, 2015년 지속가능발전목표UN SDGs 등이 있다. 특히 제3차 UN해양법회의를 통해 채택된 UN해양법협약은 제12부를 통해 포괄적인 해양환경 보호와 보전에 관한 법제도를 제시하고 있다. 이에 따라 각국은 해양환경을 보호하고 보전할 의무를 진다(제192조). 그러나 협약의 내용은 구속적이고

20) 토리 캐니언호 사건은 라이베리아 국적(편의치적선)의 유조선이 1967년 원유를 싣고 페르시아만에서 영국 밀퍼드헤이븐 항으로 항행 중 영국 실리섬 근처 암초에 좌초한 사건이다. 이 사고로 약 6만 톤의 원유가 유출되고 영국과 프랑스의 일부 바다를 완전히 오염시켰으며, IMO를 중심으로 다양한 국제협약이 성립되었고, 편의치적 선박에 대한 국제적 비난이 거세었다.

강행적이라기보다는 일반적 방침과 권고적 성격의 조문으로 형성되어 있으며, 실질적인 이행을 위해서는 여전히 전문 국제조약과 국내법을 통해 형성될 필요가 있다. 다만 협약은 해양환경 보호를 국제사회 전체의 공동이익으로 보고 자국 관할수역뿐 아니라, 공해에서의 해양환경 보전과 보호를 국가의 일반적 의무로 규정하고 있다. 이에 따라모든 국가는 해양환경 보전을 위해 지구적, 지역적 차원에서 협력하여야 한다(제197조).

UN해양법협약상 해양오염원에 대한 규제조치

오염원	규제조치
육상기인오염	• 국내법령 제정 및 집행. 단, 육상으로부터의 해양오염은 국가관할권에 속하는 사항으로 국제적 기준을 국내법령으로 제정하여 시행하도록 함
해저탐사와 개발에 의한 오염	• 국가 관할수역에서의 해저활동으로 인한 해양오염원으로, 국내법령 제정을 통해 필요한 조치를 취하도록 함
해양투기에 의한 오염	• 선박, 항공기, 플랫폼, 기타 인공구조물로부터 고의적으로 버려지거나 버리는 행위를 말함 • 해양투기에 관하여는 IMO 협약(1972년 폐기물 및 기타 물질의 투기오염방지협약 및 1996년 의정서) 등을 고려하여 연안국이 법령을 제정, 시행. 단, 영해와 EEZ/대륙붕에서의 폐기물 투기에 대하여는 연안국이 집행주체가 되고, 선박과 항공기에서의 투기는 국적국이 집행주체가 되며, 폐기물의 선적행위에 대하여는 영역국이 행사함
선박 기인 오염	• 선박의 통상적인 운항과정에서 발생하는 하수, 폐기물, 선저폐유 등에 의한 오염과 해양사고로 인한 오염 • 선박 기인 오염방지 규칙으로는 IMO의 선박에 의한 해양오염 방지협약 및 의정서(MARPOL 73/78)가 있음
대기오염	• 항공기로부터 방출되는 물질, 살충제 살포, 대기권 핵실험 등 대기를 통한 오염을 포함함 • 각국은 자국 영공 및 자국적 선박, 항공기에 적용하는 법령을 제정하고 집행함. 국제민간항공기구와 UNEP는 관련 국제규칙을 제정
해난사고에 의한 오염	• 각국은 국제법에 따라 해난사고로 인한 오염과 위협으로부터 자국 연안, 어업 등의 이익을 보호하기 위해 상응하는 조치를 영해 밖까지 취하고 집행할 권한이 있음 *해난사고란 선박 충돌, 좌초, 그 밖의 항행상 사고, 선상이나 선외에서 사고로 선박이나 화물에 실질적 피해 혹은 급박한 피해 위협을 초래하는 사건 등

UN해양법협약의 해양환경에 대한 규정은 크게 해양오염원에 따른 환경규제와 안전조치, 책임보상으로 구성되어 있으며, 오염원별 규정은 다음과 같이 정리할 수 있다.

UN해양법협약의 환경에 관한 규정과 관련하여서는 최근 2016년 판정이 난 남중국해(필리핀 v. 중국) 중재재판(The South China Sea Arbitration)을 언급할 만하다. 제소국인 필리핀은 이 사례에서 중국에 의한 "해양환경보호 및 보전의무 위반"을 청구하였는데, 이는 특히 "일반적 환경보호 의무 위반"이라는 행위범주를 다루는 것에 초점이

맞추어졌다. 이 사안에서 재판소는 협약 제192조가 규정하는 해양환경보호 및 보전의 의무를 "적극적인 조치를 취하여 해양환경을 보호하고 보전할 적극적 의무를 수반"하여야 한다는 점과 "논리적 함축을 통해 해양환경을 손상시키지 않을 소극적 의무 또한 수반"된다는 점을 분명히 하였다. 또한 자국의 관할권과 통제권 하에 있는 행위 역시 타국 또는 국가관할권 외측 환경을 보전하게 해야 한다고 요구함으로써, UNCLOS 제192조를 일반적 의무의 적용범위로 간주하고 있다. 해양환경 보호 및 보전과 관련하여 이 사안이 특히 의미 있는 것은 협약의 규정을 각국이 '적극적으로 조치를 취할' 의무로 실질화하고 있다는 점이다. 즉 모든 국가는 적극적으로 자국민의 활동을 통제하여야 할 뿐 아니라, 상황 개선을 위한 모든 조치를 취할 의무까지를 부담하여야 한다. 재판부는 UNCLOS 제204조, 제205조, 제206조를 상호 연계하여 해양환경 오염에 대한 과학적 평가와 실행 가능 노력, 관련 결과를 보고서로 발간하여 권한 있는 국제기구에 제출할 것, 해양환경에 미칠 잠재적 영향에 대한 평가와 평가보고서를 송부할 것 등에 대한 명확한 판단을 통해, 협약상 해양환경보호가 '사문화한 조항'에서 '일반적'으로 준수해야 하는 실질적 의무로 전환한 것이 중요한 역할을 하였다고 평가할 수 있다.

중재재판소의 남중국해 사례에 대한 접근을 보면, 재판부가 UN해양법협약을 살아 있는 문서로 간주한다는 점을 알 수 있다. 특히 재판소는 동일한 해석방식을 따를 경우, UN해양법협약의 일반적 용어를 분명히 하기 위해 다수의 유사 협약을 고려하고 있다. 예를 들어 협약 제192조에 규정된 온실가스로 인한 해양오염으로부터 해양환경을 보호해야 할 당사국의 의무와 관련해서는 "해양오염"이라는 용어를 결정할 때,「오존층 파괴물질에 관한 몬트리올 의정서 Montreal Protocol on Substances that Deplete the Ozone Layer」,「기후변화에 관한 기본협약 UNFCCC」 및 그 관계 협정들이 중재재판부와 같은 방식으로 인용될 수 있는지 여부를 고려하는 방식이다. 이러한 방식은 UN해양법협약과 관련 조약이 동일한 소재를 규율하고, 과학 · 기술의 발달과 협약 채택 후 사회적 가치의 변화로 인해오랜 기간 사정의 중대한 변경이 있을 때 더욱 합리적이고 유용할 것으로 보인다. 이러한 접근법은 보편성을 띠는 다자조약이 형식적 개정 절차를 거치거나 이행협정을 채택하지 않고서도 진화할 수 있는 절차의 한 예를 제시한다. 이는 향후 UN해양법협약 제237조를 통해 협약 제12부의 내용과 관련된 국제환경조약을 실질적으로 연결시켜 국제법의 파편화를 막는 데도 기여할 수 있을 것으로 보인다(이석우,「영유권에 있어서 자연적인 요소가 가지는 함의 : 남중국 사건을 중심으로」, KIOST 세미나, 2019, pp.1~21).

● 해양과학조사

해양과학조사 Marine Scientific Research, MSR란 광의적으로 인류의 해양환경에 대한 이해를 증진할 수 있는 모든 연구 혹은 관련 과학실험을 의미하며, 여기에는 해양지질 · 생물 · 물리 · 화학 · 수리 · 기상 · 조류 등의 과학 연구를 포함한다. 해양과학조사의 인류에 대한 중요성에도 불구하고, 인류의 과학수준으로 인해 해양과학조사는 19세기 70년대에 이르러서야 해양에 대한 연구체계를 갖추기 시작하였다. 일반적으로 해양과학조사의 시작은 영국 해군의 챌린저호 The Challenger가 대서양, 인도양, 태평양에서 진행한 3년 반(1872~1876) 동안의 과학탐사로 알려진다. 제2차 세계대전 후 과학기술의 발전은 해양자원에 대한 개발능력을 비약적으로 증가시켰으며, 이에 따라 이해관계를 가지는 국가들은 인접한 해양에 대한 주권과 관할권을 광범위하게 주장하기 시작하였다. 전체적으로 볼 때, 연안국의 관할권 내 해양과학조사에 대해 이미 장려 혹은 간여하지 않는 태도는 적극적 개입과 해양과학조사에 대한 통제를 진행하는 것으로 전환하였다.

1960년대에 들어서면서 각국 및 일부 과학자들을 중심으로 1958년 협약의 해양과학조사 관련 내용에 불만이 제기되기 시작하였다. 구소련과 같은 국가는 제3국의 영해 혹은 내수에서 어떠한 해양과학조사도 진행할 수 없게 하는 등, 국내입법을 통해 인근 해역에 대한 관할권을 확대하려는 노력이 전개되었다. 제3차 UN해양법회의 기간 동안 해양과학조사에 대한 실질 토의는 제2회기부터 시작되었으며, 제3위원회와 동 위원회 산하의 해양과학조사에 관한 비공식실무위원회에서 다루어졌다. 해양과학조사와 상업적 목적의 조사의 명확한 구별을 둘러싼 대립이 있었으며, 결국 양자 간의 입장 차이를 좁히지 못한 가운데 해양과학조사의 정의 문제는 당분간 논의하지 않기로 1974년에 결정하였다(R.R. Churchil, A.V. Lowe, The Law of the Sea, 1999, p.403). 이후 회의 과정에서도 정의에 관한 각국의 입장과 협상안이 제출되기는 했지만, 이들 제안은 대체로 순수 해양과학조사와 상업적 목적의 조사를 구별하지 않는 접근법이었고, 결국 정의 규정은 UN해양법협약에 수용되지 못하였다(Robert Jenning & Arthur Watts[eds.], Oppenheim's International Law, 1992, p.809). 해양과학조사의 정의가 명확하지 않음에 따라 실제적으로 해양과학조사와 유사한 행위, 예컨대 수로측량, 군사조사 등 유사 개념과의 관계에서 협약의 해석상 마찰은 여전히 진행되고 있다.

해양과학조사의 실시는 UN해양법협약 제13장에서 28개 조문에 걸쳐 상세하게 규정하고 있으나, 해양조사의 여하한 유형도 다루지 않았으며 이에 대한 적용도 없는 실정이다. UN해양법협약은 해양과학조사를 실시할 모든 국가 및 권한 있는 국제조직의 권리를 확인하고 있으며(제238조), 협약에 따라 해양과학조사의 수행을 촉진할 의무를 부과하고 있다(제239조). 협약은 여러 지역에서 해양과학조사 수행에 대한 국가 및 권한 있는 국제조직의 권리와 의무를 확정하고 있다.

UN해양법협약은 해양과학조사에 대하여 다음과 같이 보편적으로 준수하여야 하는 기본 원칙을 정하고 있다. 첫째, 모든 국가는 그 위치에 관계없이, 그리고 각각의 권한 있는 국제기구 competent international organizations는 협약이 규정하는 기타 국가의 권리와 의무의 제한 범위 내에서 모두 해양과학조사를 진행할 권리를 갖는다(제238조). 여기서 협약이 해양과학조사와 관련하여 주장하는 "권한 있는 국제기구"의 범위가 어디까지인가에 대하여도 주의할 필요가 있다. 협약은 이에 대해 명확하게 정의하고 있지 않으나, 조문을 통해서 판단하건대 어떠한 특정 국제조직에 한정하는 것은 아니며, 모든 해양과학조사 능력을 가진 국제조직은 제13부에서 규정하는 권한 있는 국제조직이라고 할 수 있다. 둘째, 해양과학조사는 평화적 목적을 위해서만 수행되어야 한다(제240조). 셋째, 해양과학조사는 해양법협약에 합치하는 적절한 과학적 수단과 방법 scientific methods and means에 따라 수행되어야 한다(제240조 b항). 적절한 수단과 방법이란 주로 해양환경의 보호와 보전에 대하여 제기한 것으로, 조사를 위한 방법과 수단이 적절할 경우 해양환경의 보호 및 보전을 유지할 수 있다는 데 취지를 두고 있다. 1978년 ICJ는 '에게해 대륙붕 사건(Aegean Sea Continental Shelf Case, Greece v. Turkey)'을 통해, 국제법 발전이라는 관점에서 볼 때 폭발방법을 통한 대륙붕 탐사는 금지되어야 한다고 지적하고 있다. 폭발물을 사용한 과학조사는 대륙붕 자원에 돌이킬 수 없는 훼손을 준다는 것이 이유였다. 개정단일협상안 Revised Single Negotiating Text에서는 상기 조문이 규정한 적절한 과학적 수단과 방법에 대하여 "선박, 비행기, 도구, 설비 및 장치 vessels, aircraft, devices, equipment or installations"로 열거식 규정을 하고 있으나, 협약에서는 이러한 제한이 삭제된 채로 통과되었다. 즉 사용하는 방법과 수단은 선박이나 비행기 등에 한정하지 않고 상당히 탄력적으로 운영될 수 있음을 볼 수 있다. 넷째, 해양법협약에 합치하는 기타 적법한 해양 이용은 부당하게 방해받지 않으며, 이용과정에서 적절히 존중된다(제240조 c항). 다섯째, 해양과학조사의 진행은 해양환경의 보호 및 보전 관련 규정을 포함하여 해양법협약이 제정한 일체의 관련 규정을 준수하여야 한다. 여섯째, 해양과학조사는 해양환경이나 그 자원의 어느 한 부분에 대한 어떠한 권리 주장의 근거가 될 수 없다(제241조). 이 조항은 각기 다른 성질을 갖는 해역의 법률지위와 국가관할권 및 주권을 확보하는 데 그 목적이 있으며, 해양과학조사로 인하여 침해나 손해를 받지 않는다는 의미로 설정되었다.

상술한 일반원칙은 모든 해역의 과학조사활동에 적용되며, 그 의미를 명확하게 확정하는 데는 상당한 난해한 면이 있다. 예를 들어, 평화적 목적 for peaceful purpose이 무엇인가는 지속적으로 논쟁이 끊이지 않았던 문제이기도 하다. 이 외에도 해양과학조사와 연안국 환경보호 규범 간의 이익형량을 어떻게 할 것인가의 문제도 매우 어려우며, 해양법협약은 객관적 기준을 제시하지 않고 있다. 과학조사 행사의 자유는 기타 해양의 합법적 사용에 부당한 방해를 하지 않아야 한다는 규정 역시 그 "부당한 방해"가 무엇인가의 문제가 있으며, "적절히 존중"된다는 등의 정의는 여전히 주관적이라 할 것이다. 또한 해양과학조사와 기타 해양의 합법적 사용이 충돌할 경우, 그간의 이익을 어떻게 형량화할 것인가의 문제, 혹은 어떤 이익을 우선할 것인가의 문제는 여전히 실천을 통해 해결해야 할 과제로 남는다. 이에 관한 해양법협약의 분쟁해결조항이 향후 이러한 원칙에 적용되는 데서도 그 역할은 매우 제한적으로 발휘될 것으로 보인다. 해양법협약의 이러한 모호한 규정은 여전히 해결하고 해석해야 할 과제로 남아 있지만, 이러한 흠결이 해양과학조사 규범 적용에 대한 의미를 희석하는 것으로 확대 해석할 수 없으며, 상술한 원칙은 여전히 해양과학조사 행위가 준수하여야 할 큰 방향을 제시하고 있다고 해석하여야 한다.

UN해양법협약상 해양공간별 해양과학조사 수행 요건

공간	해양과학조사 수행 요건	
내수	주권 + 연안국 강한 통제	규정 없음
영해	명시적 동의 + 연안국 조건	
군도수역	영해에 준함(주권 + 명시적 조건)	규정 없음
접속수역	EEZ 주장 시 – 연안국 동의 EEZ 미 주장 시 – 공해 규정(수행 자유)	
EEZ/대륙붕	연안국 동의	
공해	공해의 자유(결과는 조사국 소유)	
심해저	인류공동의 이익(결과의 효과적 배포 의무)	

UN해양법협약은 기능적으로 구분된 해역공간별로 해양과학조사에 대한 각각의 권리와 의무를 부여하고 있다. 협약은 타국의 EEZ와 대륙붕에서 해양과학조사를 진행하고자 할 경우, 6개월 전까지 사업의 성질과 목적, 수단과 방법, 조사 수행의 지리적 좌표 등에 대한 정보를 제공하여야 한다.

한편, UN해양법협약이 규정하는 해양과학조사는 수로측량, 군사조사, 조사활동, 군사활동, 탐사 등의 개념과 구별이 난해하고 모호하다는 문제점을 내포하고 있다. 해양과학조사의 불명확한 개념으로 인해 특히 해석상의 문제가 야기되는 것으로는 수로측량과 군사활동을 들 수 있다. 우선, 해양법협약은 수로측량을 해양과학조사의 개념에 포함시키지 않고 있으며, 협약 제19조와 제21조 및 제40조에서 규정하는 "조사"와 구별하여 "수로측량"이라는 용어로 규정되어 있는바, 수로측량을 별개의 제도로 규정하고 있다. UN해양법협약은 군사조사에 대해 명시적으로 규정하고 있지 않기 때문에, 군사조사가 연안국의 영해나 군도수역 외측에서 연안국에 의해 여하한 방법으로 규제될 수 있는지 문제가 된다. 군사조사를 포함하는 개념인 군사활동 military activities에 대하여, UN해양법협약 제240조 (a)에서는 해양과학조사의 실시를 위한 일반원칙으로서 평화적 목적만을 위하여 실시해야 한다고 명시하고 있기 때문에 군사적 목적을 위한 조사 및 군사활동은 당연히 해양과학조사의 개념에 포함되지 않는다고 보아야 한다. 군사조사에 대한 대표적 예로는 2006년 발생한 동중국해에서의 중국과 미국 간 군사적 목적의 수로측량활동을 둘러싼 갈등을 들 수 있다. 중국해감총대(中國海監 No.27)는 자국이 주장하는 EEZ 범위에서 군사적 활동에 종사하고 있던 미국 해군 선박 SUMNER/Mary Sears에 대하여 중국의 해양과학조사법의 적용을 주장하였고, 미국은 "국제해역에서의 합법적 군사활동이며, 해양과학조사가 아니다"라고 주장한 바 있다. 양국의 이러한 해석 차이는 현재 남중국해와 동중국해를 둘러싸고 진행 중이며, 향후에도 이어질 수 있다.

UN해양법협약의 공간별 수로측량과 해양과학조사 규정 여부

구분	영해	군도수역	국제해협	EEZ	대륙붕	공해/심해저
MSR	○	○	○	○	○	○
수로측량	○	○	○	×	×	×

해양과학조사에 관한 한 · 중 · 일 3국의 국내법적 태도는 법제화 유형과 수로측량에 대한 외국인 규정 등에서 차이를 보이지만, 대부분 거의 유사하게 형성되고 있거나 협약을 그대로 수용하는 경향(일본)이 있다. 일본이 해양과학조사에 관한 별도 입법을 하지 않은 것은 UN해양법협약 당사국으로서 협약상의 권리와 의무를 그대로 이행하겠다는 의지의 표현이며, 지침에서는 단지 대상 영역별 관할 기관을 중심으로 규정하는 것으로 충분하다는 입장이라 판단된다.

해양과학조사와 유사 개념인 수로측량 등에 대한 연안국 통제 여부는 분명하지 않으나, 연안국에 일정한 규제 권리를 부여하여야 한다는 입장과 유사하다고 해석된다. 이러한 견해는 2002년부터 2005년까지 한 · 중 · 일을 비롯한 각국 전문가들이 아시아 태평양지역 배타적경제수역에서의 항행과 상공비행에 관한 가이드 라인인

「배타적경제수역에서 항행과 상공비행의 권리에 관한 지침 guidelines for navigation and overflight in the exclusive economic zone」을 참조할 필요가 있는바, 해당 지침에서는 수로측량과 해양과학조사를 별도로 규정하고, 전자에 대하여도 "타국의 배타적경제수역에서의 수로측량조사는 연안국의 동의가 필요하다"고 규정하고 있다.

수로측량에 대한 한 · 중 · 일의 이행을 보면, 중국은 외국인의 수로측량 수행을 가능하도록 규정하고 있지만, 반드시 중국과 합자 또는 합작을 통해 수행하도록 하고 있다. 중국 국내법상 '측량' 행위는 사실상 해양과학조사 행위보다 강하게 규제되고 있다는 점에서 수로측량을 해양과학조사와 구별하려는 시도는 국내법적으로는 사실상 의미가 없다고 할 것이다. 일본의 수로측량 개념은 「수로업무법」이 "수역 측량 및 토지 측량 그리고 그 성과를 항해에 이용하기 위한 지자기 측량"으로 정의하고 있지만, 적용 대상에 대하여는 "해상보안청과 그 이외의 자"로 제한적이다. 이때 "그 외의 자"란 해상보안청 장관의 허가를 받은 내국인을 대상으로 한다고 판단되며, 외국인의 수로측량에 대하여는 규율대상에서 제외하고 있다고 보인다. 이는 한국의 국내법상 수로측량에 대한 외국인 규율 근거가 없는 것과 같으며, 결국 외국인의 일본 관할해역 내 수로측량에 대한 접근 해석은 일본의 재량적 판단에 의지할 수 있음을 의미한다. 한국의 수로측량에 대한 외국인 규정은 부재하다. 한국은 현재의 측량, 지적, 수로측량이 통합되어 있는 「공간정보의 구축 및 관리 등에 관한 법률(공간정보관리법)」을 분법하여, 2021년 2월 19일 발효되는 「해양조사와 해양정보 활용에 관한 법률(해양조사정보법)」을 제정하였다.

한 · 중 · 일 해양과학조사와 수로측량에 대한 태도 비교

		한국	일본	중국
법제 형식		단일법	단일법	단일법
		해양과학조사법	국가관할권하 의 지역에서 해양과학조사를 수행하기 위한 지침	섭외해양과학연구 관리규정
대상 해역		영해, EEZ, CS	영해, EEZ, CS	내수, 영해, EEZ, CS
영해 MSR		허가	동의	허가(공동조사)
EEZ/CS MSR		동의	동의	허가
계획서 제출기한		6개월 전	6개월 전	6개월 전
수로측량 법제	근거법	공간정보관리법('20) 해양조사정보법('21.2)	수로업무법	측량법
	외국인 규정	없음	없음	있음

유엔해양법협약이 국내에 발효되면서, 우리나라는 국제적 규범의 국내이행과 해역관리의 효율화를 위한 국내법 제정 및 개정작업을 추진하였다.
대외적으로는 해양관할권 관련 법제와 함께 외국인의 행위에 대한 절차적 규정을 입법하고, 국민의 해양공간 이용에 관한 법제도를 단계적으로 정비하여 왔다.

우리나라 해양법과 정책

Korean maritime law and policy

우리나라 해양법과 정책수립을 위한 통합 행정조직인 해양수산부의 발족은 1996년 유엔해양법협약이 우리나라에 발효되면서 시작되었다.
1948년 제헌의회에서 국 단위의 해양수산 관리 행정조직이 설치되었던 것에 비하면, 비약적 발전을 이루었다. 협약의 국내적 이행을 위한 국내법 제정과 함께, 남극과 북극으로의 진출을 통한 국제 해양역량 강화에서도 성과를 거두어 왔다.

우리나라는 해양관할권에 관한 법제와 함께 주권적 권리와 관할권 행사를 위한 법제 정비를 착실히 이행해 왔다. 전문 입법을 통해 적극적 해역관리 정책을 추진하고, 국내법을 통해 지속가능한 해양이용을 제도화하였고, '영해' 중심의 해양공간 이용은 현재 EEZ와 대륙붕을 포함한 해양공간 계획법으로 확대 · 운영되고 있다.

해양법의 형성과 발전

우리나라 해양법과 정책수립을 위한 통합 행정조직인 해양수산부의 발족은 1996년 유엔해양법협약이 우리나라에 발효되면서 시작되었다. 1948년 제헌의회에서 국 단위의 해양수산 관리 행정조직이 설치되었던 것에 비하면, 비약적 발전을 이루었다. 협약의 국내적 이행을 위한 국내법 제정과 함께, 남극과 북극으로의 진출을 통한 국제 해양역량 강화에서도 성과를 거두어 왔다.

이창열 한국해양과학기술원

● 해양수산 관련 우리나라 행정조직의 변화

1948년 7월 17일 제헌의회에서 정부조직법을 제정하면서 우리나라 해양수산을 관리하기 위한 국 단위의 전문 행정조직이 2개 설치되었다. 첫 번째는 교통부 산하의 해운국으로, 선박의 검사와 등록, 선원의 관리 등 선박과 관련한 사무를 관장하였다. 두 번째는 상공부 산하의 수산국으로, 수산에 관한 행정사무 전반을 처리하였다. 이듬해인 1949년에는 지방관서설치법이 제정되면서 인천, 군산, 목포, 여수, 통영, 부산, 포항, 제주, 마산에 지방해사국이 설치되어 지방의 해운에 관한 행정사무를 처리하였다.

이후 해양질서 유지 등의 업무 강화를 위하여 1955년에는 수산, 조선, 해운, 항만, 해양경비 업무 등을 모두 총괄하는 해양수산 통합행정 조직인 해무청이 신설되었다. 1961년 군사정부가 들어서면서 해무청이 해체되고 수산업무는 농림부, 해운업무는 교통부, 항만은 국토건설청, 해양경비대는 내무부로 분산되었다. 그러나 한·일국교정상화로 인하여 1963년 한·일어업협정이 논의되면서 수산청 신설이 거론되기 시작하였고, 1966년 2월 28일에 수산업무 관리를 위한 수산청이 설치되었다. 또한 항만건설 효율화를 목적으로 1976년 3월 해운항만청이 설치되어 다시 해양행정 전문화가 추진되었다.

해양법과 정책 수립을 위한 행정 전문조직의 설치는 1994년 UN해양법협약이 발효되면서 본격화했다. 1996년 8월 8일, 우리나라는 수산청과 해운항만청을 통합하여 해양수산부를 설치하고 산하에 해양경찰청을 두었다. 이를 계기로 13개 부처에 분산되어 있던 해양행정을 해양수산부로 통합할 수 있었다. 1996년 8월 해양수산부가 발족되기 이전까지 48년간의 해양수산정책은 수산청, 해운항만청 및 과학기술처, 농림수산부, 통상산업부, 건설교통부 등 13개 부 · 처 · 청에서 분산 수행하였다.

그러나 영역 중심이었던 해양수산부는 2008년 새로운 정부의 기능 중심의 정부 조직 개편 강조 정책에 따라 해체되고 국토해양부와 농림수산식품부에 분리 및 이관되는 비운을 맞이하였다. 그러나 해양수산부가 해체된 이후 한반도 주변수역의 중국 및 일본을 포함하여 전 세계적으로 해양을 둘러싼 국가 간의 경쟁이 심화하고, 갈등이 고조되고, 각국의 해양관할권 확장 정책이 가속화 되었다. 이에 따라 해양관할권 확보를 위한 정책이 강화되는 추세가 이어지면서 2013년 3월 23일 해양수산부가 재출범하여 현재까지 유지되고 있다.

● 우리나라 해양법과 정책의 형성

1948년 교통부 산하에 해운국, 상공부 산하에 수산국이 조직되면서 우리나라 해운과 수산에 관한 법과 정책에 기초한 행정관리가 시작되었다. 1953년에는 관할수역 내에서 어업허가 등의 관리를 위해 어업자원보호법을 제정하고 수산업에 대한 기본제도를 정했으며, 수면의 통합적 이용으로 어민의 권익과 수산자원을 보호하기 위한 수산업법을 제정하여 시행하였다. 이후 1955년 해무청과 1966년 수산청이 만들어지면서 우리나라 해양법과 정책적 틀이 형성되기 시작한다. 늦었지만 당시 해저광물자원 매장가치에 대하여 평가 상승에 관한 국제적 동향에 따라, 1970년에는 해저광물에 대한 소유권과 탐사 · 개발 · 운영 · 관리를 위하여 해저광물자원 개발법을 제정하였다.

우리나라 해양법과 정책 발전의 결정적 계기는 해양법에 관한 제3차 UN해양법회참여와 이후 UN해양법협약 가입으로 볼 수 있다. 영해의 폭에 관한 논의가 한창이었던 제3차 UN해양법회의 논의 동향을 반영하여 우리나라는 1977년 12월 31일 영해법을 제정, 우리나라 영해의 범위를 기선으로부터 12해리까지로 규정하였다. 우리나라는 UN해양법협약을 채택하기 이전에 우리나라 영해의 관할권 범위를 12해리로 설정하여 실행한 것이다.

UN해양법협약에 새롭게 도입된 접속수역에 관한 사항을 국내적으로 실행하기 위하여, UN해양법협약 가입을 검토하던 1995년에는 구법인 영해법을 영해 및 접속수역법으로 개정하면서 접속수역 제도를 국내법으로 도입하였다.

UN해양법협약의 채택과 가입으로 인한 가장 큰 변화는 배타적경제수역제도와 대륙붕제도의 도입이다. 이전까지 우리나라는 1952년에 해안으로부터 약 60마일 범위의 선을 평화선으로 명명하며, 평화선 범위 안의 광물과 수산자원에 대한 주권적 권리를 선언한 바 있다. 이는 당시 신생 독립국가들의 해양관할권 확장 정책에 기초한 정책이었다. 그러나 UN해양법협약에서 기선으로부터 최대 200해리 범위까지의 배타적경제수역제도가 도입되어, 연안국의 선언으로 그 효력이 인정될 수 있었다. 이에 따라 우리나라는 1996년 UN해양법협약을 비준하면서 배타적경제수역법을 제정하고 200해리 배타적경제수역을 선언하였다. 이로써 이전의 평화선은 실제로 철회된 적은 없지만 사실상 효력을 상실하게 되었다.

반면, 대륙붕의 경우 관할권의 범위에 관한 입법을 한 것은 최근의 일이다. 대륙붕은 국제법상 연안국의 선언 유무와 관계없이 본래부터 국가의 관할권에 속한다는 법 해석에 따라 특별히 관련 법규를 제정하거나 선언이 필요하지 않았기 때문이다. 그러나 우리나라의 대륙붕에 대한 권리를 확인하고 대륙붕에서의 주권적 권리와 관할권을 명확히 밝히기 위하여 2017년에 배타적경제수역법을 배타적경제수역 및 대륙붕에 관한 법률로 법명을 바꾸고 대륙붕에 관한 사항을 추가하는 개정을 하였다.

이 시기에 우리나라 관할해역에서의 해양과학조사제도 정립을 위하여 1995년 해양과학조사법을 제정하였다. 해양과학조사법은 UN해양법협약 제13장에 규정되어 있는 해양과학조사 제도에 따라 외국 또는 국제기구에 의한 우리나라 관할수역에서의 해양과학조사를 규율하기 위한 국내법 절차에 해당한다. 해양과학조사법 제정을 통하여 우리나라 관할해역에서 외국 또는 국제기구에 의한 해양과학조사 수행을 위한 허가 및 동의 절차와 관련 의무를 정비하였다.

● 우리나라 해양법과 정책의 주요성과

우리나라는 남극에서의 해양과학기술연구 증진을 위한 정책을 실현하고자 남극의 평화적 이용과 과학적 연구를 위하여 마련된 남극조약에 1986년 가입하였다. 남극조약에 가입한 이후 우리나라는 1988년에 세종과학기지, 2014년에 장보고과학기지를 건설하여 세계에서 10번째로 남극에 2개 이상의 과학기지를 보유한 국가가 되었다. 우리나라는 남극에 대한 체계적 연구 활동을 위하여 5년 단위로 남극연구활동진흥기본계획을 수립하고 있다. 그리하여 2006년 제1차 기본계획 2012년 제2차 기본계획에 이어 현재 제3차 기본계획이 2017년부터 시행 중에 있다. 2002년에는 노르웨이의 스발바르군도에 다산과학기지를 개설함으로써 북극 과학연구를 위한 베이스 캠프를 마련하였고, 2013년에는 북극이사회 Artic Council에 옵서버로 가입하여 비북극권 국가로 북극이사회에 참여하고 있다.

국내적으로는 1982년 특정한 해역에 배출수의 농도를 규제하는 특별 관리해역을 법제화하여 해양환경 개선을 위한 정책을 시행했지만 효과가 미비하였다. 이에 2005년 연안오염 총량관리제를 수립하여 마산만을 시범지역으로 선정하고, 2008년

마산만 제1차 연안오염 총량관리 기본계획과 그에 따른 시행계획을 수립, 시행하여 해양환경 개선 효과를 얻을 수 있었다.

1999년에는 연안관리법을 제정하여 육지와 해양을 하나의 관리 공간으로 통합관리하는 제도를 시행하였다. 이를 통하여 해양과 괴리되었던 과거 육지 중심의 관리제도는 해양과 육지를 연계해 효율적으로 관리할 수 있는 제도로 발전하였다. 1999년 이후에 연안통합관리제도에 따라 국가의 연안통합관리체계를 구축하고 지방자치단체의 자율적인 연안관리체계를 위한 기본방향을 제시하였다. 실제 운영과정에서 해안관리의 미흡과 연안 갈등의 해결을 위한 수단을 갖추지 못한 문제점이 드러났다. 그러나 2009년 연안관리법을 전면개정하여 연안용도해역제, 자연 해안관리 목표제, 연안해역 적성평가 등 과학적 관리수단을 강화하여 정책의 실효성을 높였다. 또한 연안침식 현황에 대한 실태조사와 연안침식관리구역제를 도입하여 연안침식에 대한 대응정책

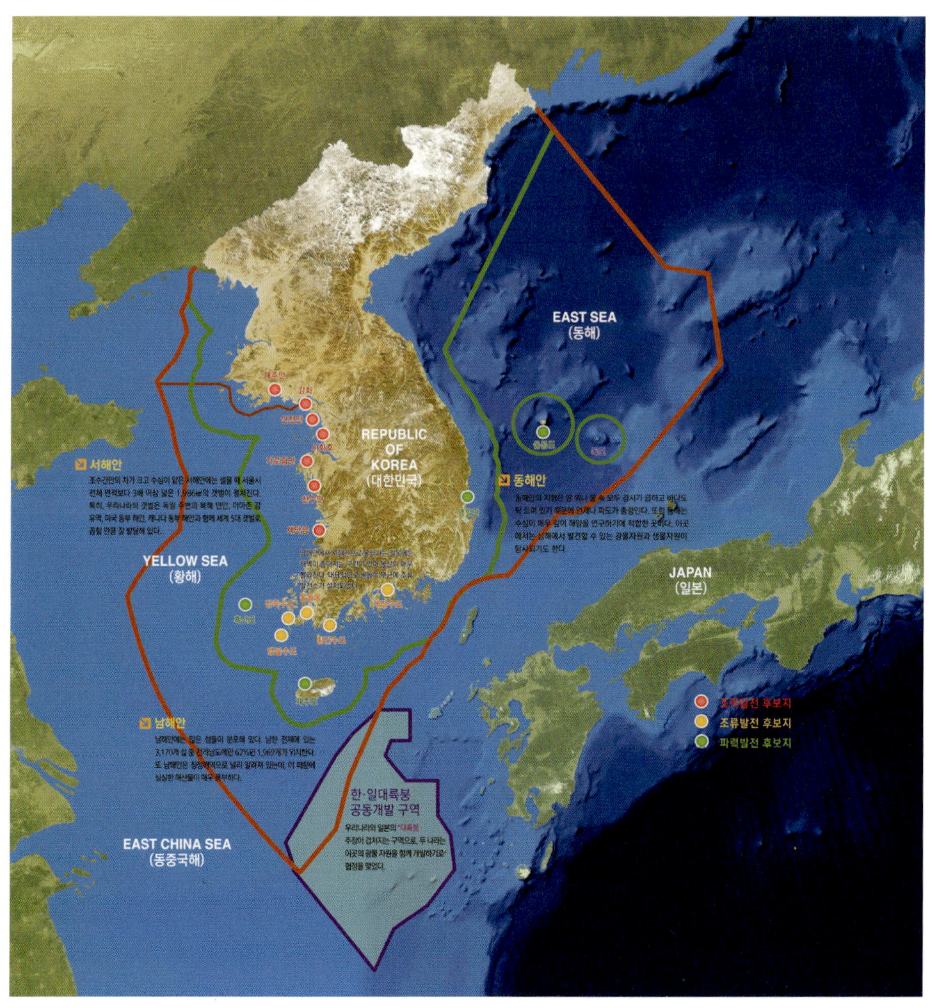

수단을 강화해 실효적 성과를 거두었다. 그러나 연안관리법을 규정한 연안통합관리계획의 수립등의 내용은 2019년부터 시행된「해양공간 계획 및 관리에 관한 법률」로 이관되 있고, 현재는 연안통합관리구역 지정·관리 및 연안 정비 사업 중심으로 시행되고 있다.

우리나라는 1997년 습지 보전에 관한 람사르 협약에 가입하였다. 1999년에는 람사르 협약의 국내적 이행을 위하여 습지보전법을 제정함으로써 우리나라의 습지를 보전하고 관리할 수 있는 근거법을 마련하였다. 2001년 전라남도 무안 갯벌이 우리나라 최초 습지보호지역으로 지정된 이후 진도, 순천, 벌교, 옹진 장봉도 등 서남해안의 주요 갯벌이 습지보호지역으로 지정되었다.

2006년 해양 생태계의 체계적 관리를 위하여 해양 생태계의 보전 및 관리에 관한 법률을 제정하였다. 해양 생태계의 보전 및 관리에 관한 법률 제정을 통하여 해양보호구역 지정의 근거법이 마련되었다. 이 법을 통하여 태안의 신두리 사구, 부산의 나무섬과 남형제섬, 전라남도 완도의 청산도 주변 해역, 울릉도 주변 해역, 추자도 해역 등이 해양보호 구역으로 지정되었다. 해양보호 구역은 해양 생태계의 특성에 따라 해양생태계 보호구역, 해양생물 보호구역, 해양경관 보호구역으로 나뉜다. 2019년 기준으로 해양생태계 보호구역은 청산도 주변 해역 등 13개소로 259.332 km^{2}이고, 해양생물 보호구역은 가로림만 해역 해양보호 구역 1개소로 91.237 km^{2}이며, 해양경관 보호구역은 보령소황사구갯벌 1개소로 5.23 km^{2}다.

우리나라는 1908년 제정된 어업법을 통하여 어업허가제도를 처음 채택하였고, 1953년 수산업법 제정을 통하여 어업허가제도를 유지하였다. 이후 1994년 UN해양법협약이 발효됨에 따라 총 어획허용량 Total Allowable Catch, TAC을 기준으로 자원을 관리하는 어업제도로 수정하였다. 1999년부터 총 어획허용량을 시범 실시하고 점차 전국적으로 확장하여 시행하였다. 또한 해저 바닥을 끌어 어획하는 저인망 어획방식의 문제점 지적에 따라 2005년에 소형기선저인망어선 정리에 관한 특별법을 제정하고 소형기선저인망어선으로 인한 수산자원의 남획을 방지하는 수산자원 보호 정책을 수립, 시행하였다. 이와 동시에 1999년 한·일어업협정 및 2020년 한·중어업협정 체결에 따라 어장이 축소되자 근해어업의 경영악화에 대응하기 위하여 2002년까지 단계적인 어선 감척을 실시하였다. 2009년에는 수산자원의 보호, 회복 및 조성을 통하여 수산자원의 효율적 관리를 위한 수산자원관리법을 제정하였다. 이를 통하여 우리나라는 바다숲과 바다목장 조성, 수산종묘 방류, 인공어초 설치 등을 통하여 해양생태계 복원 및 수산자원 회복 성과를 얻었다.

UN해양법협약이 발효된 이후, 우리나라는 1996년에 배타적경제수역법과 배타적경제수역에서의 외국인 어업 등에 대한 주권적 권리 행사에 관한 법률을 제정하였다.

이를 통하여 UN해양법협약의 발효에 따라 도입된 배타적경제수역에서의 우리나라 주권적 권리 행사에 관한 국내법을 정비할 수 있었다.

해운산업과 관련하여 우리나라는 1997년에 국제선박등록법을 제정, 공포하였다. 이 법을 통하여 국제항행에 종사하는 우리나라 국민이 보유한 선박과 외항운송업자가 국적취득을 조건으로 임차한 선박을 국제선박 등록대상으로 하고, 국제선박에 외국인 선원을 승선시킬 수 있게 하여 선원 고용비용을 절감시켰다. 외국인 선원은 국제해사기구의 선원훈련, 자격증명, 당직근무의 기준에 관한 국제협약에 따라 해양수산부장관이 승인하는 자격증명서를 소지한 선원만이 승선할 수 있게 하였다. 또한 국제선박에는 관계법령이 정하는 바에 따라 조세감면 및 기타 필요한 지원조치를 할 수 있도록 하였고, 전시 및 사변 또는 이에 준하는 비상사태의 경우 국민경제에 긴급하게 요하는 정책물자와 군수물자를 수송하기 위한 국가필수선박을 지정 및 운영하고 있다.

2001년에는 항만법에 항만배후단지 개발에 관한 사항을 도입하였다. 이를 통하여 2002년에 항만배후단지 개발 종합계획을 수립하였고, 2006년에는 제1차 항만배후단지개발 기본계획을 수립하였다. 2012년에는 항만법 개정을 통하여 제2종 항만배후단지를 도입하였다. 기존의 항만배후단지를 제1종과 제2종으로 구분하여 제2종 항만배후단지를 제1종 항만배후단지의 활성화를 지원할 수 있는 업무, 판매, 주거 등이 설치된 단지로 구성하였다. 또한 2012년 항만법 개정 때 민간 개발과 분양을 도입하여 민간투자를 통한 개발이 가능하도록 하였다.

해역관리에 관한 법과 정책

우리나라는 해양관할권에 관한 법제와 함께 주권적 권리와 관할권 행사를 위한 법제 정비를 착실히 이행해 왔다. 전문 입법을 통해 적극적 해역관리 정책을 추진하고, 국내법을 통해 지속가능한 해양이용을 제도화 하였고, '영해' 중심의 해양공간 이용은 현재 EEZ와 대륙붕을 포함한 해양공간 계획법으로 확대 · 운영되고 있다.

이창열 한국해양과학기술원

● 내수와 영해

UN해양법협약은 1982년에 해양에 관한 국제협약을 제정하기 위하여 논의하였던 UN의 회의에서 채택되었다. 이 협약은 UN해양법협약에 규정한 대로 60번째 가입국이 발생한 1994년 11월 16일에 비준하거나 가입한 국가들에 법적 효력이 발생하였다.

우리나라는 협약이 채택된 이듬해인 1983년 3월 14일에 UN해양법협약에 서명하였다. 이후 1996년 1월 29일에 비준서를 UN 사무총장에게 기탁하였고, 1996년 2월 28일 비로소 우리나라에 발효되었다.

UN해양법협약 제3조는 국가가 주권을 행사할 수 있는 해역인 영해의 범위를 12해리로 규정한다. 우리나라는 UN해양법협약이 발효되기 전인 1977년 12월 31일 영해법을 제정하여 1978년 4월 30일에 시행하였는데, 당시 영해법 제1조는 이미 영해의 범위를 기선으로부터 12해리까지로 규정하였다. 이때의 기선은 오늘날 대축해도의 저조선, 즉 썰물일 때 해안선을 연결한 선을 말한다.

1977년 영해법이 제정되기 이전까지는 우리나라 영해의 범위를 규정한 법률이 없었다. 다만 1948년 5월 10일 제정된 재조선 미국육군사령부 군정청 법령 제189호에서 한국의 영해를 3해리로 규정하고 있었다. 이를 근거로 우리나라가 당시 영해의 범를 3해리로 설정하였다고 얘기할 수 있지만, 우리나라가 공식적으로 영해의 범위를 3해리로 선포하였다는 근거 자료는 아직 없다.

영해법 제1조는 대통령이 정하는 경우 12해리 이내에서 영해의 범위를 달리 정할 수 있도록 규정하였다. 이는 현재 대한해협에 적용되고 있다. 대한해협의 경우 영해의 범위를 12해리가 아닌 3해리로 규정하였고 현재도 3해리다. 대한해협에서 한국과 일본 양국 해안 사이의 거리는 최소 폭이 22.75해리다.

대한해협은 외국선박이 자유롭게 항행할 수 있는 통과통항이 가능한 국제해협에 해당한다. 따라서 한국과 일본이 12해리 영해를 선포하게 된다면, 대한해협 전체가 영해임에도 불구하고 국제해협이라는 이유로 우리나라 영해에서 외국 선박의 자유로운 통항을 허용해야 한다. 반면, 한국과 일본이 3해리 영해를 선포하고 가운데 해로를 영해가 아닌 해역을 남겨두는 경우, 외국 선박은 가운데 해로에서만 자유로운 통항이 가능하며 양국의 3해리 영해에서는 협약과 연안국이 정한 조건을 준수해야 하는 무해통항만 가능하다. 무해통항에 관한 사항은 이후 자세히 설명하도록 한다. 그러나 우리나라는 제주해협에서 12해리 영해를 유지한다. 논란의 여지가 없지는 않지만, 제주해협의 경우 제주도의 남단을 우회하는 유사 편의항로가 있기 때문에 제주해협의

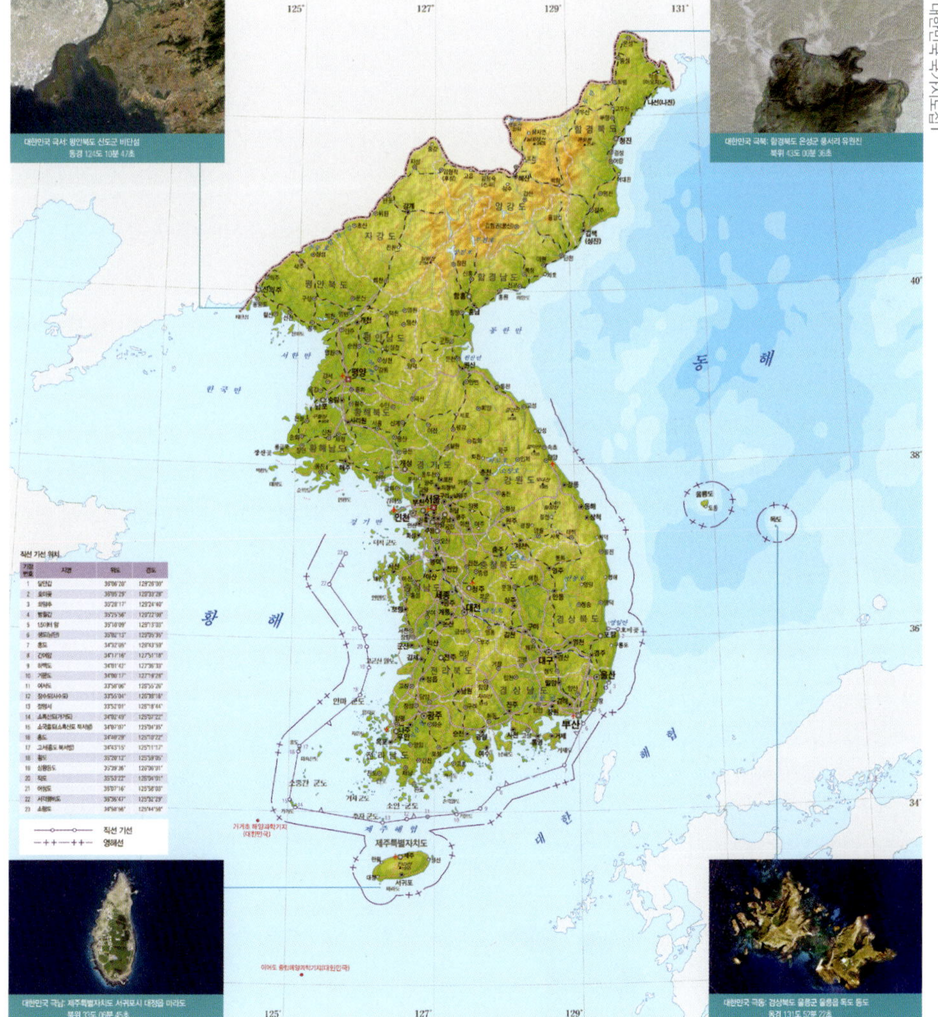

대한민국 영토와 영해

대한민국 국가지도집 I

국제해협으로서의 지위가 불분명하기 때문이다.

1994년 UN해양법협약이 국제적으로 발효되면서 우리나라도 UN해양법협약의 비준을 검토하였다. 비준을 준비하는 과정에서 기존의 영해법 개정을 검토하였고, UN해양법협약에 새로 도입된 접속수역 제도를 국내에 적용하기 위하여 1995년 12월 5일 영해 및 접속수역법으로 개정하였다.

영해 및 접속수역법 제1조는 기존의 영해법과 같이 영해의 폭을 기선으로부터 12해리로 규정한다. 또한 영해는 내수 또는 접속수역과 구분된다. 동법 제3조는 강, 하천, 저수지 등을 포함하는 기선 안쪽의 육지 방향에 있는 수역을 내수로 규정한다. 영해와 접속수역이 UN해양법협약의 적용을 받는 반면, 내수는 영토에 대한 연안국의 주권과 동일한 권리가 미치는 수역에 해당한다. 예를 들어, 영해의 경우 외국선박은 UN해양법협약에서 정하는 일정한 요건을 충족하는 한 무해통항이 가능하지만, 해사안전법 제32조 제1항에 따라 외국선박은 해양수산부장관의 허가를 받지 않고 대한민국의 내수에서 통항할 수 없다.

영해 및 접속수역법 제3조의 2는 기선으로부터 24해리의 범위 내에서 영해를 제외한 나머지 수역을 접속수역으로 규정하고 있다. 접속수역에서는 동법 제6조의 2에 따라 우리나라 영토 또는 영해에서의 관세 · 재정 · 출입국관리 또는 보건 · 위생에 관한 대한민국의 법규를 위반하는 행위의 방지 및 제재를 위하여 필요한 법령을 정해서 직무권한을 행사할 수 있다.

서로 인접하고 있거나 마주하는 두 국가의 해안 사이의 거리가 24해리가 되지 않을 경우 두 국가의 영해 경계가 서로 겹치는 문제가 발생한다. 이 경우를 영해 경계 획정의 문제가 발생하였다고 하는데, 영해 및 접속수역법 제4조는 별도의 합의가 없을 경우 영해 경계획정 문제가 발생한 양국의 기선에서 가장 가까운 지점으로부터 같은 거리에 있는 모든 점을 연결하는 중간선을 영해 경계선으로 한다고 규정한다. 즉 특별한 경우가 아니라면 영해의 경계는 중간선 방법에 의하여 획정된다. 이 조항은 UN해양법협약 제15조를 그대로 반영하고 있다. 다만 협약 제15조에는 역사적 권원이나 그 밖의 특별한 사정이 있는 경우에는 다른 방법으로 영해 경계를 획정할 수 있다는 예외를 규정하고 있지만, 영해 및 접속수역법에는 이러한 예외 규정을 두고 있지 않다.

영해 및 접속수역법 제5조 제1항은 외국선박이 우리나라의 평화 · 공공질서 또는 안전보장을 해치지 않는 한 영해를 무해하게 통항할 수 있다고 규정하고 있다. 이에 따라 외국선박은 우리나라 영해에서 협약과 연안국이 정한 국내법을 준수하는 경우 자유로운 통항이 보장된다. 이와 관련하여 동조 제2항은 힘의 위협이나 행사, 무기 훈련 또는 연습, 항공모함에서의 전투기 이착륙, 군사기기 발진, 잠수항행, 정보 수집 또는 선전과 선동, 관세 · 재정 · 출입관리 또는 보건 · 위생에 관한 법규 위반, 오염물질 배출, 어로, 조사와 측량, 시설물 훼손, 기타 대통령령이 정하는 것 등 13가지를 대한민국의 평화 · 공공질서 또는 안전보장을 해치는 것으로 열거하고 있다. 또한 동조 제3항에 따라 안전보장을 위하여 필요한 경우 대통령령으로 정하는 바에 따라 일정수역의 범위를 정하여 외국 선박의 무해통항을 일시적으로 정지시킬 수 있다.

우리나라에는 무해통항과 관련하여 외국의 군함이나 비상업용 정부선박의 경우에 더 엄격한 제도가 존재한다. 외국의 군함이나 비상업용 정부선박이 영해를 통항하려는 경우에는 영해 및 접속수역법 제5조와 동법 시행령 제4조에 따라 통항 3일 전까지 외교부장관에게 당해 선박의 선명, 종류 및 번호, 통항 목적, 통항 항로 및 일정을 통고해야 한다. 단, 외국의 군함이나 비상업용 정부 선박이 통과하는 수역이 국제항행에 이용되는 해협이면서 자유롭게 통항할 수 있는 공해 해로가 없을 경우에는 사전통고제도가 적용되지 않는다.

영해 및 접속수역법 제6조는 군함 및 비상업용 정부선박이 아닌 외국선박이 제5조를 위반한 혐의가 있다고 인정되는 때에는 정선, 검색, 나포, 그 밖에 필요한 명령이나 조치를 할 수 있도록 규정하고 있다. 외국의 군함이나 비상업용 정부선박의 경우는 동법 제9조에 따라 퇴거만 요청할 수 있다.

● 배타적경제수역과 대륙붕

1958년 대륙붕에 관한 제네바협약에서 대륙붕에 관한 제도가 처음으로 규정된다. 이 협약 제1조는 대륙붕의 정의를 규정한다. 여기서 대륙붕은 영해 밖의 수심 200 m까지의 해저와 하층토를 의미하며, 수심 200 m를 넘는 경우에는 천연자원의 개발이 가능한 곳까지를 대륙붕의 범위로 규정하였다. 수심 200 m가 넘는 경우에는 천연자연의 개발 능력으로 대륙붕의 범위를 규정하고 있어 법적 기준이 매우 모호하다. 배타적경제수역에 관한 제도는 이 당시에는 없었으며, 1982년 UN해양법협약이 채택되면서 도입된 새로운 개념이다.

UN해양법협약은 영해를 측정하는 기선으로부터 최대 200해리의 범위까지를 배타적경제수역으로 선언할 수 있도록 규정하고 있다. 이 규정에 따르면, 배타적경제수역은 국가가 선언할 경우에 그 효력이 인정된다. 이에 따라 우리나라는 1996년 8월 8일 배타적경제수역법을 제정하고 1996년 9월 10일에 시행함으로써 200해리 배타적경제수역을 선언하였다.

1996년 제정된 배타적경제수역법 제1조는 우리나라가 협약에 규정된 배타적경제수역을 설정한다고 규정하고 있었으며, 동법 제2조 제1항은 기선으로부터 그 외측 200해리의 선까지 이르는 수역 중에 대한민국의 영해를 제외한 수역을 배타적경제수역으로 한다고 규정하였다. 동법 제3조는 배타적경제수역에서 우리나라의 권리로 생물이나 무생물 등 천연자원의 탐사·개발·보존 및 관리를 목적으로 하는 주권적 권리와 해수·해류 및 해풍을 이용한 에너지생산 등 경제적 개발 및 탐사를 위한 그 밖의 활동에 관한 주권적 권리, 인공섬·시설 및 구조물의 설치·사용, 해양과학조사, 해양의 보호 및 보전에 관한 관할권, 협약에 규정된 그 밖의 권리를 규정하고 있었다. 이는 UN해양법협약 제56조 제1항에 규정하고 있는 연안국의 주권적 권리와 관할권을 국내법으로 그대로 수용한 것이었다.

배타적경제수역은 연안국의 주권이 미치는 영해와 달리 모든 국가가 자유로운 권리를 행사할 수 있는 공간인 공해의 성격이 강하다. 배타적경제수역법은 이러한 사항을 반영하고 있었다. 동법 제4조 제1항은 외국 또는 외국인에 대하여 UN해양법협약의 규정을 따를 것을 조건으로 우리나라의 배타적경제수역에서 선박의 항행과 항공기의 상공비행의 자유와 해저에 전선과 관선을 부설할 자유 그리고 국제법으로 적법한 그 밖의 해양이용의 자유를 향유한다고 규정하고 있었다.

일본은 1996년, 중국은 1998년에 각각 배타적경제수역법 제정을 통하여 200해리 배타적경제수역을 선포하였다. 우리나라 주변의 황해, 동해, 동중국해에서 중국 및 일본의 해안 사이의 거리가 400해리가 되지 않는다. 우리나라, 중국, 일본 3국이 모두 배타적경제수역을 선포함으로써 배타적경제수역의 중첩이 발생하게 되었다. 이와 관련하여 우리나라 배타적경제수역법 제5조 제2항은 별도의 합의가 없는 경우 우리나라와 상대국의 중간선 바깥 수역에 대하여 배타적경제수역에 관한 권리 행사를 자제하도록 규정하고 있었다.

현재 우리나라는 중국 및 일본과 해양경계를 획정하지 않았다. 이에 따라 우리나라는 주변국과 해양경계 미획정으로 인하여 발생하는 해양갈등을 방지하기 위해 해역과 그 자원의 이용과 관련하여 잠정협정을 체결하고 있다. 우리나라와 중국은 2000년 양국의 배타적경제수역 주장이 중첩하는 황해 해역에서 어업에 관한 한·중어업협정을 체결하였고 2001년에 발효되었다. 우리나라와 일본은 1974년 남중국해 양국의 대륙붕 주장이 중첩하는 해저의 공동개발을 위하여 대륙붕남부구역 공동개발협정을 체결하였고 1978년에 발효되었다. 또한 1998년 동해에서 양국의 배타적경제수역 주장이 중첩하는 해역에서 어업에 관한 한일어업협정을 체결하여 1999년에 발효되었다.

배타적경제수역법은 2017년 3월 21일 대륙붕에 관한 사항을 추가하여 배타적경제수역 및 대륙붕법으로 명칭을 바꾸고 내용의 일부를 개정하였다. 기존의 배타적경제수역법에서 배타적경제수역의 범위와 권리, 외국 또는 외국인의 권리 및 의무, 대한민국의 권리행사에 관한 내용을 그대로 유지하고 대륙붕에 관한 새로운 사항을 추가하였다. 동법 제2조 제2항은 UN해양법협약 제76조의 규정을 수용하여 대륙붕의 범위를 영해 밖으로 영토의 자연적 연장에 따라 대륙변계(연안국 육지의 해면 아래쪽 연장으로 대륙붕 · 대륙사면 · 대륙융기의 해저와 하층토)의 바깥 끝까지로 규정하고 있으며, 대륙변계의 바깥 끝이 200해리에 미치지 않는 경우에는 기선으로부터 200해리까지의 해저지역의 해저와 그 하층토를 대륙붕으로 정의한다. 동법 제3조 제2항은 대륙붕에 관한 권리 규정을 두고 있는데, 우리나라는 대륙붕의 탐사를 위한 주권적 권리, 해저와 하층토의 광물, 그 밖의 무생물자원 및 정착성 어종에 속하는 생물체의 개발을 위한 주권적 권리, UN해양법협약에 규정된 그 밖의 권리를 가진다고 규정한다. 주목할 점은, 동법 제5조 제2항에서 배타적경제수역이 중첩되는 경우 우리나라와 상대국 간에 별도의 합의가 없다면 중간선 바깥 수역에 배타적경제수역에 관한 권리 행사를 자제할 것을 규정하고 있는 반면, 대륙붕이 중첩되는 경우에 대하여는 중간선을 기준으로 하는 권리 행사의 자제 의무를 별도로 규정하고 있지 않다. 이는 우리나라의 대륙붕 주장이 육지의 자연적 연장에 기초하고 있기 때문이다.

배타적경제수역과 대륙붕에 대한 주권적 권리 및 관할권 행사에 관한 구체적인 사항은 배타적경제수역 및 대륙붕법이 아닌 다른 법에 의하여 규율된다. 먼저 배타적 경제수역에서 어업과 관련한 법령으로 어업자원보호법, 수산업법, 수산자원관리법, 배타적경제수역에서의 외국인 어업 등에 대한 주권적 권리의 행사에 관한 법을 들 수 있다.

어업자원보호법은 1953년 12월 12일에 제정하여 1953년 12월 12일에 시행하였다. 동법 제1조는 일정한 좌표를 연결한 선으로 관할수역을 설정하고 있으며, 동법 제2조에 따라 관할수역 내에서 어업활동을 위해서는 해양수산부장관의 허가를 받도록 규정하고 있다.

수산업법은 1953년 9월 9일에 제정하여 1953년 12월 9일에 시행하였다. 우리나라는 수산업법 제정과 시행을 통하여 관할해역의 어업자원을 관리하고 불법어업을 단속하고 규제하고 있다. 동법 제3조는 이 법의 적용범위를 바다, 바닷가, 어업을 목적으로 하는 인공적으로 조성된 육상의 해수면으로 규정하고 있다. 동법 제8조는 우리나라 관할해역에서 어업을 위해서는 시장 · 군수 · 구청장으로부터 면허를 받도록 하고 있다. 또한 동법 제41조 제1항은 총톤수 10톤 이상의 동력어선을 사용하는 어업을 하려는 자는 해양수산부장관의 허가를 받도록 규정하고 있으며, 총톤수 10톤 미만의 동력어선을 사용하는 어업의 경우에도 수산자원을 보호하고 어업을 조정하려는 목적으로 대통령령으로 정하는 경우 해양수산부장관의 허가를 받도록 하고 있다. 동조 제2항은 무동력어선, 총톤수 10톤 미만의 동력어선을 사용하는 근해어업 및 연해어업의 경우 시 · 도지사의 허가를 받도록 하고 있다. 또한 동법 제47조는 앞선 조항에서 규정하고 있는 어업 이외의 어업으로서 대통령령으로 정하는 어업을 하려는 경우 해양수산부령으로 정하는 바에 따라 신고하도록 규정함으로써 어업자원 관리를 위하여 어업을 규제하고 있다. 이처럼 우리나라는 어업자원 보호를 위하여 수산업법을 통해 일정한 조건 이상의 어업행위를 허가제로 운영하고 있다.

수산자원관리법은 2009년 4월 22일 제정하여 2010년 4월 23일에 시행하였다. 이 법은 배타적경제수역에서 생물자원의 보존과 이용에 관한 UN해양법협약 제61조와 제62조에 관한 사항을 담고 있다. 우리나라는 동법 제7조에 따라 5년마다 수산자원관리 기본계획을 수립하며, 동법 제11조에 따라 수산자원의 종합적 · 체계적 관리를 위하여 수산자원을 정밀조사 · 평가한다. 또한 동법 제14조는 수산자원의 번식 · 보호를 위하여 필요하다고 인정되는 경우 수산자원의 포획 · 채취 금지기간을 정하거나 포획 · 채취가 금지되는 구역 · 수심 · 체장(길이) · 체중(무게)를 정할 수 있도록 규정하고, 동법 제20조~제25조는 일정한 어선 · 어구 · 어법의 사용을 금지할 수 있는 규정을 둔다. 마지막으로, 우리나라는 동법 제36조와 제37조 규정을 통하여 일정한 어종과 해역에서 어획할 수 있는 총허용 어획량을 설정하고 할당하여 수산자원을 회복하고 보존하는 노력을 기울이고 있다.

우리나라는 배타적경제수역에서 해양생물자원을 적정하게 보존 · 관리, 이용하기 위하여 외국인에 의한 불법어업을 규제하고 있다. 배타적경제수역에서의 외국인 어업 등에 대한 주권적 권리를 행사하기 위하여 1996년 8월 8일에 이에 관한 법률을 제정하였고, 1997년 8월 8일에 시행하였다. 현재 동법은 2019년 8월 27일 타법개정되어 2020년 8월 28일 시행되고 있다. 이에 따라 우리나라는 동법 제4조 규정을 통하여 배타적경제수역 중 어업자원의 보호 또는 어업조정을 위하여 대통령령으로 특정금지구역을 정해 외국인의 어업활동을 제한하고 있다. 또한 동법 제5조에 따라 특정금지구역이 아닌 우리나라 배타적경제수역에서 어업활동을 하려는 외국인은 해양수산부장관의 허가를 받아야 하며, 동법 제7조에 따라 일정한 금액의 입어료를 납부해야 한다. 동법 제6조의 2에 따라 우리나라 사법경찰관은 이 법에 따른 명령 또는 제한이나 조건을 위반한 혐의가 있다고 인정되거나 다른 국가와의 어업에 관한 협정에 따른 명령 또는 제한이나 조건을 위반한 혐의가 있다고 인정되는 경우 외국선박에 정선명령을 내릴 수 있다.

해양과학조사법은 1995년 1월 5일 제정하여 1995년 7월 6일 시행하였고, 가장 최근에는 2020년 2월 18일 일부개정하여 시행하고 있다. 이 법을 통해 우리나라는 영해 그리고 배타적경제수역 및 대륙붕에서 외국인 등의 해양과학조사를 규율한다. 동법 제7조 제1항 및 제2항은 외국인 등이 우리나라 배타적경제수역 또는 대륙붕에서 해양과학조사를 실시하고자 하는 경우 실시 예정일 6개월 전까지 조사계획을 외교부장관을 거쳐 해양수산부장관에게 제출하여 동의를 받도록 하고 있다. 동법

제4항은 해양수산부장관이 외국인 등의 신청을 거부할 수 있다고 규정하면서 7가지의 구체적인 사유를 열거하고 있다. 7가지 사유에는 대한민국 국민 또는 대한민국 국가기관이 수행하는 해양자원의 탐사 및 개발에 직접적인 영향을 미치는 경우, 대륙붕의 굴착, 폭발물의 사용 또는 해양환경에 유해할 물질의 투입에 관한 사항이 포함된

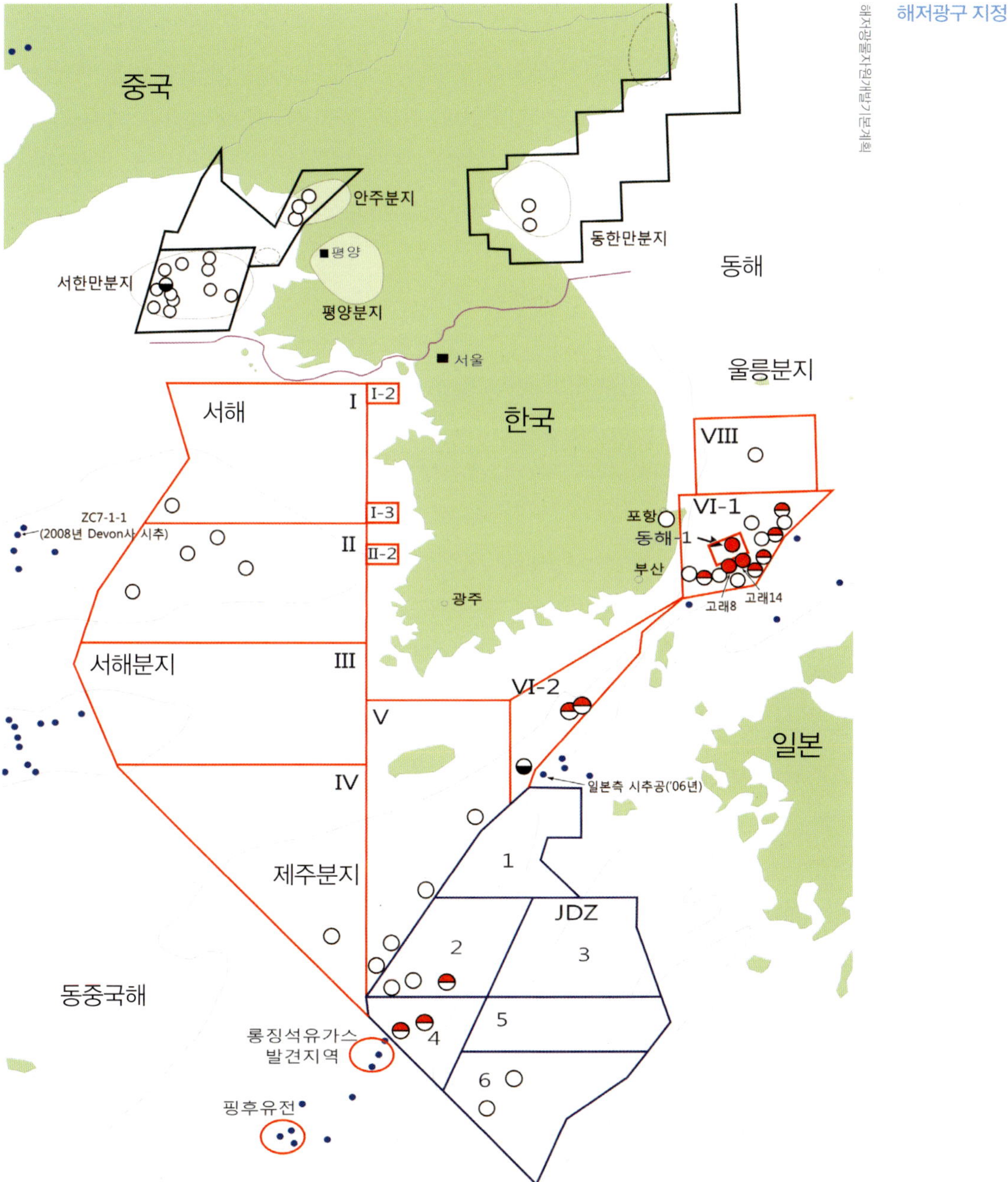

해저광구 지정 현황

해저광물자원개발기본계획

경우, 인공섬과 설비 또는 구조물을 건조하여 사용 · 운용하는 사항이 포함된 경우, 내용이 불명확하거나 관련 국내법 또는 국제협약에 위배되는 경우, 우리 국민들의 해양과학조사를 정당한 이유 없이 거부한 국가의 국가기관 또는 국민이 조사계획서를 제출하는 경우, 동법 제4조의 실시원칙을 위반하는 경우, 대한민국에 대한 의무를 이행하지 않는 경우를 포함하고 있다.

우리나라는 1970년 1월 1일 해저광물자원 개발법을 제정 · 시행하고 있다.이 법은 1969년 UN극동경제위원회의 해저석유 공동탐사위원회에서 우리나라 황해와 동중국해에 대량의 석유가 매장되어 있을 가능성이 높다는 보고서를 발표한 이후 우리나라 대륙붕 탐사와 개발을 위하여 제정되었다. 동법 제2조의 2에 따라 산업통상자원부장관이 해저광물자원개발 기본계획을 수립 · 시행하도록 규정하고 있으며, 동법 제3조는 해저광구를 설정하도록 하여 현재 8개의 광구가 지정되어 있다.

● 해역사용과 관리

1981년 12월 31일 일부개정하여 시행한 해양오염방지법 제44조의 3은 환경청장이 오염방지를 위한 특별대책이 필요하다고 인정할 때 일정한 해역을 연안오염특별 관리해역으로 지정할 수 있도록 하고 있었는데, 1982년 9월 15일 일부개정되어 시행된 동법 시행령 제43조의 3에서 특별관리수역에서는 일정한 행위가 금지지만 관계 행정기관이 환경청장과 협의하여 이용할 수 있도록 규정하고 있었다. 이는 오늘날 해양환경관리법에서 시행하고 있는 해역이용 협의제도의 시초이다. 이 제도는 1999년 2월 8일 해양오염방지법 개정을 통하여 시행령의 내용을 법으로 규정하였다.

해역이용 협의제도는 해양오염방지법을 폐지하고 2007년 1월 19일 해양환경관리법을 제정하여 시행하면서 해역이용 협의와 해역이용 영향평가로 구분되었다. 이러한 해역이용 협의제도와 해양영향 평가제도는 우리나라 바다에서 이루어지는 개발과 이용 행위가 해양환경에 부정적인 영향을 주지 않는 방법으로써 지속적으로 이루어질 수 있도록 보장하기 위한 제도다.

해양환경관리법 제84조 제1항은 행정기관의 장이 바다 골재 채취의 허가 및 지정, 어업의 면허 등을 하기 전에 해양환경 보전 및 활용에 관한 법률 제20조에 따라 해양수산부장관과 해역이용의 적정성 및 해양환경에 미치는 영향에 관하여 협의할 것을 규정한다. 이 경우 대상 사업을 하고자 해양이용협의를 해야 하는 해역이용 사업자는 해역이용 협의서를 작성하여 행정기관의 장에게 제출하고, 행정기관의 장은 해역이용 사업자가 제출한 해역이용 협의서를 해양수산부장관에게 제출하여 협의하는 절차를 거친다. 이 과정에서 해역이용 협의제도는 개발 · 이용 행위자가 스스로 각종 해양환경 규제기준보다 강화된 목표를 설정하거나, 규제기준이 정해지지 않은 환경항목에 스스로 환경보전목표를 설정하도록 하는 등의 해양환경 훼손, 오염원인 등의 제거 또는 최소화를 유도하는 역할을 할 수 있다.

또한 해양환경관리법 제85조 제1항은 바다의 바닥을 준설하거나 굴착하는 행위, 흙이나 모래 또는 돌을 채취하는 행위, 해저광물을 채취하는 행위, 해양심층수를 이용·개발하는 행위 등이 일정한 규모 이상에 해당하는 때에는 그 행위로 인하여 해양환경에 미치는 영향을 평가하도록 하는 해역이용 영향평가를 해양수산부장관에게 요청할 것을 규정한다. 이 경우 면허대상사업을 하고자 하는 해역이용 영향평가의 평가대상사업자는 이해관계자들의 의견을 수렴하기 위한 설명회 또는 공청회 등을 거쳐 해역이용 영향평가서를 작성하여 이를 행정기관의 장에게 제출하고, 행정기관의 장은 평가서에 대한 평가를 해양수산부장관에게 요청한다. 이 과정을 통하여 해양환경에 부정적 영향을 최소화할 수 있도록 해양환경 영향의 정도와 저감방안 등의 정보를 정책결정권자 등에게 제공하고, 설명회 또는 공청회 개최 등을 통하여 정보를 공유함으로써 이해관계자의 의견이 사업계획에 반영되게 하고 의견교환을 통하여 사업자와 이해관계자의 갈등 발생을 최소화한다.

국토의 대규모 이용과 개발행위가 이루어지면서 1980년대부터 연안의 난개발과 해양환경오염 문제가 제기되었다. 1993년 제3차 국토종합개발계획을 수립하면서 해안역 이용과 관리를 위하여 정기적인 해안 조사 및 평가와 해안역 이용계획수립 및 해양관리법 제정을 추진계획으로 설정하였다. 이를 근거로 1996년 1월에 수립한 해양개발기본계획 세부정책의 과제로 난개발을 막고 연안을 통합적으로 관리하기 위한 연안관리법 제정이 포함되었다. 우리나라는 1999년 2월 28일 연안관리법을 제정하여 1999년 8월 9일 시행하였다. 동법은 2020년 2월 4일 타법개정 이후 여러 차례에 걸쳐 타법·일부·전부개정되었다. 가장 최근에는 2020년 3월 31일 타법개정되어 2021년 4월 1일 시행예정이다. 연안관리법 제정을 통하여 기존 육지 중심의 관리방식을 육역과 해역의 종합적 관리와 연안의 효율적 보전·개발·이용을 실현할 수 있는 법제도로 변경해 마련하였다.

연안관리법은 2009년 3월 25일 전부개정하여 2010년 3월 26일 시행하였다. 2009년 전부개정에서 연안통합관리계획 수립체계를 보완하였고 연안용도해역 및 연안해역 기능구를 지정하여 관리하는 제도를 도입하였으며, 연안정비 사업의 실시계획 수립을 위한 절차를 간소화하였고 연안정보체계를 구축하고 관리하기 위한 내용을 규정하였다. 2000년 이후에는 연안 침식문제가 사회적 이슈로 대두하면서, 이를 관리하기 위하여 2013년 일부개정을 통하여 연안침식관리구역을 도입하였다.

연안관리법이 제정되면서 연안 정비 사업의 추진을 위한 제도적 근거가 마련되었다. 연안은 바다와 육지의 경계라는 지리적 특성으로 내륙에 비해 자연재해 위험성이 커서 안전한 연안을 만드는 정책의 우선 순위가 높다. 1999년 8월 9일에 시행되었던 연안관리법 제13조는 10년 단위로 연안정비계획을 수립하고 이 계획에 따라 사업을 추진하도록 규정하고 있었고, 2000년 제1차 연안정비 기본계획을 수립하여 시행하였다. 이에 따라 연안보전 사업으로 호안정비, 침식방지 및 침수방지 시설 설치, 해안도로 개설, 비사방지 시설 설치 등을 추진하였고, 해역개선 사업으로 생태보전, 방치폐선 제거, 통수시설 설치, 연안해역 복원 등을 추진하였다. 2010년에는 제2차 연안정비 기본계획을 수립하였다. 제2차 연안정비 기본계획은 연안보전 사업과 친수연안 조성사업으로 구분하여 시행하였고 연안재해 방지사업을 통한 재해 없는 연안 조성이라는 연안통합관리계획에 따라 해양국토의 유실 · 훼손에 적극적이고 사전적으로 대응하며, 국민의 안전하고 쾌적한 연안이용 여건을 확보하고자 하였다.

우리나라는 해양공간의 지속가능한 이용 · 개발과 보전에 관한 계획의 수립 및 집행에 필요한 사항을 정하여 공공복리를 증진하고 해양을 풍요로운 삶의 터전으로 조성할 목적으로 2018년 4월 17일 해양공간 계획 및 관리에 관한 법률을 제정하여 2019년 4월 18일 시행하였다. 동법 제5조에 따라 해양수산부장관은 해양공간에 관한 기본정책 방향, 해양공간관리계획의 수립 방향, 해양공간정보의 수집 · 관리 · 활용에 관한 사항, 해양공간특성평가에 관한 사항, 해양공간 관리에 필요한 연구개발 및 국제협력에 관한 사항에 대하여 해양수산발전 기본법 제7조에 따른 해양수산발전위원회의 심의를 거쳐 10년마다 해양공간에 관한 기본계획을 수립해야 한다. 이 경우 해양수산부장관은 기본계획을 수립할 때 시 · 도지사의 의견을 듣고 관계 중앙 행정기관의 장과 협의해야 한다. 또한 동법 제7조에 따라 해양수산부장관은 배타적경제수역과 대륙붕 및 그 밖에 대통령령으로 정하는 해양공간에 대한 해양공간관리계획을 수립해야 하며, 시 · 도지사는 그 이외의 해양공간에 대한 해양공간관리계획을 수립해야 한다. 해양공간관리계획에는 해양용도구역의 지정에 관한 사항이 포함되어 있는데, 동법 제12조는 해양용도구역으로 어업활동보호구역, 골재 · 광물자원개발구역, 에너지개발구역, 환경 · 생태계관리구역, 연구 · 교육보전구역, 항만 · 항행구역, 군사활동구역, 안전관리구역을 열거하고 있다. 해양수산부장관과 시 · 도지사는 해양용도구역의 지정 · 변경을 위하여 해양공간의 자연적 특성, 입지 및 활용 가능성 등에 대한 해양공간특성평가를 실시하여야 한다.

위와 별도로 중앙 행정기관의 장과 지방자치단체의 장이 해양공간에서 제15조 제1항에서 정하는 일정한 유형의 이용 및 개발 계획을 승인 · 수립 · 변경하거나 지주 · 구역 등을 지정 · 변경하려는 경우에는 해양수산부장관과 협의하거나 승인을 받도록 하여 해양공간의 체계적인 이용과 관리를 꾀하고 있다.

1962년 1월 20일 제정하여 시행하였던 공유수면 매립법은 1990년까지 연안의 공업단지와 항만시설, 경작지 확대를 위하여 다양한 매립이 가능하도록 하였으며 우리나라 경제성장 과정에서 중요한 역할을 하였다. 1990년까지는 개별적인 사안별로 매립 가능성 유무를 평가하였다. 1991년 12월 10년 단위의 제1차 공유수면 매립기본계획을 수립하였고, 2001년 7월 제2차 공유수면 매립기본계획, 2011년 제3차 공유수면 매립기본계획을 수립하면서 매립을 위한 절차적 · 내용적 타당성을 확보하였다. 이를 통하여 매립수요의 계획적 관리가 가능해졌고, 궁극적으로 연안공간의 이용효율화 기틀이 마련되었다. 현재는 2021년부터 시행되는 제4차 공유수면 매립기본계획을 수립 중에 있다.

다음으로 1961년 12월 19일에 제정하여 시행하였던 공유수면관리법은 해양공간을 특정인이 독점적 · 배타적으로 사용할 수 있도록 권리를 설정하게 하는 공유수면 점용 · 사용을 제도화하였다. 공유수면 점용 · 사용에 관한 적용 대상은 일시적인 공작물의 신축, 개축이나 공유수면에서 실행하는 굴착, 토석채취와 재배행위 그리고 부두, 방파제, 교량, 수문 등 11가지 유형이었다.

공유수면관리법과 공유수면 매립법은 2010년 4월 15일 공유수면관리 및 매립에 관한 법률로 통합 제정되어 2010년 10월 16일 시행되었다.

● 해양자원의 이용과 보전

2008년 정부정책에 따라 해양수산부가 농림수산식품부와 국토해양부로 나뉘었다. 이에 따라 관련법도 각각 제정되었다. 농수산생명자원의 보전 · 관리 및 이용에 관한 법률은 2011년 7월 25일에 제정하여 2012년 7월 26일에 시행하였고, 해양생명자원의 확보 · 관리 및 이용 등에 관한 법률은 2012년 6월 1일에 제정하여 2012년 7월 26일에 시행하였다. 이후 두 법은 2013년 해양수산부가 재출범하면서 이원적으로 관리하던 해양생명자원과 수산생명자원을 통합 · 정비하기 위하여 2016년 12월 27일 기존의 농수산생명자원의 보전 · 관리 및 이용에 관한 법률을 해양수산 생명자원의 확보 · 관리 및 이용 등에 관한 법률로 통합 제정하여 2017년 6월 28일 시행하였다.

우리나라는 해양수산 생명자원의 확보 · 관리 및 이용 등에 관한 법률 제7조에 따라 5년마다 전국을 대상으로 해양수산 생명자원의 현황 및 서식지 등에 관한 기초조사를 실시한다. 기초조사 결과에 기초하여 동법 제8조에 따라 해양수산부장관은 관계 중앙 행정기관의 장과 미리 협의하여 해양수산 생명자원의 보존과 지속가능한 이용을 위해 해양수산 생명자원의 확보 · 관리 및 이용에 관한 사항에 대하여 5년마다 해양수산 생명자원관리 기본계획을 수립하고 시행하여야 한다.

우리나라 관할해역의 해양수산 생명자원에 대한 주권적 권리를 보호하기 위하여 동법은 외국인 · 국제기구에 의한 해양수산 생명자원의 접근과 이용에 대하여 해양수산부장관의 허가를 받도록 규제한다. 외국인 · 국제기구가 관할수역에서 해양수산 생명자원의 연구, 개발, 생산, 상업적 이용 등을 목적으로 해양수산 생명자원을 획득하려는 경우 동법 제11조에 의해 다른 법률 또는 다른 조약에 따라 허가를 받은 경우를 제외하고는 미리 해양수산부장관에게 허가를 받도록 규정한다. 이러한 허가는 동법 제12조에 따라 외국인 · 국제기구가 우리나라 국민 및 국가기관과 위임 · 위탁 또는 계약을 통하여 공동으로 획득하는 경우에도 동일하게 적용받는다. 이 경우 외국인 · 국제기구는 동법 제13조에 따라 결과보고서, 조사자료, 과학적 가치의 손상 없이 분할될 수 있는 시료 및 유전물질 등 자료의 제출, 조사 결과 및 자료를 분석한 기록의 제공, 조사 결과 및 자료에 대한 분석 지원 등의 의무를 이행해야 한다.

이와 동시에 동법 제22조는 국외반출 승인에 관한 제도를 별도로 규정한다. 동조에 따르면 해양수산부장관은 국외반출 승인이 필요한 대상을 목록으로 작성한다. 이 목록에 포함된 해양수산 생명자원을 국외로 반출하려는 자는 용도를 지정하여 해양수산부장관의 승인을 받아야 한다. 이는 우리나라 국민이나 외국인 · 국제기구 모두에 적용된다.

또한 동법 제25조에 따라 우리나라 해양수산 생명자원 또는 해양수산 전통지식의 연구 · 개발의 성과 및 그 상업적 이용 등으로 이익이 발생하는 경우 해양수산 생명자원의 제공자와 이용자 간에 공정하고 공평하게 이익이 공유되어야 함을 규정하고 있다. 이는 유전자원 접근과 이용에 관한 이익공유를 규정하고 있는 생물다양성 협약과 나고야 의정서의 국내적 이행을 위한 입법이다.

우리나라는 해양수산 생명자원의 확보 · 관리 및 이용 등에 관한 법률 제17조에서 해양수산부장관에게 해양수산 생명자원의 다양한 확보와 효율적 관리 · 이용에 관한 사항을 전문적으로 수행하도록 해양수산 생명자원 책임기관을 지정 · 운영할 수 있게 규정하고 있다. 현재 책임기관으로 국립해양생물자원관이 지정되어 해양수산 생명자원의 확보 · 관리 및 이용에 관한 사항, 해양수산 생명자원의 종합적인 조사, 등재, 수탁, 등록 및 평가, 기탁등록보존기관의 관리와 정보교류, 해양수산 생명자원 통합정보 시스템 구축 · 운영 등의 역할을 수행하고 있다. 국립해양생물자원관은 해양수산 생물자원의 국가자산화 및 지속가능한 이용을 위한 역할을 수행하기 위하여 2015년 설립되었다.

1996년 해양수산부가 설립되면서 자연환경의 미적 가치와 해양의 물리적 공간을 활용하는 해양관광에 대한 정책이 수립되기 시작하였다. 1996년 해양수산발전기본법에 해양관광진흥이 포함되면서 2004년에 제1차 해양관광진흥기본계획을 수립하였고 2006년에는 어촌관광 활성화 방안을 마련하였다. 이를 통하여 해수욕장 정비사업, 갯벌체험과 생태관광 활성화 사업, 해양경관 정비사업을 추진하였다. 정부의 해양관광 정책의 추진 이후 해양레저활동이 증가하면서 해양스포츠의 보급 및 진흥을 촉진하기 위하여 마리나 항만의 조성 및 관리에 관한 법률을 2009년 6월 9일에 제정하여 2009년 12월 10일 시행하였다. 동법 제4조에 따라 우리나라는 마리나 항만의 합리적인 개발 및 이용을 위하여 10년마다 항만법 제14조에 따른 중앙항만정책 심의회의 심의를 거쳐 마리나 항만에 관한 기본계획을 수립하고 있다. 마리나 항만에 관한 기본계획에는 마리나 항만의 중·장기 정책방향에 관한 사항, 마리나 항만의 입지지표 등 마리나 항만구역 선정기준 및 개발 수요 등에 관한 사항, 마리나 항만의 지정·변경 및 해제에 관한 사항, 관련 산업의 육성에 관한 사항을 포함한다. 또한 우리나라는 해수욕장의 관리와 국민휴양공간 조성을 위하여 해수욕장의 이용 및 관리에 관한 법률을 2014년 6월 3일 제정하여 2014년 12월 4일 시행하였다.

배타적경제수역과 대륙붕에 관한 내용에서 언급한 바와 같이, 우리나라는 수산자원관리를 위한 계획을 수립하고, 수산자원의 보호·회복 및 조성 등에 필요한 사항을 규정하여 수산자원을 효율적으로 관리하기 위해 2009년 4월 22일 수산자원관리법을 제정하여 2010년 4월 23일 시행하였다. 우리나라는 동법 제7조에 따라 수산자원의 종합적·체계적 관리를 위하여 5년마다 수산자원관리 기본계획을 수립하고 동법 제8조에 따라 해양수산부장관 또는 시·도지사는 기본계획의 시행을 위하여 매년 수산자원관리시행계획을 수립한다.

동법 제14조는 해양수산부장관에게 수산자원의 번식이나 보호를 위하여 필요하다고 인정되는 경우 수산자원의 포획 및 채취 금지 기간이나 구역 등을 정할 수 있도록 규정하고 있으며, 수산자원조성 목적의 특정한 경우가 아닌 한 수산동물의 번식과 보호를 위하여 수중에 방란(放卵)된 알을 포획하거나 채취하는 행위를 금지하고 있다. 동법은 제2절 어선·어구·어업 등의 제한에 관한 규정들에서 특정 수산자원의 현저한 감소 방지를 위하여 수산업법 제88조에 따른 수산조정위원회의 심의를 거쳐 조업척수를 제한하거나, 2중 이상 자망의 사용 금지, 수산업법에 따라 면허·허가·승인 또는 신고된 어구 이외의 어구와 그러한 어구의 제작·판매 등을 금지하고 있다.

수산자원관리법에 의한 우리나라 수산자원 관리의 또 다른 특징은 대상 어종 및 해역을 정하여 총허용 어획량을 설정하는 제도다. 동법 제36조는 해양수산부장관이 수산자원의 회복 및 보존을 위해 대상 어종 및 해역을 정하여 총허용 어획량을 정할 수 있도록 규정한다. 동법 제36조 제2항에 따라 총허용 어획량 설정을 위하여 해양수산부장관은 총허용 어획량의 설정 및 관리에 관한 시행계획을 수립하여야 한다.

시 · 도지사는 지역의 어업특성에 따른 수산자원의 관리가 필요할 경우 해양수산부장관이 수립한 수산자원 이외의 수산자원에 대하여 총허용 어획량계획을 세워 총허용어획량을 설정하고 관리할 수 있도록 규정한다.

UN해양법협약이 발효된 이후 기존의 공해였던 해역이 연안국의 배타적경제수역으로 편입되면서 우리나라 원양산업의 조업구역이 축소되었다. 또한 지역수산관리기구에 의하여 공해에서의 어업활동이 규제되자 우리나라는 원양산업의 지속가능한 발전을 위해 2007년 8월 3일 원양산업발전법을 제정하여 2008년 2월 4일 시행하였다. 동법 제4조에 따라 해양수산부장관은 5년마다 원양산업발전에 관한 종합계획을 수립하여 추진하고 있다. 원양산업발전종합계획에는 해양생물자원의 합리적인 보존 · 관리 및 개발 · 이용에 관한 사항, 국가 원양산업의 목표와 전략 및 단계별 추진계획, 원양산업의 경쟁력 강화 및 운영 · 지원에 관한 사항, 불법 · 비보고 · 비규제어업의 관리에 관한 사항 등을 포함한다.

우리나라는 2013년 1월에 미국에 의하여, 2013년 11월에 EU에 의하여 예비 불법 · 비보고 · 비규제 어업국으로 지정된 바 있다. 이 사건 이후 우리나라는 원양산업발전법 개정을 통하여 제15조에 우리나라 어선의 위치를 실시간으로 파악하기 위한 자동추적장치 설치를 의무화하였다. 2014년에는 원양어선의 어업활동 감시와 감독을 위하여 조업감시센터를 설치하여 운영하고 있다. 이후 2015년 2월에 EU로부터, 2015년 4월에 미국으로부터 예비 불법 · 비보고 · 비규제 어업국 지정에서 해제되었다.

● 해양환경과 생태보호

우리나라는 2007년 1월 19일 해양환경관리법을 제정하여 2008년 1월 20일 시행하였다. 이 법은 선박, 해양시설, 해양공간 등 해양오염물질을 발생시키는 발생원을 관리하고 기름 및 유해액체물질 등 해양오염물질의 배출을 규제하는 등 해양오염을 예방, 개선, 대응, 복원하는 데 필요한 사항을 정함으로써 국민의 건강과 재산을 보호하는 데 이바지함을 목적으로 한다.

동법 9조는 해양수산부장관이 해양환경 현황 및 변화에 관한 해양환경종합조사를 시행하기 위하여 동법 시행규칙 제5조에 따라 해양환경공단 이사장으로 하여금 해양환경측정망을 구성하고 운영하여 우리나라 관할해역의 해양환경을 측정하도록 규정하고 있다. 2020년 현재 해양수산부 고시에 의거하여 57개 해역에 425개의 조사 정점 수로 해양환경 측정망을 구성하여 운영하고 있다.

동법 제15조는 해양수산부장관에게 해양환경의 보전 · 관리를 위하여 필요하다고 인정되는 경우에 중앙 행정기관의 장 및 관할 시 · 도지사 등과 미리 협의하여 환경보전 해역 및 특별 관리해역을 지정 · 관리하도록 한다. 환경보전 해역은 해양환경 및 생태계가 양호한 해역 중에 해양환경 보전 및 활용에 관한 법률 제13조 제1항에 따른 해양환경기준을 유지하기 위하여 지속적인 관리가 필요한 해역으로, 해양수산부장관이 정하여 고시하는 해역이다. 특별 관리해역은 해양환경 보전 및 활용에 관한 법률 제13조 제1항에 따른 해양환경기준의 유지가 곤란한 해역 또는 해양환경 및 생태계의 보전에 현저한 장애가 있거나 장애가 발생할 우려가 있는 해역으로, 해양수산부장관이 정하여 고시하는 해역이다. 현재 환경보전 해역으로 가막만, 득량만, 완도 · 도암만, 함평만 4개의 해역이 지정되어

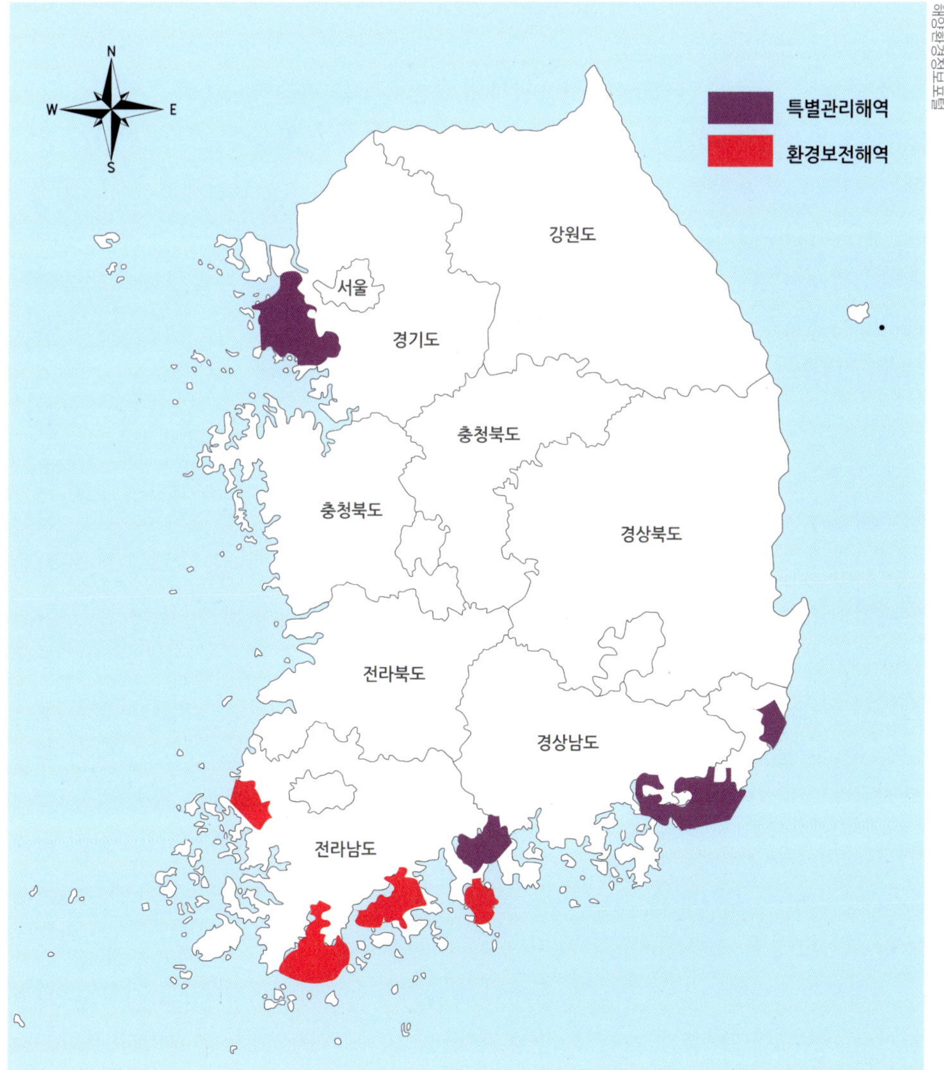

해양환경정보포털

환경관리 해역

있으며, 특별 관리해역으로 부산연안, 울산연안, 광양만, 마산만, 시화호 · 인천연안의 5개 해역이 지정되어 있다. 해양수산부장관은 동법 제15조의 2에 따라 환경보전 해역의 해양환경 상태 및 오염원을 측정 · 조사하여 그 결과가 해양환경 보전 및 활용에 관한 법률 제13조 제1항에 따른 해양환경기준을 초과하여 국민의 건강이나 생물의 생육에 심각한 피해를 가져올 우려가 있다고 인정되는 경우에는 환경보전 해역 안에서 일정한 시설의 설치 또는 변경을 제한하는 등의 조치를 할 수 있다.

우리나라는 해양환경관리법 제16조 규정에 따라 해양수산부장관이 5년마다 환경관리해역 기본계획을 수립하고 환경관리해역 기본계획을 구체화하여 특정 해역의 환경보전을 위한 해역별 관리계획을 수립, 시행한다. 환경관리해역 기본계획에는 해양환경의 관측에 관한 사항, 오염원의 조사 · 연구에 관한 사항, 해양환경 보전 및 개선대책에 관한 사항, 환경관리에 따른 주민지원에 관한 사항 등을 포함한다.

동법 제22조는 일반적으로 선박으로부터 오염물질을 해양에 배출하는 행위를 금지한다. 그러나 해양수산부령이 정하는 기준 및 방법에 따라 배출하는 등의 일정한 경우에는 예외를 허용하고 있다. 다만 동법 제19조는 해양수산부장관에게 동법 제70조 제1항에 따라 폐기물을 배출하는 사업을 하는 자의 폐기물 배출행위 또는 선박이나 해양시설에서 일정 규모 이상의 오염물질을 해양에 배출하는 행위에 대하여 해양환경개선부담금을 부과 · 징수하도록 규정한다. 이러한 부담금은 오염물질의 종류 및 배출량을 고려하여 산정한다.

우리나라는 행정기관의 장이 일정한 해역 이용과 관련하여 면허 등을 하고자 하는 경우에 해역 이용의 적정성과 해양환경에 미치는 영향에 관하여 해양수산부장관과 협의하도록 하는 해역이용 협의와 해역이용 영향평가 제도를 운영하고 있다. 해양환경관리법 제84조는 공유수면의 점용 · 사용 허가, 어업의 면허, 바다골재 채취와 관련하여 면허 · 허가 또는 지정 등을 하고자 하는 행정기관의 장은 면허 등을 하기 전에 해양수산부장관과 해역이용의 적정성과 해양환경에 미치는 영향에 관하여 협의하도록 규정하고 있다. 또한 동법 제85조는 면허 등을 하고자 하는 행정기관의 장은 해당 행위가 대통령령이 정하는 규모 이상에 해당하는 때에는 그 행위로 인하여 해양환경에 미치는 영향에 대한 평가를 해양수산부장관에게 요청하도록 규정한다. 이에 따라 동법 제85조 제2항은 면허대상사업을 하려는 자에게 해역이용평가서를 제출토록 규정하고 있으며, 동조 제3항은 해역이용평가서를 작성하는 경우에는 설명회 또는 공청회 등을 개최토록 하고 있다.

해양환경관리법은 앞서 언급한 환경보전 해역 또는 특별 관리해역을 지정 및 관리하거나 행위제한을 결정함에 있어 해양환경기준을 고려하는데, 이 해양환경기준은 해양환경 보전 및 활용에 관한 법률에 규정한다. 해양환경 보전 및 활용에 관한 법률은 2017년 3월 21일에 제정되어 2017년 9월 22일에 시행되었다. 동법 제13조는 해양수산부장관에게 관계 중앙 행정기관의 장의 의견을 들어 해양환경 및 해양 생태계의 보전을 위한 시책에 필요한 해양환경기준을 해역별 · 용도별로 설정 · 고시하여 해양환경 변화에 따라 그 적정성이 유지되도록 규정한다. 관련 고시는 해수수질에 대한 등급별 기준, 해저퇴적물의 금속별 농도 기준, 해역 별로 달성해야 할 수질목표를 정하여 시행되고 있다.

우리나라는 육상 중심의 자연환경보전법에 해양과 관련한 일부 조항을 규정하고 있었다. 그러나 해양수산부가 출범하면서 해양에 관한 조항을 분리하여 관리하기 위한 분법작업이 추진되었다. 이로써 해양 생태계의 보전 및 관리에 관한 법률을 2006년 10월 4일에 제정하여 2007년 4월 5일 시행하였다. 이 법은 해양 생태계를 인위적인 훼손으로부터 보호하고, 해양생물 다양성을 보전하며, 해양생물자원의 지속가능한 이용을 도모하는 등 해양 생태계를 종합적으로 체계적으로 보전 · 관리함을 목적으로 하고 있다. 동법에 근거하여 해양수산부장관은 해양 생태계보전 · 관리기본계획을 수립하고, 국가해양 생태계종합조사 등의 기초조사를 실시하도록 하며, 해양생물의 보호를 위한 보전대책 수립과 해양보호 구역의 지정 · 관리 등의 정부시책을 수립하여 추진하고 있다.

국가 또는 지방자치단체는 동법 제4조에서 정하는 바에 따라 해양 생태계의 보전 및 관리를 위하여 해양의 개발 · 이용행위 등 해양 생태계에 영향을 미치는 행위나 사업으로 인한 과도한 해양 생태계의 훼손 방지 및 해양 생태계의 지속가능한 이용을 위한 해양 생태계의 보전 및 관리대책의 수립 · 시행, 국민이 해양 생태계의 보전 및 관리에 적극 참여하도록 하는 시책의 추진 및 여건의 조성, 해양 생태계의 보전 및 관리에 관한 조사 · 연구 · 기술개발 및 전문인력 양성, 해양 생태계 훼손지에 대한 복원 · 복구 대책의 수립 · 시행, 해양 생태계에 관한 교육 및 홍보를 통해 해양 생태계의 중요성에 대한 국민인식의 증진 등의 조치를 강구하여야 한다.

동법 제9조는 해양수산부장관이 해양 생태계를 종합적이고 체계적으로 보전 · 관리하기 위하여 해양 생태계보전 · 관리 기본계획을 10년마다 수립하도록 규정하고 있다. 기본계획에는 해양 생태계의 현황 및 그 이용현황, 해양 생태계의 보전 및 관리에 관한 기본방향 및 주요사업, 해양생물의 서식환경 및 이동경로의 보호 · 복원에 관한 사항, 해양생태축의 구축 · 추진에 관한 사항, 폭염 등으로 인한 이상수온, 기후변화 등에 의한 해양 생태계 변화 · 교란 실태 및 기후변화에 취약한 해양 생태계 현황 등을 포함한다.

우리나라는 1997년 7월 28일 국경을 이동하는 물새를 보호하기 위하여 습지의 보전을 목적으로 하는 람사르 협약에 가입하였다. 이후 습지 보전을 위한 국내정책 수립을 위하여 1999년 2월 8일 습지보전법을 제정하여 1999년 8월 9일 시행하였다. 이 법은 습지의 효율적 보전·관리에 필요한 사항을 정하여 습지와 습지의 생물 다양성을 보전하고, 습지에 관한 국제협약의 취지를 반영함으로써 국제협력의 증진에 이바지함을 목적으로 한다. 동법 제4조에 따라 환경부장관, 해양수산부장관 또는 시·도지사가 5년마다 습지의 생태계 현황 및 오염 현황과 습지에 영향을 미치는 주변지역의 토지 이용 실태 등 습지의 사회적·경제적 현황에 관한 기초조사를 하도록 규정하며, 동법 제5조에 따라 환경부장관과 해양수산부장관은 습지조사의 결과를 토대로 5년마다 습지보전 기초계획을 수립하고, 환경부장관은 해양수산부장관과 협의하여 기초계획을 토대로 습지보전 기본계획을 수립하도록 하고 있다.

동법 제8조에 따라 환경부장관, 해양수산부장관 또는 시·도지사는 특별히 보전할 가치가 있는 지역을 습지보호지역으로 지정하고 그 주변지역을 습지주변관리지역으로 지정할 수 있으며, 습지가 심하게 훼손되거나 그 우려가 있는 경우 습지개선지역으로 지정할 수 있다.

● 해양과학조사

우리나라의 영해 및 접속수역법은 제5조 제2항의 규정에 따라 우리나라 영해에서 관계 당국의 허가·승인 또는 동의를 받지 않은 외국선박의 해양과학조사와 수로측량 행위를 대한민국의 평화·공공질서 또는 안전보장을 해치는 것으로 보고 있다. 즉, 우리나라는 원칙적으로 영해에서 외국선박에 의한 해양과학조사와 수로측량을 금지한다. 외국선박이 이를 위반한 혐의가 있다고 인정되는 경우 관계 당국은 제6조에 따라 외국선박에 대하여 정선·검색·나포, 그 밖에 필요한 명령이나 조치를 할 수 있다.

배타적경제수역과 대륙붕에서의 해양과학조사에 대하여는 배타적경제수역 및 대륙붕에 관한 법률에서 규정한다. 동법 제3조 제1항은 우리나라가 배타적경제수역에서 해양과학조사에 관한 관할권을 가진다고 규정하며, 동조 제2항에서는 대륙붕의 탐사를 위한 주권적 권리를 가진다고 규정한다. 동법 제4조에 따라 우리나라의 배타적경제수역과 대륙붕에서 해양과학조사와 탐사를 하고자 하는 외국인은 우리나라의 권리와 의무를 적절히 고려하여 우리나라 법령을 준수하여야 한다. 만약 우리나라 배타적경제수역과 대륙붕에서 우리나라의 이러한 권리를 침해하거나 관련 법령을 위반한 혐의가 있다고 인정되는 경우에는 UN해양법협약에 제111조에 따른 추적권의 행사, 정선·승선·검색·나포 및 사법절차를 포함하여 필요한 조치를 할 수 있다.

이와 별도로 우리나라는 외국인 또는 국제기구가 행하는 해양과학조사의 절차를 정하고 우리나라 국민, 외국인 또는 국제기구가 행하는 해양과학조사의 결과물인 조사자료의 효율적 관리 및 공개를 규율하기 위해 1995년 1월 5일 해양과학조사법을 제정하여 1995년 7월 6일 시행하고 있다. 여기서 외국인이란 우리나라 국적법에 따른 복수국적자를 포함하여 대한민국 국적을 갖지 않은 사람과 외국의 법률에 따라 설립된 법인 그리고 외국정부를 의미한다.

해양과학조사법 제2조는 해양과학조사를 해양의 자연현상을 연구하고 밝히기 위하여 해저면 · 하층토 · 상부수역 및 인접대기를 대상으로 하는 조사 또는 탐사 등의 행위로 정의한다. 이는 UN해양법협약에서 해양과학조사의 정의를 내리지 않고 있는 것과 대조된다. 해양과학조사법은 해양과학조사와 유사개념인 수로조사 등과 구분하는 규정을 두고 있지 않다. 그러나 2009년 6월 9일에 제정하여 2009년 12월 10일에 시행한 해양조사와 해양정보활용에 관한 법률(2021. 2. 19 시행)은 2016년도 개정을 통하여 수로조사를 해상교통안전, 해양의 보전 · 이용 · 개발, 해양관할권의 확보와 및 해양재해 예방을 목적으로 하는 수로측량 · 해양관측 · 항로조사 및 해양지명조사로 정의하고 있다. 또한 해양조사와 해양정보활용에 관한 법률(2021. 2. 19 시행) 제31조 제3항과 제33조에 따를 경우 수로조사는 해양수산부장관이 실시하도록 규정하고 있으며 해양수산부장관 이외의 자가 수로조사를 하려고 하는 경우에는 해양수산부장관에게 신고해야 하며, 수로조사 성과를 해양수산부장관에게 제출하여 심사받아야 한다고 규정하고 있다.

외국인 등이 우리나라 관할해역에서 해양과학조사를 실시하기 위해서는 해양과학조사법 제4조에 따른 네 가지 원칙을 따라야 한다. 첫째, 평화적 목적을 위해서만 실시해야 한다. 둘째, 해양에 대한 다른 적법한 이용을 부당하게 방해하지 않아야 한다. 셋째, 해양과학조사와 관련된 국제협약에 합치하는 과학적인 방식 또는 수단으로 실시해야 한다. 넷째, 해양환경의 보호 및 보전을 위한 관련 국제협약에 위배되지 않아야 한다.

외국인 등이 우리나라 영해에서 해양과학조사를 실시하기 위해서는 해양과학조사법 제6조에 따라 해양수산부장관의 허가를 받아야 한다. 이 경우 외국인 등은 해양과학조사 실시 예정일 6개월 전까지 조사기관의 명칭 및 조사책임자, 조사선박의 명칭, 조사해역, 조사기간 등을 포함하는 조사계획서를 외교부장관을 거쳐 해양수산부장관에게 제출하여야 한다. 이에 따라 해양수산부장관은 외국인 등으로부터 허가 신청을 받은 경우에는 중앙 행정기관의 장과 협의하여 그 신청일로부터 4개월 이내에 동의 여부를 결정하고, 그 결정 사항을 지체 없이 외국인 등에게 알려야 한다.

외국인 등이 우리나라 배타적경제수역 또는 대륙붕에서 해양과학조사를 실시하고자 하는 경우에는 해양과학조사법 제7조에 따라 해양수산부장관의 동의를 받아야 한다.

영해에서의 외국인 등의 해양과학조사 신청과 다른 점은 동의가 아니라 허가 신청이라는 점이다. 허가가 어느 일방이 배타적인 권한을 가지고 있어서 그 권한에 속한 특정한 행위를 할 수 있도록 허용하는 것임에 반하여, 동의는 어느 일방이 자신과 동등한 권한을 가진 다른 일방의 행위를 용인하는 것이라는 차이가 있다. 우리나라 배타적경제수역 또는 대륙붕에서 해양과학조사를 실시하려는 외국인 등은 해양과학조사 실시 예정일 6개월 전까지 조사기관의 명칭 및 조사책임자, 조사선박의 명칭, 조사해역, 조사기간 등을 포함하는 조사계획서를 외교부장관을 거쳐 해양수산부장관에게 제출하여야 한다. 이 경우 동의 신청을 받은 해양수산부장관은 관계 중앙 행정기관의 장과 협의하여 그 신청일로부터 4개월 이내에 동의 여부를 결정하고, 그 결정사항을 지체 없이 신청인에게 알려야 한다.

해양과학조사법 제7조 제4항은 영해에서와 달리 배타적경제수역 또는 대륙붕에서의 해양과학조사 동의 신청에 대하여 해양수산부장관이 동의를 거부할 수 있는 경우를 규정하고 있다. 이러한 규정을 둔 UN해양법협약 제245조에서는 통상적인 상황에서 배타적경제수역 또는 대륙붕에서의 다른 국가의 해양과학조사 신청에 동의하도록 하고 있으며, 동의를 거부할 수 있는 재량권을 가진 경우를 별도로 규정하고 있기 때문이다.

해양수산부장관이 동의를 거부할 수 있는 사항으로 총 7가지를 규정하고 있다. 첫째, 조사계획서의 내용이 우리나라 국민 또는 우리나라 국가기관이 수행하는 해양자원의 탐사 및 개발에 직접적인 영향을 미치는 경우, 둘째, 조사계획서의 내용에 대륙붕의 굴착, 폭발물의 사용 또는 해양환경에 유해한 물질의 투입에 관한 사항이 포함된 경우, 셋째, 조사계획서의 내용에 인공섬, 설비 또는 구조물을 건조하여 사용·운용하는 사항이 포함된 경우, 넷째, 조사계획서의 내용이 불명확하거나 관련 국내법 또는 국제협약에 위배되는 경우, 다섯째, 우리나라 국민 등의 해양과학조사를 정당한 이유 없이 거부한 국가의 국가기관 또는 국민이 조사계획서를 제출하는 경우, 여섯째, 조사계획서의 내용이 제4조에 따른 해양과학조사 실시 원칙에 위배되는 경우, 일곱째, 해양과학조사 동의 신청을 한 외국인 등이 이 법에 따라 실시한 다른 해양과학조사와 관련하여 대한민국에 대한 의무를 이행하지 않는 경우다. 대부분 UN 해양법협약 제246조에서 규정하고 있는 내용과 동일하지만, 우리나라 국민 등의 해양과학조사를 정당한 이유 없이 거부한 국가의 국가기관 또는 국민이 조사계획서를 제출하는 경우에 대하여 동의를 거부할 수 있다고 규정한 점은 UN해양법협약에서 규정하지 않은 경우라는 점에 차이가 있다.

외국인 등이 우리나라 국민과 영해, 배타적경제수역 또는 대륙붕에서 공동으로 해양과학조사를 실시하려는 경우에는 외국인 등과 국민이 공동으로 해양수산부장관에게 허가 신청 또는 동의 신청을 하여 허가 또는 동의를 받아야 한다.

관련 법령에 따라 영해, 배타적경제수역 또는 대륙붕에서의 해양과학조사를 위한 허가 또는 동의를 받은 외국인 등은 해양과학조사를 수행함에 있어 해양과학조사법 제10조에 따른 9가지 의무를 이행해야 한다. 첫째, 해양과학조사에 있어 해양수산부장관이 지정하는 자의 참여를 보장해야 한다. 둘째, 해양과학조사가 끝난 후에 정부간 해양학위원회(IOC)에서 정한 양식에 따른 해양조사보고(항적도 포함), 조사계획서와 다르게 실행된 사항, 항해일지 및 조사일지 사본을 포함하는 조사결과보고서를 제출해야 한다. 셋째, 해양과학조사로 얻은 모든 조사자료를 제출하고 해당 자료를 이용할 수 있는 기회를 제공해야 한다. 넷째, 해양수산부장관이 요청하는 경우에는 조사자료 및 조사결과를 분석·평가한 기록을 제공하거나 그 밖에 필요한 지원을 이행해야 한다. 다섯째, 조사기관, 조사책임자, 후원기관, 제3국 참여에 관한 사항, 조사목적과 성격, 사업기간, 조사선박, 조사해역의 지리적 좌표 및 도면, 대한민국의 참여에 관한 사항이 변경된 경우에는 그 변경 내용을 즉시 통보해야 한다. 여섯째, 해양과학조사에 사용되는 설비 또는 장비에 식별표지 및 경고신호 표시를 붙여야 한다. 일곱째, 선박의 통행이 빈번한 주요 항로에 해양과학조사에 사용되는 설비 또는 장비를 설치하지 않아야 한다. 여덟째, 해양과학조사를 끝냈거나 해양과학조사가 중지된 경우에는 해양과학조사를 위하여 설치 · 사용된 설비 또는 장비를 철거해야 한다. 아홉째, 해양과학조사의 결과에서 발생하는 이익에 대하여 공평한 공유를 보장해야 한다. 해양수산부장관은 해양과학조사법 제11조에서 외국인 등이 실시한 해양과학조사의 결과로 얻은 조사자료 및 조사결과가 우리나라 국익에 중대한 영향을 미칠 것으로 판단되는 경우에는 그 조사자료와 조사결과의 공개 및 양도의 제한을 요구할 수 있으며, 외국인 등이 이를 따르지 않는 경우에는 그 외국인 등이 소속된 국가 및 국제기구의 장에게 공개 및 양도 제한에 관한 조치를 촉구하도록 규정하고 있다.

해양과학조사법 제12조는 외국인 등의 해양과학조사를 중지 또는 정지시킬 수 있는 경우를 규정하고 있다. 동조 제1항에 따라 외국인 등의 해양과학조사가 조사계획서에 따라 실시되고 있지 않은 경우, 해양과학조사법 제10조에서 규정하는 외국인 등의 일정한 의무를 이행하지 않는 경우, 국방부장관이 군작전 수행을 위하여 해양수산부장관에게 해양과학조사의 정지를 요청한 경우, 해양수산부장관은 외국인 등의 해양과학조사를 정지시킬 수 있으며 정지 사유가 없어진 경우에는 해양과학조사를 다시 시작할 수 있다. 또한 동조 제2항에 따라 외국인 등의 해양과학조사가 우리

나라 관할해역의 천연자원 탐사 및 개발에 직접적인 영향을 미치는 경우, 대륙붕 굴착, 폭발물의 사용 또는 해양환경에 유해한 물질을 투입하는 행위, 인공섬 · 설비 또는 구조물을 건조 · 사용 또는 운영하는 행위, 조사해역 이외의 해역에서 해양과학조사를 실시 등의 허가 또는 동의의 범위를 벗어나서 이루어진 경우, 해양수산부장관이 정하는 시정기간 이내에 외국인 등의 관련 법령의 불이행이 시정되지 않는 경우, 관계 중앙 행정기관의 장이 대한민국의 평화 · 질서유지 및 안전보장을 이유로 해양수산부장관에게 해양과학조사 중지를 요청하는 경우에는 해양수산부장관이 외국인 등의 해양과학조사를 중지시킬 수 있다.

해양과학조사법 제13조에 따라 관계 기관의 장은 외국인 등이 허가나 동의를 받지 않고 우리나라 관할해역에서 해양과학조사를 실시한다고 의심되는 경우에는 정선 · 검색 · 나포하거나 그 밖에 필요한 명령이나 조치를 할 수 있으며, 관계 기관의 장이 위와 같은 조치를 취한 경우에는 그 사실을 해양수산부장관에게 즉시 통보해야 한다.

해양수산 생명자원의 확보 · 관리 및 이용 등에 관한 법률은 해양수산 생명자원의 과학적 조사를 해양과학조사법에 따라 해저면 · 하층토 · 상부수역 내에 서식하는 해양수산 생명자원을 대상으로 하는 조사 또는 탐사 등의 행위로써 상업적 이용을 목적으로 해양수산 생명자원에 접근하는 생물탐사를 제외하는 것으로 정의하고 있다. 즉 상업적 이용을 목적으로 하는 해양수산 생명자원에 대한 접근을 해양과학조사와 구분하고 있음을 알 수 있다.

유엔해양법협약이 200해리 EEZ제도를 제도화하면서, 모든 연안국은 200해리 EEZ와 대륙붕(최대 350해리 혹은 2,500 m 등심선에서 100해리)을 가질 수 있게 되었다. 그러나 국가 간 마주하는 거리가 좁은 동북아에서는 200해리 관할해역을 선포할 경우, 필연적으로 중첩현상이 발생한다. 도서영유권을 둘러싼 갈등이 있는 경우, 문제해결은 보다 복잡해진다. 협약은 이를 위해 모든 국가에게 해양경계획정 추진이라는 과제와 함께, 최종 합의 전단계에서는 '잠정약정'을 통해 해양자원과 환경을 관리하도록 요구하고 있다.

우리나라 주변수역의 해양갈등과 관리

Maritime conflict and management of the waters around Korea

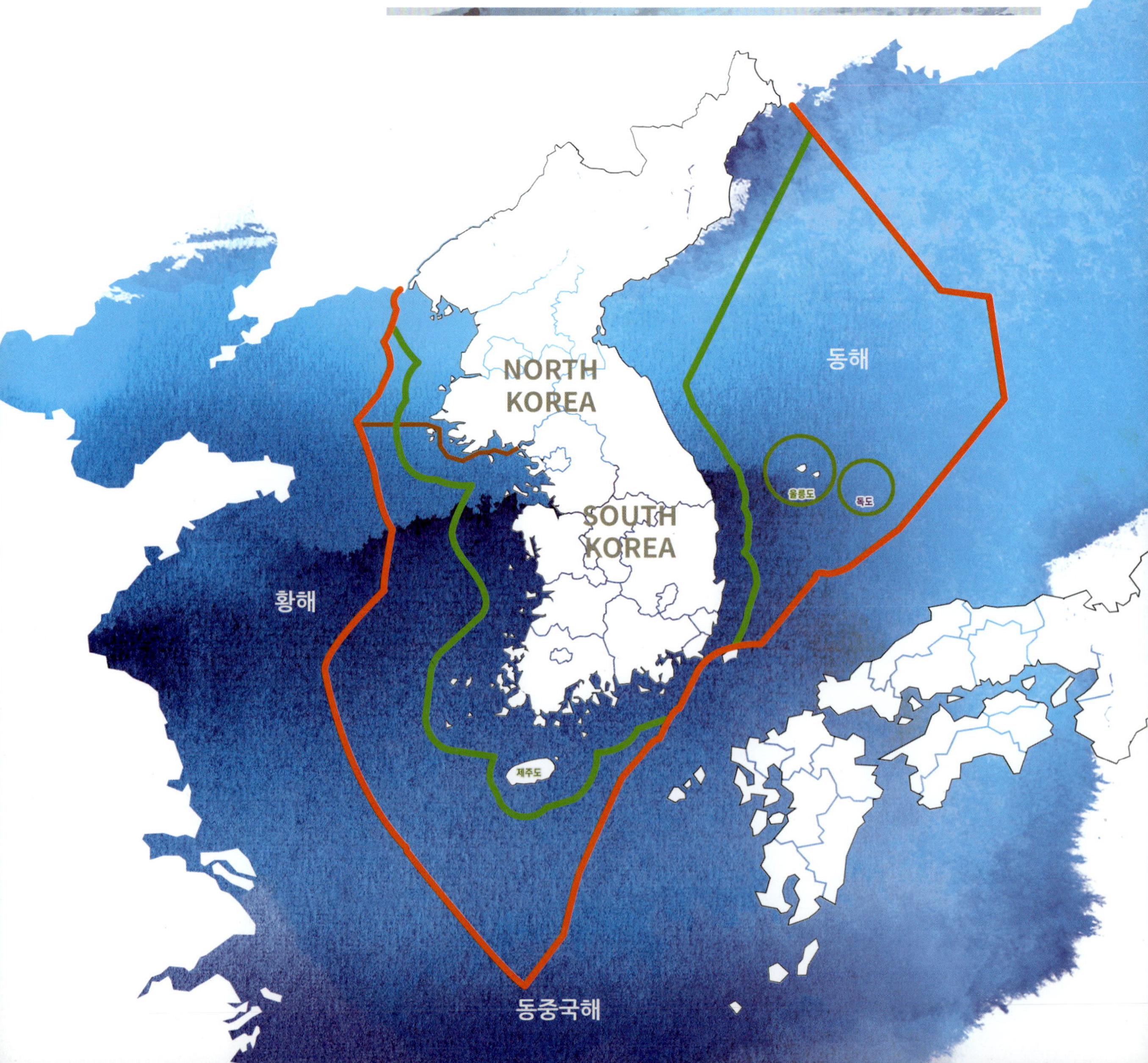

한반도 주변수역의 해양갈등은 상당 부분 국가 간 해양경계선이 부재하는데서 기인한다. 유엔해양법협약 성안 과정에서는 '형평의 원칙'과 '중간선' 방법 간 논쟁이 있었으나, 협약은 이를 절충하여 매우 모호하게 규정하고 있다. 최근 국제판례에서는 '임시중간선 - 관련사정 고려 - 최종 경계선 획선'이라는 3단계 방법론이 많이 활용된다.

황해에서는 2015년부터 중국과 해양경계획정 회담이 진행 중에 있다. 한 · 중 간 제1차 협상대상 수역에는 이어도가 포함되어 있어, 이어도는 한 · 중 해양경계획정 결과에 따라 자연스럽게 관할 국가가 결정될 것이다. 남해(동중국해)에서는 한 · 중 · 일 3국간 해양경계선 도출 필요성, 한 · 일 간 남부대륙붕공동개발협정의 이행과 향후 처리 문제, 동해의 독도 문제 등을 둘러싼 각국의 복잡한 셈법으로 인해 쉽게 협상이 이루어지지 않고 있다.

동아시아에는 일·중 간 조어대 문제, 일 · 러 간 남쿠릴열도 문제, 중국과 여러 ASEAN 국가가 연계된 남중국해 문제 등 다양한 영유권 문제가 존재한다. 동해에서는 일본이 독도에 대한 끊임없는 야욕을 드러내고 있다. 국제법적으로 그리고 역사적으로 독도는 우리나라의 고유영토일 뿐 아니라, 해양자원과 해양활동, 해양자원 등의 중요한 거점이다.
영유권을 둘러싼 분쟁은 현재의 지역해 패권화 전략에 따라 보다 확대될 전망이다.

동북아시아에는 3개의 어업협정, 1개의 석유가스 공동개발협정이 발효되어 운영 중에 있다. 우리나라는 황해와 남해, 동해에서 중국 및 일본과 각각 어업협정을 체결하였고, 일본과는 남부대륙붕에 대하여 석유가스 자원의 공동개발협정을 체결하고 있다.

해양경계획정

한반도 주변수역의 해양갈등은 상당 부분 국가 간 해양경계선이 부재하는데서 기인한다. 유엔해양법협약 성안 과정에서는 '형평의 원칙'과 '중간선' 방법 간 논쟁이 있었으나, 협약은 이를 절충하여 매우 모호하게 규정하고 있다. 최근 국제판례에서는 '임시중간선 - 관련사정 고려 - 최종 경계선 획선'이라는 3단계 방법론이 많이 활용된다.

양희철 한국해양과학기술원

● 우리나라 주변수역의 해양관할권 경쟁

해양경계획정을 둘러싼 각국의 분쟁은 사실상 해양관할권을 부여한 시기와 동시에 시작되었다고 할 수 있다. 그러나 현재의 해양경계획정을 둘러싼 이해관계는 그 범위와 대상, 목적 그리고 해양이 향후 연안국에 주는 의미 등의 모든 면에서 과거의 그것과 단순 비교될 수 없는 가치를 갖는다(양희철 외 3인, 해양경계획정에서 지질 및 지형적 요소의 효과에 관한 고찰, 2007, pp.55~56).

한반도 주변수역에서 나타나는 갈등은 상당부분 해양경계획정의 부재에서 기인한다. 현재까지 동북아에서 북 · 러 간 해양경계획정(영해, EEZ, 대륙붕), 북 · 중 간을 제외하고 해양경계선이 확정된 곳은 없다. 해양관할권이 불확정 상태에 있다는 점에서 연안국은 외국의 불법행위 단속의 모호성과 적극적 해양자원 개발(주권적 권리행사)의 한계에 직면하게 된다. 1982년 채택된 UN해양법협약이 각국의 해양관할권을 200해리 (대륙붕은 최대 350해리 혹은 2,500 m 등심선으로부터 100해리)까지 확대할 수 있는 근거를 제공하면서, 갈등의 축이 '육지' 중심에서 '해양' 중심으로 확대되었다는 것이 법적 이유일 것이다. 실제 우리나라를 둘러싼 갈등 중 남북관계를 제외하고 대다수는 '해양'을 중심으로 형성되어 있다는 것도 이러한 이유에서이다. 독도 문제를 제외하고, 우리나라가 직면하고 있는 이어도, 해양(군사)활동, 자원개발, 해양과학조사, 불법어업, 해양시설물 설치, 어업협정 갈등, 해상교통로 등은 모두 해양경계획정의 부재에서 시작된다.

문제는 이러한 동북아의 갈등요소가 각국 간의 역사적, 정치적 정서와 연계되어 쉽게 정치적 이슈로 확대된다는 점이다. 결국 해양경계선의 부재는 한 · 중 · 일을

동북아 해양경계획정 현황과 주요 주장

당사국	영해	EEZ	대륙붕	기타
한국 : 중국	불요	미획정	미획정	
북한 : 중국	획정(1964)	미획정	미획정	
중국 : 일본	불요	미획정	미획정	조어대
한국 : 일본	불요	미획정	부분획정	독도, 동해
한국 : 북한	NLL + 어업한계선			
북한 : 일본	불요	미획정	미획정	
북한 : 러시아	획정(1985)	획정(1986)	획정(1986)	
러시아 : 일본	필요	미획정	미획정	북방4도
대만 : 일본	불요	미획정	미획정	조어대

중심으로 하는 동북아 지역이 지정학적 측면뿐 아니라 정치, 군사, 역사적 영역에서 복잡한 상호관계를 형성하고 있다는 점 역시 갈등관계를 복잡하게 하는 요인이다. 최근 동북아에서의 미국과 중국, 일본 간의 패권화 경쟁 역시 궁극적으로는 해양 공간에 대한 통제권 강화와 관계있지만, 그 원인은 여전히 해양경계선의 불명확성에서 찾을 수 있다.

우리나라 주변수역에서의 해양관할권 갈등은 영유권이라는 '주권' 분쟁에서 발생하는 장기적 이슈와 UN해양법협약의 해석과 양국 간 협상을 통해 추진해야 할 이슈로 구분할 수 있다. 특히 동북아 국가들은 UN해양법협약을 국내법으로 수용하는 과정에서 과도하게 영해기선을 설정하거나 EEZ와 대륙붕에 가질 수 없는 암석을 '섬'으로 과도

동북아에서 해양관할권 관련 갈등요소

주장국	갈등요소 (반대국)
한국	직선기선(중국), 독도(일본), 자연연장원칙(일본)
중국	직선기선(한국), 발해의 내수화(한국), 자연연장원칙(일본), 형평원칙의 모호(한국, 일본), 석유가스자원 개발(일본)
일본	독도(한국), 조어대(중국/대만), 북방 4개 도서(러시아), 직선기선(한국, 중국), 암초의 법적 효력(한국, 중국)
북한	NLL(서해, 동해), 직선기선, 군사경계수역

하게 적용하여 주변국과의 갈등요소가 되고 있다.

● 국제판례의 태도

해양경계획정에 관한 법적 체계는 1969년 북해 대륙붕 사건 North Sea Continental Shelf Cases을 통해 형성되었다고 평가된다. 국제사법재판소는 이 사례를 통해 모든 상황에 강제력을 갖는 단일의 경계획정 방법은 없으며, 모든 관련상황을 고려한 후 형평의 원칙 equitable principle에 따라 합의를 통해 해결하여야 한다고 판시하였다(*ICJ Reports*[1969], para. 101[B], [C]). 이후 형평의 원칙은 ICJ가 경계획정 문제를 처리하는 관습법적 근거로 활용되었다. 그러나 제3차 UN해양법회의에서 EEZ와 대륙붕에 대한 경계획정 방법과 원칙을 둘러싸고 중간선을 주장하는 그룹과 형평한 원칙을 주장하는 국가 간 논쟁이 시작되었다. 1981년 제10회기 의장을 맡게 된 토미 코 Tommy T.B. Koh(싱가포르)는 이들 두 그룹을 대표하는 국가와 직접교섭을 통해 최종적으로 "국제법에 기초한 합의"의 경계획정과 "공평한 해결에 이르기 위하여"라는 절충된 협약안을 제출하였다. 매우 모호하게 절충된 이 합의문은 현재 UNCLOS 제74조와 제83조로 명문화하였으며, 국제관습법을 반영하고 있다는 점에서 UNCLOS를 비준하지 않는 국가에도 적용될 수 있다. UN해양법협약의 모호한 태도로 인해 현재도 경계획정을 둘러싼 법리는 여전히 논쟁이다. 다만 국제판례에서는 해양경계획정의 불확실성을 축소하기 위한 일련의 방법론을 형성시키고 있다고 평가된다. 이러한 접근은 이른바 "3단계 접근방법"으로 통합되고 있는데, 국제판례의 이러한 태도는 1977년 *Anglo-French Continental Shelf Arbitration Case*에서 "절차적 형평성", 1985년 *Libya v. Malta Case*(ICJ)의 "단계적 접근", 2007년 *Guyana v. Suriname Arbitration Case*의 2단계 접근, 2009년 *Romania v. Ukraine Case*(ICJ)의 3단계 접근 등으로 이론적 틀을 형성하고 있다.[1] 주의할 것은, 국제판례의 판결 누적에도 불구하고 3단계 접근방법은 여전히 유일하거나 모든 사안에 적용되어야 하는 강제적 규칙은 아니라는 점이다. 다만 국제판례의 해석과 태도는 현행 해양경계획정 사례를 진행하는 데서 가장 강력한 실천 방향으로 형성될 것은 분명하다.

1) 해양경계획정의 3단계 접근방법에 대하여, 2009년 ICJ는 Maritime Delimitation in the Black Sea(Romania v. Ukraine)에서 다음과 같이 적시하고 있다 : (1) 첫 번째 단계는 '기하학적으로 객관적인(geometrically objective)' 방법을 사용해서 잠정적 경계선을 확정한다. (2) 두 번째 단계는 형평한 결과를 달성하기 위해 잠정적 등거리선 또는 중간선을 조정하거나 이동시켜야 할 필요 요인이 있는지 여부를 살펴보는 것이다. 이러한 요인들은 일반적으로 '관련 상황(relevant circumstances)'이라 불린다(그리고 UNCLOS 제15조에서 규정하는 영해 경계획정에서 잠정적 등거리선을 조정할 필요가 있는 '특별한 사정'과도 넓은 의미에서 동일하다). (3) 세 번째 단계는 앞의 두 단계를 통해 도달된 경계획정 선이 '경계획정 선에 대해서 각 국가의 관련 해양영역 사이의 비율과 각 해안길이의 비율 사이에 뚜렷하게 존재하는 모든 불비례에 대해서 형평하지 않은 결과를 초래하는지' 여부를 검증하는 단계이다.

해양경계획정에서 나타나는 또 다른 특징 중 하나는 EEZ와 대륙붕의 경계선을 단일화하여 획정하는 사례가 증가하고 있다는 점이다. 단일선을 통해 EEZ와 대륙붕의 경계를 획정하는 것 역시 관할권 행사과정에서 발생할 수 있는 관리적 충돌을 고려한 것이다. 예를 들어 A국의 EEZ와 B국의 대륙붕이 중첩될 때, A국은 UN해양법협약 제60조 그리고 B국은 제80조에 근거하여 모두 중첩수역에서 인공섬, 시설물, 구조물을 설치하고 관세 · 재정 · 위생 · 안전 · 출입국 등에 대한 배타적 관할권을 행사할 수 있게 되므로 관할권 충돌의 여지가 발생한다. 이러한 충돌 가능성을 줄이고 관할권 행사의 편의를 위해 많은 국가들이 EEZ경계선과 대륙붕경계선을 하나로 통일하여 획정하게 된 것이다. 그러나 단일선을 통한 경계획정은 공유대륙붕을 기초로 한다는 점에 유의하여야 하며, 이러한 단일선의 경계획정이 일반적 추세로 자리 잡고 있다고는 하지만 이것 또한 추세일 뿐 법적 의무로 강요되지는 않는다.

결국, 해양경계획정을 둘러싼 국제법상의 일반적 흐름 혹은 질서는 다음과 같이 형성된다고 할 수 있다. 첫째, 모든 해양경계획정에 적용될 수 있는 일반적 원칙은 없다. 둘째, 해양경계선을 획정하는 데서 당사국 해역의 임시 중간선을 긋고, 해역의 특별한 사정(혹은 관련 사정)을 고려하여 임시중간선을 조정, 최종 경계선을 획정하는 것이 일반적 추세로 형성되고 있다. 셋째, 해양경계획정에서 고려되는 이른바 '특별한 사정'에는 자국에 유리한 모든 요소들을 포함할 수 있으며, 법적으로 제한된 사항은 없다. 넷째, 단일선을 통해 EEZ와 대륙붕 경계선으로 하는 것이 관리적 측면에서 유리하게 형성되고 있다. 다섯째, 국제판례와 국가 간 협정을 통해 해양경계획정에 대한 특정한 흐름 혹은 절차가 형성되고 있으나, 이는 어디까지나 추세일 뿐, 당사국에 적용을 강제하지 못한다. 각국이 막대한 투자를 통해 자국에 유리한 이론과 과학적 자료 축적에 총력을 기울이는 이유 역시 여기에 있다.

우리나라의 해양경계획정

황해에서는 2015년부터 중국과 해양경계획정 회담이 진행 중에 있다. 한 · 중 간 제1차 협상 대상 수역에는 이어도가 포함되어 있어, 이어도는 한 · 중 해양경계획정 결과에 따라 자연스럽게 관할 국가가 결정될 것이다. 남해(동중국해)에서는 한 · 중 · 일 3국간 해양경계선 도출 필요성, 한 · 일 간 남부대륙붕공동개발협정의 이행과 향후 처리 문제, 동해의 독도 문제 등을 둘러싼 각국의 복잡한 셈법으로 인해 쉽게 협상이 이루어지지 않고 있다.

양희철 한국해양과학기술원

● 황해

황해는 면적이 약 45만 8천 km^2(발해만 포함), 평균 수심 약 44 m에 달하며, 남북의 길이는 약 1천 km이다. 황해의 지리적 정의는 “한국의 진도에서 제주도 서쪽 연안을 동쪽 폐쇄선으로 하고, 남쪽으로는 제주도 남서부 연안에서 중국 상하이 위쪽, 북쪽으로는 요동과 산둥 반도, 발해를 포함한 지역”으로 정의된다(IHO 23-3rd: Limits of Oceans and Seas, Special Publication 23, 3rd Edition 1953, published by the International Hydrographic Organization).

우리나라와 중국은 황해를 중심으로 마주 보고 있으며, 양안 사이의 거리는 최대 343해리(약 635 km), 최단 96.1해리(약 178.06 km)이다. 양국은 UN해양법협약에

제1차 한 · 중 해양경계획정 회담 (차관급)

따라 모두 200해리 EEZ를 주장하고 있기 때문에 황해에서 양국의 EEZ는 필연적으로 중첩되게 된다. 이러한 현안 해결을 위해 한 · 중 양국은 2014년 정상 간 회담을 통해 "양국 간 해양경계를 획정하는 것이 양국관계의 장기적이고 안정적인 발전과 해양 협력을 추진해나가는 데 있어 매우 중요하다는 점을 재확인하고, 2015년에 해양경계 획정 협상을 가동"하기로 합의하였다. 이에 근거하여 2015년 12월 제1차 한 · 중 해양경계획정 차관급 회담이 서울에서 개최되었으며, 2020년 현재까지 2차례의 차관급 회담, 7차례의 실무협의(국장급)가 진행되었다. 물론 2015년 이전에도 한 · 중 간 해양경계획정 확정을 위한 회담(총 14차)과 필요 시 진행된 다수의 회의는 있었으나, 이는 국장급 채널로 진행되었다는 점에 차이가 있다.

한 · 중 양국은 회담을 통해 양국 간 제1차 협상대상 수역을 북위 37°에서 32°까지로 확정한 바 있다. 협상의 제1차 범위를 제한한 것은 한 · 중 간 해양경계획정 문제가 사실 황해 아래의 동중국해 북부수역 일부와 북한의 존재를 고려해야 하기 때문이

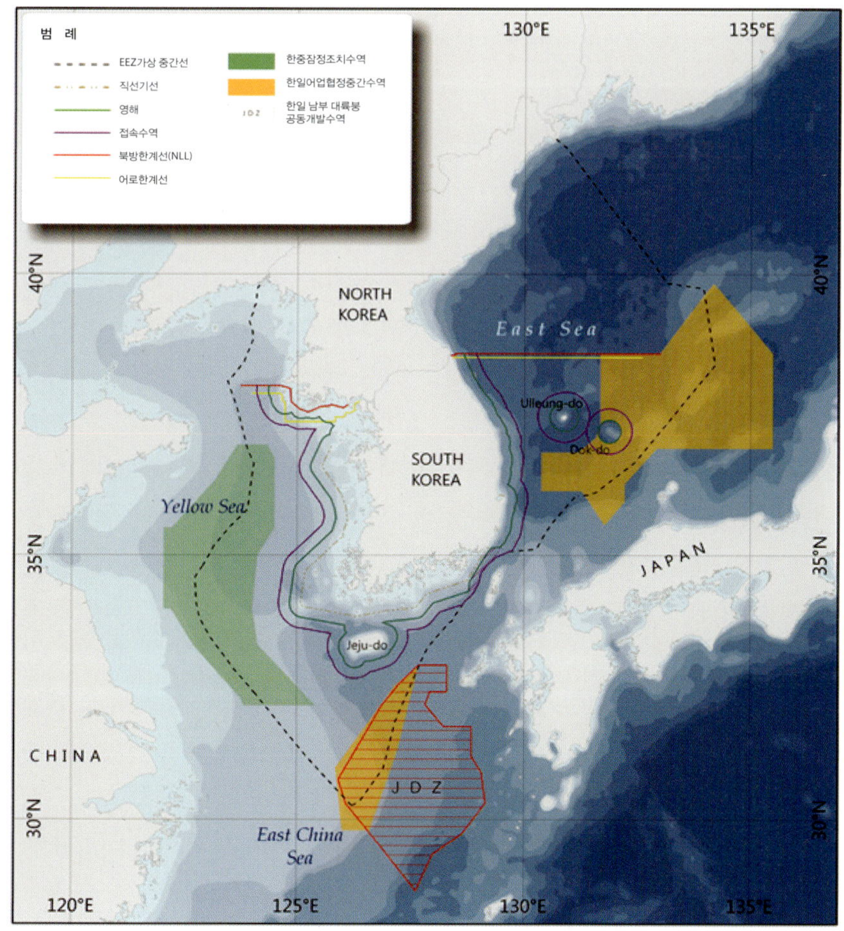

우리나라 주변수역의 가상 경계선과 자원관리협정

다. 즉, 황해는 한·중 양자 간 문제이면서 북위 37도 이북으로는 북한의 존재를 고려하여야 하고, 동중국해 북부수역은 일본의 권리를 침해하지 않는 범위 내에서 설정해야 하는 문제가 존재한다. 말하자면 한·중·일 3국이 접하는 3자 간 경계의 접점trijunction이 형성될 수 있는 지역이다. 합의된 남쪽 한계인 32°는 이어도를 포함하고 있어, 해양경계획정 협상을 통해 이어도 갈등은 해소될 것으로 기대된다. 한·중은 또한 황해의 해양경계는 EEZ와 대륙붕을 하나의 선으로 해결하는 단일경계선으로 한다는 데 합의하였다.

해양경계획정 접근 원칙과 관련하여 중국은 '형평의 원칙'을 주장하고 있으며, 우리나라는 '중간선 방식'을 적용해도 충분히 협약이 규정하는 '형평한 결과'를 도출할 수 있다는 입장이다. 중국이 주장하는 형평의 원칙은 해양경계획정의 대원칙이기는 하지만, 실무 적용과정에서는 그 모호성으로 인해 객관적 접근법이 될 수는 없다는 한계가 있다. 우리나라는 중국과의 해양경계획정을 추진하는 데 특별히 고려해야 할 요소가 존재하지 않는다는 점을 들어 '중간선' 방식으로 경계를 획정해야 한다는 입장이다. 반면, 중국은 한·중 간 해양경계가 양국의 해안선 길이, 육지면적, 전통적 어업 등의 요소를 고려하여 형평의 원칙에 따라서 결정해야 한다고 주장하고 있다.

해안선 길이와 관련하여, 한국은 황해에서는 양국 간 해안선 길이가 해역에 대한 고려요소로 작용할 만큼 큰 차이를 보이고 있지 않다는 입장이다. 국제판례에서도 해안선 길이는 "형평한 결과를 검증하는 단계에서 관련상황으로 고려" 할 수 있다는 입장이며, 그 차이가 현저할 경우에만 잠정적 중간선을 이동시킬 수 있다고 보았다. 즉 비례성 원칙이 어떤 수학적 방법으로 해역을 나누는데 적용하는 것이 아니므로 비례성 검토의 판단은 관련 상황들을 고려하여 형평한 결과를 판단하는 기준으로 적용할 수 있다고 판시한 것이다. 중국이 주장하는 해안선 길이는 한국이 0.8, 중국이 1의 비율로 중국에 유리하다는 입장이다. 영해기점과 관련하여, 중국이 선포한 일부 영해기점은 UNCLOS가 설정하고 있는 기점 기준에서 상당히 일탈해 있다는 점에서 인정할 수 없다고 본다. 특히 중국의 일부 기점은 해안선의 일반적 방향으로부터 상당히 일탈해 있고, 그 지형물이 수중암초 혹은 간조노출지로 판단된다는 점에서 영해 설정을 위한 기점, 해양경계획정에서의 효력이 부인되어야 한다. 간조노출지가 영해기점으로 활용될 가능성에 대하여는 UNCLOS와 국제판례가 제한적으로 해석하고 있다. 간조노출지의 직선기선 설정 역시 협약 제7조 3항과 4항에 따른 해안선의 일반적 방향, 영해의 폭 이내라는 거리 조건에 상당한 제한을 받는다는 점에서 중국의 기점 설정은 협약에 위반된다.

한·중 간 가장 첨예한 대립은 어업문제와 관련된다. 중국은 해역의 어업자원 분포와 전통적 어업권에 대한 종합적 고려가 경계획정 단계에서 반영되어야 한다는 입장이다. 한국은 어업 등의 경제적 고려요소는 판례에서 지속적으로 고려되지 않았으며, 경계획정과 어업협정은 본질적 법 성질을 달리하기 때문에 경계획정과 함께 어업협정 체계는 존립할 수 없다는 입장이다. 국제판례에서는 어업에 관한 요소가 관련 국가의 국민경제 혹은 생활에 "재앙적 수준 catastrophic repercussions"의 영향을 줄 경우에만 관련 사정으로 고려될 수 있다는 태도이다.

한 · 중 양국은 해양에서 경성적 이슈와 연성적 이슈가 혼재된 지역해를 끼고 있지만, 갈등보다는 다양한 해양협력 이슈를 내재하고 있는 국가로서의 특징을 띠고 있다. 지역해에서의 경쟁구도 강화와 불법어업, 환경문제 등의 불필요한 갈등 구조를 최소화하고, 양국의 전략적 연대를 제고하기 위해서는 조기에 해양경계획정을 추진할 필요가 있다. 더욱이 한 · 중 간 해양경계획정은 도서영유권 분쟁이나 양국의 협상을 민감하게 하는 특별한 사정이 없다는 점에서 한 · 일, 중 · 일 간 경계획정보다는 쉽게 접근할 수 있는 사안으로 해석된다. 다만 이는 경계선 획정이 가지는 종국성(終局性)을 고려한다면, 최종합의까지는 여전히 다양한 이해와 총합적 가치의 협의가 수반되어야 한다는 점에서 복잡한 여정을 예상할 수 있다.

● 동해

동해는 한국, 일본, 북한, 러시아가 서로 마주보고 있는 반폐쇄의 지역해이다. 북한과 러시아는 동해를 대상으로 1985년 국경협정, 1990년 국경제도협정, 1986년 EEZ와 대륙붕 협정을 체결하여, 육지 국경뿐 아니라 영해와 EEZ, 대륙붕 경계선을 확정하였다. 다만 남 · 북한, 일본, 러시아 4개국이 공통으로 접해야 하는 해양경계선은 여전히 미획정 상태이지만, 가장 첨예하게 대립되는 한국과 일본 간 동해 해양경계획정이 완료될 경우 4개국 간 해양경계획정도 합의점을 찾을 수 있을 것으로 본다.

동해에서 해양경계획정 문제는 독도문제로 인해 거의 이슈화하지 않는다. 그러나 해양경계획정은 독도와 관계없이 여전히 양국이 해결해야 할 과제임은 분명하다. 동해에서 한 · 일 양국의 육지 간 최대 거리는 약 405해리(약 750 km)에 달하고, 최소 거리는 독도와 오키군도 간 거리가 약 85해리(약 157.5 km)에 이른다. 양국 모두 200해리 EEZ를 선포하고 있다는 점에서 서로 관할권이 중첩된다. 우리나라와 일본은 1996년부터 2010년까지 해양경계획정에 관한 정기적 회담을 11차에 걸쳐 진행한 바 있다. 그러나 독도문제를 둘러싸고 발생한 양국 간 갈등으로 현재 회담은 정지된 상태이다. 사실, 일본과의 협상 중단은 2010년이 처음은 아니며, 과거 2000년에도 동일한 문제로 협상이 중단되었고, 2006년 외교차관 협의 결과에 따라 경계획정협상을 재개한 바 있다.

독도문제와 별개로 해양경계획정을 다룰 수 있음에도 불구하고, 동해에서의 해양경계획정의 핵심 쟁점은 역시 독도와 관련된다. 즉 독도를 섬으로 볼 것인가 혹은 암석으로 볼 것인가의 문제와 관련된다. 앞에서 이미 설명한 바와 같이, UN해양법협약은 제121조를 통해 섬에 대하여는 육지와 마찬가지로 EEZ와 대륙붕을 가질 수 있다고 규정하고 있다. 그렇다면 독도가 섬인가, 암석인가? 이에 대한 해답은 사실 국제판례를 통해 해석 방향을 찾을 수는 있으나, 그럼에도 불구하고 최종적인 해결은 여전히 한·일 양국의 합의에 의존된다. 독도와 동해 해양경계획정 문제는 국제판례가 아닌 양자 간 합의와 협정을 통해 도출되어야 하는 수역이기 때문이다. 현재까지 한·일 양국은 독도에 대한 법적 지위를 '섬'으로 해석하였으며, 이에 대한 양국 간 이견은 없다. 물론 일본이 독도를 '섬'으로 주장하는 이유는 자국의 섬 정책 외에 독도를 일본의 영토로 주장하기 때문임은 쉽게 짐작할 수 있다.

우리나라의 독도에 대한 법적 지위 해석은 일관되게 '섬'이었다. 독도를 기점으로 하는 정책 역시 포기한 적은 없었다. 물론 한때 울릉도를 EEZ 주장의 기점으로 하여

동해의 해양질서 현황

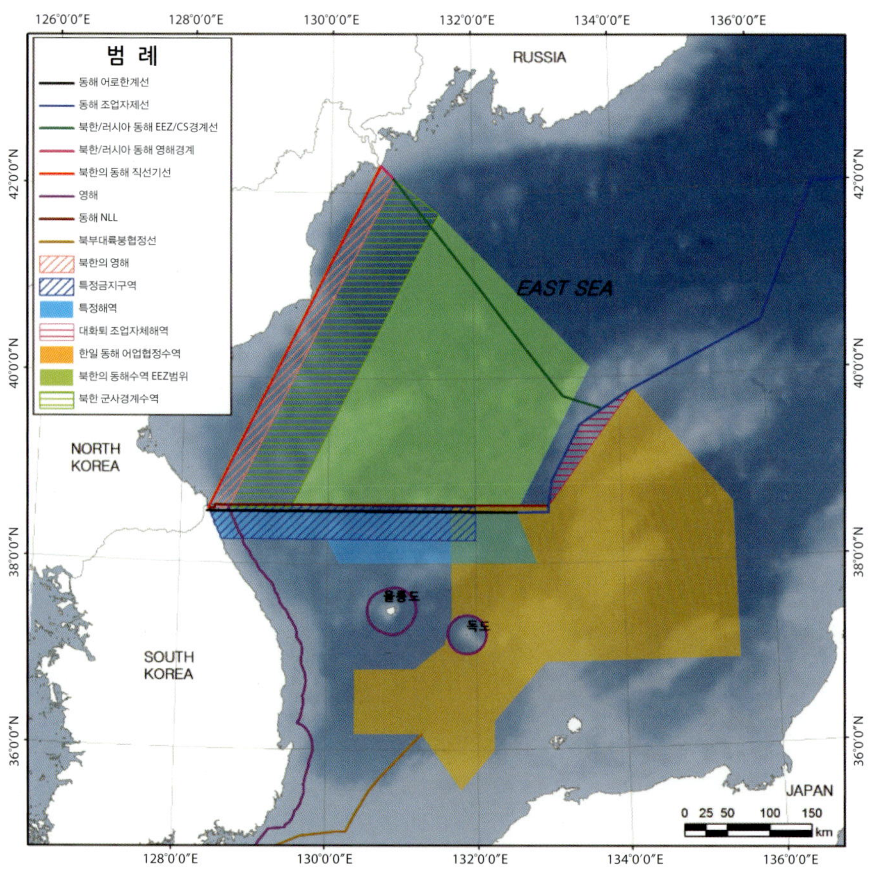

오키섬과의 중간선을 양국 경계로 하는 협상을 진행한 적도 있다. 그러나 이는 독도에 대한 일본의 야욕을 억제하고 양국의 외교, 정치적 관계를 우호적으로 이끌어갈 수 있는 합리적 경계선으로 제안한 것이었다. 즉 우리 정부가 독도를 '암석'으로 해석해서 일본과의 협상을 진행한 것이 아니라, 일본과 동해 수역을 평화적으로 관리하기 위한 대국적 의지에서 나온 것이었다. 그러나 일본의 되풀이되는 억지 논리와 기존 입장의 고수로 인해 경계획정 협상은 아무런 진전이 없었다. 이에 우리 정부는 2006년 6월 제5차 회담을 통해 일본과의 동해 해양경계획정의 출발점을 독도로 회귀시키고, 기존에 울릉도를 기점으로 하던 주장을 더 이상 유지하지 않았다. 이는 일본이 독도의 자국 영유권 주장을 당연시하고 울릉도와 독도의 중간선을 양국 간 경계로 하고자 하는 의도를 더 이상 묵과할 수 없다는 정부의 의지 표명으로 평가된다.

동해에서의 한 · 일 갈등에도 불구하고 양국은 동해 어업자원의 합리적 이용을 위해 UN해양법협약 제74조 제3항이 규정하는 바에 따라 이른바 '잠정약정 provisional arrangements' 형태의 어업협정을 체결(1998년 체결, 1999년 발효)하여 운영하고 있다. 양국은 이 협정에 따라 동해와 남해(동중국해)에 각각 어업협정수역을 설정하였는데, 특히 독도문제로 인해 동해에서의 중간수역(공식명칭은 아님) 설정은 매우 복잡한 사항들이 고려되었다. 예컨대 동해 중간수역 설정에서는 경계획정 원리를 배제한 상태에서 울릉도와 오키섬으로부터의 거리 35해리, 동쪽 한계선으로서 양측이 주장한 동경 135도와 136도를 절충하여 대화퇴 어장이 중간수역에 포함될 수 있도록 접근하였다. 양국이 설정한 두 개의 어업협정수역은 서로 관할권 행사방식이 다른데, 동해에서는 쌍방 간 공해적 성격으로 운용되고, 제주 남부해역에서는 공동관리수역으로 해석될 수 있다. 한편, 한일어업협정 체결을 두고 국내 일부 학자들은 한일어업협정이 독도영유권을 훼손하였다고 주장하고 있지만, 이는 사실과 다르다. 어업협정의 영유권에 대한 훼손 가능성과 관련하여, 국제판례와 국내 헌법재판소의 입장은 일관되게 일치하고 있으며, 어업협정과 영유권은 별개의 법적 성질을 띠는 것으로 해석되기 때문이다. 한일어업협정 제15조 또한 "어업에 관한 사항 외에 국제법상 문제에 관한 …… 입장을 해하는 것으로 간주되어서는 안 된다"고 규정하고 있다. 국내에서는, 2001년 헌법재판소가 한일어업협정의 헌법소원에 대한 결정을 내린 바 있는데, 결정 요지는 "한일어업협정과 독도 영유권은 무관"하다는 것이었다(헌법재판소 판결 99헌 마 139, 142, 156, 160[병합]). 당시 헌재는 본 사안에서, 해당 협정은 어업문제에 대한 잠정 협정이며, 중간수역은 양국 EEZ의 중첩수역 발생에 의해 도출된 불가피한 결과였다고 해석한 바 있다.

국제재판에서의 어업협정과 영유권 관련성에 대한 판단 또한 동일하다. 국제사법재판소는 1953년 망키에 · 에크르오 사건 *Minquiers and Encrehos Case*(영국과 프랑스)에서, "에

크르오 군도와 망키에 군도의 수역이 양국이 1839년 조약 제3조에서 설정한 공동어업수역 이내에 있는지 밖에 있는지를 판단할 필요가 없다"고 지적하면서, "이러한 조약에서 설정한 공동어로구역은 군도 영토의 공동사용을 포함한다는 것으로 해석되지 않는다"고 판시하였는바, 이때 재판소의 판단은 해당 조항이 단지 어로에 관한 것이며 영토의 이용에 영향을 주지는 않는다는 태도였다. 1992년 *Land, Island and Maritime Frontier Dispute Case*(엘살바도르와 온두라스, ICJ)에서도 재판소는 "당사국 간 수역을 공유하는 체계 regime of Shared Ownership of Maritime Spaces와 공유수역 내의 도서영유권과는 전혀 다른 별개의 문제"라고 하고, 수역의 법적 성질변화가 해당 도서영유권의 성질을 변화시키는 않는다"고 적시한 바 있다. 이러한 재판소의 태도는 2001년 *Maritime Delimitation and Territorial Case* (카타르와 바레인, ICJ)에서도 동일하게 유지되었다. 즉 국제판례에서 어업협정의 법적 성질 판단과 그 근거로 보건대, 한일어업협정상의 중간수역이 독도를 포함하는 형태로 설정되어 있을지라도, 중간수역의 존재는 독도영유권에 대하여는 영향이 없다고 보는 것이 타당하다.

● 동중국해

동중국해 해양경계획정 상황은 더욱 복잡하다. 동중국해는 한 · 중, 한 · 일, 중 · 일, 한 · 중 · 일 등 각각의 경계획정이 필요한 수역이다. 동중국해 남쪽 수역을 포함할 경우, 각국의 관할권 주장은 한국, 중국, 일본 그리고 대만이 각각 해역별 관할권 경쟁을 진행하고 있다. 이 수역에는 하나의 영유권 분쟁(조어대), 5건의 양자

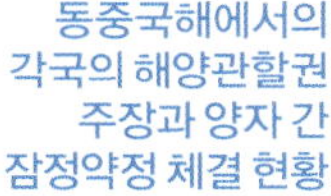
동중국해에서의 각국의 해양관할권 주장과 양자 간 잠정약정 체결 현황

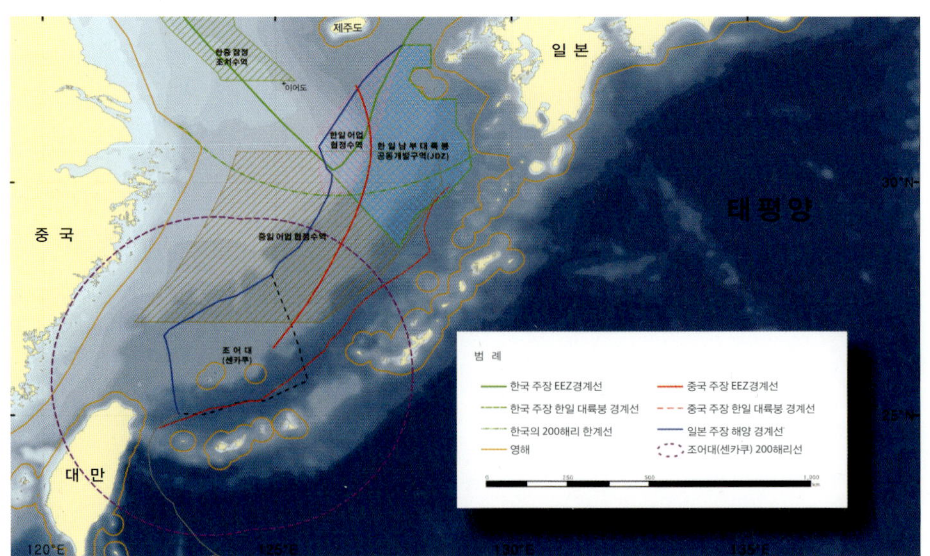

간 해양경계획정(한-중, 한-일, 중-일, 중-대만, 대만-일본)이 체결되어야 하며, 2건의 3자 간 해양경계획정(한-중-일, 중-일-대만)이 이루어져야 한다. 이 해역에 갈등만 있는 것은 아니다. 동중국해에서는 세계 어느 해역보다도 밀집도가 높은 특정 자원 관리와 이용을 위한 잠정약정 5개(한중어업협정, 한일어업협정, 한일석유가스자원 개발협정, 중일어업협정, 일-대만어업협정)가 체결되어 운영되고 있다.

우리나라와 일본은 이미 1974년 북부대륙붕경계협정을 체결한 바 있으며, 남부 대륙붕에 대하여는 자원공동개발협정 Joint Development Zone Agreement을 체결하였다(2개의 대륙붕협정은 1978년 발효). 제주도 동남부에서 대한해협을 거쳐 형성된 북부 대륙붕경계획정협정은 종료 조항의 부재로 사실상 영구적 해양경계획정으로 볼 수 있으며, 우리나라가 체결한 유일한 해양경계선이다. 다만 이 선 역시 EEZ를 포함

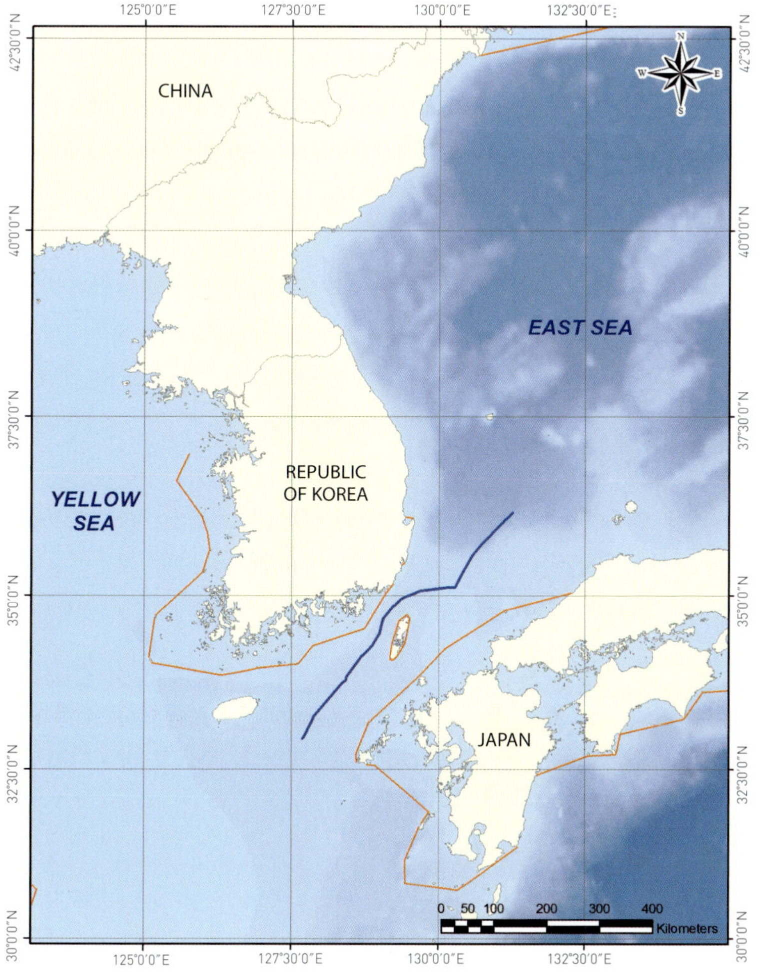

한·일 간 1974년 체결(1978년 발효)한 북부대륙붕 경계선

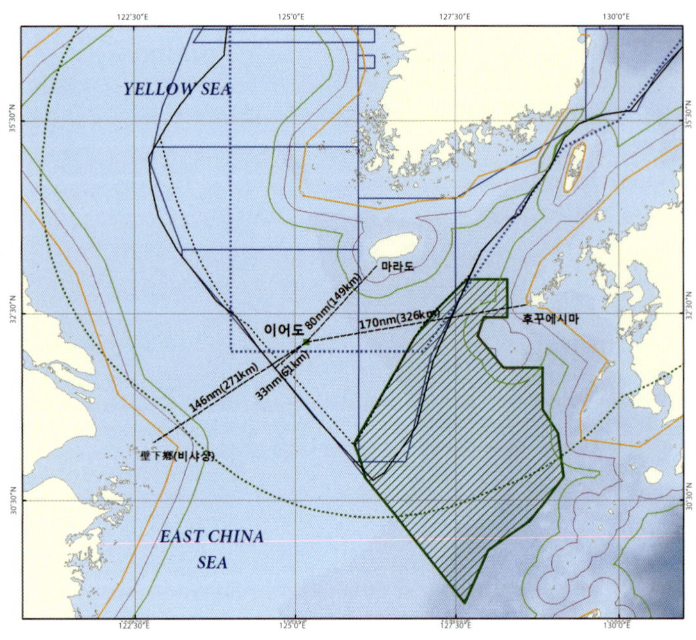

이어도의 위치

하고 있지 않다는 점에서 해당 수역에서의 수체(水體)에 대한 경계는 여전히 존재하지 않는다. 물론 한·일 양국이 1998년에 체결한 어업협정이 북부대륙붕 경계선(35개 좌표점)을 그대로 활용하여 양국 간 EEZ로 간주한다는 규정을 두고 있어, 이 지역의 EEZ와 대륙붕 경계는 양국이 사실상 묵인하여 운용하고 있는 것으로 해석할 수 있다.

한·일 간 북부대륙붕 경계선은 양국 간 중간선 방법에 따라 합의되었다. 이 해역은 대한해협에 있는 대마도 외에는 경계선에 영향을 미칠만한 특별한 요소가 없었기 때문이며, 지형 및 지질구조 역시 양국 간 동일 대륙붕을 형성하고 있기 때문이다. 반면 남부대륙붕 공동개발수역은 50년간 양국이 주장하는 경계선의 내부를 모두 공동개발수역으로 설정하여 합의하였다. 동중국해에서 양국의 주장이 가장 첨예하게 대립하는 것은 이른바 "육지의 자연연장 원칙" 적용 여부와 관련된다.

우리나라는 동중국해에 존재하는 오키나와 해구를 한·일 양국 간 대륙붕을 단절시키는 요소로 보고, 오키나와 해구의 중간선까지가 우리나라의 대륙붕에 해당한다는 입장이다. 우리나라의 해저광물법자원개발상의 제7광구 역시 오키나와 해구의 중간선을 남동쪽 경계로 설정하고 있다. 오키나와 해구의 법적 지위와 해석에 관하여는 해양경계획정에서의 지질 및 지형적 요인에 대한 국제적 논의를 살펴볼 필요가 있다. 해양경계획정에서 주변해역을 둘러싼 지형 및 지질적 요인이 어떠한 지위를 가지는가의 문제는 국제판례와 국가 간 협정에서 지속적인 논의 대상이 되어왔다. 그러나 지형 및 지질적 요인에 대한 최근의 국제판례는 중간선을 주장한 일본 측의 입장을 강화하고 육지의 자연적 연장을 주장한 우리의 입장에는 불리한 것으로 형성되고 있다. 물론 국제판례가 당사국 간 적용을 의무화하는 '원칙'이 아닌, 형성 과정에 있는 '추세'임을 명심하여야 한다. 1974년 체결된 한·일 간 남부대륙붕 공동개발협정이 1969년 북해대륙붕 사례를 전후로 우리에게 유리한 입장이 반영되어 체결된 것과 같은 예이다. 당시 우리나라는 해저광물자원 개발법 제정 시 제7광구를 제외한 6개 광구만을 설정하고 일본과는 중간선에 따라 획정할 계획이었으나, 1969년 북해대륙붕 사례의 영향으로 일본의 입장이 대폭 약화된 형태로 체결되었다.

우리나라의 동중국해 해양경계선 주장은 EEZ 경계와 대륙붕 경계가 각각 달리 체결되어야 한다는 것이다. 이는 한·일 양국 간 육지가 연결되어 하나의 대륙붕으로 형성된 북부대륙붕경계와는 또 다른 접근이다. 반면 일본은 오키나와 해구는 단순한 함몰이며, 양국의 대륙붕 단절을 이루지 않고 있으며, 더욱이 국제법 추세에 따라 지질 및 지형적 요소는 양국 해양경계획정을 추진하는 데 고려될 수 없다는 입장이다. 국제사법재판소는 1985년 *Libya v. Malta Case*에서 물리적 의미의 자연연장 개념에 근거한 'rift zone'을 주장한 리비아의 견해를 부정하면서, "법은 연안국의 해저와 하층토의 지질적 특징에 관계없이, 해안으로부터 200해리의 대륙붕에 대하여 권리주장을 할 수 있도록 발전하고 있으며, 그 거리 내에서는 당사국의 법적 권리나 경계획정을 진행하는 데 있어서 지질 혹은 지구물리학적 geological or geophysical factors 요인에 어떤 역할을 부여할 이유는 없다"고 판시한 바 있다. 일본의 주장에 의할 경우, 동중국해에서 EEZ와 대륙붕은 구분되지 않고 하나의 선으로 경계선이 형성되며, 사실상 우리나라가 그동안 주장해온 한·일 대륙붕 공동개발수역의 대부분이 일본의 해양관할권에 귀속되게 된다.

한·중·일 삼국은 동중국해 대륙붕 경계획정 문제에서 오키나와 해구의 성질을 둘러싸고 대립 혹은 전략적 제휴를 이루어야 하는 관계에 있다. 만일 오키나와 해구의 존재가 양국 간 자연연장의 단절을 의미하지 않는다면, 이는 대상 해역의 중요한 관련 상황으로 고려될 수 있는지의 연구가 동반되어야 한다. 오키나와 해구가 우리가 주장

중국이 동중국해에 설치한 핑후(平湖) 유전 플랫폼.
중국은 동중국해에 16개의 석유가스 플랫폼을 설치하고 자원을 생산 중에 있다.

이어도 주변수역의 지형도와 해양과학기지 위치

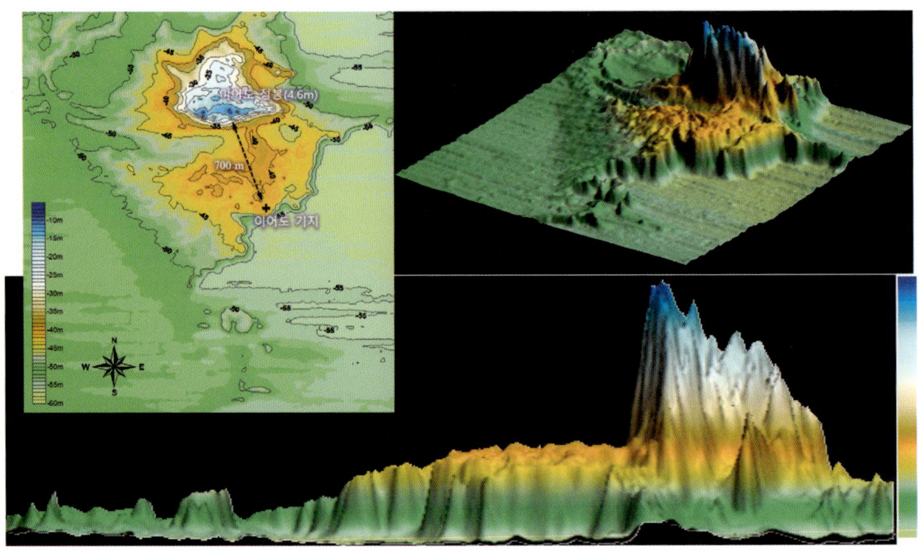

하는 자연적 단절이든 혹은 일본이 주장하는 일시적 침강이든 여전히 한 · 일 간 해양경계획정에서 무시될 수 없는 중요한 요소이며, 1974년 양국 간 남부대륙붕 공동개발협정에 비추어볼 때도 그 존재를 완전히 무시하기는 어렵다고 생각된다. 만일 한 · 일 간 해양경계획정에서 오키나와 해구의 존재가 상당 부분 훼손되더라도 해구 존재 자체와 양국 사이에서 50년간 유지된 공동개발수역의 법적 지위는 상당 부분 인정되어야 한다. 또한 이러한 접근이 예정될 경우에는 현행 우리 측 가상중간선을 일본 쪽으로 대폭 확장한 형태의 한 · 일 간 대륙붕과 EEZ의 단일선 획정 방식을 고려할 수 있을 것이다.

이어도의 위치

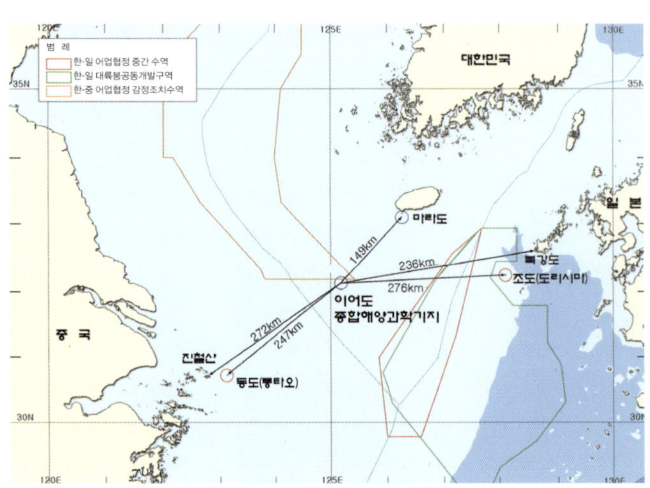

● 이어도

이어도는 동중국해와 황해를 잇는 한국과 중국의 한가운데 자리 잡고 있다. 정확한 위치는 동중국해와 서해의 남단이 교차하는 북위 32도 07분 48″, 동경 125도 10분 36″이며, 우리나라 최남단인 마라도 서남쪽으로 약 149 km, 중국 11번 영해기점인 서산다오(佘山島)로부터 287 km, 제12번 영해기점인 하이자오(海礁)에서 247 km 떨어진 위치에 있다. 이어도는 '도(島)'라는

이어도 해양과학기지

이어도 종합해양과학기지는 수중 40 m, 해면 위 36 m 등 총 높이 76 m(면적 400평)의 4각 철제구조물로서 약 44종의 108개 관측장비를 갖추고 있다. 이어도 해양과학기지는 매년 우리나라로 오는 태풍의 약 40%가 지나가는 수역에 위치하고 있으며, 기상과 어장 예보 등의 실시간 정보를 제공하여 자연재해, 어업활동, 지구환경문제 및 해상교통안전 지원기능을 수행하고 있다. 이어도는 동중국해의 황금어장이면서, 우리나라가 사용하는 대부분의 석유가스자원 역시 이 지역을 통해 수입된다. 그야말로 해상교통의 요충지다. 이어도 해양과학기지를 통해 생산된 자료는 국제사회가 공동으로 활용하도록 하였고, 지난 20여 년 동안의 과학적 결과와 연구성과는 전 세계에 이어도(Ieodo)를 알리는 데 중요한 역할을 하였다. 이어도 해양과학기지가 과학과 해양영토 관리의 중요한 전초기지로 성장한 것이다.

표현 때문에 섬으로 인식되기도 하지만, 사실 가장 높은 곳의 수심이 4.7 m인 상시 수중에 있는 암초이다. 역사적으로는 1900년에 영국 상선인 소코트라호 Socotra가 좌초되면서 그 존재가 확인되었고, 지금까지 국제적으로는 소코트라암 Socotra Rock으로 불리고 있다. UN해양법협약은 상시적으로 수면 위에 있고 자연적으로 형성된 육지지역을 섬이라고 정의한다는 점에서 이어도는 국제법상의 섬이 아니다. 최근 주요 매체가 이어도를 "섬", "영토"라고 표현하는 것은 법적 개념이라기보다는 정치적 혹은 정서적 심리를 담은 것이라 볼 수 있다.

이어도가 '수중암초'라는 것은 협약이 섬에 대하여 부여한 영해와 EEZ를 가질 수 없다는 것을 의미한다. 당연히 영유권의 대상도 될 수 없다. 따라서 독도가 명백하게 우리나라 영토이지만, 이어도는 '영토' 개념이 아니라 우리나라가 관할권을 주장할 수 있는 해역(대륙붕)의 일부에 속한다고 말하는 것이 정확하다. 우리나라와

1950년부터 2008년까지 이어도를 관통한 태풍 경로

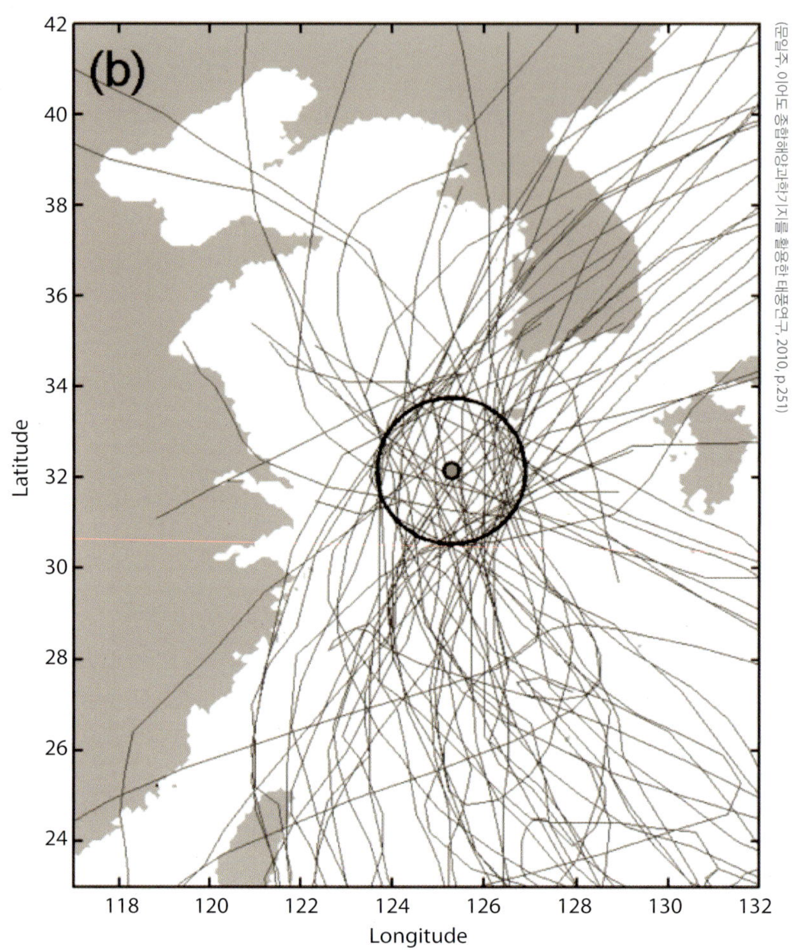

(문일주, 이어도 종합해양과학기지를 활용한 태풍연구, 2010, p.251)

중국은 2006년 이어도 갈등 시, "이어도는 수중암초이므로 양국 간에 영토분쟁은 없다"는 데 인식을 같이하고, 해양경계획정을 통해 주변수역에 대한 문제를 해결할 의지를 보인 바 있다. 따라서 이어도 수중암초의 '지리적 위치'는 이어도가 한 · 중 간 해양경계획정에서 어느 국가의 관할범위에 속하는가의 문제와 연계된다는 점에서 중요하다. 이어도는 한국과 중국이 모두 200해리 EEZ를 주장할 경우 양국의 주장이 중첩되는 수역에 위치하게 된다. 협약은 이러한 경우 "국제법을 기초로 하는 합의"에 따라 경계선을 획정하도록 하고 있다. 중국은 오랫동안 우리나라의 이어도에 대한 행위가 법적 효력이 없음을 주장해왔고, 1999년과 2001년, 2002년에는 이어도 주변 수역을 정밀 탐사하였으며, 관련 보고서를 편찬하여 우리나라와 외교적 긴장관계를 형성한 바 있다. 최근에도 중국은 이어도 주변수역에서 다양한 유형의 조사를 진행하고 있다.

주지하는 바와 같이, 한 · 중은 지난 2015년부터 해양경계획정 회담을 진행하고

있으며, 이어도는 제1차 해양경계획정 대상수역에 포함되어 있다. 국제법상 해양경계획정에는 다양한 지리적 혹은 비지리적 요소들이 고려될 수 있다. 그러나 이어도를 포함한 그 주변 수역은 동일한 대륙붕상에 위치하고 있으며, 특별한 고려요소가 없다는 점에서 양국 간 중간선으로 경계를 나누는 것이 국제판례 추세와 합치한다. 이때 이어도는 중국이 설정한 임의의 지점을 활용하더라도 우리의 관할 범위에 속한다. 이어도가 우리 관할해역에 해당한다고 볼 경우, 우리나라는 EEZ에 해당하는 이어도와 주변 수역에서 인공도, 시설 및 구조물 설치와 사용에 관한 배타적 권리를 가지게 된다. 우리나라는 이어도 정봉으로부터 남쪽 700 m에 위치한 수심 41 m 지점에 이어도 해양과학기지(1995년 환경특성분석 시작 ~ 2003년 6월 완공)를 설치하여 운영 중이다.

우리나라의 수중암초인 이어도에 해양과학기지를 건설할 수 있었던 것 또한 이러한 국제법적 근거(UN해양법협약 제56조 제1항 b호[i] 및 제60조 제1항)에 의한다. 그러나 이렇게 설치된 과학조사시설이나 장비는 섬의 지위를 가지지 않으므로 자체 해역을 가질 수 없고, 주변국과의 EEZ 및 대륙붕 해양경계획정에서 어떠한 역할(기점 등)도 하지 못한다(UN해양법협약 제259조).

이어도는 자원 경제적 측면과 과학적 측면에서 매우 중요하다. 이어도 해역은 우리나라로 북상하는 대부분의 태풍이 지나는 길목이어서 기상예보에 매우 중요하며, 동중국해의 황금어장이다. 경제적으로는 해양물류와 석유가스 자원의 수입 요지로서 해상교통의 요충지이기도 하다. 더욱이 동중국해에서는 중국이 8개의 석유가스전과 5개의 석유가스 유망구조를 발견하고 상업생산을 하고 있다는 점에서, 석유가스 부존 가능성 역시 높게 평가받고 있다.

한편, 우리나라는 2011년 「해상교통안전법」을 「해사안전법」으로 개정하면서, UN해양법협약상의 안전수역과 같은 개념의 '보호수역'을 새롭게 규정하였다(제8조). 동법 제8조에 따라 선박 안전항행과 해양시설 보호를 위한 보호수역 설정이 가능하며, 시행령 제5조는 보호수역의 위치와 범위를 고시하고 해도에 표시하도록 규정하고 있다. 보호수역이 설정될 경우, 허가 없이 보호수역에 진입한 선박에 대하여는 1년 이하의 징역 또는 1천만 원 이하의 벌금에 처할 수 있도록 하였다. 우리나라는 지난 2003년 이어도 해양과학기지 주변에 500 m의 항행통보를 발표(제8호)하였고, 동년 UN해양법협약에 근거하여 이어도 반경 500 m의 안전수역을 설정한 바 있다. 단, 2013년의 안전수역은 대외적으로 선포하지 않고 있으며, 해사안전법 개정 이후에도 이어도 및 이어도 해양과학기지를 대상으로 한 보호수역은 설정 · 공포된 바 없다. 이어도와 해양과학기지 주변에서의 항행안전과 시설물 보호를 실효성 있게 보호하기 위해서는 UN해양법협약 외에 국내법에 근거한 안전수역(보호수역) 설정과 공표를 검토할 필요가 있다.

동북아 도서영유권

동아시아에는 일 · 중 간 조어대 문제, 일 · 러 간 남쿠릴열도 문제, 중국과 여러 ASEAN 국가가 연계된 남중국해 문제 등 다양한 영유권 문제가 존재한다. 동해에서는 일본이 독도에 대한 끊임없는 야욕을 드러내고 있다. 국제법적으로 그리고 역사적으로 독도는 우리나라의 고유영토일 뿐 아니라, 해양자원과 해양활동, 해양자원 등의 중요한 거점이다. 영유권을 둘러싼 분쟁은 현재의 지역해 패권화 전략에 따라 보다 확대될 전망이다.

양희철 한국해양과학기술원

● 독도

독도는 울릉도 동남향 87.4 km에 위치(일본 오키섬 북서향 157.5 km)하고 있으며, 정확한 좌표는 북위 37도 14분 26.8초, 동경 131도 52분 10.4초이다. 행정구역상 경상북도 울릉군 울릉읍 독도리 1~96번지에 해당한다. 독도는 동도와 서도 외 89개의 부속도서로 이루어져 있으며, 총면적은 187,554 m^2 (56,735평)이고, 동도는 73,297 m^2 (22,172평), 높이 98.6m, 둘레 2.8 km에 달한다.

독도의 위치와 각 지역 간의 거리

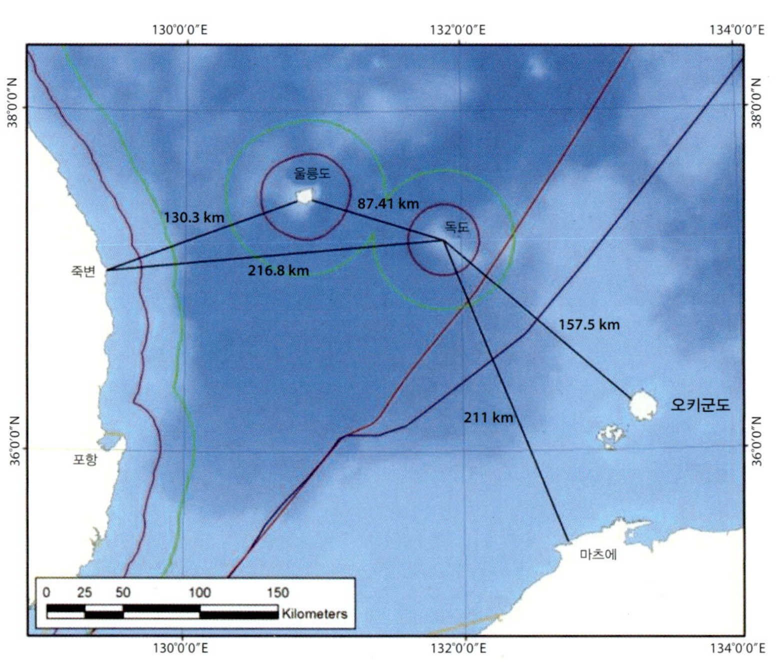

독도는 그 지리적 위치로 보건대 사실상 동해를 통관하는 전체 해상교통의 중심에 위치하며, 군사전략적 가치와 경제적 가치(광물, 수산 등), 해양관할권 창출 등의 기지로서 충분한 역량을 보유하고 있는 거점이다. UN해양법협약은 섬의 경우 본토에 비하여 상대적으로 작은 면적임에도 본토와 동일한 해양관할권을 창출할 수 있는 법적 지위를 부여하고 있다는 점에서도 해양관할권의 확보에 큰 비중을 차지한다. 특히 EEZ, 대륙붕 확보의 기점이 되는 '도서(암초와 섬)' 분쟁은 해양관할권 확장뿐 아니라 국가의 국방안보 전략 수립을 위한 거점으로 활용 가능하다는 점에서 국가 간 충돌 가능성을 확대시키고 있다. UN해양법협약에 따라 하나의 '섬'이 창출할 수 있는 면적은 약 43만 km^2에 달하며, 이는 우리나라가 주장 가능한 해역의 면적 총합이 약 44만 km^2라는 점과 비교할 때 국가관할권, 국방안보, 경제적 측면 등에서 중대한 역할을 한다는 것을 알 수 있다. 따라서 섬은 국가 주권으로서의 영유권 외에 관할권 확장, 해양자원, 해상교통로, 해양활동 거점으로서의 군사전략적 가치 등 국가 안위와 직결되는 권리 창출 기능을 가지고 있다.

독도의 가치와 상징성

구분	가치
■ 해양영토 상징	한반도와 부속도서로 이뤄진 대한민국 영토 중 해양영토의 상징적 지위로 국민의 애국심 고취 및 해양영토에 대한 인식을 높이는데 기여
■ 해양자원	어류, 무척추 동물 , 해조류 등 100여 종이 넘는 수산자원의 보고 울릉분지에 미래에너지 자원인 가스하이드레이트 퇴적층 존재
■ 해양경계획정 기준	한 · 일 양국은 독도를 독자적인 EEZ를 가질 수 있는 섬으로 인정
■ 군사전략 요충지	러 · 중 · 한 · 일 경계에 위치, 해군전력 이동경로 핵심요충지 * 1905. 8. 19. 일본은 독도망루 설치로 러일전쟁에서 대승
■ 세계적해양지질유적	해저화산활동으로 생성된 독도는 생성대, 암석층, 해류 등의 해양연구분야에서 세계적인 해저지질의 유적지에 해당

독도에 대한 일본의 영유권 주장은 "예전부터 독도의 존재를 인식"하고 있었다는 데서 출발한다. 1779년 나가쿠보 세키스이(長久保赤水)의 「개정일본여지노정전도(改正日本輿地路程全圖)」 등 각종 지도와 문헌에 등장한다고 하며, 반대로 한국의 역사서에 울릉도는 있지만 독도 기록은 존재하지 않는다는 입장이다. 또한 17세기부터 일본은 울릉도로 가는 길목에 강치나 전복 획득의 어장으로 독도를 이용하였고, 한국이 주장하는 17세기 울릉도 도항금지 조치 또한 '울릉도' 도항은 금지되었지만, 독도 도항은 일본 영토라고 생각하여 금지되지 않았다고 주장한다. 그러나 일본의

독도 전경 (동도와 서도)

주장은, 우리의 『세종실록지리지(1454)』에 "우산(독도)과 무릉(울릉도) 두 섬이 현의 정동 해중에 있다. 두 섬이 서로 거리가 멀지 아니하여 날씨가 맑으면 가히 바라볼 수 있다"고 기록되어 있다는 점, 『동국문헌비고(1770)』에도 "울릉도와 우산도는 모두 우산국의 땅이며, 우산도는 일본인들이 말하는 송도"라고 기록되어 있다는 점에서 사실이 아니다. 도해면허 또한 17세기에 이미 독도는 울릉도의 부속도서로 인식되었고,

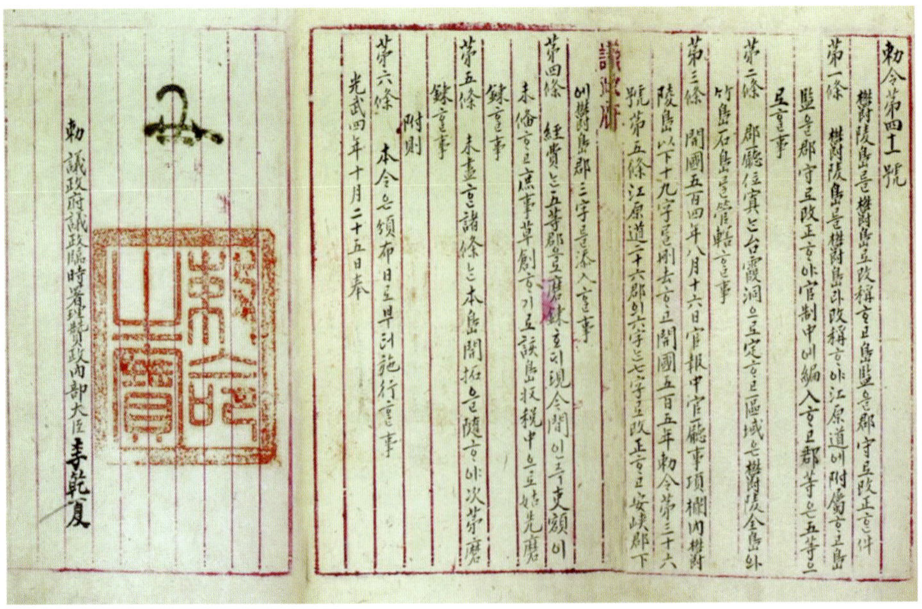
勅令第四十一號

鬱陵島를 鬱島로 改稱하고 島監을 郡守로 改正한 件

第一條 鬱陵島를 鬱島라 改稱하야 江原道에 附屬하고 島監을 郡守로 改正하야 官制中에 編入하고 郡等은 五等으로 할 事

第二條 郡廳位寘는 台霞洞으로 定하고 區域은 鬱陵全島와 竹島石島를 管轄할 事

第三條 開國五百四年八月十六日官報中官廳事項欄內鬱陵島以下十九字를 删去하고 開國五百五年勅令第三十六號第五條江原道二十六郡의 六字는 七字로 改正하고 安峽郡下에 鬱島郡三字를 添入할 事

第四條 經費는 五等郡으로 磨鍊하되 現今間인즉 吏額이 未備하고 庶事草創하기로 該島收稅中으로 姑先磨鍊할 事

第五條 未盡한 諸條는 本島開拓을 隨하야 次第磨鍊할 事

附則

第六條 本令은 頒布日로부터 施行할 事

光武四年十月二十五日奉

勅 議政府議政臨時署理贊政內部大臣 李乾夏

대한제국 칙령 제41호(1900)

울릉도 도해금지에는 독도 도해금지 또한 포함되었다는 점에서 사실과 다르다.

일본은 1905년 「시마네현 고시(島根縣告示)」을 통해 독도를 시마네현에 편입시켰는데, 독도 편입의 국제법적 근거를 '무주지 선점'으로 들고 있다. 일본의 주장은 일본 외무성이 운영하는 '독도문제를 이해하는 10가지 포인트'에 적시되어 있다. 즉 "역사적 사실에 비추어보아도, 또한 국제법상으로도 명백히 우리 나라(일본) 고유의 영토"라는 것이다. 동시에 1905년 시마네현에 "편입하여 영유 의사를 재확인"하였다고 한다. 그러나 여기서 "고유영토론"은 국제법적 측면에서 "편입" 혹은 "무주지 선점"과 매우 대치되는 의미를 갖는다. 먼저 '편입'이란 국제법적으로 볼 때 선점'을 말한다. 이른바 주인 없는 땅을 새롭게 취득한다는 것이다. 이는 '일본의 고유 영토'가 아닐 경우에 가능한 논리이다. 이는 마치 "원래부터 일본 고유 영토인 독도를 주인이 없어서 시마네현 영토로 편입한다"는 것인데, 논리적으로 "선점한 영토가 고유의 영토"가 되는 매우 궤변적 해석이기 때문이다. 일본의 주장은 또한 우리나라가 이전부터 '독도'를 인식하고 영토로 관리하였다는 사실, 1900년 대한제국 칙령 제41호로 이미 울릉군 관할 구역으로 규정하였다는 역사적 사실과 배치된다. 더욱이 시마네현 고시는 국제법상 선점 의사가 국가기관에 의해 표시되어야 하는 요건에도 맞지 않으며, 일본은 한국에 통보한 바가 없다.

우리나라의 독도 영유권에 대한 역사적 사실과 기록, 법적 근거는 매우 강하게 형성되어 있다. 독도와 울릉도의 거리는 양자 간 매우 밀접하게 경제적 동일성을 확보하고 있었다는 것을 의미하며, 신라 지증왕 13년(서기 512년) 신라가 우산국을 병합할 때부터 우리나라 고유영토라는 사실은 변화가 없기 때문이다. 일본 내무성은 1877년 시마네현에서 올라온 문서를 계기로 죽도와 송도는 조선의 영토로 일본과는 관계가 없다는 결정을 내린 바 있으나, "판도의 취사는 중대한 사건"이라는 것을 이유로 국가최고기관인 태정관에 최종 결정을 요청한 바 있다. 태정관(총리대신)과 외무대신은 "울릉도(죽도)와 독도(송도)가 조선 부속 영토로 되어 있는 문서"를 조사하도록 명령하고, 일본 내무성은 약 5개월간 울릉도와 독도를 시마네현에 포함시킬지에 대해 조사한 결과 일본과는 관계없는 조선 영토임을 확인한 바 있다. 당시 일본 국가최고기관인 태정관은 "품의한 취지의 죽도 외 일도의 건에 대하여 본방은 관계가 없다는 것을 심득할 것"이라는 지령문을 작성하여 내무성으로 보냈으며, 이 문건은 시마네현으로 보내졌다. 이는 영토 문제를 중대사항으로 인식하여 일본 국가최고기관인 태정관에 확인한 것이며, 1877년 3월 20일 '울릉도와 독도는 조선 영토임이 명백함'을 재확인되었다는 것을 증명한다.

도서영유권 분쟁이 있을 경우, 최종적 선택은 당사국 간 합의 혹은 국제재판을 통해 결정될 수 있지만, 독도는 그러한 경우에 해당하지 않는다. 그동안 일본은

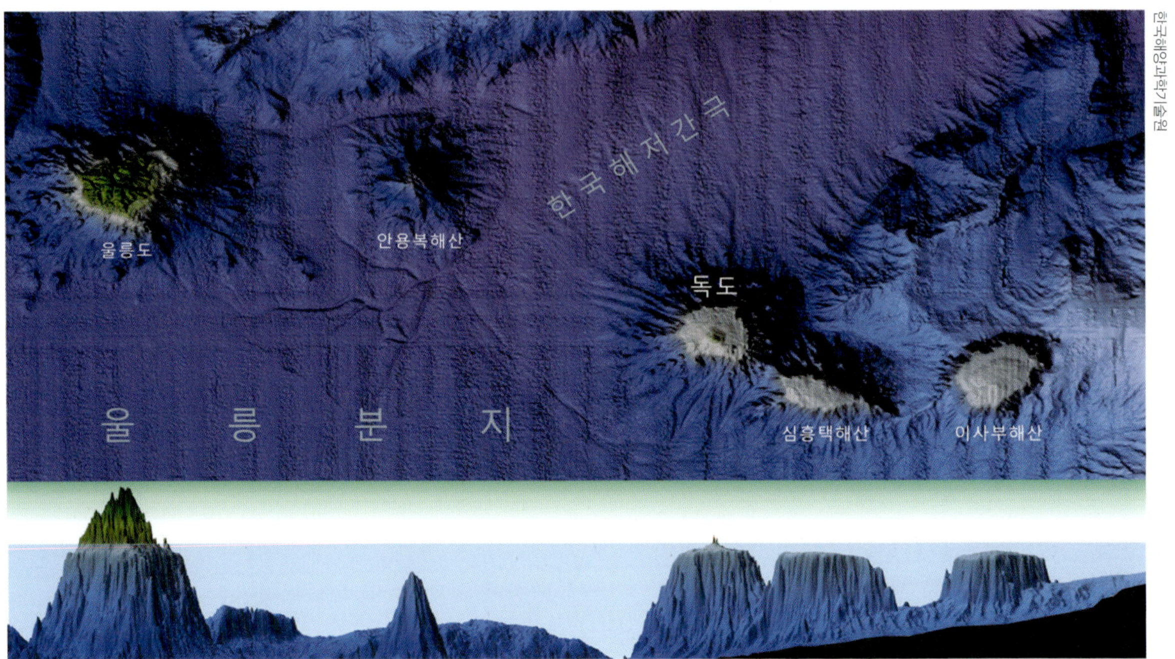

한국해양과학기술원

울릉도와 독도 주변 해산 (3차원 지형도)

1954년 국제사법재판소를 통한 독도 문제 해결을 주장한 바 있으며, 우리나라는 거절하는 구술서를 외교 채널로 전달하였다. 일본은 이후 1962년 한일회담 진행 과정과 2012년 이명박 대통령의 독도 방문 시에도 동일한 주장을 하였으나, 우리 정부는 거절한 바 있다. 우리나라의 독도에 대한 기본입장은 '분쟁'이 없다는 것이다. 이는 '조어대'를 실효적으로 점유하고 있는 일본의 입장 또한 같다. 영유권 갈등이 있는 국가들 간 입장을 보면, 실효적 지배를 하고 있는 국가들 입장에서는 국제분쟁지역으로 확대되는 것을 꺼리기 때문이다. 중요한 것은 '영유권'을 다루는 국제사법재판소의 경우, 아무리 일본이 제소해도 '한국'의 응소(동의)가 없으면 재판소의 관할권을 수락할 의무가 없다는 점이다. 국내 재판에서는 원고가 소송을 제기하면 피고는 당연히 재판에 응해야 한다. 그러나 국제재판은 원고와 피고가 서로 동의하지 않으면 재판이 성립되지 않는다. 그렇다면 일본의 국제재판 회부 시도는 무엇때문인가? 이는 독도가 국제적으로 분쟁지역이라는 것을 명확히 하고, 국제사회로부터 독도 문제에 대한 일본의 이해가 있음을 각인시키고자 하는 의도로 해석할 수 있다. 일본 입장에서는 국제재판에서 패소해도 차이는 없으며, 경우에 따라서는 이길 수 있다는 속셈을 하고 있는 듯하다.

일본의 독도 영유권 주장은 사실 영토주권 자체에 대한 권원과 함께 독도가 가져다주는 경제적, 자원적 가치와 무관하지 않다. 이는 도서와 해양의 가치가 높아진 현대에 들어 더욱 강화될 수 있으며, 독도의 존재는 동북아에서의 해양(군사)세력,

해양교통, 해양자원의 안정적 확보를 위한 다양한 고려로 확대될 수 있기 때문이다. 이처럼 동해 해양경계획정에서 갖는 독도의 의미 또한 특별하다.

독도에 대한 일본과의 지속적인 갈등관계에도 불구하고 우리나라의 독도 관리 정책은 매우 안정적이고 체계적으로 정착되고 있다. 「독도의 지속가능한 이용에 관한 법률」을 통해 2006년부터 수립된 독도기본계획은 현재 제4차(2021~2025) 계획으로 이어지고 있다. 독도 관리를 위해 국무조정실을 비롯해 7개 부처 및 지자체가 협업하여 영역별 관리체계를 운영하고 있다.

● 조어대 釣魚台

조어대는 대만의 동북방 지룽 基隆으로부터는 약 190 km, 일본의 오키나와로부터는 서남방 약 350 km 떨어진 동중국해(East China Sea)에 위치하고 있으며, 지도상에서 보면 북위 25도 44분 (난샤오다오 南小島 남단)에서 25도 56분 (황웨이이 黃尾嶼 북단)과 동경 123도 30분 (조어대 서단)에서 124도 34분 (츠웨이이 赤尾嶼 동단) 사이에 산포되어 있다. 조어대는 5개의 작은 무인도와 3개의 암초로 구성되어 있다. 조어대는 위치 및 거리상으로는 7개의 섬이 서쪽에 함께 모여 있으며, 다른 하나가 동쪽으로 떨어져 있는 두 부분으로 분속되어 있다. 7개의 섬 중에는 가장 큰 지형물이자 영유권 분쟁의 중심에 있는 조어도와 남소도 · 북소도 그리고 그 밖에 충북암 沖北岩 · 충남암 沖南岩 · 비뢰 飛瀨 등이 있으며, 황미서는 충북암의 북방에 자리하고 있다. 7개의 섬 중에 3개 섬(충북암, 충남암, 비뢰)은 모두 합하여 면적이 0.02 km^2에 불과하여 소도라기보다는 작은 암초라고 하겠다(양희철 · 김진욱, 조어대의 영유권 분쟁과 당사국

新頭殼 newtalk, 達志影像/美聯社2012

조어대 전경(일부)

간 법리에 관한 연구, 2014, p.257).

조어대는 중국어로 댜오위타이(釣魚台, DiaoYuTai) 혹은 댜오위타이 열서 釣魚台列嶼로 불리며, 일본에서는 센카쿠열도(尖閣列島, Senkaku Islands)로 불리는 지역이다. 서양인들은 조어대의 높은 고봉이 솟아 있는 탑처럼 보인다 하여 Pinnacle Islands라 칭하였으며(영국 해군 표기), 일본은 도서 분쟁이 제기된 이후 명칭상의 동일성을 피하기 위하여 센카쿠열도라 칭하고 있다. 따라서 정확히 말해서는 조어대 열서 혹은 센카쿠열도로 칭해야 하지만, 중국에서는 이를 통칭하여 '조어대'로 표현한다. 한편, 일반적으로 도서영유권 분쟁이 있는 지역의 명칭은 실효적으로 지배하고 있는 국가의 명칭을 활용한다. 다만 저자는 본문에서 조어대(중국명)와 센카쿠(일본명)로 칭해지는 도서를 조어대로 통일하여 기술하고자 한다. 이는 중국의 입장을 옹호하기 위한 것보다는 동북아시아 영유권 분쟁의 출발이 상당 부분 일본의 침략전쟁에서 기인하였고, 일본의 침략전쟁에 대한 역사인식이 여전히 청산되지 않고 있다고 보기 때문이다.

조어대 문제가 당사국 간 분쟁으로 대두된 것은 1969년 「에머리 보고서 Emery Report」가 발단이다.[2] 이후 1970년 미국 정부가 류큐열도 琉球群島의 관할권 처리과정에서 조어대를 류큐열도와 함께 일본으로 귀속시키면서 갈등은 구체화한다. 일본은 1872년 류큐열도를 속국으로 만든 후 조어대에 관심을 가지게 된다. 1890년 이후 조어대 편입 요구가 지속되자, 1894년 중일전쟁을 계기로 조어대를 센카쿠열도라고 개칭하고 오키나와현에 편입시킨다. 이때 일본은 중국과 시모노세키조약 馬關條約을 체결하였는데, 해당 조약에는 "대만 전도와 그 부속 도서를 할양"한다고 규정되어 있다. 중국과 대만은 이때의 '부속 도서'에 조어대가 포함된 것으로 보고 있다. 반면 일본은 조어대를 정확히 언제 오키나와에 편입시켰는지 기록은 나와 있지 않다. 다만 제2차 세계대전 이후 승전국들의 태도는 조어대를 류큐열도에 포함된 것으로 간주하는 경향(특히 미국)이 있었다는 것이며, 놀라운 것은 류큐열도가 일본보다는 중국에 속하는 것으로 간주하였다는 점이다. 그러나 류큐열도에 대한 주권이 중국에 속한다고 했던 미국의 입장은 한국전쟁을 치르면서 일본으로 바뀌었다. 이는 미국이 동북아에서 중국을 견제하고 불확실성이 큰 대만보다는 일본이 더 중요한 역할을 할 수 있다는 평가에서 기인한 것으로 판단된다.

조어대 분쟁에서 중국의 입장은 비교적 늦게 시작되었다. 중국이 처음 조어대 영유권을 주장한 것은 1971년 12월 4일 베이징 신화사(新華社) 통신의 보도를 통해서

---

2) 에머리 보고서는 1968년 10월 UN의 아시아 극동 경제위원회(United Nations Economic Commission for Asia and the Far East, ECAFE), 아시아 연안 지역 광물자원 공동탐사 조정위원회(Committee for Coordination of Joint Prospecting for Mineral Resources in Asian Offshore Areas)의 후원 하에 미국·일본·대만 및 한국 등의 지질학자 12명이 동중국해와 황해에서 6주간의 지구물리탐사를 진행하고 1969년 그 연구결과를 발표한 것이다. 당시 연구를 주도하였던 에머리의 이름을 따서 「에머리 보고서」라고 칭한다.

일본해상보안청

중국의 동중국해 자원개발 플랫폼 (kashi)

이며, 자세한 입장은 동년 12월 30일 중국 외교부 성명을 통해서 표명하였다. 중국의 기본 입장은 “이들 도서는 류큐에 속하는 것이 아닌, 대만의 부속도서에 속한다.”는 것이다. 대만의 조어대 주장은 크게 (1) 중국의 발견 discovery과 명조 明朝 이래로 섬에 대한 지속적인 사용, (2) 샌프란시스코 평화조약에서 대만과 펑후 澎湖 등에 대한 일본의 포기 조항으로 접근되고 있다. 일본의 공식입장이 표명된 것은 1972년 3월 8일이었다. 이 주장에 의하면 일본의 조어대 문제에 대한 영유권 주장 근거는 무주지 terra nullius 선점으로 집약된다. 또한 일본은 대륙붕에서의 석유 매장 가능성이 발표되기 전까지 대만으로부터의 영유권 주장이 없었으며, 중국 또한 샌프란시스코 평화조약에 따라 조어대를 미국의 신탁 하에 둘 때 아무런 반대가 없었다고 반박하고 있다. 일본은 중국이 조어대를 발견한 것을 인정하지만, 그들이 해당 섬에 대하여 주권을 확립하고자 하는 국제법상의 어떠한 행위도 취하지 않았다는 주장이다.

조어대는 해양자원으로서의 가치가 높을 뿐 아니라, 군사안보적으로 매우 중요한 지역에 위치하고 있다. 조어대 북쪽의 동중국해에서는 중국이 각종 지구물리탐사와 시추를 통해 수백 개의 지질구조를 규명하였고, 핑후 平湖, 바오윈팅 寶雲亭, 챤쉬에 殘雪, 똰챠오 斷橋, 덴와이톈 天外天, 위취엔 玉泉, 콩췌팅 孔雀亭, 우윈팅 武雲亭 등 총 16기의 자원 개발 플랫폼을 설치하여 석유가스를 생산하고 있다.

조어대 주변해역은 또한 풍부한 영양염을 함유한 흑조의 형성으로 인해 해상식물의 운송대로 칭해진다. 부유생물이 흑조가 흐르는 해역에서 대량으로 번식하고 대량의 어군이 있어 조어대 부근은 아주 중요한 원양어업의 장소가 된다. 이 지역의 중요한 표층회유성 어류에는 가다랑어 · 고등어 · 날치 등이 있으며, 동중국해 대륙붕 해역에는 600종 이상의 어종이 분포하고, 산업적 가치를 가지는 것은 102종이 있는 것으로 평가된다. 조어대 분쟁 전에는 대만의 어민들이 장기간 부근 해역에서 작업을 하였고, 바람을 피하거나 담수 보충, 바닷새의 알을 줍기 위하여 조어대에 상륙하곤 하였다.

현재 조어대는 일본이 실효적 점유를 하고 있다. 조어대에는 1978년 일본청년사(日本青年社)가 설치하고 1988년에 수리한 등대와 1996년 북소도에 설치한 높이 5.6 m, 무게 210 kg의 등대가 있으며, 등대는 2005년 일본 해상보안청 제11관구 해상보안본부가 관할하고 있다. 조어대를 둘러싼 중 · 일, 대만 간 분쟁은 과거의 자원, 역사적 사실을 둘러싼 갈등보다 첨예한 이해의 대립으로 격화하고 있는바, 특히 국방안보적 요소와 해상교통로 요지로서의 기능과 관련된다. 일본은 2012년 조어대를 포함하여 EEZ 근거가 되는 낙도의 명칭을 공포하고, 민간 소유였던 3개의 조어대 주요 도서(조어도, 남소도, 북소도)를 국유화하는 조치를 취하였다. 이에 대응하여 중국은 조어대와 그 부속도서에 총 17개의 직선기점을 선포하고 영해의 범위를 확정, UN 사무총장에게 관련 해도를 기탁하였다(新華社 2012년 9월 22일).

중국이 조어대 영해기점(기선)을 선포하고 UN에 기탁한 해도

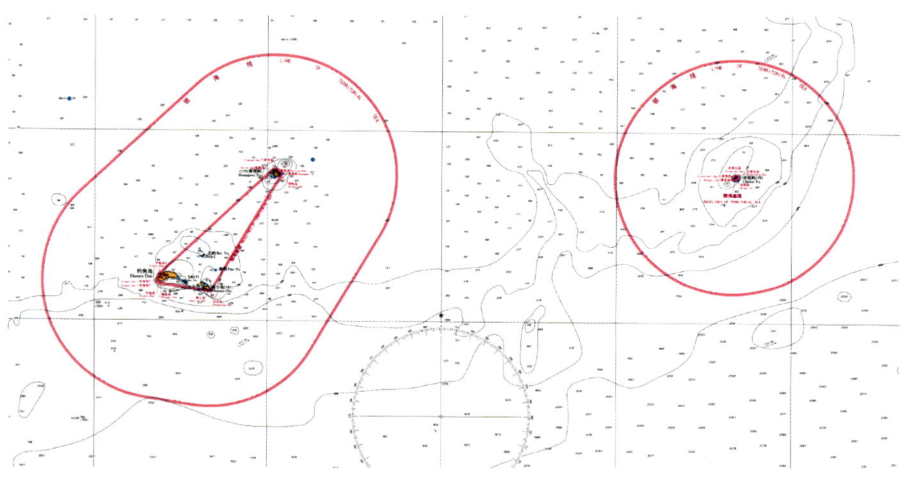

중국의 해도 기탁은 자국의 해양경찰 선박을 통한 정례적 순찰의 근거를 공식화하였다는 것을 의미하며, 조어대 인근 수역에서의 갈등이 더욱 확대될 수 있음을 의미한다. 이는 조어대를 둘러싼 중 · 일 간 분쟁이 동북아에서의 지역패권을 위한 국방안보적 가치 및 대양 진출을 위한 해양공간의 확보정책 충돌과 밀접한 관련이 있다는 것을 의미한다.

한편, 중국의 지역해에 대한 패권적 세력 확대에 대응하기 위해 그동안 조어대에 대한 첨예한 갈등을 보였던 대만과 일본은 2013년 조어대 주변수역을 대상으로

약 4,530 km^2 면적의 어업공동관리해역을 설정하는 데 합의하였다. 그러나 양국의 합의는 양국이 기존에 주장한 해양법 문제와는 관계없으며, 일본 입장에서는 중국과 대만의 정치적 긴밀성과 대양으로의 진출을 차단하기 위한 조치로 평가된다.

● 남쿠릴열도

남쿠릴열도는 러시아와 일본 간 영유권 분쟁이 있는 지역으로, 일본에서는 북방영토문제(北方領土問題 (ほっぽうりょうどもんだい)), 러시아에서는 (Проблемапр инадлежности Курильскихостровов)로 불린다. 현재 양국 간 분쟁이 있는 남쿠릴열도는 러시아가 실효적으로 지배하고 있으며, 일본 홋카이도(北海道) 북서쪽의 하보마이(Хабомай, 歯舞群島, Habomai), 시코탄(Шикотан, 色丹島, Shikotan), 구나시리(Кунашир, 國後島, Kunashir), 에토로후(Итуруп, 択捉島, Iturup) 등 4개 섬을 포함하고 있다. 쿠릴열도는 일본의 홋카이도와 러시아의 캄차카반도를 연결하는 약 56개의 도서(암초 등)로 연결되어 있으며, 양국 분쟁은 이들 중 4개의 섬을 중심으로 진행되고 있다. 일본은 남쿠릴이라는 용어 자체를 반대하고 있지만, 에토로후와 우르프(Уруп, 得撫島, Urup)의 경계를 중심으로 남쿠릴과 북쿠릴로 나뉜다.

일본과 제정러시아는 1855년 통상과 국경에 관한 조약을 체결한 바 있는데, 이때는 현재 분쟁지역인 4개 섬의 영유권이 일본에 있었다. 그러나 제2차 세계대전이 끝난 후, 전승국과 패전국 간 배상문제를 규정한 샌프란시스코 강화조약에 의해 러시아에 귀속된다. 이후 일본은 러시아와 지속적인 협상을 진행하였으나, 영유권 문제는 여전히 답보상태에 있다. 해당 지역은 제2차 세계대전 전까지 약 1만 7천 명의 일본 주민이 거주하고 있었지만, 영유권이 러시아에 귀속된 이후에는 약 3만 명의 러시아인이 거주하고 있다.

남쿠릴열도의 영유권 분쟁에서 점유국은 양국의 국제적 세력 우세 정도에 따라 수차례 변화해왔다. 양국의 이 지역 진출 역사는 충분히 기록되어 있다. 러시아는 극동 팽창을 이루었던 17세기에 이미 연안도시 건설과 주민 이주를 시작하였다고 한다. 일본 역시 쿠릴열도의 원주민인 아이누인들과 교류하면서 해당 지역에 진출한 증거가 있다. 그렇다고 해서 양국이 모두 남쿠릴열도에 대한 통제권을 행사하고 있었다고 볼 수는 없다. 적어도 18세기 초반까지 양국의 쿠릴열도 남쪽에 대한 통제권은 없었다고 보이며, 따라서 양국 모두에 통치할 기회가 있었다. 그러나 캄차카 남쪽 섬들의 존재가 인식되면서, 이를 통해 일본으로 가는 해로 확보가 러시아의 중요한 사안으로 대두되었고, 스판베르그 Martin Spanberg는 1738년 현재의 남쿠릴열도 등의 존재를 확인하게 된다. 그러나 이후 양국이 근대국가 형태를 확립하기 전까지도 남쿠릴열도에 대한 뚜렷한 지배 의지나 시도는 없었던 것으로 보인다.

양국 간에 쿠릴열도 갈등이 시작된 것은 19세기에 들어서이다. 쿠릴열도의 명확한 경계를 설정하는 합의는 없었으나, 양국은 현재와 같은 남쿠릴과 북쿠릴 경계, 즉 에토로후와 우르프의 경계를 묵시적으로 인식하고 있었고, 1853년 황제 니콜라이 1세가 러시아 외무성의 푸탸틴(E.B.Путятин)에게 보낸 교서 또한 일본과의 우호적 외교관계를 위해 러시아의 남쪽 경계를 우르프로 확정할 것을 명시하고 있다. 그러나 이후 등장한 국제정세의 변화와 동북아에 대한 각국의 진출 의욕은 쿠릴열도의 영유권 문제를 복잡하게 만들었다. 1855년 에도막부와 러시아 제국은 일본의 시모다시(下田市)에서 화친조약을 체결하였는데, 이때 양국 간 경계가 에토로후와 우루프 섬 사이였다. 다만 조약은 사할린섬에 대하여는 양국이 공동으로 관리한다고 합의하였다. 이후 1875년 상트페테르부르크에서 체결된 조약에서는 일본이 사할린섬 전체를 러시아령으로 인정하는 대신, 우루프섬을 포함한 쿠릴열도 북쪽의 18개 섬을 일본에 넘겨준다는 조건이었다. 이후 1905년 러일전쟁에서 승리한 일본은 포츠머스 조약을 체결하면서 쿠릴열도 전체와 남사할린을 다시 점유하게 된다. 러시아는 북사할린을 겨우 유지할 수 있게 되었다. 1945년 제2차 세계대전의 승전국이 된 러시아는 다시 쿠릴열도와 사할린 전체를 회복하였고, 이후 점유국 변동 없이 현재에 이르고 있다.

남쿠릴열도를 둘러싼 러 · 일 간 경계선(점유국) 변화 현황

조약(합의)	경계선 형태 및 도서 점유국 변화		비고
1855년 화친조약	우루프와 에토로후 사이를 경계	남쿠릴(일)	사할린은 공동
		북쿠릴(러)	
1875년 상트 페테르부르크 조약	(일) 사할린을 러시아에 양도		사할린-쿠릴열도 교환조약
	(러) 우루프 포함 18개 섬을 일본에 양도		
1905년 포츠머스 조약	쿠릴열도 전체 + 남사할린 점유	일본	러일전쟁 결과
	북사할린 점유	러시아	
1945년 얄타회담	쿠릴열도 전체 + 사할린 전체 점유	러시아	제2차 세계대전 결과
1951년 샌프란시스코 강화조약	*(일) 에토로후, 쿠나시르 포기 인정		*남쿠릴열도에 해당
1956년 일 · 소 공동선언	*(러) 평화조약 체결 후 하보마이, 시코탄 이관 동의		외교관계 회복
1960년 미 · 일 안보조약개정	*(러) 2개 섬 반환 입장 취소 ↔ (일) 4개 섬 전체 반환으로 전환		
1991년 러시아 승계	구소련 영토를 러시아가 승계		
2001년 이후 ~ 현재	*(러) 2개 섬 반환 가능성 협의 → (일) 4개 섬 반환 요구 → (러) 4개 섬 공동개발 제안 → (러) 2010 대통령의 남쿠릴 방문 → (러) 2012 군 주둔지 건설(2곳)		

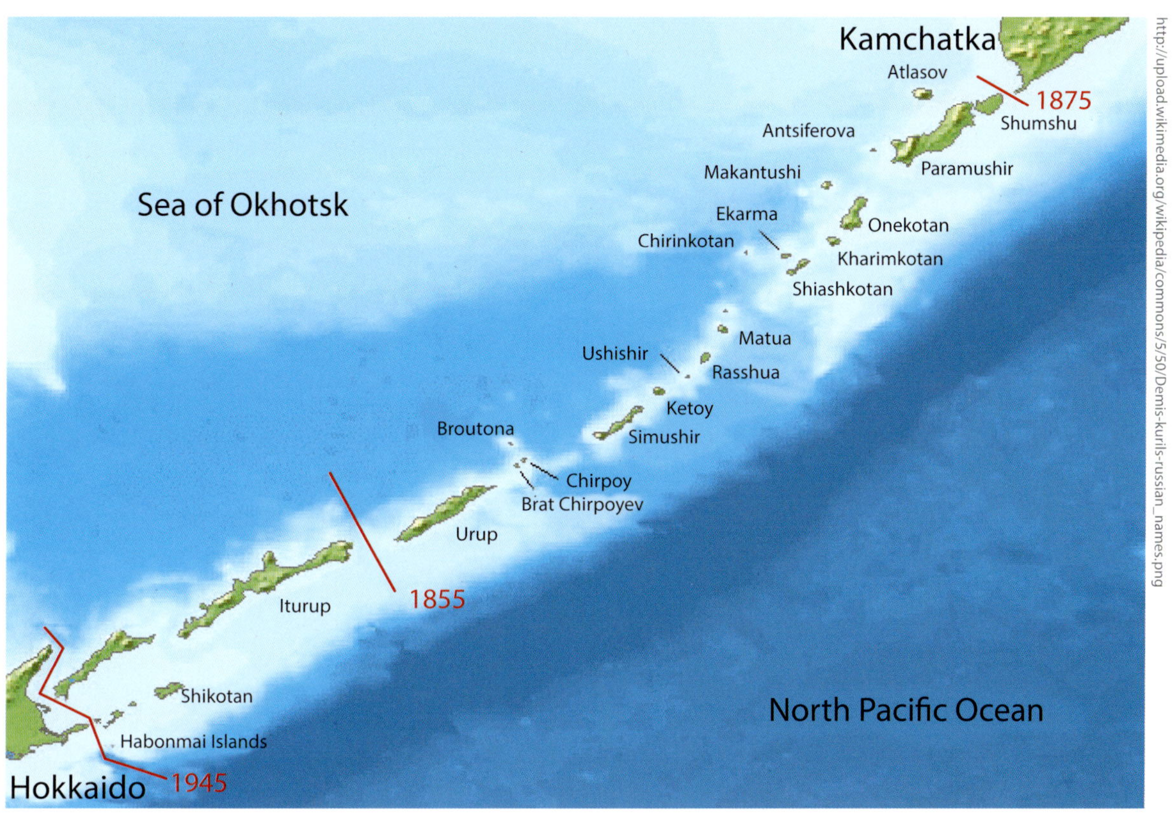

남쿠릴열도의 영유권 점유국 변화

러시아는 이후 일부 도서의 일본 이양을 검토하고 제안하기도 하였지만, 양국 간 신뢰와 정치적 환경으로 인해 현재까지 긴장관계가 지속되고 있다.

남쿠릴열도에 대한 양국의 입장과 관련하여 러시아는 1951년 샌프란시스코 강화조약에 따라 일본은 쿠릴열도에 대한 모든 권리를 포기하였다고 주장한다. 반면, 일본은 1855년 시모다 조약(일 · 러 화친조약) 체결 이후 북방 4개 섬은 지속적으로 일본의 영토로 존속 중이며, 현재 러시아가 불법 점유하고 있다고 주장하고 있다. 또한 러시아는 샌프란시스코 평화조약 체약국이 아니므로(체결 거부), 샌프란시스코 조약에 근거한 러시아의 주장은 근거가 없다는 입장이다.

주목할 만한 것은, 남쿠릴열도 관련하여 러시아와 실무교섭을 담당했던 조약국장 도고 가즈히코 東鄕和彦(구아 歐亞국장 역임)가 양국 간 영토문제의 가장 중요한 이슈는 역사문제라고 지적한 사실이다. 그는 역사, 안보(잠수함 항로), 경제적(자원) 문제가 있지만, 궁극적으로는 소련이 불가침조약을 파기하고 일본을 침공, 쿠릴열도를 점령한 연속 선상에 남쿠릴열도 문제의 본질이 있다는 것이다. 남쿠릴열도, 독도, 조어대 등의 영토문제에 대한 일본의 자국 이익에 따른 편의적 태도를 엿볼 수 있는 부분이다.

● 남중국해

남중국해 South China Sea(중국명 NanZhongGuoHai · 南中國海 · 南海, 베트남명 Biên Đông, 필리핀명 Luzon Sea)는 태평양의 일부로 중국과 인도차이나반도, 보르네오섬, 필리핀 등으로 둘러싸인 약 350만 km^2의 바다를 말한다. 남중국해는 북위 23도 27분에서 남위 3도까지, 동경 99도 10분에서 122도 10분까지의 해역으로 동서로 약 1,300 km, 남북으로 약 2,400 km 뻗어 있으며, 동북에서 서남쪽으로 향하는 반폐쇄해 semi-closed sea에 속한다. 일반적으로 남중국해라고 하면 동사군도 Prates Islands, 서사군도 Paracel Islands, 중사군도 Macclesfield Bank, 남사군도 Spratly Islands 등 4개의 군도를 통칭하는 용어이며, 따라서 남중국해 분쟁이라 함은 이들 4개의 군도를 구성하는 도서(암초)와 주변수역에 대한 분쟁을 말한다.

현재, 가장 북쪽에 위치한 동사군도는 대만이 점유하고 있고, 서사군도는 1974년 중국이 베트남과의 무력충돌을 통해 점령한 후 현재까지 점유하고 있으며, 중사군도는 필리핀 인근에 위치한 황암도(黃岩島)를 제외하고는 연중 수면 아래에 있는 사주와 산호초로 구성되어 있다. 남중국해 분쟁에서 가장 갈등이 심한 곳은 역시 남사군도이다. 스프래틀리 군도 Spratly Islands로 불리는 남사군도는 영국의 포경선 선장인 리처드 스프래틀리 Richard Spratly의 이름에서 유래하는데, 베트남에서는 쯔엉사 Truong Sa라고 부른다. 남사군도는 모두 222개의 도서와 사주, 산호초, 수중암초 등으로 구성되어 있으며, 대다수의 도서는 연중 수면 아래 잠겨 있다. 군도가 분포하는 범위는 약 18만 km^2에 달하지만, 실제 토지 면적은 약 8.02 km^2에 불과하다. 남사군도 북부 지역은 다수의 암초로 인한 항행 안전 위협요소 때문에 대다수의 항해도에서 위험지대 dangerous ground로 표기되어 있다.

남중국해 갈등의 역사적 시작과 근원을 확정하는 것은 매우 어렵다. 다만 남중국해에 대한 영유권과 관할권 주장이 표출된 시기를 중심으로 하면, 동북아 영토분쟁과 마찬가지로 1968년 UN 아시아극동경제위원회의 「에머리 보고서」가 나온 이후에 시작되었다고 할 수 있다. 물론 중국과 대만, ASEAN 국가별로 남중국해를 언급하고 이용하였다는 사적 기록은 충분히 누적되어 있다. 그러나 남중국해 문제가 국제적 이슈로 등장한 것은 단순히 자원에 대한 것에 제한되지 않는다. 현재 남중국해는 미국과 중국이 국제적 해양패권을 확보하기 위한 가장 중요한 공간으로 가치가 제고되었으며, 향후 양국 간 패권경쟁의 승패가 나기 전에는 갈등관계가 쉽게 해소되지 않을 수 있다.

최근에는 필리핀이 중국을 대상으로 UN해양법협약상의 중재재판 절차를 개시한 바 있으며(2013), 이후 2014년 3월 30일 필리핀의 준비서면 제출, 2014년 12월 7일 중국 외교부의 중재재판소의 관할권 없음을 주장하는 성명서 Position Paper 재판소

전달, 2015년 3월 16일 필리핀의 서면의견서 Written Submissions, 2015년 10월 29일 중재재판소의 관할권 및 소의 허용성에 관한 판정, 2016년 7월 12일 중재재판소에서 본안에 관한 판정 등 사안에 대한 판결을 완료하였다. 중재재판소는 필리핀의 15개 청구취지(PCA Case N㉯ 2013-19 IN The Matter of the South China Sea Arbitration, Award on the Merits[12 July 2016], The Republic of the Philippines v. The People's Republic of China, para.112) 중 일부 사안에 대한 관할권을 부인한 것 외에는 대부분 필리핀의 청구에 대하여 인용 결정을 내렸다. 중재재판소는 특히 중국이 주장하는 U자형 선(nine dash line)이 UNCLOS에 위반되며, 그동안 법적 해석에 소극적이었던 제121조 제3항에 대한 상세한 해석을 가함으로써 남사군도의 해양지형물들이 EEZ와 대륙붕을 가지지 못한다는 엄격한 태도를 취하였다. 이 사안은 특히 중국의 남중국해 암초와 환초에 대한 대규모 매립시설과 해양환경 훼손 문제에 대하여 중요한 판결을 내리고 있어, 향후 독도와 주변수역에서 해양활동을 하는 데서도 시사하는 바가 크다. 그러나 중국은 시종일관 중재재판소 참가 거부의사를 표명하였고, 판결 결과에 대하여도 이행하지 않을 것임을 분명히 하고 있다.

https://amti.csis.org/island-tracker/china/

남중국해 암초에 대한 중국의 매립 현황 :
Fiery Cross Reef(위),
Cuarteron Reef(아래 좌),
Johnson Reef(아래 우)

주목할 만한 것은, 남중국해 문제는 주요 당사자인 ASEAN과 중국, 대만과 함께 미국, 일본 등 제3국의 개입이 매우 적극적이라는 점이다. 이는 남중국해의 정치지리적 위치와 분쟁의 원인과 무관하지 않다. 첫째, 남중국해는 영국(1864)과 프랑스(1933) 등의 식민지 관할 이후 경계가 없는 형태로 관리되었다는 데 있다. 1939년 남사군도와 서사군도를 점령한 일본 역시 패전 후 체결한 1951년 샌프란시스코 협약에서 "일본은 남사와 서사에 대한 모든 권리 · 명의와 주장을 포기하며"라고 적시하고 있지만, 구체적인 도서를 언급하고 있지는 않다. 이는 이 지역 국가들의 갈등을 야기하는 중요한 원인이 되었다. 둘째, 1970년대 이후 지속된 연안국의 관할권 확대 가능성과 과학기술의 발달이다. 현재 남중국해 도서영유권을 주장하고 있는 국가 중 대만을 제외하고는 모든 국가가 UN해양법협약 당사국이다. 베트남은 2007년 남사군도 일부 도서(南威島)에서 국회의원 선거를 실시하였고, 중국 역시 동년 남사군도와 서사군도, 중사군도 등 260개 섬, 암초, 갯벌 등을 포함하는 새로운 행정구역 싼샤시(三沙市)를 신설한 바 있다. 셋째, 남중국해가 갖는 정치지리적 중요성이다. 남중국해는 세계에서 가장 바쁜 해상교통로 Sea Lanes of Communication 중의 하나이다. 이 지역의 통제권을 장악한다는 것은 동아시아 권력의 평형 및 생존의 문제에 직접적 영향을 줄 수 있게 된다. 특히 일본과 호주, 동남아 국가에 대한 영향력은 어느 국가보다 클 것으로 예상되고 있다. 일본의 경우 수출입 총액의 약 42%, 동남아 국가는 수출입의 약 54%, 호주는 약 53%의 수입과 40%의 수출 화물이 이 지역을 경유한다고 보고된다. 우리나라

남중국해를 둘러싼 각국의 영유권 주장과 행위 유형

국가	국가이익	점령 도서(암초)	주권주장시기	자원개발	외교 및 군사행동
중국	주권	7	789	없음	주권회복에 적극적, 국력신장 연계
말레이시아	주권, 자원	5	1969	있음	120여 명 주둔, 지휘부(彈丸礁)
인도네시아	주권	-	1969	없음	개입 정도 낮음
베트남	주권, 자원	29	1975	있음	2,000명 주둔, 지휘부(南威島), 주권분쟁과 자원개발 병행
필리핀	주권, 자원	9	1978	있음	100여 명 주둔, 지휘부(中業島), 중국과 직접충돌. 미국 연계충돌 가능성 높음
대만	주권	1	789	없음	2000년 철군. 평화적 공동개발
일본	SLOC	해당 없음	-	없음	항로안전 확보, 주변국 및 필리핀의 중국 견제 장려
미국	SLOC	해당 없음	-	공동개발	필리핀과의 공동안보조약에 근거, 아시아 회귀 및 군사이익 확보

역시 해외무역과 석유가스 수송로의 대부분이 이 지역을 통과한다는 점에서 무관하지 않다. 넷째, 석유가스자원의 매장량이다. 매장량에 대한 평가는 기관마다 다르게 해석하고 있으나, 중국 구(舊) 지질광물자원부 Ministry of Geology and Mineral Resources 조사에 의하면, 남사군도에는 약 1,050억 배럴의 석유가 매장되어 있으며, 중국의 최남단 수중 산호사주인 증모암사 曾母暗沙 근해에는 약 900억 배럴이 매장되어 있다고 평가한 바 있다.

현재 남중국해에 대한 각국의 영유권 주장과 실제 점령 현황은 다음과 같다. 정도의 차이는 있으나, 중국과 대만은 남중국해 전체에 대한 영유권과 관할권을 주장하며, 베트남도 대부분의 도서와 관할권을 주장하고 있다.

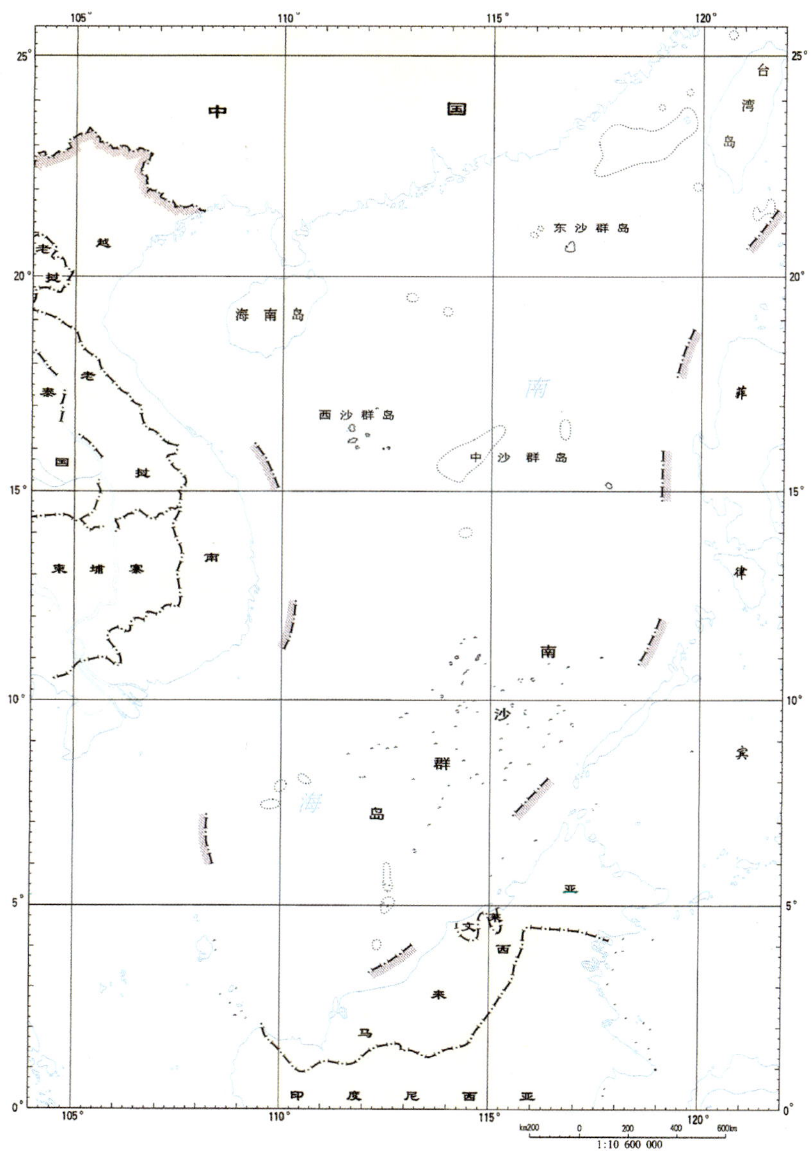

해양 갈등지역에서의 자원관리

동북아시아에는 3개의 어업협정, 1개의 석유가스 공동개발협정이 발효되어 운영 중에 있다. 우리나라는 황해와 남해, 동해에서 중국 및 일본과 각각 어업협정을 체결하였고, 일본과는 남부대륙붕에 대하여 석유가스 자원의 공동개발협정을 체결하고 있다.

양희철 한국해양과학기술원

● 어업협정수역

UN해양법협약 제74조 제3항과 제83조 제3항은 경계획정에 관한 합의에 이르는 동안 관계국은 "실질적인 잠정약정 provisional arrangement을 체결할 수 있도록 모든 노력을 다하고, 과도적인 기간 동안 최종 합의에 이르는 것을 위태롭게 하거나 방해하지 아니한다"고 규정하고 있다. 즉 협약은 당사국이 해양경계획정에 대하여 합의를 도출할 수 없을 경우, 혹은 해양경계획정 협상이 해결의 돌파구를 찾지 못할 경우 "잠정약정"이라는 방식을 통해 잠정적 갈등을 해소하고 자원에 대한 공동의 이익을 보전하도록 하는 접근법을 제시하고 있는 것이다. 협약의 규정은 당사국에 '잠정약정 체결의 의무'를 부여한 것은 아니지만, 해양에서의 효율적 자원관리와 환경보전의 의무에 따라 한 · 중 · 일 3국은 각각 어족자원에 관한 어업협정을 체결하여 운용하고 있다.

* 잠정약정 provisional arrangements에 관한 UNCLOS 제74조 제3항과 제83조 제3항은 이러한 약정은 최종 합의에 이르는 것을 위태롭게 하거나 방해하지 않으며, 최종 경계획정에 영향을 미치지 않는다고 규정

이에 따라 동북아에서는 총 3개(대만-일본을 포함할 경우 4개)의 양자 간 어업협정이 체결되어 운영 중인데, 중 · 일어업협정(1997년 체결, 2000년 발효), 한 · 일어업협정(1998년 체결, 1999년 발효), 한 · 중어업협정(2000년 체결, 2001년 발효)이 있다.

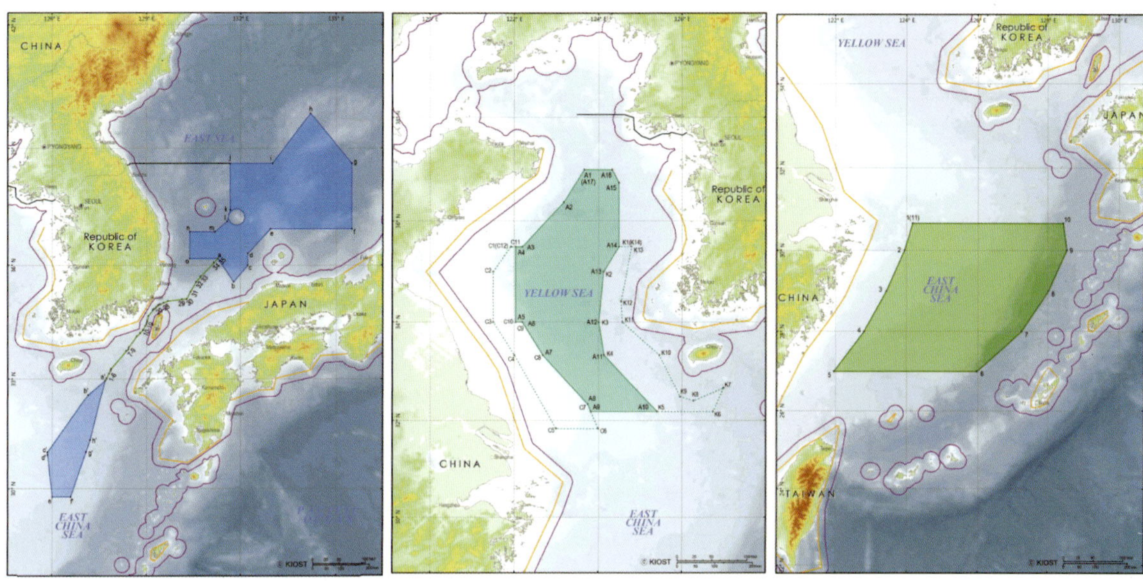

동북아의 3개 어업협정

한 · 일 및 한 · 중 간 어업협정수역의 면적은 아래와 같으며, 한 · 중어업협정은 잠정조치수역의 각국 육지 쪽으로 과도수역을 별도로 설치하여 운영하였으며, 협정에 따라(제8조 제5항) 발효 후 4년이 경과한 2005년에 양국 EEZ로 편입되었다.

동북아 어업협정의 구분과 면적

구 분	수 역	면 적
한일어업협정	동해 중간수역	95,775 km^2
	제주 남부 중간수역	26,712 km^2
한중어업협정	잠정조치수역	83,489 km^2
중일어업협정	잠정조치수역	176,335 km^2

한 · 중 · 일 3국의 양자 간 어업협정은 EEZ 경계획정이 장기화함에 따라 자원별 잠정약정의 협력체제 도출의 필요성에 근거하고 있다. 어업 요소 외에 한 · 일 남부 대륙붕 공동개발수역 역시 이러한 유형의 잠정약정에 해당한다. 이러한 잠정약정은 협약이 규정하는 바와 같이 당사국 간 해양관할권 및 영유권 주장에 대한 별도의 혹은 지속적 외교교섭의 공간을 침해하지 않는다. 일부에서 어업협정이 영유권을 훼손한다고 하지만 이는 이미 기술한 바와 같이 국제판례와 국내 헌법재판소가 일관

되게 해석하는 바, 어업협정과 영유권은 별개의 법적 성질을 가지는 것으로 해석된다는 것이다(한일어업협정 제15조 : "어업에 관한 사항 외에 국제법상 문제에 관한 …… 입장을 해하는 것으로 간주되어서는 안 된다").

한일어업협정은 협정(17개 조문)과 2개의 부속서 및 합의의사록으로 구성되어 있다. 한중어업협정 수역과 달리 한일어업협정 수역은 2개 부분으로 구성되어 있는데, 동중국해 북부와 동해에 각각 설정되어 있다. 한일어업협정은 한중어업협정과 중일어업협정이 '잠정조치수역'이라는 공식명칭을 표기한 것과 달리, 수역에 대한 공식명칭을 규정하고 있지 않다. 다만 한국은 해당 수역을 '중간수역', 일본은 '잠정조치수역'이라고 칭하고 있다. 이는 한 · 중과 중 · 일 간 어업협정수역인 '잠정조치수역'의 관리방식이 "공동관리"형태를 띠고 있다는 점에서, 독도에 대한 권원(權源) 훼손이라는 불필요한 오해를 피하기 위한 것으로 해석된다. 한일어업협정에 따라 각국의 EEZ에서는 연안국이 수산자원에 대한 주권적 권리를 행사하고, 상호 입어를 허용하도록 하고 있다(제2조~제6조). 동해와 제주 남부에 설정된 2개의 중간수역(제9조)은 기존의 어업질서가 유지되는 것으로 보고, 동해 중간수역은 '공해적 성격'으로 관리하고, 제주 남부 중간수역은 '공동관리' 방식이 적용되도록 했다. 이는 협정 제9조 제1항(동해 중간수역)과 제9조 제2항(제주 남부 중간수역)이 해당 수역의 관리방식을 각각 협정「부속서 I」제2조와 제3조에 따르도록 구분하여 규정하고 있기 때문이다.

동북아 어업협정상 관할권 행사와 관리방식 비교

수역의 위치	협정상 명칭	관할권 행사		관리방식	특징
		규칙제정권	단속권		
동해 중간수역 (한 · 일 협정)	없음	기국 공동위원회 권고	기국	양국 간 현행처럼 조업	독도
동중국해 및 서해 현행조업유지수역 (한 · 중 협정)	없음	양국 간 별도 합의	기국	양국 간 현행처럼 조업. 단, 연안국의 법령 존중	
서해 잠정조치수역 (한 · 중 협정)	잠정조치수역	공동위원회 결정	기국 (주의환기*)	공동관리	
서해 과도수역 (한 · 중 협정)	과도수역	공동위원회 결정	기국 주의환기* 공동승선**	공동관리	소멸
동중국해 잠정조치수역 (중·일 협정)	잠정조치수역	공동위원회 결정	기국 주의환기*	공동관리	
동중국해 북위 27도 이남수역 (중·일 협정)	없음	기국 공동위원회 권고	기국	양국 간 현행처럼 조업	조어대 (센카쿠)

예컨대 동해 중간수역에서의 관리방식에 대한 부속서 Ⅰ의 제2항은 "나. 각 체약국은 이 협정 제12조의 규정에 의하여 설치되는 한 · 일 어업공동위원회의 협의 결과에 따른 권고를 존중하여 …… 적절한 관리에 필요한 조치를 자국 국민 및 어선에 대하여 취한다"고 규정하고 있다. 반면 제3항은 "각 체약국은 위원회의 결정에 따라 …… 적절한 관리에 필요한 조치를 자국 국민 및 어선에 대하여 취한다"고 규정하는 차이를 보이고 있다.

동북아에서 체결된 어업협정은 국가별 입장과 영유권 갈등이 있는 상황을 고려하여 체결되었으며, 해역 별 관리방식 또한 다르게 나타나고 있다.

● 한 · 일 남부대륙붕 공동개발구역

한 · 일 남부대륙붕 공동개발협정(정식명칭 : 한 · 일 대륙붕 남부구역 공동개발 협정)은 1974년 체결하였고, 1978년 발효하였다. 우리나라는 협정 체결 전인 1970년 「해저광물자원 개발법」을 공포하고, 총 7개의 해저광구를 설정한 후 외국 유력회사와 탐사 및 개발계약을 체결하였다. 당시 우리나라가 설정한 제6광구(K-6)와 일본의 J-Ⅳ, 우리나라 제5광구 및 제7광구(K-5, K-7)와 일본의 J-Ⅲ은 대륙붕 주장이 중복된 지역이었으며, 양국은 대마도 근해와 대한해협 근처의 우리나라 제6광구와 일본 해저광구

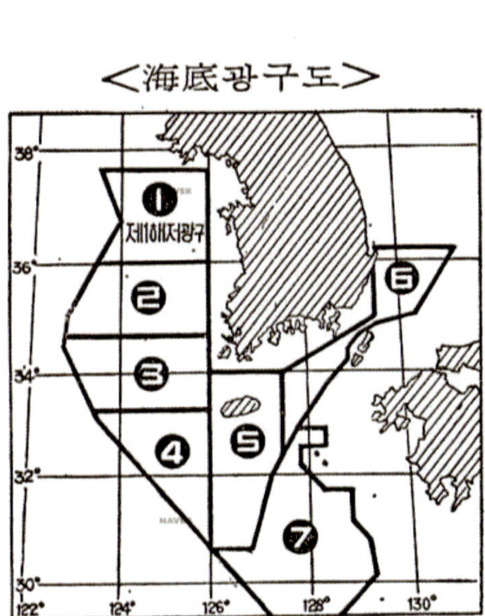

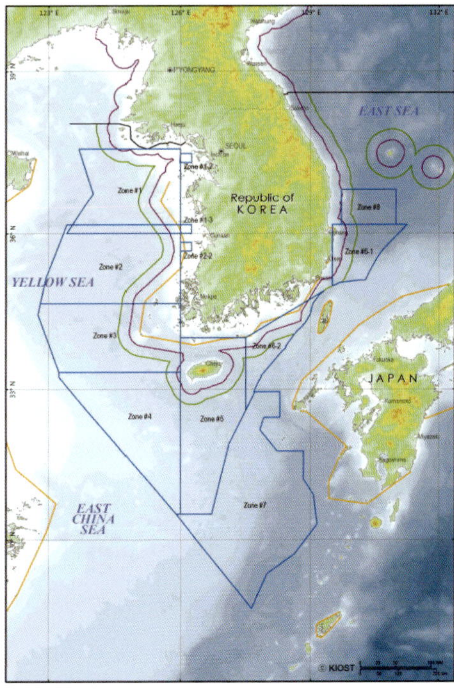

우리나라의 최초 해저광구(7개) (경향신문, 1970)와 현재의 해저광구도 (8개 광구, 12개 구역)

(J-Ⅳ)의 경계를 일부 조정하여 확정하고 북쪽 경계에 관한 합의를 이루었다. 우리나라가 법을 제정하고 해저광구를 설정한 배경은 1969년 「에머리 보고서」와 1969년 *North Sea Case*에서 나온 "육지영토의 자연연장" 원칙의 등장에 따른 것이다. 이들 두 사례는 에너지 의존도가 매우 높았던 한 · 일 양국에는 매우 민감한 이슈로 등장하였으며, 특히 일본에는 한국과의 대륙붕 공동개발 협정에 시급히 참여하게 하는 계기로 작용하였다.

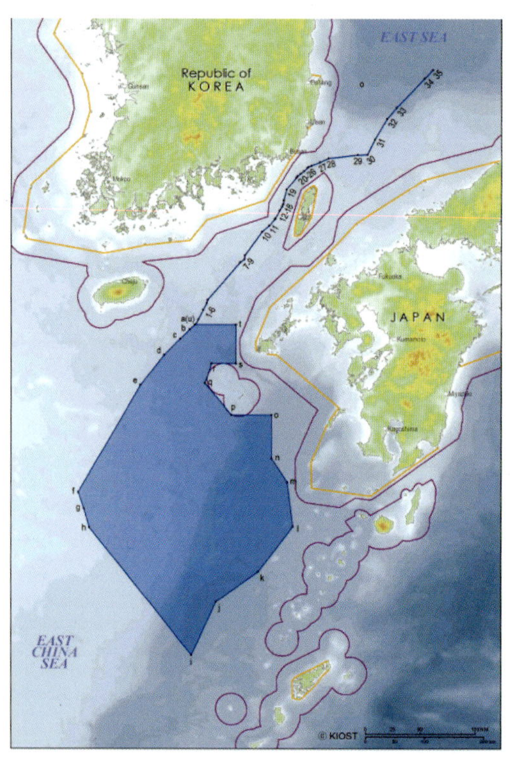

한·일 북부대륙붕 경계선과 남부대륙붕 공동개발구역

한 · 일 간에 체결된 공동개발구역 Joint Development Zone, JDZ의 면적은 제주 남쪽 해상 약 82,557 km^2이다. 1974년 체결된 한 · 일 남부대륙붕 공동개발수역의 북서쪽 경계(J-Ⅲ의 북서쪽 경계)는 일본이 주장하는 한 · 일 간 등거리선과 일치하며, 대륙붕 공동개발수역의 동쪽 경계는 우리의 제7광구(K-7)의 동쪽 경계를 그대로 따랐다. 즉 동쪽 경계는 육지영토의 자연연장설에 의거하여 오키나와 해구 중간선을 주장하는 우리나라의 견해와 일치하는 것이다.

한 · 일은 JDZ협정 발표 당시 9개의 소구역으로 분할하는 데 합의하였지만, 이후 1987년 6개 소구역으로 조정하였다. 이는 협정상 당사국은 각 소구역에 관하여 조광권(租鑛權)을 부여하도록 규정하고 있으나, 당시 원유시장 환경을 고려하여 참여 조광권자들의 재정적 부담을 줄여주기 위한 것이었다. 한 · 일은 1972년부터 8차례에 걸쳐 조광권을 설정하고 물리탐사(2D : 19,571 km, 3D : 563 km²) 및 7공 탐사 시추 결과 3공에서 석유가스 징후를 발견하였으며, 2002년에는 양국 합의로 조광권 설정 없이 양국 석유공사 간 2소구에 대한 3D 탐사(563 km²)를 진행한 바도 있다. 이후 2004년, 한국석유공사와 일본 민간사는 공동탐사권 출원에 합의하였으나 2005년 일본 민간사 측이 경제성이 없다는 이유로 출원에 불참하였다. 2005년 한국석유공사는 일본 측 민간사와 정기적인 기술 및 정보 교류 합의서를 체결하고 2013년까지 연례회의를 개최하였는데, 향후 정기적인 연례회의 대신 협의채널은 유지하되 필요 시 연락하는 것으로 하고 협의를 종료한 바 있다. 공동개발에 대한 일본의 태도는 특히 1990년대부터 소극적인 자세로 전환하였는데, 이는 해양경계획정 영역에서 UN해양법협약 체제 이후에 나타난 '지질 및 지형적 요소'의 감소 때문인 것으로 해석된다. 즉 일본의 입장에서 양국 간 합의를 통해서만 진행되는 자원공동개발에 임하지 않고, 2028년 협정이 종료되면 자국에 유리한 해양경계획정이 체결될 것을 기대하는 듯하다. 실제로 민간기업 간 협의채널 역시 탐사 실적 없이 양국 공동연구(2006~2010)가 진행되다가, 이 또한 2010년 3월 석유자원 부존 가능성이 낮다는 이유로 일본 측의 연구 종료 표명이 있었다.

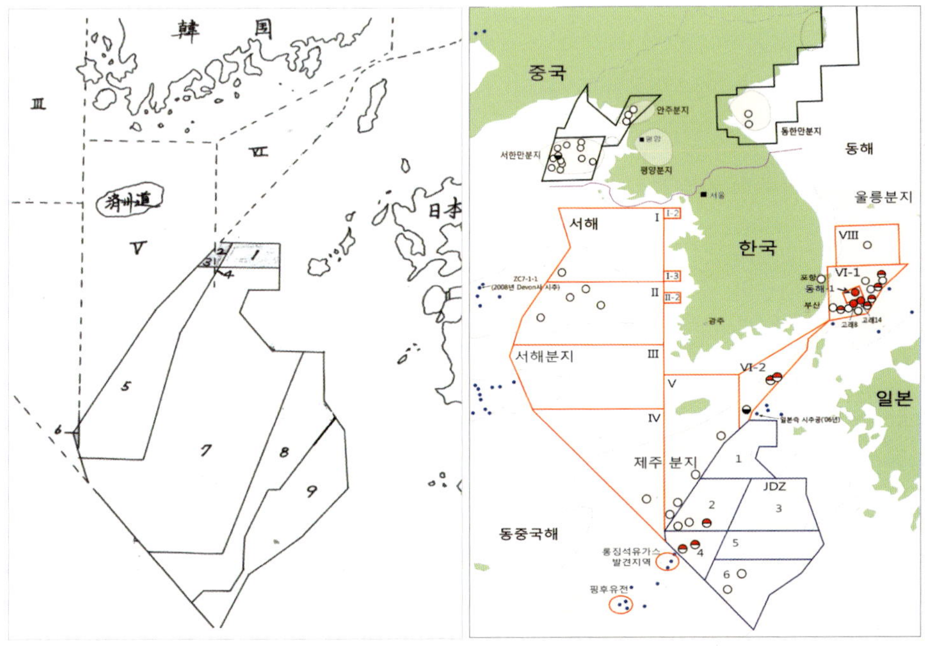

한·일 JDZ 소구역도의 변화 (9개[좌] → 6개[우])

우리나라는 석유공사를 조광권자(2009~2017)로 지정하고 일본 측에 조광권자 지정을 요청한 바 있으나, 일본 측의 별도 조치가 없는 상황에서 조광권은 종료되었다(2017. 6). 현재 우리나라는 2019년 12월 석유공사가 제2소구와 제4소구에 조광권(탐사권)에 대한 조광권자 지정을 완료하고, 2020년 1월 일본에 통보한 상태이다. 조광권 설정 기한은 2010년 11월부터 2027년 11월까지라는 점에서, 일본이 자국의 조광권자를 지정할지 여부는 향후 공동개발협정 이행 여부에 대한 중요한 판단 근거가 될 것으로 보인다.

한 · 일 남부대륙붕 공동개발협정이 일본에 의해 지나치게 주도되는 것은 협정문 자체에 그 원인이 있다. 공동개발협정은 31개 조문과 부록(소구역), 합의의사록, 굴착 의무에 관한 각서 교환, 해상충돌방지에 관한 각서 교환, 해수오염 방지 및 제거에 관한 각서 교환 등을 포함하며, 그 대상은 석유가스 및 동 자원과 관련하여 생산되는 기타 지하광물을 포함하고 있다.

탐사와 개발절차는 ① 각국의 소구역 조광권 부여(1인 혹은 2인 이상) → ② 각국 조광권자 운영계약 체결 → ③ 당사국 승인(2개월 내 명시적 승인 거부, 혹은 승인 간주) → ④ 운영자 지정(양 조광권자 3개월 내 합의 → 이후 2개월 당사국 협의 → 협의불가 시 추첨) → ⑤ 탐사 혹은 개발의 단계로 진행된다. 다만 현재까지 일본은 '당사국 승인' 단계에서 그 이행에 소극적으로 임하고 있다는 점에서 협정을 이행하는 데 한계를 보이고 있다.

조광권자로 지정되면 탐사권은 8년, 채취권(개발권)은 30년간 유지되며, 추가로 5년 단위의 연장이 가능하다. 단, 조광권자는 협정이 규정하는 시추 의무와 포기절차 이행 의무, 일방행위 금지 의무를 부담해야 한다. 이때 시추 의무란 조광권자 지정 이후 최초 3년 이내에 1개공을 시추하여야 하고, 다음 3년 내에 추가 1개공 시추, 잔여 2년 내에 추가 1개공을 시추하는 방식이다. 광구의 포기절차도 이행해야 하는데, 조광권 지정 3년 이내에 지정된 전체 소구역 중 25%를 포기하여야 하고, 6년 이내에 50%, 8년 이내에 75%를 포기하여야 한다. 결국 최종적으로는 약 25%의 지역에 대한 개발을 진행하게 된다. 이는 탐사 및 개발권자의 권리를 축소하려는 목적보다는 탐사와 개발을 더욱 촉진함으로써 유망광구 중심의 상업활동이 조기에 성과를 보이도록 하기 위함이다.

한 · 일 공동개발협정은 체결 초기 국제적으로 가장 모범적인 해역관리방식으로 평가받았다. 그러나 이 협정은 쌍방의 개발 의지가 모일 때 이행 가능하며, 어느 일방의 합의 없이는 단독 탐사와 개발이 불가한 구조로 구성되었다는 한계가 있다. 또한 한 · 일 공동개발 협정문상에는 의무를 이행시킬 강제조항이 부재하고 분쟁해결 절차 역시 사실상 실무적인 의미가 없다. 초기 한 · 일 양국의 협정에 영향을 주었던 해양

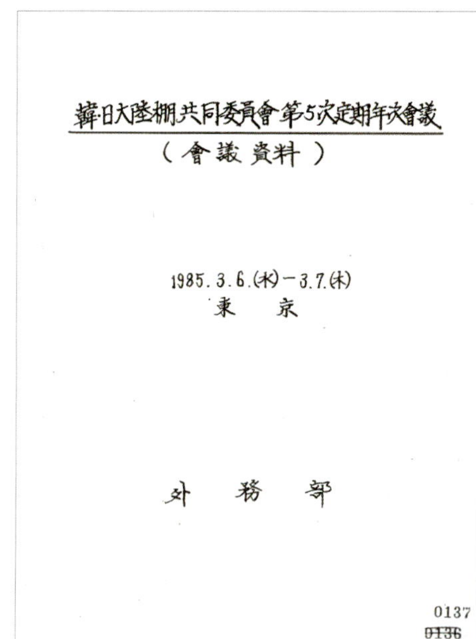

韓日大陸棚共同委員會 第5次定期年次會議

(會議資料)

1985. 3. 6.(水) - 3. 7.(木)
東 京

外 務 部

0137
~~0136~~

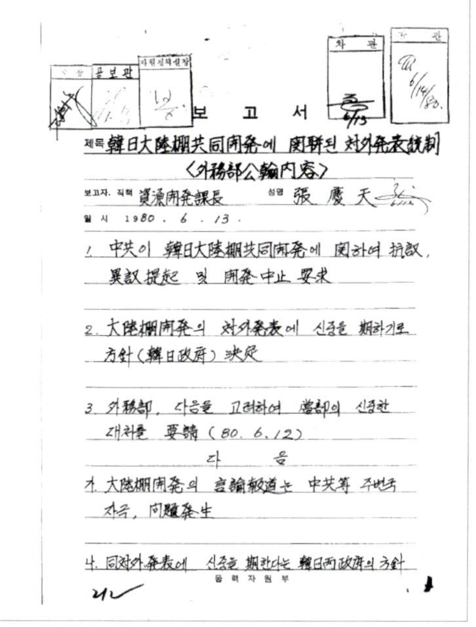

공보관 | 자원정책실장 | 차관 | 장관

보 고 서

제목 韓日大陸棚共同開発에 関聯된 対外発表統制
<外務部公翰内容>

보고자. 직책 資源開発課長 성명 張慶天

일시 1980. 6. 13.

1. 中共이 韓日大陸棚共同開発에 関하여 抗議, 異議提起 및 開発中止 要求

2. 大陸棚開発의 対外発表에 신중을 期하기로 方針(韓日政府) 決定

3. 外務部, 다음을 고려하여 當部의 신중한 대처를 要請 (80. 6. 12)

다 음

가. 大陸棚開発의 言論報道는 中共等 주변국 자극, 問題発生

나. 同対外発表에 신중을 期한다는 韓日両政府의 方針

동력자원부

국가기록원

한·일 남부대륙붕 공동개발 협정 이행을 위한 협상 준비 관련 문건

경계에 관한 국제판례는 UNCLOS의 EEZ 제도 등장으로 대륙붕 자연연장원칙 개념이 매우 약화하는 추세로 형성되고 있어, 일본의 태도가 적극적으로 전환되지는 않을 듯하다. 문제는 일본의 일방적 협정 종료와 그 이후 탐사 · 개발을 강행할 경우 우리나라는 어떻게 대응할 것인가? 협정이 종료된 동중국해는 다시 1974년 이전의 경계획정이나 공동개발과 같은 법률문서가 없는 공백상태로 전환될 것인바, 중국이 적극적으로 동중국해의 권리를 주장할 경우 우리나라는 어떻게 대응할 것인가? 등 향후 우리나라의 해양갈등의 새로운 충돌지대로 등장할 가능성이 있다는 것은 분명해 보인다.

한 · 일 양국 간 잠정약정 형태로 체결된 남부대륙붕 공동개발협정은 2028년까지 유효하지만, 유효기간 만료 3년 전에 어느 일방 당사자가 협정 종료 의사를 서면으로 통고하지 않으면 효력은 계속된다. 따라서 이 공동개발수역은 최소 2028년까지 존속되며, 이후에는 일방의 선택에 따라 언제든지 종료될 수 있다. 협정이 종료되면 공동개발협정 수역은 잠정약정이 부재한 상태로 복귀되는 것으로, 한 · 일 양국 간에는 해양경계획정이라는 과제가 다시 부여된다. 이 경우 양국 간 아무런 협정이 없기 때문에, 한 · 일 양국은 각각 자국이 주장하는 해양권할권에 따라 주권적 권리와 관할권을 행사할 수 있게 된다. 그러나 상호 합의되지 않은 일방적 행위는 자칫 남부대륙붕 전체를 새로운 지역해 갈등의 공간으로 변화시킬 수 있다는 점도 주의하여야 한다.

해양공간 계획은 국제사회에서 가장 효율적이고 유력한 해양자원관리의 수단으로 인식되고 있다. 개발중심에서 선(先)계획 후(後)이용 정책으로 패러다임을 전환시킨 것이다. 바다는 현재 뿐 아니라, 미래세대에까지 전수되어야 하는 공유재임을 근거로 한 것이며, 해양공간이용 가치 또한 현재와 미래가치를 동시에 고려할 수 있도록 하였다.

해양이용관리 제도

Marine use management system

해양공간계획을 통한 통합 관리

신(新) 해양공간 계획체계를 통해 9개 해양용도구역은 해양공간을 선(先)계획하고 해양공간 적합성 협의는 개별 활동이 해양공간의 특성과 미래가치를 고려할 수 있도록 조정한다.

이문숙 한국해양과학기술원

● 해양공간관리 도입 배경

과학기술의 발달은 미지의 공간이었던 해양을 높은 성장잠재력을 가진 이용 가능한 공간으로 변화시켰다. 1994년 UN해양법협약 발효 이후 연안국의 관할 범위가 과거보다 확대되었고 전 세계 국가들에서 바다를 통해 경제를 부흥시키고 미래세대를 준비하려는 움직임이 커지고 있다. OECD가 발간한 「the Ocean Economy in 2030」에 따르면 2016년 기준 전 세계 해양의 경제활동으로 발생하는 부가가치 규모는 약 1,700조 원으로 추산되며 2030년에는 약 3,400조 원까지 증가할 것으로 전망된다. 이제 어로활동, 해상교통, 레저관광 및 휴양과 같은 전통적 해양 이용을 넘어서 해저 자원 개발, 골재 채취, 신재생에너지 개발, 통신 · 수송, 해양유용생물의 이용 등 다양한 이용 · 개발이 먼 바다에서까지 이루어지며 이로 인해 수면뿐 아니라 수중의 해양공간에 대한 선점 경쟁과 이용 갈등이 증가하고 있다.

2000년대 초반 유럽을 중심으로 등장한 해양공간관리는 확대된 해양공간에서 이루어지는 다양한 인간의 활동을 통합적으로 관리함으로써 갈등을 조정하고 해양공간의 최적의 기능으로 배분하여 인간의 활동을 합리적으로 유도하기 위한 것이었다. 당시 유럽에서는 신재생에너지 정책 기조에 따라 연안뿐 아니라 배타적경제수역과 대륙붕에서 대규모 해상풍력에너지 단지 개발이 고려되었다. 해상풍력에너지 단지 개발과 기존의 해상활동간의 상충 · 갈등이 발생함에 따라 이를 조정할 수단이 필요하였고, 당시 해양관리 정책수단이었던 연안통합관리 Integrated Coastal Zone Management; ICZM의 한계를 보완하고 진화 · 발전시켜 해양공간 계획 Marine Spatial Planning이라는 개념을 형성하게 되었다.

2009년 UNESCO는 해양공간 계획이란 "정치적 과정을 통해 도출된 생태적,

경제적, 사회적 목표를 달성하기 위해 해양공간에서 인간의 활동을 시공간적으로 분석하고 결정하는 공공 프로세스"라고 정의하였고, 2010년대 초반까지 국제사회에서는 해양공간관리에 대한 개념과 필요성, 실현 수단에 대한 논의가 집중적으로 이루어졌다. 현재 해양공간 계획은 해양공간에서 인간의 합리적 활동을 담보하기 위한 필수 수단으로 여겨지며, 이미 약 140여 개 국가가 해양공간 계획을 수립하거나 이행 중이다(UNESCO, 2017). UNESCO-IOC가 발표한 로드맵에 따르면 2030년까지 전 세계 배타적경제수역의 1/3 이상에 해양공간 계획이 수립·이행될 것으로 예상된다.

우리나라는 1999년 연안관리법을 제정하고 20년 가까이 연안통합관리체계를 구축·운영하였으나 그 적용범위가 영해 내측에서 제한적으로 이루어졌고, 배타적경제수역을 포함한 전체 관할권에 대한 관리체계를 확보하지 못하였으며, 해양용도구역 결정의 과학적 근거 미확보, 실효적 이행수단 미확보 등의 한계가 노출되었다. 세부적으로 연안관리 지역계획을 통해 연안용도해역 및 연안해역기능구 지정·관리를 추진하였으나, 대부분 타법 의제된 구역·지구·지역에 대한 내용을 중심으로 용도와 기능이 결정되었고 해양공간의 특성과 미래수요 등을 고려하지 못했다. 또한 계획을 통해 결정된 용도와 기능에 대한 실효적 수단, 집행력이 부재하였다. 해양공간에서의 이용·개발 및 보전에 대한 통합체계를 제한적으로 구축하였지만, 개별법에 따라 이루어지는 개발 및 이용에 대한 실효적 조정 수단이 없었던 셈이다. 이에 2017년 해양공간 계획 및 관리에 관한 법률을 제정함으로써 해양공간의 계획적 관리와 통합조정을 위한 정책 수단들을 새롭게 도입하고 이행 중이다.

구분	연안통합관리제도(기존) (1999년 제정, 2010년 개정)	해양공간 계획체제(신규) (2017년 제정)
관리범위	영해	영해+EEZ
용도 분류체계	4개 연안용도해역 19개 연안해역기능구 (개별법상 현재행위 기준으로 전 해역을 4개 구역으로 구분)	9개 해양용도 (핵심가치 및 중요행위 활동 파악, 잠재 가치 높은 해역 설정)
용도 결정방법	대부분 타법의제	해양공간 특성평가 능동적 용도결정
조정 및 유도기능	수요 상충 또는 미행위 해역은 관리해역으로 지정하여 용도 보류	시나리오 분석, Trade-off 분석 등 수요상충해역·미지정 해역에 대한 용도 조정
실효성 확보	-	해양공간 적합성 협의 도입

연안통합관리에서 해양공간 계획 체계로의 변화

● 해양공간관리 제도

국가 해양공간 계획체계

해양공간 계획 및 관리에 관한 법률은 전 해양공간(영해 및 접속수역법에 따른 EEZ · 대륙붕, 배타적경제수역 및 대륙붕에 관한 법률에 따른 영해 · 내수, 공간정보의 구축 및 관리 등에 관한 법률에 따른 바닷가)을 계획적으로 관리함으로써 해양공간의 가치를 높이고 미래세대까지 합리적으로 이용 · 개발 및 보전을 도모하게 하는 것을 목적으로 한다. 이는 이용 · 개발 및 보전에 개별적으로 접근하는 것이 아니라 통합공간계획을 수립하고 이에 근거해 개별 행위를 조정 · 유도 · 관리하고자 한다. 궁극적으로 이 법의 제정을 통해 도입된 해양공간관리는 기존의 선점식 이용 · 개발을 지양하고 그로 인해 야기되는 갈등을 사전에 조정하기 위한 것이며, 관리체계를 이루는 핵심 제도에는 해양공간 계획, 해양용도구역, 해양공간 적합성 협의, 해양공간정보의 통합관리가 있다.

해양공간 계획과 해양용도구역

해양공간 계획은 해양공간기본계획과 해양공간관리계획으로 구분된다. 해양공간기본계획은 해양공간관리를 위해 필요한 기반(제도, R&D, 교육 및 훈련, 국제협력

해양공간계획의 범위

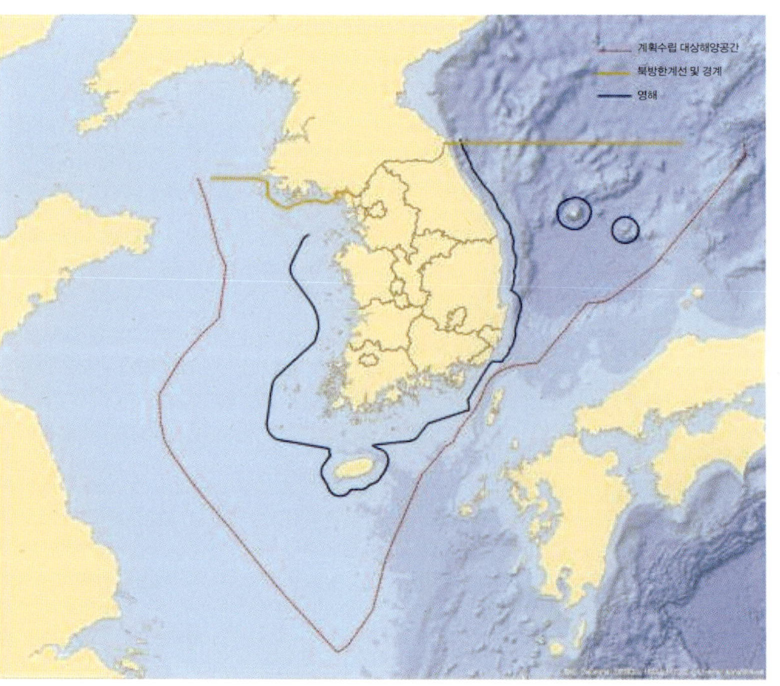

제1차 해양계획공간기본계획, 해양수산부 2019

등) 구축 방향을 결정하기 위해 해양수산부장관이 10년마다 수립하는 계획이다. 이른바 해양공간 관리체계에 대한 기본계획이라 할 수 있다. 해양공간관리계획은 해양공간의 특성과 미래수요 등을 고려하여 구체적으로 어떻게 사용하고 관리할지를 결정한다. 해양공간관리계획은 주기를 정해 수립하지 않으며 수요와 여건변화를 고려하여 계획 수립주체(배타적경제수역 · 항만구역-해양수산부장관, 그 외 해역-시 · 도지사)가 수시로 계획을 수립 또는 변경할 수 있다. 해양공간기본계획과 해양공간관리계획의 관계는 공간관리를 오랫동안 운영해온 국토계획체계와 비교한다면 도시 · 군

해양공간기본계획의 목표 및 정책방향

해양공간기본계획과 해양공간관리 계획의 수립 절차

기본계획과 도시 · 군 관리계획의 관계에 대응할 수 있다. 해양공간관리계획은 해양용도구역을 결정한다는 측면에서 다양한 활동의 기준이 되는 계획이며 앞서 정의했던 해양공간 계획에 부합하는 계획이라 할 수 있다.

해양공간관리계획은 해양용도구역과 용도구역별 정책방향을 결정하는 계획이다. 해양용도구역은 어업활동보호구역, 골재 · 광물개발구역, 에너지개발구역, 해양관광구역, 환경 · 생태계관리구역, 연구 · 교육보전구역, 항만 · 항행구역, 군사활동구역, 안전관리구역의 9개 용도로 구분된다.

어업활동보호구역은 면허어업, 허가어업 등 어업활동을 보호 · 육성하고 수산물의 지속가능한 생산을 위하여 필요한 구역이다. 관리주체는 어업활동보호구역에서 자유로운 어업활동을 보장하되, 수산자원의 고갈을 유발할 수 있는 어업방법을 사용하지 않도록 관리하여야 한다.

골재 · 광물자원개발구역은 바다에서 골재 및 광물자원의 효율적 · 안정적 공급을 위하여 필요한 구역이다. 관리주체는 골재 · 광물자원개발구역에서 관련 법규에 따라 허가받은 골재 및 광물자원 개발 활동을 보장하되, 채취계획에 따라 이용 및 개발이 이루어지도록 모니터링, 영향 저감조치, 사후조치 등의 관리를 하여야 한다.

에너지개발구역은 조류력, 조력, 파력, 해상풍력 등 해양에너지를 생산하는 활동 구역이다. 관리주체는 에너지개발구역에서 관련 법규에 따라 허가받은 해양에너지 개발 활동을 보장하되, 그로 인한 해양생물 · 서식지, 경관 · 환경 등에 대한 영향을 최소화하고 다른 이용 및 개발 활동과의 상충을 해소하기 위하여 모니터링, 영향 저감조치, 사후조치 등의 관리를 하여야 한다.

해양관광구역은 해양관광 기능의 유지 및 개발이 필요한 구역이다. 관리주체는 해양관광구역에서 다양한 관광활동을 보장하되 지형 · 경관, 생태 · 환경, 해양생물 등 해양관광자원을 훼손하지 않는 범위 내에서 이루어지도록 관리를 하여야 한다.

환경 · 생태계관리구역은 해양환경, 생태계 및 경관의 보전 및 관리가 필요한 구역이다. 관리주체는 환경 · 생태계관리구역에서 해양환경, 생태계 및 경관의 보호를 위한 대책을 수립 · 이행하고, 모니터링, 위협요인 제거, 이용행위 조정 등의 관리를 하여야 한다

연구 · 교육보전구역은 해양수산 연구와 교육활동을 위하여 필요한 구역이다. 관리주체는 연구 · 교육보전구역에서 다양한 해양 현상에 대한 과학적 이해와 인식 증진 활동을 보장하고, 연구 · 교육 활동을 저해할 수 있는 이용 및 개발이 이루지지 않도록 관리하여야 한다.

항만 · 항행구역은 항만기능의 유지와 선박의 안전운항 등을 위하여 필요한 구역이다. 관리주체는 항만 · 항행구역에서 항만기능의 유지와 선박의 안전운항을 최우선

으로 고려하여 관리하여야 한다.

군사활동구역은 국방 및 군사 활동을 보호하기 위하여 필요한 구역이다. 관리주체는 군사활동구역에서 국방 및 군사적 목적의 활동을 최우선적으로 고려하여 관리하여야 한다.

안전관리구역은 해양에 설치한 시설물의 보호 및 해양안전을 위하여 필요한 구역이다. 관리주체는 안전관리구역에서 해양시설물의 보호와 바닷가 및 간석지의 자연상태 유지 등을 최우선적으로 고려하여 관리하여야 한다.

9개 용도는 해당 용도로 지정된 해양공간의 관리에 가장 합리적인 핵심활동으로 고려되며, 해당 용도구역에서 핵심활동에 대한 현저한 지장을 초래할 우려가 있는

해양용도구역의 정의와 핵심활동

해양용도구역	정의와 핵심활동	
어업활동 보호구역	정의	면허어업, 허가어업 등 어업활동을 보호 · 육성하고 수산물의 지속가능한 생산을 위하여 필요한 구역
	핵심활동	수산물을 포획 · 채취 · 양식하거나 수산물의 지속가능한 생산을 위해 수산자원을 보호하는 활동
골재 · 광물 자원개발구역	정의	바다에서 골재 및 광물자원의 효율적 · 안정적 공급을 위하여 필요한 구역
	핵심활동	바다골재 자원을 채취하거나 광물 자원을 채굴하는 활동
에너지 개발구역	정의	해양에너지 개발과 생산을 위하여 필요한 구역
	핵심활동	조류력, 조력, 파력, 해상풍력 등 해양에너지를 생산하는 활동
해양관광 구역	정의	해양관광 기능의 유지 및 개발이 필요한 구역
	핵심활동	해양레저, 휴양, 생태관광 등의 해양관광 활동
환경 · 생태계 관리구역	정의	해양환경, 생태계, 경관의 보전 및 관리가 필요한 구역
	핵심활동	해양환경·생태계 및 경관을 보호하는 활동
연구 · 교육 보전구역	정의	해양수산 연구와 교육활동을 위하여 필요한 구역
	핵심활동	해양수산의 환경 · 자원 · 생태에 관한 연구 및 교육활동
항만 · 항행 구역	정의	항만기능의 유지와 선박의 안전운항 등을 위하여 필요한 구역
	핵심활동	항만의 기능을 유지하고 선박의 안전운항을 지원 및 보호하는 활동
군사활동 구역	정의	국방 및 군사 활동을 보호하기 위하여 필요한 구역
	핵심활동	군사시설을 보호하고 군사작전을 원활히 수행하기 위한 국가안전보장 활동
안전관리 구역	정의	해양에 설치한 시설물의 보호 및 해양안전을 위하여 필요한 구역
	핵심활동	해양에 설치한 시설물의 보호 및 해양안전 관리 활동

다른 이용 및 개발계획의 수립 등은 제한할 수 있다. 다만 핵심활동을 우선적으로 고려하는 것이 원칙이지만, 핵심활동이라 할지라도 주변 해양공간의 다른 활동들을 저해하지 않도록 제한할 수 있다.

또한 특정 해양공간이 꼭 하나의 용도로 결정되거나 어떤 용도든 결정되어 있어야만 하는 것은 아니다. 해양공간의 특성에 따라 중첩적으로 활동을 관리할 필요가 있거나 현재의 이용특성이나 수요를 고려할 때 특정 용도로 구분하기 곤란할 수 있다. 이런 경우에는 해양용도구역을 중첩하여 지정하거나 용도구역 지정을 유보할 수 있다. 관리주체는 중첩 용도나 유보해역에 대하여도 지속적으로 해양공간정보를 생산·수집·분석하여 관리하여야 하며, 궁극적으로 최적의 기능을 배분·유도하는 것을 목표로 하여야 한다.

우리나라 주변수역은 대부분 주변국과의 해양경계미획정 수역이다. 따라서 배타적경제수역이나 대륙붕의 경우에는 해양용도구역을 결정하거나 관리방향을 결정할 때 주변국과의 해양경계획정 상황과 국가 간 협정 내용을 고려하여야 한다. 구체적으로 배타적경제수역과 대륙붕에서 해양자원에 대한 주변국과의 협정이 발효 중인 경우 그 협정의 구체적 내용을 준수하도록 해양용도구역의 관리방향을 결정하며, 해양경계가 미획정 상태인 경우에는 주변국과의 최종적인 해양경계획정을 위태롭게 하거나 방해하지 않는 방향으로 해양용도구역을 관리하여야 한다. 반면, 주변국과의 해양경계획정이 체결된 경우 적극적으로 해양용도구역을 설정하여 해당 해양공간의

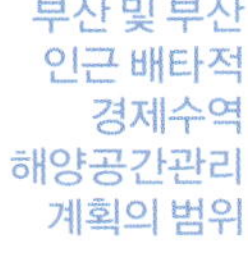
부산 및 부산 인근 배타적 경제수역 해양공간관리 계획의 범위

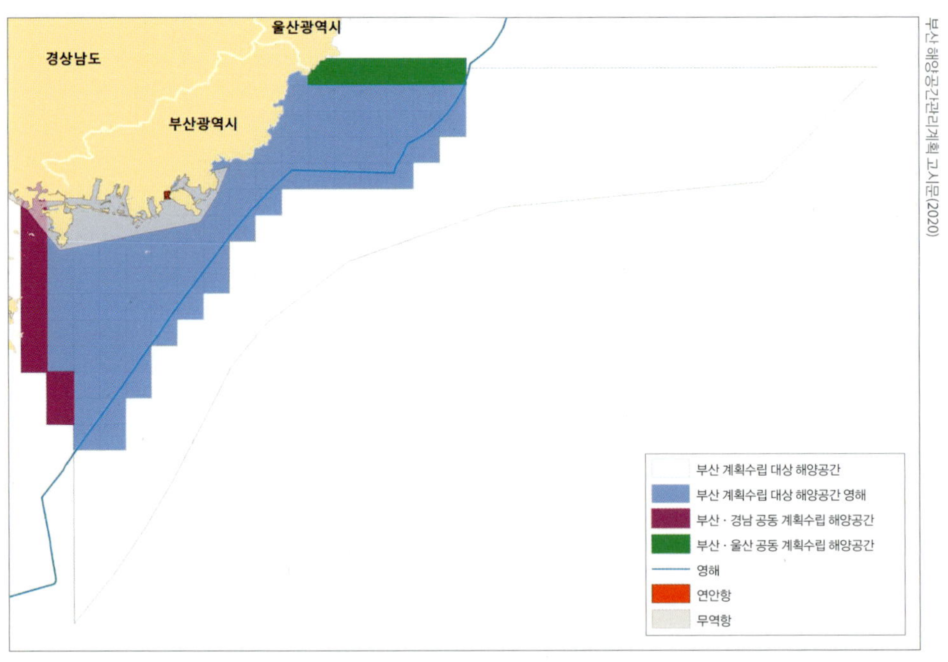

부산 해양공간관리계획 고시문(2020)

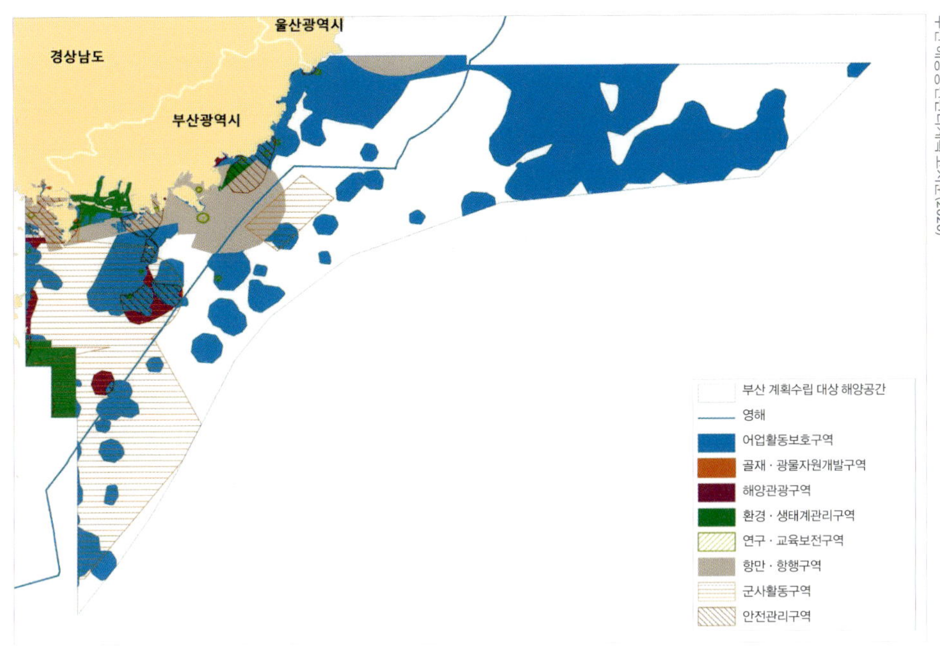

부산 해양공간관리계획 고시문(2020)

부산 및 부산 인근 배타적경제수역 해양공간관리 계획의 범위

이용 및 개발계획 수립이 활발하게 이루어지도록 관리할 필요가 있다.

2017년에 해양공간 계획 및 관리에 관한 법률이 제정된 이후 법률과 해양공간 계획 수립 로드맵에 따라 해양수산부는 해양공간관리계획 수립을 추진 중이다. 법률에서 정한 수립주체는 해양공간에 따라 시 · 도지사와 해양수산부장관으로 구분되지만 신규 제도 적용으로 인한 혼란을 최소화하기 위하여 법률 부칙 경과조치에 따라 법률 시행 후 수립되는 최초의 해양공간관리계획은 해양수산부장관과 시 · 도지사가 협의하여 공동으로 수립하고 있다. 2020년 2월 부산 및 부산인근 배타적경제수역 해양공간관리계획이 최초로 수립 · 고시되었다.

해양공간 적합성 협의

해양공간 적합성 협의는 9개 해양용도구역을 지정한 이후에는 해당 해양용도구역에 대한 관리에서 핵심활동을 우선적으로 고려하게 하고 해당 해양공간에서의 핵심활동에 부합하는 이용 및 개발계획이 주변의 다른 활동과 상충하지 않도록 하기 위한 관리수단이다. 해양공간 적합성 협의는 해양공간에서 이루어지는 모든 이용 및 개발을 대상으로 하며 모든 해양공간에 동일하게 적용되도록 하기 위해 해양공간관리계획이 수립되지 않았거나 해양용도구역이 결정되지 않은 해양공간에서의 이용 및 개발도 적용된다. 절차적으로는 이용 및 개발계획을 수립 · 승인하는 주체로 하여금 이용

해양공간 적합성 협의 대상

구분	협의대상	근거 법률
해양관광단지의 개발	관광지와 관광단지	「관광진흥법」
	• 국립공원에 관한 공원계획 • 도립공원에 관한 공원계획 • 군립공원에 관한 공원계획	「자연공원법」
	해양관광진흥지구	「동 · 서 · 남해안 및 내륙권 발전 특별법」
	해중경관지구	「해양수산발전 기본법」
석유(천연피치 및 가연성 천연가스 포함)의 채취	채취권의 설정	「해저광물자원 개발법」
광물, 골재 등의 채취	채굴계획	「광업법」
	• 골재채취 예정지 • 골재채취단지	「골재채취법」
항만 · 어항의 개발	• 항만기본계획 • 항만배후단지개발 종합계획 • 항만재개발기본계획 • 항만재개발사업계획	「항만법」 「항만 재개발 및 주변지역 발전에 관한 법률」
	• 해양산업클러스터개발계획 • 해양산업클러스터	「해양산업클러스터의 지정 및 육성 등에 관한 특별법」
	• 신항만건설기본계획 • 신항만건설 예정지역	「신항만건설 촉진법」
	• 마리나 항만에 관한 기본계획 • 마리나 항만 사업계획 • 마리나 항만구역	「마리나 항만의 조성 및 관리 등에 관한 법률」
	• 어촌종합개발사업계획 • 어항개발계획 • 어촌 · 어항재생사업계획	「어촌 · 어항법」
수자원의 개발	취수해역	「해양심층수의 개발 및 관리에 관한 법률」
해양에너지의 개발	• 전원개발사업 실시계획 • 전원개발사업 예정구역	「전원개발촉진법」
	• 에너지산업융복합단지 기본계획 • 에너지산업융복합단지 조성계획 • 에너지산업융복합단지	「에너지산업융복합단지의 지정 및 육성에 관한 특별법」
어장의 개발	• 어장이용개발계획 • 기르는어업 개발지구	「수산업법」
그 밖의 해양자원 이용 · 개발	해수욕장	「해수욕장의 이용 및 관리에 관한 법률」
	• 교통안전특정해역 • 항로 • 통항분리수역	「해사안전법」
	지정도서에 대한 사업계획	「도서개발 촉진법」
	• 농업생산기반 정비사업 기본계획 • 생활환경정비사업 기본계획 • 마을정비계획	「농어촌정비법」

구분	협의대상	근거 법률
그 밖의 해양자원 이용 · 개발	• 국가산업단지 • 일반산업단지 • 도시첨단산업단지 • 농공단지	「산업입지 및 개발에 관한 법률」
	• 공항 또는 비행장의 개발에 관한 기본계획	「공항시설법」
	• 경제자유구역개발계획 • 경제자유구역	「경제자유구역의 지정 및 운영에 관한 특별법」
	연안정비 기본계획	「연안관리법」
	• 새만금 기본계획 • 새만금 광역기반시설설치계획 • 새만금 용도별 개발기본계획	「새만금사업 추진 및 지원에 관한 특별법」
	개발구역	「동 · 서 · 남해안 및 내륙권 발전 특별법」

1. 해양공간을 포함하는 경우에만 해양공간 적합성 협의의 대상이 됨
2. 다음의 대상은 공유수면 매립을 수반하는 경우에만 대상이 됨
   - 항만배후단지개발 종합계획, 항만재개발기본계획, 항만재개발사업계획, 해양산업클러스터개발계획 및 해양산업클러스터, 어촌종합개발사업계획, 어촌 · 어항재생사업계획, 지정도서에 대한 사업계획, 농업생산기반 정비사업 기본계획, 생활환경정비사업 기본계획, 농어촌 마을정비계획
2. 이미 해양공간 적합성 협의를 한 대상의 경우, 새로운 해양공간을 포함하는 경우에만 대상이 됨
3. 다음의 대상은 새로운 해양공간을 포함하는 경우에만 대상이 됨
   - 관광지 및 관광단지의 경미한 면적 변경, 공원계획의 경미한 사항 변경, 골재채취단지 지정의 경미한 변경, 항만기본계획의 경미한 사항 변경, 항만배후단지개발 종합계획의 경미한 사항 변경, 항만재개발기본계획의 경미한 사항 변경, 항만재개발사업계획 경미한 사항의 변경, 해양산업클러스터개발계획의 경미한 사항 변경, 신항만건설기본계획의 경미한 사항 변경, 마리나 항만에 관한 기본계획의 경미한 사항 변경, 마리나 항만구역의 경미한 사항 변경, 어촌종합개발사업계획의 경미한 사항 변경, 어항개발계획의 경미한 사항 변경, 어촌 · 어항재생사업계획의 경미한 사항 변경, 전원개발사업 실시계획의 경미한 변경, 에너지산업융복합단지 기본계획의 경미한 사항 변경, 에너지산업융복합단지 조성계획의 경미한 사항의 변경, 지정도서에 대한 사업계획의 경미한 사항 변경, 생활환경정비사업 기본계획의 경미한 사항 변경, 농어촌 마을정비계획의 경미한 사항 변경, 농공단지 지정의 경미한 사항 변경, 경제자유구역개발계획의 경미한 사항 변경, 연안정비 기본계획의 변경, 동 · 서 · 남해안 및 내륙권 발전 기본계획의 경미한 사항 변경, 동 · 서 · 남해안 및 내륙권 개발구역 지정의 경미한 사항 변경

및 개발계획을 수립 · 승인하기 전에 해양수산부장관과 협의하거나 승인받도록 하는 방식으로 진행된다. 여기서 이용 및 개발계획의 수립 · 승인 주체는 협의 요청자이며 해양수산부장관은 협의권자이다.

해양공간 적합성 협의를 요청하려는 경우, 협의 요청자는 해양공간 적합성 협의 보고서를 제출해야 하는데 이 보고서는 해당 해양공간의 해양용도구역과 현재의 공간 특성, 미래수요 등을 고려할 때 해당 이용 및 개발이 적합함을 증명하기 위한 논리로 작성된다. 해양공간 적합성 협의를 검토하려는 경우, 협의권자는 요청자가 제출한 해양공간 적합성 협의 보고서를 검토해야 하는데, 이 경우 해당 보고서의 내용에 거짓이 없는지, 협의요청보고서가 갖추어야 할 내용을 모두 포함하고 있는지, 협의요청

해양공간
적합성 협의 절차

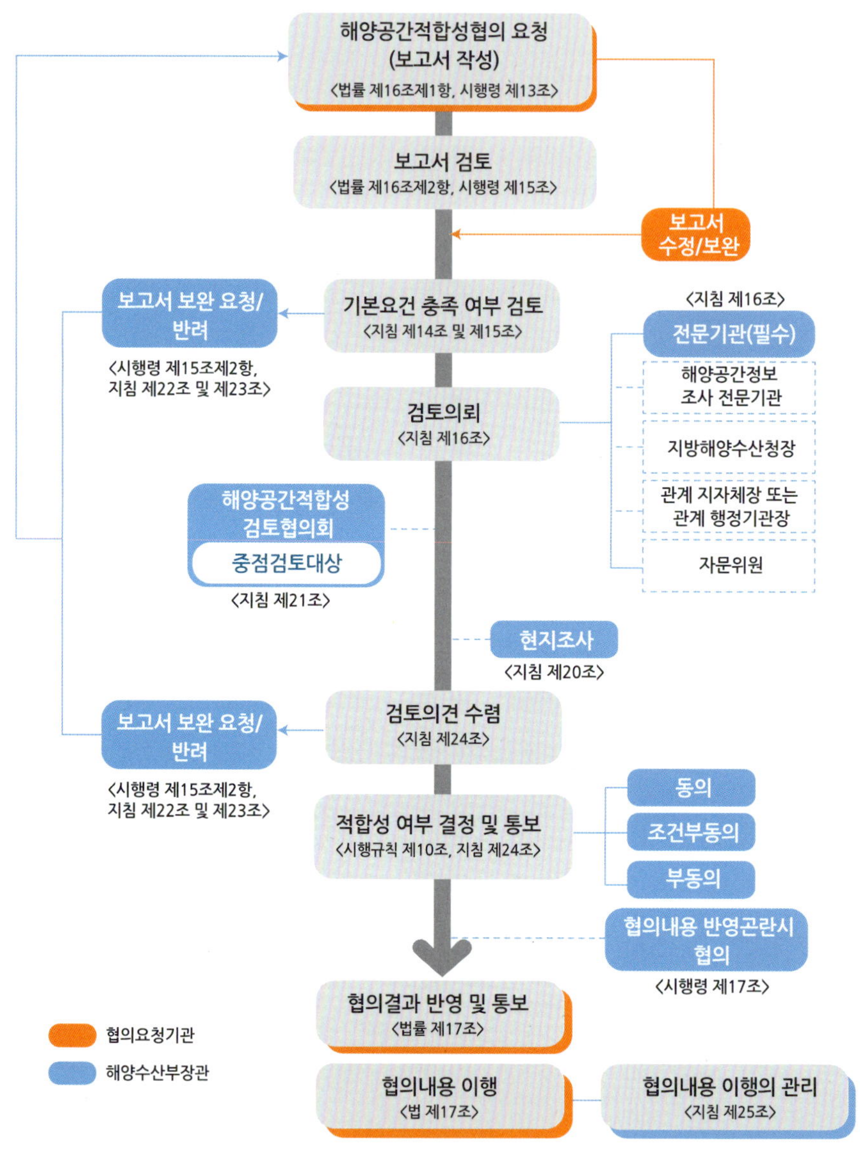

보고서의 내용에 따라 적합성이 있다고 판단할 수 있는지 등을 검토해야 한다.

협의를 요청받아 검토해야 하는 쪽에서 최종 판단을 위한 모든 정보를 완벽하게 가지고 있다면 협의요청보고서는 참고 자료 혹은 기초 자료로 활용될 뿐이겠지만, 해양공간정보의 특성상 의사결정을 위한 정보가 완벽하다고 일방적으로 판단하기 어렵기 때문에 해양공간 적합성 협의에서는 쌍방향의 정보와 합리적 판단이 모두 중요하게 작용한다. 즉 협의 요청자와 협의권자 모두 해양공간의 지속가능한 이용·개발 및 보전을 위한 합리적 결정에 큰 책임과 의무를 지닌다.

해양공간특성평가

해양공간특성평가는 해양공간 계획을 수립할 때 해당 공간에 대한 이용 · 개발 및 보전 방향을 결정하기 위한 정량적 평가방법이다. 해양공간정보 지리정보체계 소프트웨어를 활용하여 해양공간데이터와 평가단위 격자망도를 생성하고 중첩분석을 통해 해양공간의 특성을 식별하여 평가한다. 기본적으로 평가단위 격자는 영해를 기준으로 내측 영해는 3′×3′(약 5 km) 격자를 적용하고, 영해 해역을 제외한 배타적경제수역 경계 내측 해역은 15′×15′(약 25 km) 격자를 적용한다. 다만 해역의 특성과 해양공간의 이용 밀도 등을 고려하여 격자 크기를 일부 해역 별로 달리 적용할 수 있으며, 1′30″×1′30″(약 2.5 km) 격자, 30″×30″(약 1 km) 격자, 3″×3″(약 100 m) 격자 등으로 세분화한 보완 격자를 선택하여 적용하거나 더 세분할 수 있다(좌표계는 WGS84 타원체 사용).

구체적으로는 해양자원의 부존현황 및 가치, 해양환경 및 생태계의 특징, 해양공간의 이용 및 개발 현황, 해양공간의 미래 활용 수요로 구분하여 공간정보 평가항목을 선정하고 9개 핵심 해양활동별로 공간격자에 입력하고 점수지도를 제작하는 방식으로 평가를 진행한다. 점수지도의 활동별 특성평가점수는 항목별 특성평가 결과를 0과 1 사이로 정규화하여 산정한다.

해양공간특성평가는 원칙적으로 해양공간관리계획을 수립하는 주체가 실시해야 한다. 이는 평가항목을 어떻게 설정하느냐에 따라 혹은 어떤 해양공간정보를 평가

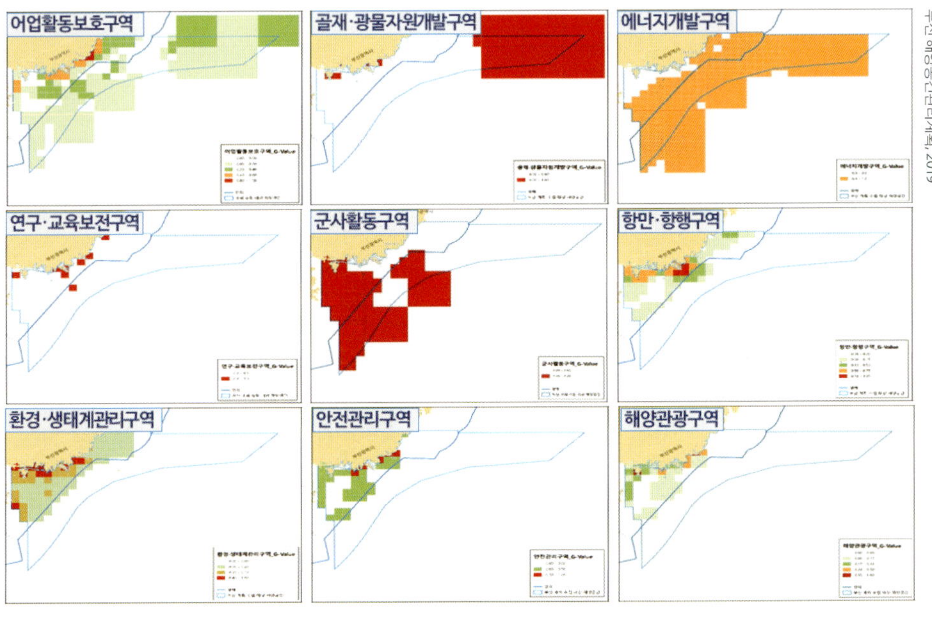

부산 해양공간관리계획, 2019

부산 해양공간 특성평가 점수 지도 및 격자망도

항목의 지표로 활용하느냐에 따라 왜곡된 해양공간특성평가가 산출될 수 있기 때문이며, 이를 통해 특정 이용 · 개발에 유리한 계획 수립 및 이행 · 관리가 이루어질 수 있기 때문이다. 다만, 해양공간적합성 협의 등을 위해 해당 해양공간 특성을 분석한 자료가 필요한 경우에는 해양공간 특성평가 지침에 따라 실시할 수 있으며, 이 경우 평가에 사용한 자료의 출처를 명확히 표시하여야 한다.

155쪽의 그림은 2020년 1월 고시된 부산 해양공간관리계획의 수립 과정에서 작성된 해양공간특성평가 점수지도이다.

해양공간특성평가는 처음 적용되는 시점에 평가로 사용된 정보의 제한, 격자공간 평가의 활용한계 등 많은 문제점이 노출되고 있으나, 이의 극복을 통해 해양공간관리에 과학적 평가체계로 자리잡길 기대되고 있다.

해양공간정보의 통합관리

정부는 해양공간 계획체계를 과학적 · 체계적 · 효과적으로 지원하기 위하여 해양공간정보 통합관리체계를 구축하고 운영을 개시하였다. 해양공간정보 통합관리체계는 해양공간정보를 수집 · 연계 · 제공 및 관리할 뿐 아니라 시스템을 통해 해양공간관리계획의 수립 · 변경, 해양용도구역 지정 · 변경, 해양공간특성평가, 해양공간 적합성 협의 등 기타 해양공간 계획 및 관리에 필요한 업무를 지원 서비스하는 것을 목적으로 한다.

기존 해양 분야에서 여러 정보 시스템이 존재하였지만, 사실상 모든 정보가 통합 공간정보체계로 구축 · 운영되지는 않았다. 해양공간 계획체계를 지원하기 위해서 해양공간정보의 통합관리체계는 필수적인 요소였기에 해양공간 계획 및 관리에 관한

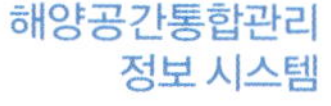
해양공간통합관리 정보 시스템

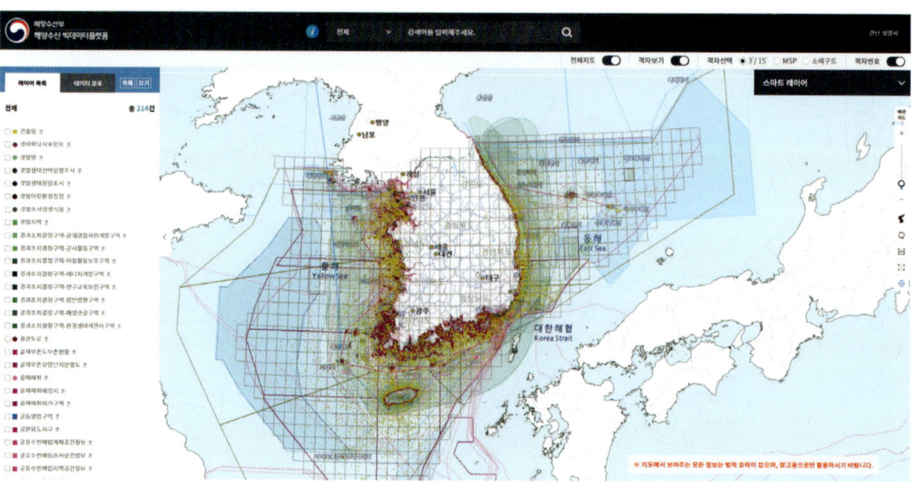

법률을 통해 해양공간정보의 통합관리 근거 규정을 마련하고 이를 기반으로 정부 예산으로 생산된 모든 해양공간정보를 수집 · 연계하여 빅데이터 플랫폼을 구축하고 정보관리 및 제공 서비스 체계를 마련하였다.

현재 통합공간정보체계를 구축 · 운영하고 있지만, 이를 서비스하는 정보 시스템이 완성형을 이루어 수요자를 위한 완벽한 공간정보 서비스가 이루어지기 위해서는 여전히 상당 시간이 소요될 것으로 보인다. 그러나 1단계 정보구축을 완료하고 일부 해양공간 계획 수립과 관련하여 서비스를 운영 개시함으로써 관할해역 전체에 대한 공간지도화를 이루고 과학적 공간계획 및 관리 체계로 발돋움하였음은 분명 진일보일 것이다.

● 생태계 서비스 평가에 기반한 해양공간관리와 향후 과제

해양공간관리계획 수립을 통해 해양공간의 특성을 판단하고 미래 수요와 지속 가능성 등을 고려한 공간 최적 이용방향을 결정하려고 하지만 사실상 여러 수요가 중첩적으로 발생하고 이해 상충으로 인한 갈등이 심각한 해양공간에서 최적 이용 및 관리방향을 이끌어내기란 쉽지 않다. 이러한 이유에서 합리적인 의사결정에 도움을

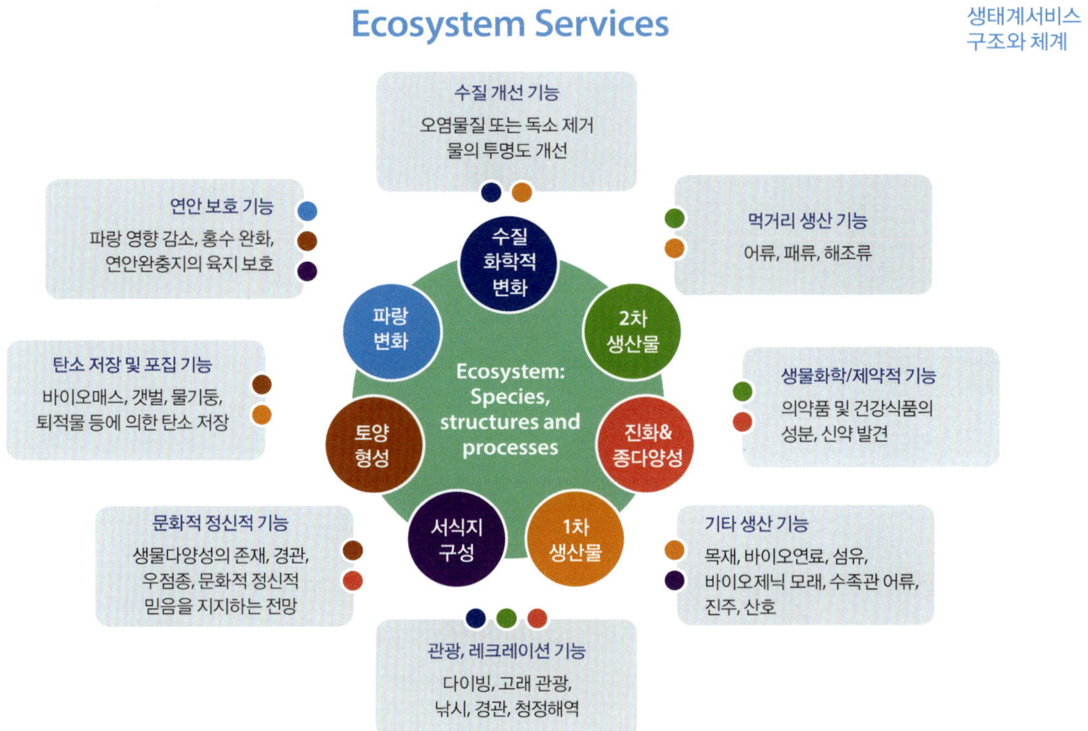

생태계서비스 구조와 체계

주는 다양한 방법론이 고려·개발되고 있는데, 대표적인 것으로 생태계 서비스 평가에 기반한 해양공간관리를 들 수 있다.

생태계 서비스는 생태계가 생태계 구성체 중 하나인 인간에게 제공하는 혜택 또는 편익으로서 인간의 삶의 질에 직간접적으로 기여하는 것을 말한다. 생태계 서비스 평가에 기반한 해양공간관리란, 서비스를 경제적으로 환산하여 평가함으로써 해당 해양공간의 가치를 측정하는 척도로 사용하고 이를 해양공간의 최적 용도를 배분하는 데 비교적으로 활용하는 것이다.

생태계 서비스 가치평가를 위해 생태계 기능을 공급, 조절, 문화, 지원 서비스로 구분한다. 이를테면 식량, 유전자원, 원료물질, 에너지와 같이 인간의 삶에 직접적으로 자원 혜택을 공급해주는 것은 공급서비스라 하고, 기후조절, 수질정화, 생물조절과 같이 자연이 인간의 삶에 직간접적으로 영향을 줄 수 있는 자연조건을 조절해주는 것은 조절서비스라 한다. 또한 사회문화, 연구·교육, 심미, 여가·관광과 같이 문화적 기능을 제공해주는 것은 문화서비스라 하고, 자연환경의 일차생산, 물 순화, 영양염 순화, 서식지 제공과 같이 기본적인 생태계 기능을 유지·지원하기 위한 것은 지원서비스라 한다. 해양공간에 대한 생태계 서비스별 가치평가를 통해 현재의 가치를 산정해두고, 이용·개발 혹은 보전에 따른 영향과 서비스 가치 감소를 산정하여 Trade-off 분석함으로써 이익이 비용보다 클 경우에 대한 시나리오를 최적의 공간활용 의사결정 기준으로 활용하고자 하는 것이다.

생태계의 4가지 서비스 기능

공급서비스
생태계로부터 생산물을 공급받는 것
- 먹거리
- 식수
- 연료
- 섬유
- 다양한 약재

조절서비스
생태계프로세스의 조절로 혜택을 얻는 것
- 기후조절
- 대기질유지
- 토양유실조절
- 물조절
- 생물학적 조절
- 홍수방지

문화서비스
생태계로부터 비물질적 혜택을 얻는 것
- 영적인 충족
- 레크레이션과 생태관광
- 미적 체험
- 인지발달
- 문화유산
- 홍수방지

지원서비스
생태계서비스의 다른 범주들이 제공되기 위해 필요한 것
- 토양형성
- 영양소 순환
- 1차 순환

생태계 서비스 평가를 정책 이행의 수단으로 활용하는 사례는 해양공간관리뿐 아니라 여러 분야에서 이미 진행되고 있다. 대표적인 것이 환경부의 생태계서비스 지불계약인데, 이 제도는 생물 다양성 보전 및 이용에 관한 법률 시행령 개정에 따라 2020년부터 시행 중이다. 생태계서비스지불계약제도에 따라 토지소유자 등이 정부·지자체장 등과 계약을 체결하여 생태계 서비스 보전 및 증진 활동을 하는 경우 그에 따른 보상을 지급할 수 있다. UNESCO가 선정한 생물권보전지역, 습지보호지역, 상수원보호구역, 4대강 수질개선 및 보전을 위한 지역 등을 대상으로 시행하며, 환경조절서비스(식생군락, 하천 정화, 저류지 조성과 관리 등)의 보전 및 증진 활동, 문화서비스(숲산책로, 자연경관조망, 자연자산 유지 및 관리 등)의 보전 및 증진활동, 생태계 지지서비스(생태보전을 위한 휴경농지, 친환경적 영농지, 야생동물먹이 제공지, 습지 및 생태웅덩이, 야생생물 서식지 조성 등)의 보전 및 증진활동 등 3개 서비스 활동으로 인한 손실액과 활동에 필요한 금액을 보상하는 기준을 마련하여 적용하고 있다.

해양수산부는 해양수산 R&D를 통해 2021년까지 전 해역의 생태계 서비스가치 지도를 작성 중이며 생태계 서비스 가치평가를 해양공간 계획에 적용하기 위한 의사결정체계를 개발 중이다. 그러나 생태계 서비스 적용이 타 분야에서 이루어지는 것과는 별개로 해양공간관리에서 생태계 서비스 평가와 이에 기반한 시나리오별 Trade-off 분석 및 의사결정이 이루어지기까지는 상당 시간이 소요될 것으로 보인다.

공유수면 관리

공유재로서 공유수면은 특정인을 위한 것이 아니며, 전 국민이 공유하고 미래세대까지 향유해야할 공간 자원이다. 불법적 이용 등이 이루어지지 않도록 관리청의 노력과 특정 이용자를 포함한 국민 모두의 인식 전환이 요구된다.

이문숙 한국해양과학기술원

● 공유수면의 특성

바다는 토지처럼 누군가 소유권을 가지고 사용하거나 사고팔 수 없다. 모든 사람들이 공동으로 이용할 수 있는 재화 또는 서비스를 공공재라 하는데, 공공재 중에서도 경합성은 있지만 배제가 불가능한, 비배제성 non-excludability을 갖는 재화를 공유재라 한다. 바다, 바닷가, 하천, 호소湖沼, 구거溝渠 등 공공으로 사용되고 국가가 소유한 수면 또는 수류의 공유수면(公有水面)은 공유재에 해당한다. 비배제성이란 특정 재화의 생산과 공급이 일단 이루어지고 나면 생산비를 부담하지 않은 경제 주체라 할지라도 소비(사용)에서 배제할 수 없다는 것인데, 이는 배제를 위해 발생하는 비용 부담이 과중하기 때문이라 할 수 있다. 공유수면 외에도 천연자원이나 희귀동식물 그리고 녹지, 국립공원, 하천 등과 같은 공공시설 등이 공유재에 해당한다.

즉 공유수면은 특정인을 위한 것이 아니며, 전 국민이 공유하고 미래세대까지 향유해야 할 공간 자원으로 볼 수 있다. 국가는 법률에 근거해 특정인에게 공유수면 이용에 배타적 권리를 주고, 점용 및 사용료를 지불하도록 한다. 소유할 수는 없지만 점유, 점용 혹은 이용, 사용의 대상이 되는 것이다. 소유권은 없지만 권리를 주기 때문에 이에 대한 국가의 관리가 매우 중요한데, 법률에서는 공유수면 관리청을 통해 이를 관리하게 한다. 배타적경제수역, 항만구역은 해양수산부가 관리청이며, 그 외의 수면은 특별자치도 · 시 · 군 · 구가 관리청이 된다. 다만 필요에 따라 법률에서 위임관리청을 두고 있는데 배타적경제수역의 경우 지방해양수산청, 항만 중 국가관리 무역항은 지방해양수산청, 지방관리 무역항은 시 · 도, 연안항 중 부산남항은 부산광역시가 위임관리청이 된다.

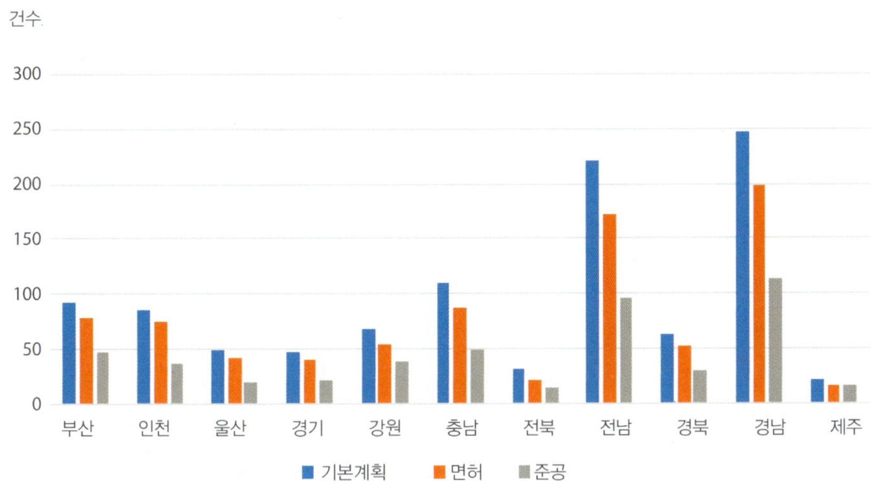

지역별 매립계획 반영 건수 비교

육상의 지적공부(地籍公簿)에 등록된 토지는 소유권자가 법률이 정하는 범위 내에서 사용·수익·처분 등의 권리를 행사하지만, 공유재적 가치를 가지는 공유수면은 국가가 관리한다. 공유수면 관리 정책의 목적은 선점 주체가 해당 공유수면의 가치 또는 이익을 독점하지 않게 하는 데 있으며, 공공의 자원가치가 훼손되지 않고 미래세대를 위해 지속가능하게 유지되도록 하는 데 있다.

우리나라는 1970년대 국토개발이 가속화하고 산업화와 경제성장 위주의 국토정책을 추진하던 시기부터 더 싼값에 농공단지를 조성하고 도시개발을 추진하기 위해 연안의 공유수면을 대규모로 매립하고 토지로 조성하는 개발을 해왔다. 해안 지형의 특성과 주변 교통, 환경, 개발 여건에 따라 지역적 편차가 있기는 하지만, 수많은 공유수면을 매립하였고 이를 경제성장의 기반으로 활용하였다. 이러한 대규모 공유수면 매립은 연안 생태계 훼손으로 인해 환경적 가치 손실을 초래하였고 다양한 갈등을 빚음으로써 사회적 비용을 초래하였다.

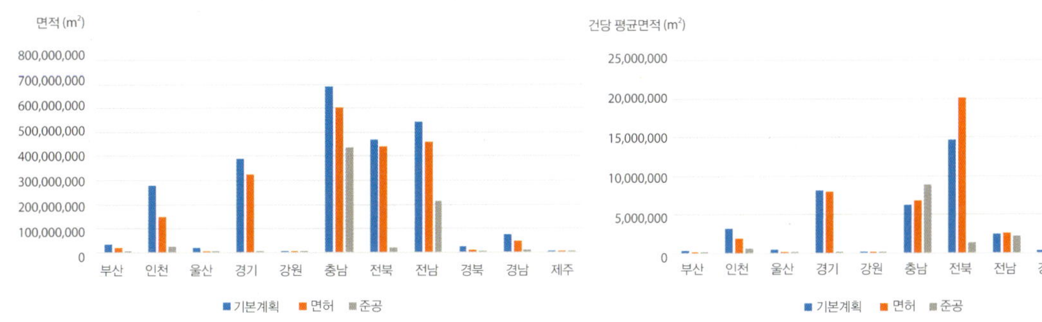

지역별 매립계획 반영 면적 비교(좌)

지역별 매립계획 반영 건당 평균 면적 비교(우)

● 공유수면 이용의 방법

공유수면의 이용형태는 영구적으로 공유수면의 형질을 변경하여 이용하는 방식과 공유수면에 임시적 시설물을 설치하여 고유형질을 변경하지 않는 조건으로 일정 기간 동안 이용하는 방식이 있다. 전자의 경우 형질 변경이 완료되면 공유수면이 아닌 토지가 되어 지적(地籍)이 등록되며 소유권을 형성하는 토지 관리의 적용을 받는다. 후자의 경우 일정 기간 동안 점용 · 점유 혹은 이용 · 사용하는 권리를 공유수면 관리청으로부터 승인받고, 권리가 종료되면 공유수면은 원래의 상태로 복원하여야 한다. 이와 같은 공유수면 매립 그리고 공유수면 점용 및 사용에 대한 관리는 공유수면 관리 및 매립에 관한 법률에 근거해 이루어진다.

원상회복을 전제로 한 공유수면 점용 및 사용

공유수면 점용 및 사용 허가의 대상이 되는 행위에는 인공구조물의 설치, 토석 채취, 식물 재배 등이 있다. 세부적으로는 (1) 공유수면에 부두, 방파제, 교량, 수문, 신 · 재생에너지 설비, 건축물(공유수면에 토지를 조성하지 않고 설치한 건축물), 그 밖의 인공구조물을 신축 · 개축 · 증축 또는 변경하거나 제거하는 행위, (2) 공유수면에 접한 토지를 수면 이하로 굴착하는 행위, (3) 공유수면 바닥을 준설하거나 굴착하는 행위, (4) 포락지 또는 개인의 소유권이 인정되는 간석지를 토지로 조성하는 행위, (5) 공유수면으로부터 물을 끌어들이거나 공유수면으로 물을 내보내는 행위

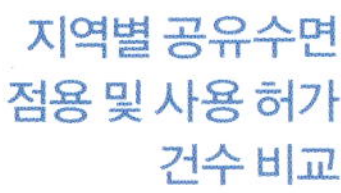
지역별 공유수면 점용 및 사용 허가 건수 비교

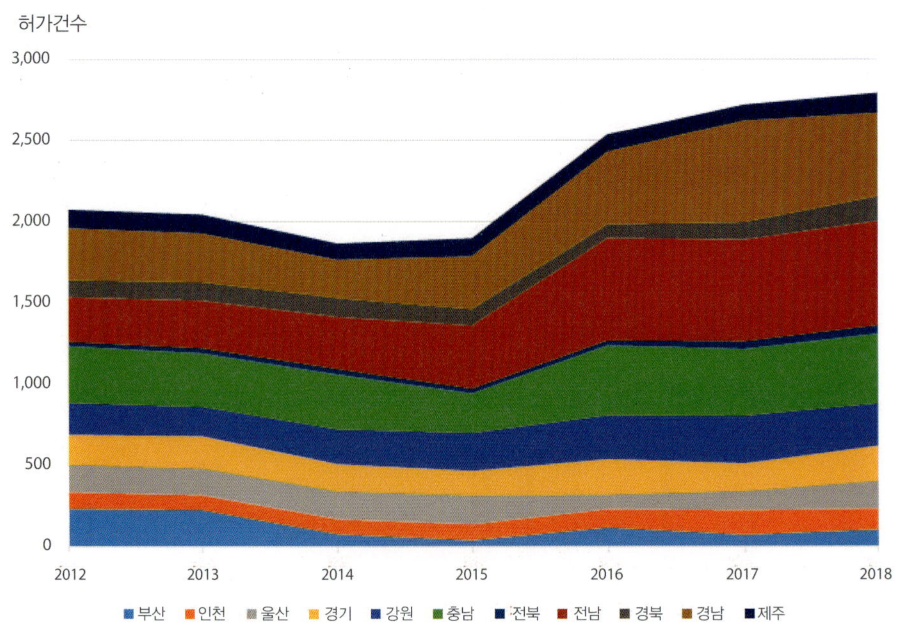

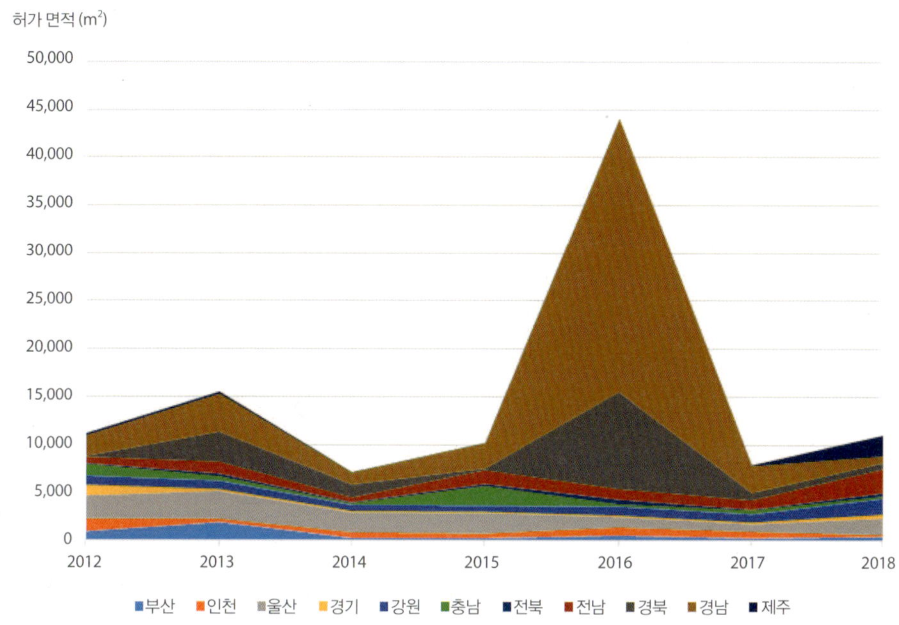

지역별 공유수면 점용 및 사용 허가 면적 비교

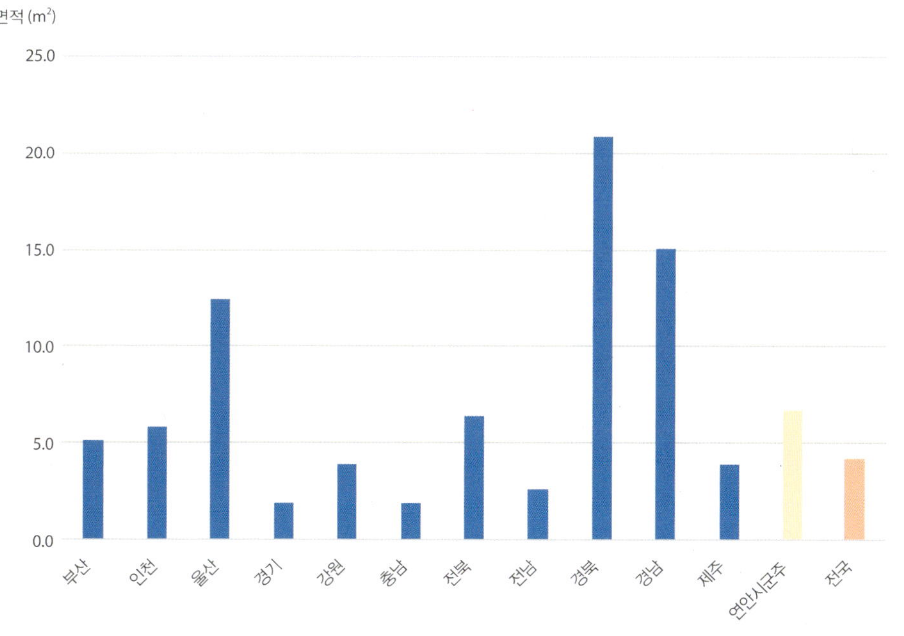

지역별 공유수면 점용 및 사용 건별 평균 면적 비교 (2012~2018)

(활어 도매 · 소매점영업을 하는 자 등이 영업을 위해 행하는 것은 제외), (6) 공유수면에서 흙이나 모래 또는 돌을 채취하는 행위, (7) 공유수면에서 식물을 재배하거나 베어내는 행위, (8) 공유수면에 흙 또는 돌을 버리는 등 공유수면의 수심에 영향을 미치는 행위, (9) 점용 · 사용 허가를 받아 설치된 시설물로서 국가나 지방자치단체가

소유하는 시설물을 점용 · 사용하는 행위, (10) 공유수면에서 광물을 채취하는 행위로 구분가능하다.

공유수면 관리청은 이용자의 신청에 따라 상기 공유수면 점용 및 사용 허가 대상에 대하여 해양수산 관련 사업에 필요한 경우, 해양환경에 미치는 영향이 적은 경우, 인접 토지의 소유자로서 실수요자가 신청한 것 순으로 점용 및 사용 허가 또는 협의/승인에 우선을 두어 허가하여야 한다. 허가 시 공유수면 점용 및 사용료는 신청 규모 등에 따라 차등적으로 부과할 수 있다.

현재까지의 공유수면 점용 및 사용 허가 사례를 살펴보면 관련 허가의 기준이 구체적이지 않기 때문에 공유수면 점용 및 사용 신청의 사유가 있고 다른 권리자와의 상충이 있는 경우(공유수면 점용 및 사용 허가를 신청하는 자는 해당 공유수면에 다른 권리를 가진 자의 동의를 받아 허가신청을 하여야 함)가 아니라면 허가가 반려되는 경우는 미미한 것으로 나타난다. 사실상 허가제로서의 역할이 극히 제한적이라 할 수 있는 것이다. 또한 상기 10가지 공유수면 점용 및 사용 허가 대상은 관련 법률 또는 상위 이용 및 개발 계획에 따른 것이 대부분으로, 법률에 근거해 점용 및 사용 허가가 의제되어 처리되는 경우가 상당하기 때문에(예를 들어 골재채취법에 근거해 골재채취단지가 지정되고 골재채취 허가를 받은 경우, 공유수면 점용 및 사용허가는 승인받은 것으로 봄) 공유수면에서의 행위를 관리하기 위해서는 공간특성에 따른 허가 가능 수준을 검토하고 기준을 구체화하는 방안 마련이 요구되고 있다.

지난 2012년부터 2018년까지 연안 시군구의 공유수면 점용 · 사용 누적 건수는 15,949건이며 총면적은 112,473,000 m^2, 건당 면적은 7,100 m^2/건 규모이며, 연평균 5.1%가 증가하고 있다. 지역별로는 전남 연안이 가장 많고, 전북 연안이 가장 적게 나타나고 있다.

공유수면 매립면허를 통한 매립 후 토지화 사용

공유수면 매립은 공유수면에 흙, 모래, 돌 등을 인위적으로 채워 토지로 조성하는 것을 말한다. 공유수면 매립을 통해 토지로 조성되는 경우 공유수면의 법적 지위는 상실되며, 지번을 부여한 후 소유권 취득이 가능한 토지로 관리된다. 다만 공유수면 관리 및 매립에 관한 법률에서는 구거 또는 저수지를 변경하기 위해 실시하는 매립이나 포락지 또는 개인 소유권이 인정되는 간석지를 토지로 조성하는 행위는 사실상 매립 행위이지만 공유수면 매립 적용을 배제하며 수산물 양식장의 축조, 조선시설의 설치, 조력을 이용하는 시설물의 축조, 공유수면 일부를 구획한 영구적인 설비의 축조는 실질적인 매립행위로 보기 어렵지만 공유수면 매립으로 준용하여 관리한다. 예를 들어 축제식 양식장을 설치하는 경우 별도의 매립면허를 받을 필요는 없으나 공유

공유수면 매립목적

매립목적	내용
1. 항만시설용지	「항만법」에 따라 항만시설 설치를 위한 용지를 조성하여 이용하려는 경우
2. 공항시설용지	「항공법」에 따라 공항시설 설치를 위한 용지를 조성하여 이용하려는 경우
3. 조선시설용지	조선소 · 선박수리장 · 선박해체장 등 조선 관련 시설 설치를 위한 용지를 조성하여 이용하려는 경우
4. 어항시설용지	「어촌 · 어항법」에 따라 어항시설 설치를 위한 용지를 조성하여 이용하려는 경우
5. 에너지시설용지	「에너지법」에 따라 에너지 공급설비의 시설용지를 조성하여 이용하려는 경우
6. 물류단지 · 가공 시설용지	「물류시설의 개발 및 운영에 관한 법률」에 따라 물류단지시설(같은 법 시행령에 따른 시설은 제외)과 농산물 · 수산물 · 축산물의 가공 · 처리시설 설치를 위한 용지를 조성하여 이용하려는 경우
7. 농업 · 축산업용지	전 · 답 · 과수원 · 목장용지 · 초지 등 농업 · 축산업 용지 및 관련 용지를 조성하여 이용하려는 경우
8. 중간재가공공장용지	「산업집적활성화 및 공장설립에 관한 법률」에 따라 공장 중 철강재 등 중간재를 이용 · 가공하여 새로운 물품 등을 생산하는 공장(농산물 · 수산물 · 축산물의 가공 · 처리공장은 제외)의 설치를 위한 용지 및 관련 용지를 조성하여 이용하려는 경우
9. 원자재가공공장용지	「산업집적활성화 및 공장설립에 관한 법률」에 따라 공장 중 제철원료 등 원자재를 가공하여 철강재 등을 생산하는 중간재의 공장(농산물 · 수산물 · 축산물의 가공 · 처리공장은 제외한다) 설치를 위한 용지 및 관련 용지를 조성하여 이용하려는 경우
10. 주택시설용지	「택지개발촉진법」에 따라 택지와 간선시설의 설치를 위한 용지를 조성하여 이용하려는 경우
11. 문화산업시설용지	「문화산업진흥 기본법」에 따라 문화산업 시설용지를 조성하여 이용하려는 경우
12. 관광사업시설용지	「관광진흥법」에 따라 관광사업 시설용지를 조성하여 이용하려는 경우
13. 교육시설용지	학교 · 병원 · 연구소 용지 및 관련 용지를 조성하여 이용하려는 경우
14. 체육시설용지	「체육시설의 설치 · 이용에 관한 법률」에 따라 체육시설용지 또는 체육시설업용지를 조성하여 이용하려는 경우
15. 공공시설용지	「국토의 계획 및 이용에 관한 법률」 에 따라 공공시설(항만 및 공항은 제외한다) 용지를 조성하여 이용하려는 경우
16. 폐기물처리시설용지	「폐기물관리법」 에 따라 폐기물의 처리시설용지 및 관련 용지를 조성하여 이용하려는 경우
17. 그 밖의 시설용지	그 밖의 시설용지를 조성하여 이용하려는 경우

공유수면 관리 및 매립에 관한 법률 시행령 별표2

수면 제46조의 규정 적용은 배제되므로 면허를 받은 자는 면허 받은 구역에 대한 소유권을 취득할 수 없다. 반면 육상양식장을 축조하는 행위를 하는 경우 매립면허를 받아 축조하고 신고해야 하며 소유권을 취득할 수 없다. 이 경우 공유수면을 토지로 조성하기 때문이다.

공유수면 매립 및 관리에 관한 법률 시행령에서는 새로운 토지를 조성하려는 매립목적을 항만시설, 공항시설, 조선시설, 어항시설, 에너지시설, 물류단지 · 가공시설, 농업 · 축산업, 중간재 가공공장, 원자재 가공공장, 주택시설, 문화산업시설, 교육

시설, 체육시설, 공공시설, 폐기물 처리시설, 공공시설 등을 조성하려는 경우로 규정하고 있다.

공유수면 매립은 사회 · 경제적으로 미치는 영향뿐 아니라 생태 · 환경적으로 미치는 영향이 매우 크기 때문에 그 절차가 복잡하고 까다로운 편이다. 매립을 위해서 매립 요청자는 우선 매립이 필요한 개발계획을 검토하고 이에 대한 전략환경영향평가서 및 사전재해영향검토를 작성하여 관련 행정기관과 협의하여야 하며, 지역 내 이해 당사자와의 의견수렴도 거쳐야 한다. 이후 해당 내용을 반영하여 해양수산부장관이 수립하는 공유수면 매립기본계획에 반영 신청을 하여야 한다. 해양수산부장관은 매립수요 신청이 들어오면 이에 대한 검토 및 평가를 통해 반영 여부를 결정하는데, 이 경우 관계 행정기관의 장 및 관계 시도지사와 협의하여야 한다. 매립기본계획의 최종 반영은 중앙연안관리심의회의 심의 · 의결을 통해 이루어진다. 매립기본계획에 반영되면 매립면허관청은 매립면허의 타당성, 사업계획서의 타당성, 설계도서의 기술검토 등을 통해 매립면허를 부여할 수 있다. 이때 매립목적에 따라 관련 행정기관과 다시 협의하여야 하고, 부적절하다고 판단하는 경우 매립면허신청서를 반려할 수 있다. 매립면허를 부여받은 개발자는 매립실시계획을 수립하여 매립면허관청의 승인을 받아야 하며, 매립 공사에 대한 지도 및 관리, 준공검사를 받아야 한다.

해양수산부는 10년마다 공유수면 매립에 대하여 수요조사를 실시하고 수요별 타당성 평가, 전문가 의견 수렴, 중앙연안관리심의회 심의 등을 거쳐 공유수면 매립기본계획을 수립 · 변경하는 제도를 운영하고 있지만, 사실상 매립 수요를 10년마다 반영하는 것은 현실적으로 불가능하며 수시로 발생하는 매립 수요를 반영하기 위해 기본계획의 변경도 수시로 이루어지고 있다.

우리나라는 오랜 기간 공유수면 매립을 경제성장의 발판으로 삼아왔다. 매립지를 통해 대규모 농지를 조성하고 식량 생산에 기여하였으며, 임해산업단지 개발 및 항만 개발을 통하여 경제성장을 이루어왔다. 공유수면 매립지는 준공 이후 관광, 체육, 공공시설용지로 사용되거나 도시 · 주거용지로 사용됨으로써 도시의 과밀화를 해결하는 데 기여했다. 현재, 연안 시군구에 지정된 산업단지는 386개소이며 연안산업단지의 사업체 수는 38,009개, 고용자 수는 1,083,486명에 달한다.

이러한 대규모 매립은 개발 대 보전에 있어서뿐만 아니라 개발 대 개발에 있어서도 많은 사회적 갈등을 야기하였고, 장기적으로 연안의 환경과 생태계에 심각한 훼손을 일으켰다. 연안 갯벌의 절대 면적이 상실되었고, 그로 인해 생태계 조절 · 문화 · 공급 등의 서비스가치가 저하되었다. 매립으로 조성된 토지는 개발 이익을 분배하는 과정에서 갈등을 초래하기도 하였고, 매립지가 당초 목적대로 사용되지 못하여 또 다른 사회 문제를 야기하기도 하였다.

기본계획 수립·변경

- 반영요청자 → (반영요청서 및 서류 제출) → 해양수산부
- ● 수요조사, 수립(변경), 해제 고시 및 통보
- ● 협의의견검토, 공유수면 조사 및 측량/사전환경성 검토 등 수행
- 관계기관협의 및 시·도지사 의견수렴 — 시·도/지방의회, 국토부, 환경부, 국방부 등 관계기관
- 중앙연안관리심의회
- 공유수면매립기본계획 반영·고시

매립면허 취득

- 면허신청자 → (요청) → 환경부: 환경영향평가 / 해수부 장관 지정기관: 피해영향조사
- 환경영향평가 → (협의내용) → 면허신청자
- 면허신청자 → (면허신청) → 매립면허관청(지방해양수산청/시·도지사)
- 현지조사서 작성, 매립면허 타당성 검토 — 관계기관협의(해수부, 국토부, 환경부, 국방부 등)
- 매립면허 고시 및 관계기관 통보 → (면허처분) → 면허신청자

실시계획(변경) 승인 및 착공

- 매립면허 취득자 → (피해보상 또는 공사착수 동의 요청) → 공유수면 매립 관련 권리자
- 매립면허 취득자 → (승인요청 (면허취득 1년 이내)) → 매립면허관청
- 면허조건 이행확인, 설계도서 검토 — 관계기관협의(해수부, 국토부, 환경부, 국방부 등)
- 실시계획(변경)승인 고시 → (승인처분/통보) → 매립면허 취득자
- 매립공사 착공 ← (공사감리 및 관리·지도)
- 매립공사 준공

준공 및 토지등록

- 매립면허 취득자 → (검사신청) → 매립면허관청
- 면허/실시계획조건 이행확인 — 관계기관협의(해수부, 국토부, 환경부, 국방부 등)
- 매립목적에 맞게 매립지 사용 여부 확인, 토지취득 및 시설물 귀속 검토
- 매립지 감정평가 → (감정평가업자 지정) → 감정평가업자 → (매립지 가격 평가액 제시) → 매립지 감정평가
- 준공인가 고시 → (준공검사확인증 교부) → 매립면허 취득자
- 토지취득(소유)자 → (검사신청) → 시·군·구

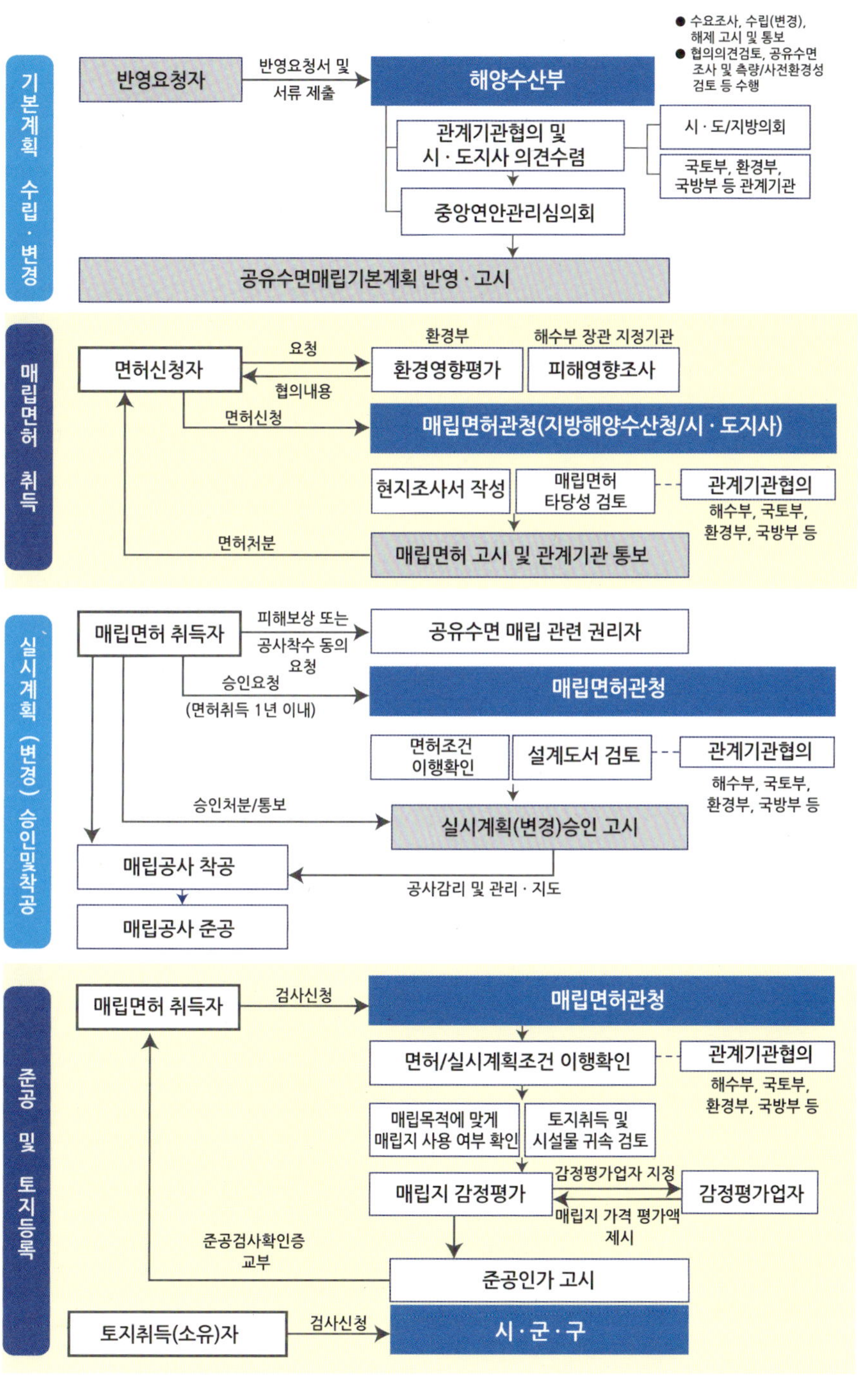

그러나 공유수면 매립을 통한 개발은 소유권이 있는 육역을 개발하는 것보다 개발 편익이 클 수밖에 없고, 사회경제적 파급효과도 크게 나타나 지역의 경제 주체들은

여전히 공유수면 매립을 통한 개발을 선호한다. 이에 최근 정부는 공유수면 매립 수요 검토 및 매립 계획 반영을 엄격하게 제한함으로써 무분별한 매립의 난립과 그로 인한 생태 · 환경적 피해가 야기되는 것을 방지하고자 노력하고 있다.

● 공유수면 관리 관련 이슈

공유수면의 불법적 매립과 점용 • 사용

공유수면 매립 및 관리에 관한 법률에서는 매립면허를 받지 않은 매립 행위와 허가를 받지 않은 점용 및 사용을 원칙적으로 금하며, 법률에서 정한 예외가 아닌 공유수면 매립이나 점용 및 사용은 법 위반행위로 처벌의 대상이 된다. 매립면허를 받지 않고 공유수면을 매립하거나 매립공사를 하는 경우, 공유수면 점용 및 사용 허가를 받지 않고 점용 또는 사용한 경우, 그 외의 부정한 방법으로 허가나 면허를 받은 경우 3년 이하의 징역 또는 3천만 원 이하의 벌금에 처한다. 또한 매립면허를 받지 않고 공유수면을 매립한 경우, 자신의 귀책사유로 매립면허가 실효 또는 소멸된 경우, 매립면허 면적을 초과하여 공유수면을 매립한 경우에는 이를 원상회복하여야 한다. 매립면허 관청은 매립면허를 받은 사업자, 원상회복 의무자에게 순공사비의 20%에 해당하는 금액을 해당 매립공사 착수 전까지 이행보증금으로 예치하도록 할 수 있다.

이렇듯 공유수면 매립이나 점용 및 사용에 있어 불법 행위를 관리하기 위한 제도가 마련되어 있지만 여전히 전국 연안 곳곳에서 불법 매립이나 불법 점용 및 사용은 쉽게 찾아볼 수 있다. 이는 행정관청이 모든 해역에서의 활동을 실시간으로 모니터링할 수 없는 관리한계의 이유가 크다. 일부 매립 수요자들은 매립규모나 내용 등에 상관없이 '공유수면 매립을 위한 절차가 매우 까다롭기 때문에 불법 매립이 많을 수밖에 없다'라는 의견을 보이기도 한다.

또한 공유수면 원상회복 의무면제(불법 매립한 것에 대한 원상회복이 불가능하거나 환경 및 생태계에 미치는 영향이 적고 공유수면 보전 · 이용 및 관리에 지장이 없어 원상회복이 불필요하다고 인정되는 경우에 해당할 때 원상회복 의무를 면제해주는 제도)를 두고 있는데, 이는 언제 매립되었는지 알 수 없는 매립지들의 양성화 및 체계적 관리를 위함이라는 제도 목적과는 달리 지속적으로 불법매립을 양성화시키는 부작용을 초래하고 있다. 매립공사가 진행되는 경우가 아니라면, 대부분의 매립을 그대로 유지하는 것이 원상회복을 위한 공사를 진행하는 경우보다 환경에 미치는 영향이 작을 수밖에 없고 '공유수면 보전 · 이용 및 관리에 지장이 없는 경우'에 해당하는지를 판단하는 기준은 모호할 수밖에 없다. 즉 이미 불법적 행위가 이루어진 경우, 이를 다시 원상회복함

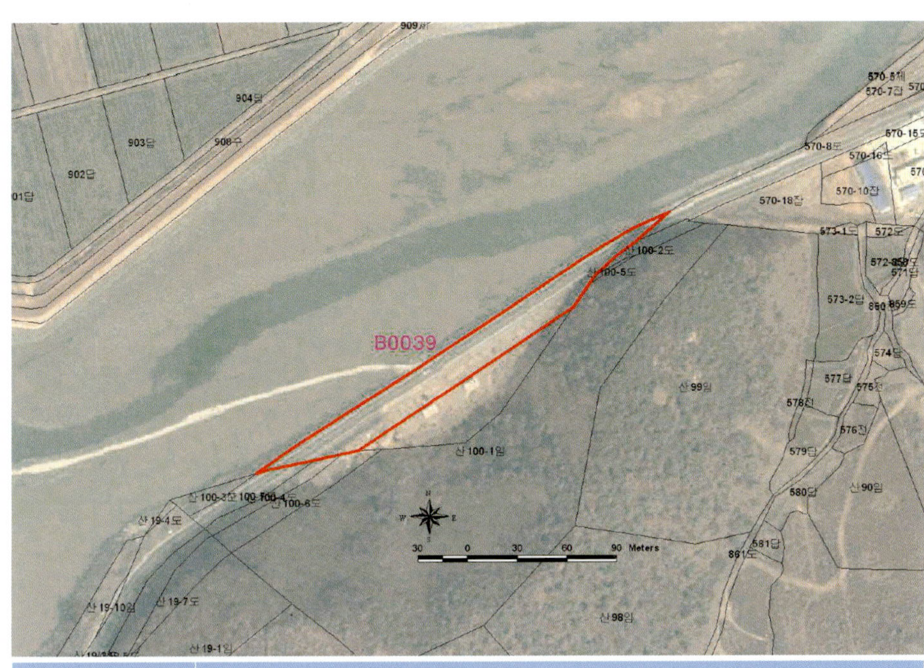

불법 매립지 존재 유무 확인을 위한 분석 도면과 활용 자료

활용 자료	세부 내용
항공영상	국립지리정보원에서 제공하는 1 m급 영상
연속지적도	한국토지정보시스템 내의 연속지적도
해안선	국립해양조사원 해안선 측량자료 및 연안정보시스템 내의 단일 해안선 자료
바닷가 실태조사자료	2006년부터 실시한 바닷가 실태조사 자료를 토대로 이용바닷가 및 자연바닷가 중첩 여부 검토

으로써 야기될 수 있는 환경 피해가 더 클 수 있기 때문에 불법행위에 대한 원상회복을 의무면제 해주게 되고, 이러한 측면을 악용하여 불법 매립과 불법 점용 · 사용이 전 연안에 걸쳐 지속적으로 이루어지고 있는 셈이다. 특히 이런 불법 매립은 민간의 사사로운 행위인 경우가 대부분이지만 결과적으로는 공공 활용(도로 등)을 목적으로 한 매립지로 양성화되고 이용된다는 측면에서 과정의 불법성을 정당화시키는 오류를 낳고 있다.

공유수면 불법행위에 대한 좀 더 적극적인 관리와 행정조치를 수반한 법 이행이 이루어질 필요가 있으며, 불법행위를 관리하기 위한 구체적인 관리 기준을 마련하는 등의 노력이 필요해 보인다.

공유수면 원상회복 미이행

공유수면 점용과 사용 허가를 통해 공유수면을 이용하는 행위는 원칙적으로 행위 종료 후 원상회복을 해야 하지만 이에 대한 규정 미비, 구체적 기준 부재, 사용자 및 관리자의 인식 부족 등으로 원상회복 되지 않고 방치되는 경우가 많다. 이런 경우 해양환경을 훼손하거나 오염시킬 뿐 아니라 다른 공유수면 이용 행위 등을 방해함으로써 공유수면의 가치를 저하시키는 결과를 초래한다. 공유수면 매립의 절차가 매우 복잡하여 공유수면 점용 및 사용 허가를 받아 이용행위를 하는 경우가 다수 발생하고 있는데, 이 경우에도 장기간 이용하고 원상회복으로 돌리는 경우는 거의 없다. 또한 최근에는 해상풍력단지 개발이 공유수면에서 활발하게 진행되고 있는데, 해상풍력 구조물의 경우 설치 · 운영 · 철거에 대한 구체적인 공유수면 원상회복 기준 및 근거 마련이 요구되고 있다.

미국의 경우 해양신재생에너지 개발과 관련된 시설 구조물 해체를 관리하기 위하여 연방 규정을 두고 있다. 이에 근거해서 파이프라인, 케이블 등 모든 시설물은 활용기간 종료 후 2년 이내에 해체해야 하고, 시설물을 제거한 후 60일 이내에 기준에 맞게 시설물을 완전 제거했는지 입증해야 한다. 특히, 제거 시 해저 표면 15피트 깊이까지 제거해야 하는 등의 구체적 기준까지 규정을 통해 제시하고 있다.

또한 개발 후 원상회복 이행을 담보하기 위해서는 이행보증금 예치 제도를 활용하는 방안이 제기되고 있다. 예를 들어 지하수를 개발하는 경우 지하수법 제14조에 근거해 개발자는 원상복구 이행을 담보하기 위해 이행보증금을 예치하여야 한다. 이행보증금의 액수는 지하수 개발 및 이용 시설의 지표하부에 설치되어 있는 보호벽 등의 제거 · 절단 비용과 되메움 비용, 그 밖의 원상회복에 드는 비용을 합산하여 산정하며 제거 대상 및 규모 등에 따라 단가 기준도 구체적으로 명시화되어 있다.

적극적인 공유수면 관리를 위해 공유수면 점용 및 사용과 관련하여 원상회복 기준 및 근거를 마련하고, 원상회복 미이행에 대한 조치 및 대응 제도를 시급히 마련해야 한다고 본다.

포락지 관리

포락지(浦落地)란 지적공부에 등록된 토지가 물에 침식되어 수면 밑으로 잠긴 것을 말한다. 쉽게 말해 지번이 부여되어 소유권자가 있는데 수시로 혹은 항상 물에 잠겨 있어 매립을 수반하지 않고는 보통의 토지처럼 이용하는 데 한계가 있는 토지이다.

소유권이 있다 하더라도 포락지는 공유수면이기 때문에 포락지의 이용을 위해서는 공유수면 점용 · 사용 허가를 받아 성토 등을 통해 토지로 조성하고 이용하여야 한다. 이 경우, 포락지는 지적공부에 등록된 소유자와 등기부상의 소유자가 서로 일치하여야 하고 토지조성이 물리적으로 가능하다고 판단되어야 하며, 토지조성에 소요되는 비용을 고려할 때 경제적 가치가 있거나 인접 토지의 활용도 등을 고려할 때 토지조성이 필요하다고 인정되는 곳이어야 한다. 이러한 요건을 충족하는 경우 포락지의 소유자는 법률에서 정한 포락지 증명 전문기관의 증명을 받아 포락지 점용·사용허가를 신청하고 이를 통해 포락지를 토지로 만들어 사용할 수 있다. 포락지의 관리는 근본적으로 바다가 아닌 상태였던 것이 점차적으로 침수되거나 무너져 내려 물에 잠긴 토지로 변경된 경우에 대하여 관리할 목적이었기 때문에 상기와 같은 절차를 통해 포락지 증명, 토지조성, 이용 등이 이루어질 수 있도록 하는 것이다.

반면 지적공부가 만들어졌던 초기나 지적측량에 대한 오류 등이 많았던 시기에 부적절한 방법으로 토지소유권이 만들어진 경우가 많았는데, 이러한 경우 현 시점에 포락지 증명 및 토지화 제도를 활용하여 악용되는 일이 더러 발생하기도 한다. 최근에는 이러한 공유수면을 개인 소유권이 인정되는 포락지로 증명 받음으로써 매립을 통한 개발로 이어지는 경우가 많이 발생하고 있는데, 이러한 절차를 통해 연안 경관과 해안선, 환경에 악영향을 미치는 사례가 발생하고 있다.

정부는 포락지에 대한 조사를 통해 부적절하게 포락지 증명을 요청하는 사례를 접수하고, 불법적인 연안 파괴 행위가 발생하지 않도록 관리하기 위해 노력 중이지만, 행정과 지역의 체감 차이는 여전히 문제로 지적되고 있다.

선점 권리의 우선성

공유수면은 국가 소유이지만, 국민 모두가 누려야 할 공유재로서 사용, 점용권을 부여함으로써 갈등이 발생할 수 있는 중첩 사용이 이루어지지 않도록 한다. 그러나 이러한 점용, 사용 허가 혹은 면허의 권리가 선점된 경우, 그 선점 권리가 쉽게 변경되지 않고 지속되는 사례가 빈번하게 발생하고 있다. 이는 권리 승인 시 적절한 심사를 거치지 않기 때문이기도 하고, 권리에 따라 이해관계자 집단이 가진 해양이용에 대한 잘못된 윤리의식 때문이기도 하다.

예를 들어 우리나라 대부분의 연안은 특정 어업권자에게 독점적 권리를 주는 어업면허로 뒤덮여 있다. 그런데 많은 어업권자들이 해당 어업활동을 하지 않는 경우에도 권리를 유지하려 하거나 권리기간이 종료되어도 별다른 평가나 판단을 거치지 않고 쉽게 기간연장을 이루어낸다. 이러한 경우, 해양공간계획이나 해양공간 적합성 협의 등으로 해당 공간에 대한 활동을 쉽게 조정하기란 어려운 것이 현실이다. 다른 활동들도 마찬가지이다. 해당 공간을 선점하여 우선적으로 사용, 점용 권리를 받은 경우 연장절차는 비교적 간단하게 이루어지며, 재평가를 위한 적절한 관리가 이루어지지 않는다. 선점한 권리가 우선적으로 인정되는 것이다.

개별법에 근거한 이용관리와 이해관계 조정

해양공간을 이용하는 행위는 어업활동, 레저관광활동, 에너지개발 활동, 광물 및 골재 개발활동, 항행활동, 군사 · 안보활동, 연구조사활동 등 다양하다.

이문숙 한국해양과학기술원

● 다양한 이용과 개별법에 근거한 관리

해양공간을 이용하는 행위는 어업활동, 레저관광활동, 에너지개발활동, 광물 및 골재 개발활동, 항행활동, 군사 · 안보 활동, 연구조사활동 등 다양하다. 해양공간 계획체계를 기반으로 해양공간의 모든 이용 · 개발 및 보전을 통합하여 관리하지만, 각 영역에서 해양공간에 대한 개별 이용 활동은 기본적으로 개별법에 근거해 이루어진다.

어업활동은 수산업법 및 어업자원보호법 등을 기반으로 관리한다. 우리나라 일반해면 어업은 남획, 고수온 등의 영향으로 지속적인 감소 추세이기는 하지만, 양식어업의 경우 해조류 시설면적이 크게 확대되고 어업생산량도 크게 증가하는 추세이다. 양식어업은 대부분 어업권을 기반으로 이루어지며, 어업권은 지방자치단체의 어장개발계획을 통해 결정되어 면허가 부여 · 관리된다. 어업활동을 관리하는 방식은 자원적 측면을 고려해 어업 시기, 어구 등을 규제하거나 어획총량을 규제하는 방식으로 이루어지는데, 이는 다른 활동과의 관계를 고려하여 어업활동을 관리한다기보다는 어업활동을 지속하기 위한 측면에서 어업자원을 관리하는 것으로 볼 수 있다.

바다골재와 해저광물자원 개발은 각각 골재채취법과 해저광물자원 개발법에 근거해 이루어진다. 바다골재채취는 골재채취계획(수요를 고려해 계획기간 동안 어디에서 얼마나 채취할 것인지 결정)을 수립하고 이에 따른 수요량을 맞추기 위해 골재채취단지 및 예정지를 지정 · 운영함으로써 관리한다. 골재채취단지 및 예정지 결정은 골재 부존량과 개발사업의 경제성 등을 고려하여 결정한다.

해저광물자원개발은 전 해역을 해저광구로 분할 지정 · 관리하며, 전 광구 탐사(탐사권) 및 유망광구에 대한 자원개발(채굴권)을 추진한다. 현재 석유 · 가스 탐사

해저 광구 및 대륙붕 탐사 현황

와 관련하여 동해, 서해, 남해 분지가 존재하며 12개 해저광구에서 대륙붕 개발사업을 추진하고 있다.

해양에너지 개발은 신재생에너지 기본계획과 재생에너지 3020 이행계획에 따라 에너지 부존지역에 대한 에너지 개발계획 및 단지를 지정하고 추진한다. 전원개발촉진법에 따른 전원개발사업 실시계획, 전원개발사업 예정구역 지정 등을 통해 관리한다. 2018년 해상풍력단지는 총 5개소(72.5 MW)가 운영 중이며, 진행 중인 단지는 총 31개소(6,145.3 MW)이다. 조류발전은 1개소(울돌목)에서 실증 시험 중이며, 4개소(완도, 맹골, 장죽, 신규1)가 계획 추진 중, 2개소(인천-에코아일랜드, 대방)가 타당성 검토 및 보류, 1개소(인천-남동발전)가 중단 상태이다.

해양관광활동은 해수욕장 이용 및 관리에 관한 법률에 따른 해수욕장 지정 · 관리,

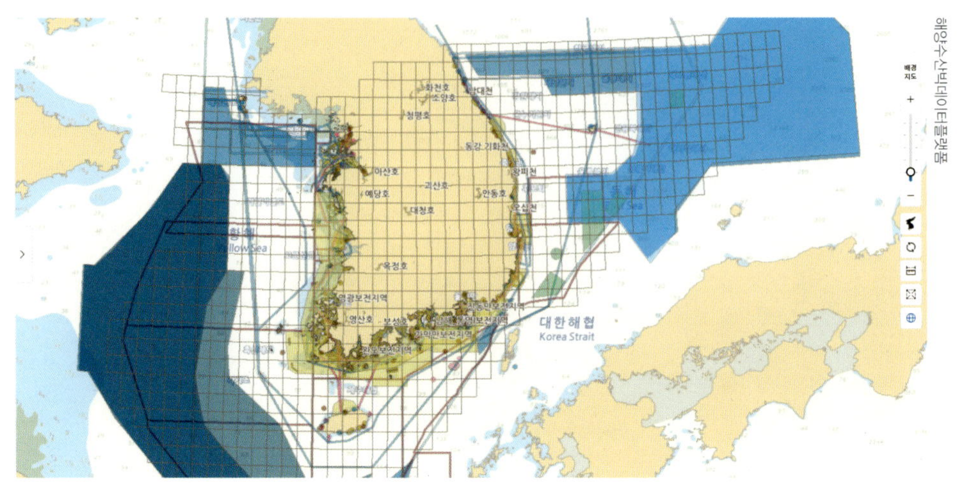

개별법에 근거한 해양공간의 이용 및 보전 관련 구역 설정 현황

해양수산빅데이터플랫폼

관광진흥법에 따른 관광단지 개발, 마리나 항만의 조성 및 관리에 관한 법률에 따른 마리나 항만 개발, 낚시 관리 및 육성법에 따른 낚시 허가 및 신고 등에 의해 관리한다. 2018년 기준 전국에 운영 중인 마리나 항만은 총 34개소, 개발 중인 마리나 항만은 11개소이며, 해수욕장은 총 267개소가 지정되었고, 어촌체험마을 등의 해양관광시설은 202개소인 것으로 나타났다.

항만 및 항행활동은 항만법 및 어촌어항법에 따른 항만·어항의 지정 및 관리와 해사안전법에 따른 항로의 지정 및 관리를 통해 이루어진다. 2018년 기준 항만은 60개소, 어항은 401개소(국가어항, 지방어항)가 지정되어 있다. 선박의 대형화 추세로 입출항의 선박 척당 평균 총톤수는 지속적으로 증가 추세이며, 물동량은 수출입 화물을 중심으로 증가 추세에 있다.

군사활동은 군사활동보호구역, 훈련구역 등을 지정함으로써 관리한다. 군사기지 및 군사시설뿐 아니라 운용 및 군사훈련활동에 필요한 공간을 엄격하게 제한관리한다.

해양공간에서는 상기와 같은 다양한 이용 활동뿐 아니라 해양환경 및 생태계를 보호·복원하는 활동, 연구·교육하려는 활동, 안전을 확보하려는 활동도 이루어진다.

● 갈등관리와 이해관계 조정

갈등은 한정된 재화를 원하는 인간의 욕구가 무한하기 때문에 발생한다. 갈등은 개인 간, 집단 간 또는 조직 내부에서 발생할 수 있으며 목표, 가치, 이해관계의 대립으로 심리적 적대관계나 물리적 충돌까지 발생할 수 있게 한다. 이에 갈등을 관리하는 것은 개인, 조직, 나아가 사회의 질서를 유지하는 데 매우 중요한 정책과제가 된다.

특히 정부정책이 개인의 삶에 지대한 영향을 미칠 수 있는 민감한 환경요소가 되는 현 시대에는 정부의 정책과 연결된 공공갈등 관리가 중요하게 여겨지며, 정책 과정의 한 영역으로 자리 잡고 있다.

공공갈등은 다양하게 정의된다. 정부정책을 둘러싸고 이해관계자 간 발생하는 갈등, 정부가 공공정책을 결정하는 과정에서 논의되고 해결되는 갈등, 갈등의 영향이 당사자뿐 아니라 일반 사람들에게까지 미치는 갈등, 다양한 사회문제 중에서 공공의 문제로 인해 발생하는 갈등 등 다양한 기준에 의해 여러 유형의 공공갈등이 발생한다. 일반적으로는 갈등의 주체나 갈등의 특성에 따라 구분한다. 예를 들어 주체에 따른 갈등의 유형으로는 정부와 주민 간 갈등, 정부 간 갈등, 특성에 따른 갈등의 유형으로는 이익 갈등, 가치 갈등, 권한 갈등 등이 있다.

단순 선점의 원칙만이 적용되던 해양공간에서 다양한 가치와 기능이 인정됨에 따라 해양공간에서의 갈등은 점차 심화하는 양상을 보인다. 이용·개발과 보전 간의 갈등뿐 아니라 이용 대 이용, 보전 대 보전의 갈등도 발생한다. 시대에 따라 원칙적으로 중요시되는 가치가 있기도 하지만(군사, 안보적 가치는 오랫동안 다른 가치보다 우선하여 인정되어왔으며, 1960~80년대에는 개발가치가, 90년대 이후부터는 환경보전 가치에 대한 중요성이 과거에 비해 상대적으로 높아지고 있음) 점점 더 합리적 판단의 근거를 찾거나 판단의 정당성을 인정받기 어려워지고 있다. 해양공간 계획체계가 등장하게 된 이유도 이러한 갈등을 사전에 예방하고 조정하기 위한 것이었다는 측면에서, 갈등관리가 얼마나 중요하게 대두하는지 알 수 있다.

다만 이러한 갈등관리 시스템은 크게 개선되고 있지는 못하다. 최근에는 우리 사회의 구조적 문제와 가치관의 변화로 인해 발생하는 다양한 공공갈등을 예방하고 해결하기 위한 갈등관리 기본법안이 국회에서 발의되기도 하였는데, 이와 관련하여 제도화되어 있는 것은 '공공기관의 갈등 예방과 해결에 관한 규정'과 개별 지자체들이 재량으로 제정하고 있는 관련 조례들이다.

공공기관의 갈등 예방과 해결에 관한 규정은 갈등관리 적용 대상 및 원칙을 정하고 있으며, 갈등영향 분석, 갈등관리 심의위원회, 갈등조정 협의회, 갈등관리 연구기관, 갈등관리매뉴얼 등을 규정하고 있다.

개별법에서도 미흡하나마 갈등관리를 위한 제도적 수단을 확보하고 있기는 하다. 해양공간계획을 수립하기 위해 거치는 공청회, 해양공간 적합성 협의 시 필요에 따라 운영하는 지역협의체, 관계기관 의견수렴을 거치는 절차적 과정 등등 모두 갈등관리를 목적으로 등장한 제도적 수단이라고 볼 수 있다. 더 폭넓게 생각한다면 의사결정 거버넌스의 운영이나 피해 및 손실보상, 청문 등의 절차도 갈등관리를 위한 제도라고 볼 수 있다.

해양조사와 정보관리

정부는 각 영역에서 구축한 해양정보를 공간적으로 통합하여 공공과 민간에서 자유롭고 다양한 활동이 가능하도록 지원하기 위한 해양수산 공간정보 통합체계 구축 및 활용을 추진 중이다.

이문숙 한국해양과학기술원

해양조사자료와 공간정보

해양과학조사와 해양자료

해양과학조사는 해양의 자연현상을 규명하기 위하여 해저면, 하층토, 상부수역 및 인접대기를 대상으로 조사 또는 탐사 등을 하는 행위를 말한다. 해양과학조사법에서는 해양자료라 함은 해양과학조사를 통해 생산된 원시자료와 이를 통해 가공 또는 재생산된 정보라고 규정하고 있으며, 이러한 해양자료를 관리하기 위한 자료관리기관을 지정하고 운영함으로써 국가 등이 생산한 해양자료에 대한 통합구축, 표준화, 공동활용체계를 구축하도록 규정하고 있다.

해양조사자료를 생산하는 국내 주요기관은 국가기관(국립해양조사원, 해양경찰청, 기상청 등), 국립연구기관(국립수산과학원, 국립환경연구원, 기상연구소 등), 정부출연연구기관 및 공공기관(해양환경공단, 한국해양과학기술원, 한국지질자원연구원, 해양조사협회 등), 대학(서울대학교, 인하대학교, 한양대학교 등), 기타(해군 및 일반기업체 등)이며, 2010년에 해양과학조사 자료관리기관이 국립수산과학원에서 국립해양조사원으로 변경 · 지정되고 해양관측 · 조사 자료를 중심으로 해양자료관리가 이루어져왔다.

해양과학조사 자료관리기관은 국내 해양자료를 생산하는 주요 기관으로부터 해양자료를 수집 및 관리하여 국내 · 외에 배포하였으며 국제 표준과의 조화를 꾀하기 위하여 정부간해양학위원회 Intergovernmental Oceanographic Commission, IOC 산하 국가간해양자료정보교환시스템 International Oceanographic Data and Information Exchange, IODE과 같은 국제기구, 지구해양관측시스템 The Global Ocean Observation System, GOOS, 동북아해양관측시스템 North-East Asian Regional GOOS, NEAR-GOOS, 해양기상 및 해양업무 공동위원회 Joint WMO/IOC Commission for Oceanography & Marine Meteorology, JCOMM 등의 국제프로그램과 협력해왔다. 또한 국가적 차원의 자료센터를 운영하고 있는 미국(NODC), 일본(JODC), 호주(AODC), 영국(BODC), 캐나다(ISDM), 중국(NMDIS) 등과 협력하고 벤치마킹하여 해양자료 취득, 가공, 품질관리, 활용 및 서비스 등의 역할을 수행하고 있다.

해양과학조사법에 근거한 해양자료 관리기관의 자료 관리범위

구분	자료 범위
물리해양 항목	수온, 염분, 해류, 조류, 조석, 파랑, 해면변화, 해수광학특성 및 수중음향
화학해양 항목	수소이온농도, 용존산소, 생물학적 산소요구량, 화학적 산소요구량, 용존 영양염류, 입자성 부유물, 미량금속 및 무기물, 방사성 핵종, 유기화합물, 석유 및 관련 화학물질, 유기염소계 화합물, 용존기체, 핵산추출물, 기타 독성 및 오염물질
생물해양 항목	기초생산력, 클로로필 및 색소류, 해양미생물, 플랑크톤, 저서생물, 부착생물, 난 · 치자어, 유영동물, 조류, 해양파충류, 해양포유류
지질해양 및 지구물리 항목	수심 및 해저지형, 지자기 및 고지자기, 중력, 지진 및 탄성파 탐사, 해저면영상, 층서퇴적, 시추시료 및 해저표층시료분석, 부유퇴적물, 해안선 정보
기상해양 항목	기온, 기압, 풍속, 풍향, 강수량, 일사량, 운량, 시정, 습도, 대기조성물질

빅데이터와 해양공간정보

최근 빅데이터와 IoT 기술 등에 기반한 4차 산업혁명 기조는 해양자료와 정보관리의 단계를 한층 업그레이드하였다. 기본적으로 분야별로 구축된 모든 자료가 공간정보 기반 빅데이터 플랫폼으로 연계되고 빅데이터 플랫폼에서 다양한 가공과 예측 정보와의 결합을 통해 정책적 활용이 가능한 정보로 변화될 준비를 마치고 있다. 여기서 해양정보는 기존의 해양과학조사 자료를 기반으로 한 정보 이외에 사회경제, 문화적 해양정보와 해양조사 · 관측 인프라를 기반으로 지속적으로 구축되는 빅데이터까지 포함한 모든 해양공간정보로 확대된 의미이다.

공간정보는 육상, 해양 등 진 지구의 특성과 경계의 지리적 위치를 확인할 수 있는 자료 또는 정보를 말한다(IHO, 2011). 이에 따르면 공간정보는 좌표와 위상으로 저장되고 도면화하는 정보이며, 지리정보 시스템을 통해 접근, 조작, 분석이 가능해야 한다. 즉 공간정보는 단순 정보만 구축되어 활용되기는 어려우며, 여기에 접근하고 이를 활용하게 할 기술, 정책, 제도적 인프라가 뒷받침되어야 작동이 가능하다는

의미라 할 수 있다. 최근 세계공간정보체계협의회 Global Spatial Data Infrastructure Association, GSDI는 공간정보체계(Spatial Data Infrastructure)를 공간정보의 접근과 활용을 위한 기술, 정책, 제도의 집합체라고 정의하고 있다. 이를 필두로 세계 각국은 기존에 구축했던 국토공간 정보체계와는 별도로 해양을 중심으로 한 공간정보체계(Marine Spatial Data Infrastructure) 개발에 박차를 가하고 있다.

● 해양조사 및 정보

해양정보는 크게 해양 이용, 해양상태, 해양관리에 관한 정보로 구분할 수 있다. 해양이용에 관한 정보는 인간의 활동을 중심으로 한 정보로 어업자원 및 활동, 골재·광물자원 및 활동, 해양에너지 부존 및 개발, 해양수자원, 해양관광, 항만 및 항행, 군사활동, 해양시설 등의 정보로 구분할 수 있다. 해양상태정보는 해양환경·생태에 대한 진단정보로 물리 및 일반환경, 지형 및 지질, 해양생태 정보로 구분할 수 있다. 해양관리정보는 사회·제도적인 관리체계 정보로 공유수면 관리를 위한 인·허가, 해양용도구역, 안전관리, 해양환경 및 생태계 보호 등 해양관리를 위해 설정한 법정구역 정보가 이에 해당한다.

해양정보의 구분

구분	정보
해양이용 정보	• 어업자원 및 활동 : 어업면허, 단위구획당 어획량, 어업자원량 등 • 골재 · 광물자원 및 활동 : 골재부존, 광물부존, 채취단지, 예정지, 허가구역 등 • 해양에너지 부존 및 개발 : 에너지부존, 에너지개발구역 • 해양수자원 : 취수해역 • 해양관광 : 주요경관정보, 관광지, 체험 및 생태마을 등 • 항만 및 항행 : 항만, 항로, 정박지 등 • 군사활동 : 군사보호시설, 군사활동구역, 훈련구역 등 • 해양시설 : 발전소 등
해양상태 정보	• 물리 및 일반환경 : 조위, 파고, 유속/유황, 기온/기압, 풍향, 풍속, 예보, 수온, 염분, 수질등급 등 • 지형 및 지질 : 해안선, 수심, 도서 및 갯벌 • 해양생태 : 생태등급, 서식지, 해양보호생물 등
해양관리 정보	• 공유수면 관리 : 점용 및 사용 허가구역, 매립면허 등 • 안전관리 : 재해관리 관련 구역, 해양안전 관련 구역 등 • 해양용도구역 : 9개 해양용도구역 • 해양환경 및 생태계 보호 관련 구역 : 해양보호 구역 등

이러한 해양정보는 각 영역의 법정조사 등을 기반으로 구축된 여러 해양수산정보 시스템에서 제공하고 있는데, 해양환경 및 일반 영역에 14개 시스템, 수산에 11개

시스템, 해운・물류에 8개 시스템, 해양안전에 4개 시스템, 항만에 2개 시스템이 있다. 다만 이 시스템 중 단 12개 시스템(연안관리정보 시스템, 국가해양환경정보통합 시스템, 갯벌정보 시스템, 해양생태정보 시스템, 종합해양정보 시스템, 해수유동정보 실시간제공시스템, 해수의 물리적특성정보 시스템, 전지구실시간 해양관측정보센터, 어업자원관리 시스템, 어업지도관리 시스템, 해양안전종합정보 시스템, 항만지하시설물GIS)만이 공간정보를 활용한 실질적인 공간정보 시스템이라 할 수 있다. 해양수산부는 2016년부터 이러한 해양정보와 해양수산정보 시스템들을 통합하여 공간기반 통합 데이터베이스 구축 및 활용에 착수하였다.

해양수산정보 시스템

분야	정보 시스템	해양수산부 운영부서	주요 내용
해양 환경 및 일반 (14)	연안관리정보 시스템	연안계획과	연안정보도, 연안주제도, 연안관리 지역계획 등
	국가해양환경정보 통합 시스템(MEIS)	해양환경정책과	해양환경 조사기관에서 생산하는 원본 측정자료 및 해양환경 관련 자료
	침몰선박관리 시스템	해양환경정책과	우리나라 침몰선박 관리
	해역이용 영향평가 정보지원 시스템	해양보전과	해역이용 영향평가, 해역이용 협의 제도운용 과정에서 생산・수반되는 각종 정보를 수집, 관리, 서비스
	갯벌정보 시스템	해양생태과	갯벌생물정보, 연안습지 기초조사정보 등
	해양생태정보 시스템	해양생태과	해양 생태계기본조사 내용 및 현황 자료, 해양생물 정보
	무인도서 실태조사 자료DB	해양영토과	2006~2012년 무인도서 카드 DB구축, 실태조사 동영상, 실태조사 도첩
	HS보상지원 시스템	HS피해지원단	피해보상의 이중지급 방지 및 손해보전 지원업무의 원활한 시행
	국립해양박물관 유물관리 시스템	국립해양박물관 운영지원단	박물관 소장유물 관리, 아카이브 자료
	종합해양정보 시스템 (TOIS)	국립해양조사원	해양공간 도엽별 정보(측량원도, 수치해도, 전자해도 등), 국가해양 기본공간 정보(해저지형, 해안선 등), 측량실적 및 측량원도의 메타정보 등
	해수유동정보 실시간제공 시스템	국립해양조사원	수치모델에 의한 해수 유동정보(경위도, 유속, 방향) 제공
	해수의물리적 특성정보 시스템	국립해양조사원	해양관측을 통해 취득한 해양의 물리적 정보 (해류,수온,염분 등) 관리, 분석을 위한 시스템
	전지구실시간 해양관측정보센터	국립해양조사원	국가해양관측망에서 수집하는 조석 등의 해수면 변화, 수온 · 염분 · 파랑 등의 해양자료를 국제적 자료처리 표준화에 의해 처리하여 수요자에게 전달 (조석예보, 조류예보 및 바다갈라짐 예보 등)
	수산연구정보 시스템	국립수산과학원	적조, 위성해양정보, 해양관측정보, 실시간 어장정보

분야	정보 시스템	해양수산부 운영부서	주요 내용
수산 (11)	어업자원관리 시스템 (어업자원포털)	소득복지과	EEZ조업, TAC, 어획실적, 고래자원, 참다랑어, 어선사고, 전자어업허가증 등
	수산물유통정보 시스템	소득복지과	수산물위판 정보, 수산물이용 가공
	수산정책지원 시스템 (수산정보포털)	소득복지과	어선정보, 어업 인허가, 양식어업, 어촌 · 어항, 어업인 후계자, 수산물 수출입, 원양어업 등
	전자어업허가 시스템	소득복지과	근해 · 연안어업 허가사항, 카드발급, 입출항정보, 면세유정보, TAC 정보 등 연계
	수산물 검사정보	국립수산물품질관리원	수산물 수출검사·인증·생산위생시설관리, 소금검사
	수산물 안전정보	국립수산물품질관리원	수산물 수출입 검역, 안전성 조사, 원산지표시 단속
	어업지도관리 시스템	동해어업관리단	어업 지도, 지도선 수당 관리, 지도선 상황 정보
	수산생명자원 정보 시스템	국립수산과학원	해양생물종 정보, 수산생명자원 정보(표본, 유전 정보)
	어업자원정보 시스템	국립수산과학원	연근해어업자원 정보, 원양어업자원 정보
	육종정보 시스템	국립수산과학원	육종생물 개체 정보, 유전 정보, 사육 정보 등
	수산물안전정보 시스템	국립수산과학원	수산생물 방역관리 시스템, 이식 관리, 패류독소 관리, 실험실 정보 관리 시스템 등
해운 물류 (8)	해운종합정보 시스템	해운정책과	해운사업자, 해운 부대업, 선박 민원업무, 선원 민원업무 및 해운, 선원, 선박과 관련된 통합자료에 대한 등록/관리
	해운항만물류 정보 시스템	항만운영과	해운항만통계(화물수송 실적, 컨테이너 처리 실적, 선박입출항 실적)와 등록선박, 국제 물류통계 등 제공
	항만운영정보 시스템 (Port-MIS)	부산/인천/여수 지방해양항만청	전국 무역항 선박 입출항 및 화물 반출입, 세입징수 등 항만 운영관련 민원업무를 365일 24시간 서비스 함
	위험물 컨테이너관리 시스템	부산지방해양항만청	부산항 위험물 컨테이너 정보
	글로벌 화물추적 시스템	부산지방해양항만청	RFID기반 게이트 운영시스템을 통해 자동 수집된 컨테이너·차량의 추적 정보와 항만물류 연계 정보 활용·실시간으로 화물/컨테이너/차량 추적 정보 제공
	항만물류 공동활용 시스템	부산지방해양항만청	항만물류주체(선사, 터미널, 운송사, 검수사)가 베이플랜 및 환적업무 수행 시 협업을 통해 정보 공동활용, 항만물류 리드타임 단축
	검수정보 공동 활용 시스템	부산지방해양항만청	물류주체 정보 활용, 정부기관정보 활용 등을 목적으로 검수사, 화주, 대행사, 터미널 등에 정보 제공
	항만 출입관리 시스템	여수지방 해양항만청	인터넷기반의 항만 출입신청 및 RFID출입증의 출입인증 자동화, 항만출입이력 및 출입증 발급·관리내역 전산화

분야	정보 시스템	해양수산부 운영부서	주요 내용
해양 안전 (4)	선박등록관리 시스템	해사안전정책과	선박 관련 민원업무
	해상교통안전진단 정보관리 시스템	해사안전정책과	해상교통안전진단 정보
	해양안전종합정보 시스템(GICOMS)	항해지원과	해양항만 분야의 안전, 보안 및 환경보호에 관한 종합정보 시스템
	해양안전심판 관리 시스템	중앙해양안전심판원	해양사고 발생 시 해양안전심판과 사고결과 및 심판기록 정보를 관리하는 시스템
항만 (2)	항만지하시설물GIS	항만개발과	전국 28개 무역항의 6종 지하시설물(상·하수도, 전기, 가스, 통신, 송유관) 및 지반정보에 대한 자료
	항만CALS	항만개발과	항만 건설사업 관리, 용지 보상, 시설물 유지관리, 건설 인허가 업무 지원

● 통합 해양공간정보체계의 구축과 활용

네트워크 서비스와 디바이스 차원의 급격한 진화는 네트워크상에 유통 · 축적되는 디지털 정보의 폭발적인 증가를 가져오는 한편, 이를 계기로 빅데이터의 생성 · 수집 · 축적은 물론 데이터의 분석 · 활용을 통해 사회 · 경제 문제 해결에 주요한 역할

해양수산 공간정보 통합 체계 목표

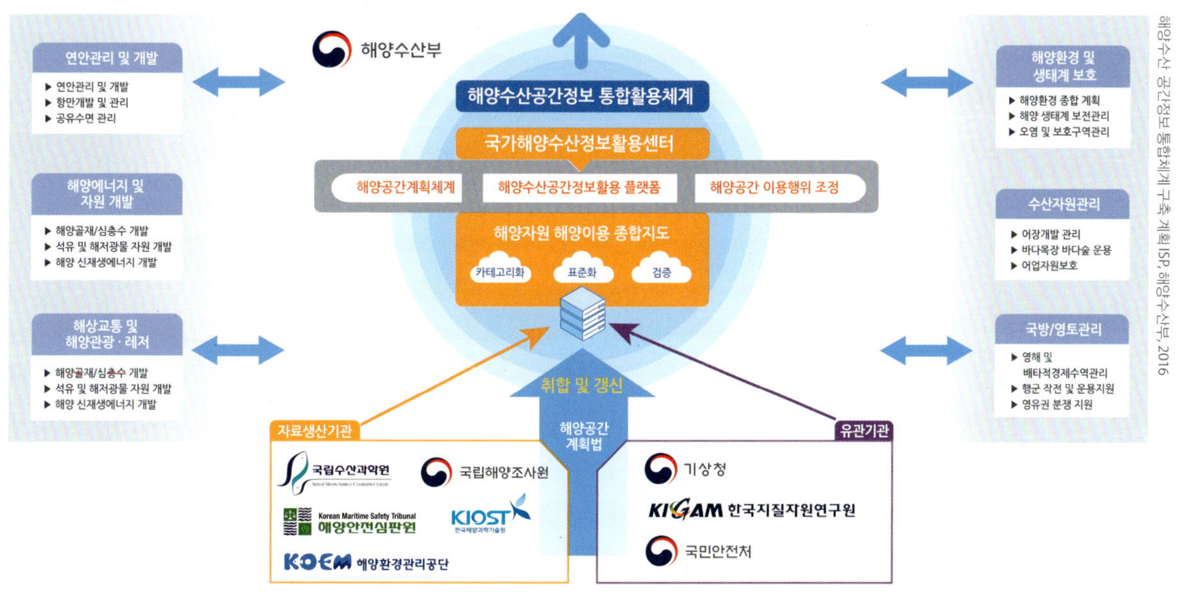

해양수산 공간정보 통합체계 구축 계획 ISP, 해양수산부, 2016

을 할 수 있게 한다. 이러한 변화를 스마트 혁명이라고 하는데, 이는 해양분야에서의 공간정보체계 구축에 크게 기여하고 있다.

과거 해양수산정보는 기관별, 업무별로 개별 구축되고 관리되었다. 이에 따라 정보를 종합적으로 분석하여 지원하는 데 미흡하였고, 자료가 표준화되는 등 품질 저하의 문제가 드러나, 변화하는 정보 시대의 흐름과 변화하는 사회가 요구하는 새로운 서비스를 감당하지 못하였다. 해양공간 통합관리 뿐 아니라, 해양수산자원 개발, 해양환경 및 생태계 보호 등 광범위한 해양수산업무에 대한 종합적인 지원을 하기 위해서는 해양수산정보를 체계화하고 집적화하는 작업이 필요하였다. 또한 정부 업무를 효율적으로 처리하고 그 실효성을 향상하기 위해서는 단순한 데이터 처리를 넘어 정보를 연계, 융합, 분석하는 예측기반 정책지원 정보가 필요하였다. 특히, 기후변화, 해양산성화, 해수면 상승, 연안재해, 해양안전, 생물다양성 등의 사회적 현안 해결은 물론, 산업화 측면에서도 민간 활용이 높은 지능형, 융합형 데이터 개방이 요구되고 있었다.

해양수산 빅데이터 플랫폼 체계

이에 해양수산부는 2016년부터 각 영역에서 구축한 해양정보를 공간적으로 통합하여 공공과 민간에서 자유롭고 다양한 활용이 가능하도록 지원하기 위한 해양수산

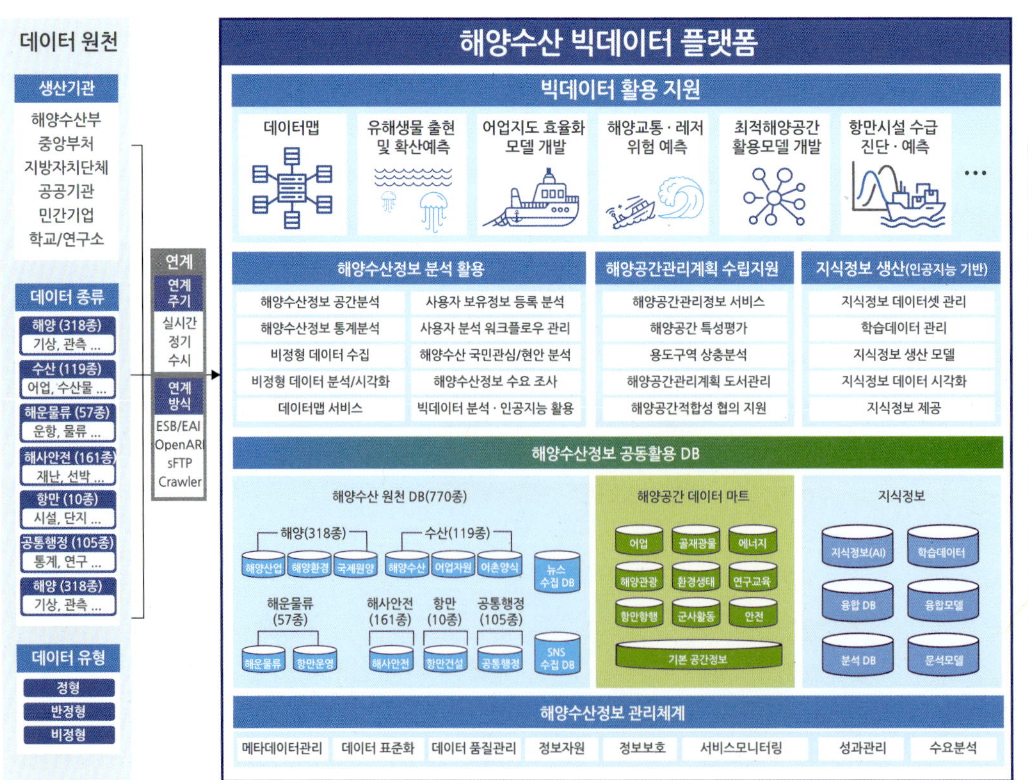

해양수산부 2019

공간정보 통합체계 구축 계획(ISP)을 진행하였다. 이러한 작업은 4차 산업 혁명에 따른 사회적 요구와 가치 변화를 고려하여 해양수산정보를 개방하기 위한 것이었으며, 해양수산정보 종합관리기반을 구축함으로써 예측기반 정책지원 정보를 서비스하기 위한 것이었다.

해양수산 빅데이터 플랫폼 (www.vadahub.go.kr)

추진 근거는 해양수산발전기본법 제32조, 해양수산정보 공동이용규칙 제6조 등이었으며 해양공간통합관리 지원과 관련해서는 해양공간계획 및 관리에 관한 법률 제18조 및 제19조 등이며, 문재인 정부의 국정과제(84-5), 제4차 산업혁명 종합대책 등에 반영되어 그 추진의 탄력을 받게 되었다.

2018년부터 2020년까지 구축된 해양수산정보 공동활용체계 서비스는 크게 해양수산정보 소재검색 및 데이터 맵제공, 해양공간종합지도, AI 해양모델을 적용한 해양예측, 해양공간통합관리정보시스템, 빅데이터 분석 플랫폼으로 구성된다. 해양수산정보 소재검색 및 데이터 맵 제공은 기관별, 업무별 개별 구축된 해양수산정보의 현황 및 개요를 확인하여 검색서비스로 구현한 것이다. 관련 정보의 데이터명, 정보분류, 관리기관, 공개여부 조건에 따라 데이터 소재, 데이터맵 등의 정보 검색이 가능하다. 해양공간종합지도는 47개 기관 69개 시스템에서 수집된 해양수산정보를 격자기반 지도에 표출하고 가시화하는 서비스이다. 다양한 기관에서 수집된 약 25억3천만여 건의 원형 데이터값(Value)을 분석하고 사용자가 손쉽게 분석 및 활용할 수 있도록 데이터 형식과 용어를 표준화하여 제공하고 있다. AI 해양모델 기반 예측 시스템은 한정된 관측지점의 해양정보를 AI인공지능을 활용하여 시간적(연, 월, 일), 공간적(해역별) 연속 데이터(수온, 염분, 해상풍, 파랑 자료 등)로 생산하여 서비스하는 것이다. 해양공간통합관리정보시스템은 해양수산정보를 수집, 연계, 가공, 분석하여 해양공간계획 수립, 해양공간적합성협의 등 해양공간통합관리 업무를 지원하기 위한 시스템이다. 빅데이터 분석 플랫폼 제공 기능은 행정망을 통해 해양공간계획 등 해양공간관리 관련 행정기관 실무자에게 제공하는 것으로 사용자가 보유한 데이터를 직접 업로드하여 공간·빅데이터를 활용하여 분석할 수 있는 기반을 제공하는 것이다. 웹·소셜 정보를 활용하여 해양수산정보의 수요를 파악할 수도 있고 해양수산 업무분야의 다양한 관심 및 정책이슈를 분석하고 지원할 수 있다.

해양환경에 대한 국제사회의 관심은 이제 '해양이용과 해양환경'을 연안국에 전적으로 의존하지 않게 되었다. 해양환경은 이미 국제사회가 공동으로 해결하여야 할 과제이자, 훼손된 환경의 결과는 전 지구적 환경문제와 직결되기 때문이다. 해양환경 보전을 위한 국내정책으로는 사전환경성 검토, 배출규제와 오염관리, 해양쓰레기 관리와 자원순환 등이 있으며, 해양과 연안의 생태계 보호를 위한 해안선 관리 제도 등이 시행되고 있다.

해양환경보전 제도

Marine environment conservation system

사전 환경성 검토

사전 환경성 검토제도는 이용 및 개발로 인한 환경과 생태계훼손 그리고 그로 인한 피해를 최소화할 수 있는 방안을 찾기 위한 것으로 우리나라의 경우, 육상의 환경영향 평가제도와 해양의 해역이용 영향평가 제도가 구분되어 운영된다.

이문숙 한국해양과학기술원
오현택 국립수산과학원

● 육상과 해양의 사전 환경성 검토 제도 구분

사전 환경성 검토 제도는 이용 및 개발로 인한 환경과 생태계 훼손 그리고 그로 인한 피해를 최소화하기 위한 방안을 찾는 것으로 환경영향평가 Environmental Impact Assessment, EIA를 대표 용어로 사용하는 것이 일반적이다(이 책에서는 환경영향평가법에 따른 환경영향평가와 구분하여 사용할 필요가 있어 '사전 환경성 검토 제도'라는 용어를 사용한다).

육상과 해양이 만나는 연안은 육상과 해양의 환경 관리범위를 명쾌하게 나누기 어렵긴 하지만, 우리나라는 육상환경과 해양환경의 관리를 관리 행정기관의 소관 업무 및 관리 범위에 따라 구분하여 시행하고 있다. 사실 일부 이용 및 개발은 육상과 해양에 걸쳐 이루어진다는 등의 이유로 해양에서 이루어지는 이용 및 개발일지라도 사전 환경성 검토의 주체가 환경부장관이 되는 경우도 있다. 예를 들어 해상풍력발전사업, 연안준설사업, 항만개발사업, 공유수면 매립 사업 등이 그러하다. 그러나 이 경우에도 협의 과정에서 해양수산부장관의 의견을 필수적으로 듣도록 하여 기본적으로 해양분야의 사전 환경성 검토의 주체가 해양 소관 관청임을 인정하고 있다.

소관부처가 어디든 개발 및 이용에 대한 환경성을 검토하여 환경에 대한 영향을 줄이고자 하는 것이 모든 사전 환경성 검토 제도의 목적이며, 개별 수단들이 구분될지라도 근본 목적을 향한 궤는 같이한다.

육상의 사전 환경성 검토는 검토대상이 개발계획 혹은 개발사업인지에 따라 전략영향평가와 환경영향평가로 구분하며, 환경영향평가는 개발이 보호구역에서 이루어지는 것을 세분화하여 소규모 환경영향평가로 구분하고 있다. 반면, 해양의 환경성 검토는 검토대상이 계획단위인지 사업단위인지로 구분하지 않는다. 대상의 규모에

사전 환경성검토 제도 비교

	환경영향평가법			해양환경관리법	
	전략환경 영향평가	환경영향평가	소규모환경 영향평가	해역이용 협의	해역이용 영향평가
대상	정책계획 개발기본계획	개발사업	보호구역 등에서 이루어지는 일정규모 이상의 개발사업 (소규모 개발사업)	이용 및 개발행위	일정 규모 이상의 이용 및 개발행위
평가주체 (보고서 작성)	정책 및 개발기본계획의 수립주체(행정기관)	사업자	사업자	사업자	사업자
시기	계획 확정 전(前)	개발사업 확정 전(前)	개발사업 확정 전(前)	이용 및 개발행위에 따른 처분행위 (면허 등) 전(前)	이용 및 개발행위에 따른 처분행위 (면허 등) 전(前)
협의	해당 행정기관장 · 환경부장관	승인기관장(사업자) · 환경부장관	승인기관장(사업자) · 환경부장관	승인기관장(사업자) · 해수부장관	처분기관장 · 해수부장관

따라서 일정 규모 이상의 경우는 해역이용 영향평가로 구분하며, 또한 일정 규모 이하에서 일반해역 이용협의와 간이해역 이용협의로 구분하고 있다.

일반적인 개발 및 이용을 추진하는 단계가 (1) 정책방향 수립, (2) 개발 기본계획 수립, (3) 실시계획 또는 사업계획 수립, (4) 직접 개발행위로 이루어진다는 점을 고려한다면, 육상의 사전 환경성 검토는 그 대상으로 검토 유형을 구분하고 개발 및 이용이 결정되는 시기에 따라 적절한 환경성 검토방법을 적용한다는 측면의 장점이 있다. 해양의 사전 환경성 검토는 시기에 따른 구분을 하지는 않으나, 이용 및 개발로 인한 영향이 크고 사회적 갈등을 초래할 우려가 큰 대상에 대하여 집중적으로 검토할 수 있는 규모로 대상을 구분한다는 측면에서 의의가 있다. 다만 해양의 경우 해역이용 협의 및 해역이용 영향평가의 대상이 되는 시기가 환경영향평가의 대상이 되는 사업계획 정도에 걸쳐 있기 때문에 사실상 사전 환경성 검토의 성격을 가지지 못한다는 점은 지속적으로 한계로 지적된다.

● 해역이용 협의와 해역이용 영향평가

협의 대상

제도의 명칭으로 협의제도, 평가제도 등으로 구분하여 용어를 사용하고 있지만 우리나라의 사전 환경성 검토 제도는 협의제도라 표현하는 것이 명확한 표현이다. 개발자로 하여금 환경성 검토 보고서(해역이용 영향평가서, 해역이용 협의서 등)를 작성토록 하여 이를 협의권자가 협의하는 방식으로 진행되기 때문이다. 궁극적으로 이용 및 개발이 환경에 미치는 영향을 최소화하도록 조정하기 위해서는 개발주체가 아닌 협의권자가 개발 및 이용에 대한 환경성을 평가하도록 하면 좋겠지만, 평가에 들어가는 비용 등의 부담을 오염원인자 혹은 환경영향 유발자가 지도록 하기 위해서 개발 주체로 하여금 협의보고서를 작성해오게 하고 이를 협의권자가 검토하여 협의 의견을 주는 방식으로 진행된다.

해양환경관리법에서는 해역이용 협의의 대상을 (1) 공유수면 점용 · 사용 허가(바다골재채취 허가 및 바다골재채취단지 지정에 따른 점용 · 사용 허가는 제외), (2) 공유수면 매립면허, (3) 양식업 면허, (4) 바다골재채취예정지의 지정, (5) 바다골재채취의 허가, (6) 바다골재채취단지의 지정으로 규정하고 해역이용 영향평가의 대상은 (1) 공유수면 준설 및 굴착 행위, (2) 공유수면에서 흙이나 모래 또는 돌을 채취하는 행위, (3) 흙 · 돌을 공유수면에 버리는 등 공유수면의 수심에 영향을 미치는 행위, (4) 해저광물을 채취하는 행위, (5) 광물을 공유수면에서 채취하는 행위, (6) 해양심층수를 이용 · 개발하는 행위, (7) 바다골재 채취, (8) 바다골재채취단지의 지정, (9) 해상풍력발전소 설치 행위, (10) 기타 해양자원을 개발하는 행위 중 일정규모 이상에 해당하는 경우로 규정하고 있다.

해역이용 협의 및 해역이용 영향평가의 대상이 되는 사업은 공유수면에서의 공작물 설치, 공유수면 매립, 연안정비, 해안도로의 건설, 공유수면 준설, 양식장 시설 설치, 항만 개발, 어항 개발, 해상교량 건설, 산업단지 개발, 준설토 해양투기, 관광단지 조성, 조선단지 건설, 발전소 건설, 해상풍력발전단지 건설, 바다골재 채취, 해수의 인 · 배수, 가스전의 개발 등의 유형으로 구분된다. 해역이용 협의 및 해역이용

환경성 검토 제도의 비교

행위구분		해역이용 협의		해역이용 영향평가	환경영향평가
		간이	일반		
공유	수역개발 · 점용	< 항만 · 신항만 · 어항 >			
수면점 · 사용	1. 기본시설	일반 ↓	L=150m ↑ 3천 m^2 ↑	-	L=300m ↑ (외곽)
	2. 기능시설	일반 ↓	3천 m^2 ↑	-	-
	3. 준설사업	일반 ↓	5만 m^2 ↑ 10만 m^3 ↑	-	10만m^2 ↑ 20만m^3 ↑

행위구분		해역이용 협의		해역이용 영향평가	환경영향평가
		간이	일반		
수면점·사용	4. 기타 점·사용	일반 ↓	5만 m^2 ↑	-	15만 m^2 ↑
	5. 공작물 설치	일반 ↓	L=150 m ↑ 3천 m^2 ↑		-
	6. 접속토지 굴착	일반 ↓	2만 m^2 ↑ 5만 m^3 ↑	-	-
	7. 준설 및 굴착	일반 ↓	5만 m^2 ↑ ~10만 m^2 10만 m^2 ↑ ~20만 m^3 (*어장유지 10만㎥ ↑, -20만 m^2 ↑)	10만 m^2 ↑ 20만 m^3 ↑ (*항로 유지준설은 제외)	*항만지역 이외에서의 준설은 환경영향평가 비대상
	8. 포락지·간석	-	모든 면적	-	-
	9. 인·배수	일반 ↓ (*육상양식목적)	관의 지름≥400㎜	-	-
	10. 토석 등 채취	-	20만 m^3 ↓ (영해) 40만 m^3 ↓ (EEZ)	20만 m^3 ↑ (영해) 40만 m^3 ↑ (EEZ)	-
	11. 식물 재배 등	일반 ↓	5만 m^2 ↑	-	-
	12. 해양투기 등	-	20만 m^3 ↓ (영해) 40만 m^3 ↓ (EEZ)	20만 m^3 ↑ (영해) 40만 m^3 ↑ (EEZ)	-
	13. 광물 채취	-	10만 m^2 ↓ 20만 m^3 ↓ (영해) 20만 m^2 ↓ 40만 m^3 ↓ (EEZ)	10만 m^2 ↑ 20만 m^3 ↑ (영해) 20만 m^2 ↑ 40만 m^3 ↑ (EEZ)	에너지광물 30만 m^3 ↑ (해안선) 모든 광물 ↑ (강원, 경북 2만 m^3 ↑, 기타 3만 m^3 ↑)
	14. 단순점용	모든 면적 (*개선복구사업= 간이) (*해변의 이동 시설물 설치는 협의대상 제외)	-	-	-
골재 채취	1. 골재 채취	-	20만 m^3 ↓ (영해) 40만 m^3 ↓ (EEZ)	20만 m^3 ↑ (영해) 40만 m^3 ↑ (EEZ)	25만 m^2 ↑ 50만 m^3 ↑ /광구
	2. 예정지 지정	-	모두 해당	-	25만 m^2 ↑ 50만 m^3 ↑
	3. 골재단지 지정	-	모두 해당	모두 해당	모두 해당
공유수면 매립	1. 공유수면법	-	모든 면적	-	3만 m^2 ↑ (항만, 보전지역) 30만 m^2 ↑ (기타지역) 100만 m^2 ↑ (농어촌정비법)
면허어업	1. 면허어업	< 특별 관리해역 >			
		모든 면적	-	-	-
자원이용	1. 해저광업	-	-	모든 면적 및 채광량	모든 면적 및 채광량
	2. 심층수개발	-	-	5만 m^3/일 ↑	-
	3. 기타 이용	-	-	10만 m^2 ↑ 20만 m^3 ↑ (영해) 20만 m^2 ↑ 40만 m^3 ↑ (EEZ)	-

영향평가를 진행하는 시기는 사업 유형에 따라 일부 차이가 있지만, 골재 채취, 공유수면 매립을 제외하고 나머지는 개별 행위 단위의 공유수면 점용 및 사용 허가 시 진행하게 된다. 주로 준설, 공작물 설치, 굴착, 인 · 배수, 토석 채취, 식물 재배, 해양투기 등이다. 이용 및 개발 방향이 결정되는 정책 수준이나, 개발기본계획보다 훨씬 나중에 이루어지는 개별행위에 대한 허가 단계에서 협의 및 영향평가를 실시토록 하고 있다.

해역이용 협의 및 해역이용 영향평가의 대상은 개발사업 유형에 따라서도 일부 구분이 되지만, 주된 구별은 개발 규모에 있다. 해역이용 영향평가는 가장 큰 규모에서 실시하며, 준설 및 굴착은 면적 10만 m^2 이상이거나 부피 20만 m^3 이상인 경우, 토석채취는 20만 m^3 이상(영해) 혹은 40만 m^3(EEZ) 이상인 경우, 해양투기는 20만 m^3 이상(영해) 혹은 40만 m^3 이상(EEZ), 광물채취는 영해 면적 10만 m^2 이상, 부피 20만 m^3 이상, EEZ 면적 20만 m^2 이상, 부피 40만 m^3 이상, 골재 채취 허가는 영해 20만 m^3 이상, EEZ 40만 m^3 이상, 골재채취단지 지정은 모두 해당, 해저광업 허가는 모두 해당, 심층수 개발은 5만 m^3/일 이상에 해당한다.

협의체계

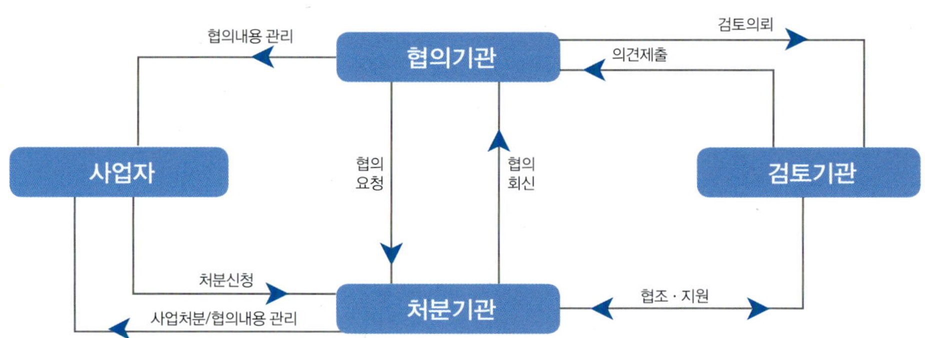

● 방법 및 절차

해역이용 협의 및 영향평가의 절차는 협의준비, 협의요청, 협의, 사후관리 등 크게 4단계로 이루어진다.

협의준비단계에서 실 사업자는 협의서류(요청서, 협의서, 평가서 등)를 준비 · 작성한다. 이 단계에서 이해관계자 의견 수렴 등을 거쳐 협의서류에 해당 내용을 포함하여야 한다.

협의요청 단계는 사업자가 처분기관(협의요청기관)에 협의서류를 제출하고 처분기관이 협의기관(해양수산부장관)에 협의를 요청하는 단계이다. 처분기관은 주로 개발이용계획 및 사업 등을 승인 · 허가 · 처분하는 기관으로, 사업자를 대신하여 협의

기관과 행정기관 대 행정기관으로 협의를 실시하는 기관이다.

협의단계는 협의를 요청받은 협의기관이 협의서류를 접수하고 검토하여 협의 의견서를 작성하는 단계이다. 이때 협의서류가 불충분하다고 판단되면 반려 또는 보완요구를 할 수 있다. 협의단계에서 협의를 요청받은 협의기관은 해역이용 영향평가 검토기관, 자문위원, 전문연구기관 등의 의견을 듣거나 필요한 경우 환경부, 협의기관 외의 지방해양수산청 등의 의견을 들을 수도 있고, 중점검토가 필요하다고 인정되는 경우에는 현장방문, 해역이용 검토협의회 등의 개최를 통해 집중적인 영향 검토를 진행할 수 있다.

마지막으로, 사후관리단계는 협의기관이 요청받은 협의에 대한 검토를 완료하여 협의 의견을 처분기관에 통보하고 사업자, 처분기관, 협의기관이 사후관리조치를 하는 단계이다. 이때 사업자는 사후영향조사를 실시하고, 처분기관은 사후영향조사 결과에 대하여 협의기관에 통보하고, 협의기관은 사업자와 처분기관의 사업관리 내용을 검토하여 필요한 경우 보완 요청 등을 할 수 있다. 해양환경관리법에 근거해 해역이용 협의의 경우 최초 협의요청이 이루어진 날로부터 30일 이내, 해역이용 영향평가는 45일 이내에 협의 의견을 통보하여야 한다.

협의서 및 평가서의 주요 내용

평가항목	주요 내용
해양물리	• 수온, 염분, 조류, 조위 등 분석 • 해수유동, 부유사 확산 등 예측
해양화학	• 작업공정별 발생 오염원 분석 • 해양환경기준과의 적합여부
해양 지형 · 지질	• 해안선 및 지형의 변화 분석 • 퇴적환경의 변화 예측
해양퇴적물	• 퇴적물 오염도 분석 • 입도 등 퇴적물 물성 분석
부유생태계	• 동 · 식물 플랑크톤의 현황 등 분석 • 군집구조의 변화 분석
저서생태계 (조간대생물 포함)	• 서식밀도, 생체량, 출현종 등 분석 • 군집의 변동성 파악
어류 및 수산자원 (어란 및 자치어 포함)	• 어류 및 수산자원의 군집 구조 • 사업으로 인한 피해영향 파악
경관 및 위락	• 사업시행 후 경관영향 분석 • 해양관광 등에 대한 영향
보호종 및 보호구역 등	• 해양보호생물의 현황, 보전대책 • 양보호구역 등 규제지역의 영향

해양이용협의 절차도

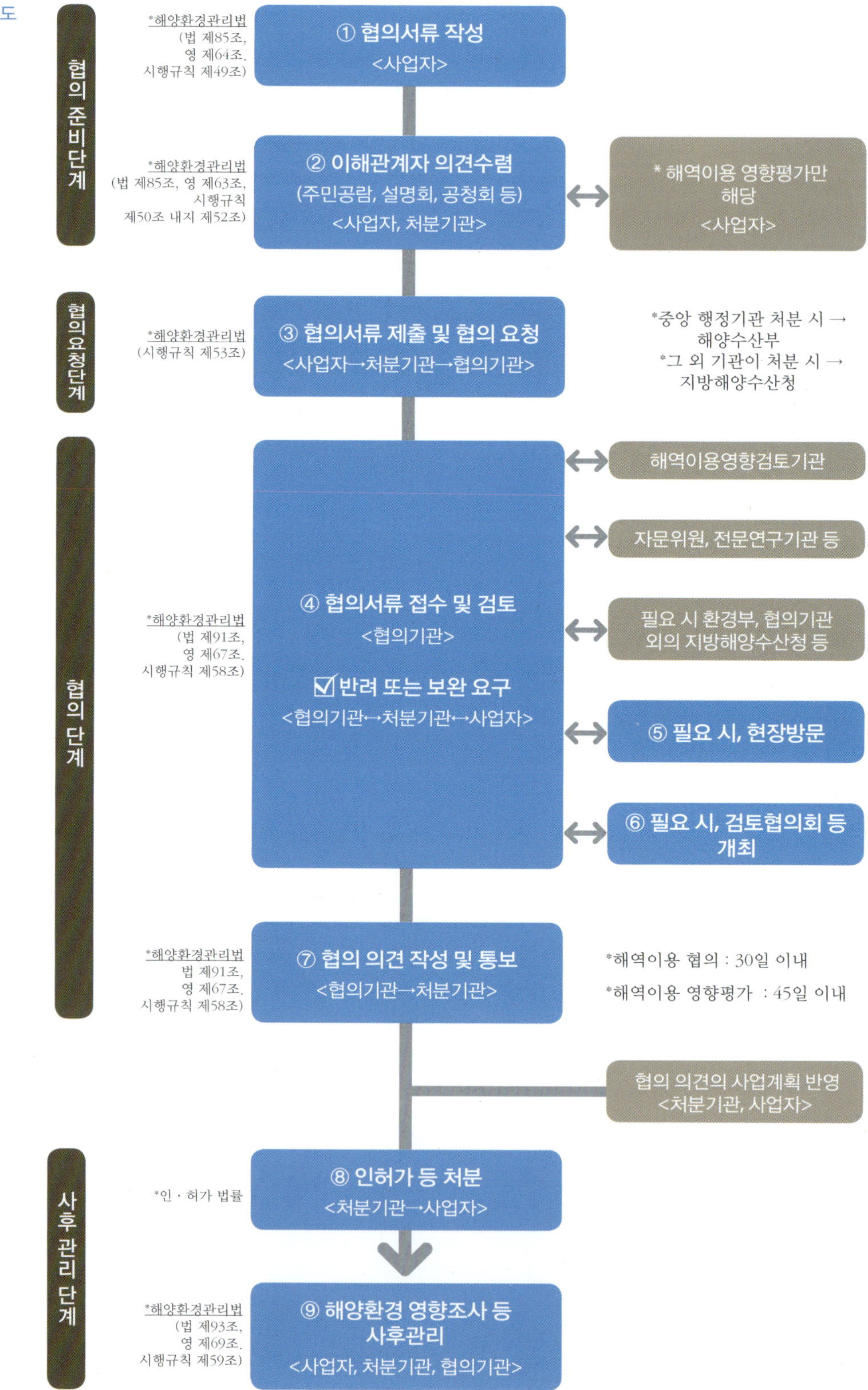
협의 준비단계
*해양환경관리법 (법 제85조, 영 제64조, 시행규칙 제49조)
① 협의서류 작성 <사업자>
*해양환경관리법 (법 제85조, 영 제63조, 시행규칙 제50조 내지 제52조)
② 이해관계자 의견수렴 (주민공람, 설명회, 공청회 등) <사업자, 처분기관>
* 해역이용 영향평가만 해당 <사업자>
협의요청단계
*해양환경관리법 (시행규칙 제53조)
③ 협의서류 제출 및 협의 요청 <사업자→처분기관→협의기관>
*중앙 행정기관 처분 시 → 해양수산부
*그 외 기관이 처분 시 → 지방해양수산청
협의 단계
*해양환경관리법 (법 제91조, 영 제67조, 시행규칙 제58조)
④ 협의서류 접수 및 검토 <협의기관>
반려 또는 보완 요구 <협의기관↔처분기관↔사업자>
해역이용영향검토기관
자문위원, 전문연구기관 등
필요 시 환경부, 협의기관 외의 지방해양수산청 등
⑤ 필요 시, 현장방문
⑥ 필요 시, 검토협의회 등 개최
*해양환경관리법 법 제91조, 영 제67조, 시행규칙 제58조)
⑦ 협의 의견 작성 및 통보 <협의기관→처분기관>
*해역이용 협의 : 30일 이내
*해역이용 영향평가 : 45일 이내
협의 의견의 사업계획 반영 <처분기관, 사업자>
사후 관리 단계
*인 · 허가 법률
⑧ 인허가 등 처분 <처분기관→사업자>
*해양환경관리법 (법 제93조, 영 제69조, 시행규칙 제59조)
⑨ 해양환경 영향조사 등 사후관리 <사업자, 처분기관, 협의기관>

해역이용 협의를 위해 제출하는 해역이용 협의서와 해역이용 영향평가를 위해 제출하는 해역이용 영향평가서에 담겨야 하는 해양환경 영향 예측 및 분석 항목은 해양물리, 해양화학, 해양지형 및 지질, 해양퇴적물, 부유생태계, 저서생태계(조간대 생물 포함), 어류 및 수산자원(어란 및 자치어 포함), 경관 및 위락, 보호종 및 보호구역 등으로 구분된다. 항목별 현상태를 판단하기 위한 자료와 개발 시 예측되는 영향을 분석하여 제시하여야 한다. 또한 공통적으로 해양환경 영향저감방안, 사후 해양환경 영향조사계획을 포함하여 제시하여야 하며, 보호구역 및 규제지역을 확인하여 기술하고 상위계획 및 관련 계획과의 조화, 이해관계자 의견 및 갈등사항 · 의견수렴 사항을 기술하도록 한다. 다만 해역이용 협의서의 경우 대안비교가 포함될 수 있다.

● 사후관리

해역이용 협의 및 영향평가의 사후관리는 법령에 따른 사후관리조사와 해양환경 영향조사로 구분하여 이루어진다. 사후관리조사는 협의기관이 사업자가 협의내용을 준수하고 있는지, 처분기관이 이를 적정하게 관리 감독하고 있는지 여부를 관리하는 조사이며, 해양환경 영향조사는 사업 실시 이후 발생하는 해양환경 영향 정도를 사업자가 모니터링하고 조사서로 작성하여 협의기관에 제출토록 하는 제도이다. 협의기관은 해양환경 영향조사서에 대한 검토 결과에 따라 해양환경에 대한 피해가 발생하는 것으로 인정되는 경우 처분기관에 해양환경 피해 저감을 위한 조치를 요청할 수 있다.

사후관리조사의 대상은 (1) 해양환경에 미치는 영향이 크고 해양환경 피해 발생이 우려되는 사업, (2) 해양환경 훼손, 해양오염, 수산자원 피해 및 주민 건강상의 피해 우려로 다수인의 민원이 제기된 사업, (3) 협의기관과 처분기관이 동일한 사업, (4) 중점검토가 요구되는 해양환경 보호지역 또는 규제지역에 포함된 사업, (5) 그 밖에 사업의 특성 및 환경적 여건을 고려하여 사후관리조사가 필요하다고 인정되는 사업이다. 해양환경 영향조사는 일반 해역이용 협의 대상 사업(공유수면 매립 대상 사업으로 매립 면적 1만 5천 m^2 미만인 경우는 제외), 해역이용 영향평가 대상 사업이다.

사업자, 처분기관, 협의기관은 모두 개발사업 추진과 환경성 검토에 의무와 책임을 다하기 위한 사후관리 역할을 수행함으로써 개발에 따른 환경영향을 최소화하는 제도의 목적에 기여하게 된다.

배출 규제와 오염관리

해양오염의 발생은 오염물질이 선박 등에서 해양에 직접 배출되는 경우와 육상기 오염원이 해양으로 직 · 간접적으로 배출되는 경우로 구분 · 관리된다.

김경태 · 이문숙 한국해양과학기술원

해양오염의 발생은 크게 선박 등을 통해 오염물질이 해양에서 직접 배출되는 경우와 육상기 오염원의 배출로 인해 해양에 직 · 간접적으로 배출되는 경우로 구분할 수 있다. 전자의 경우, 선박 등으로부터 배출할 수 있는 오염물질의 종류, 수준, 장소 등을 제어(배출규제)함으로써 관리하고, 후자의 경우 유역에 기반한 해역관리, 오염총량관리 등을 통해 관리된다.

● 배출 규제

런던협약(London Dumping Convention)은 선박, 항공기, 해양시설로부터 나오는 폐기물 등의 해양투기 및 폐기물의 해상소각에 대한 규제를 목적으로 비준된 조약이다. 1975년 효력 발생 이후 우리나라도 1992년 협약에 가입해 1994년부터 효력이 발생하였다. 1996년 런던협약은 해양오염방지를 더욱 현실화하기 위해 협약 당사국의 이행준수 강화 등을 목적으로 런던협약 96의정서를 채택하였는데, 여기에서는 사전예방원칙과 오염원인자 부담원칙을 도입하고 8개 허용물질(하수침전물 찌꺼기, 준설물, 생선폐기물, 천연기원유기물, 불활성 무기지질물질, 플랫폼 해상구조물, 강철 콘크리트재질의 대형물질, CO_2 스트림)을 제외한 모든 물질의 배출을 금지하였다. 또한 해상소각 금지, 덤핑, 소각을 위한 폐기물 수출금지, 기타 폐기물 배출관리를 위한 협약 당사국의 의무사항 등을 규정하고 있다.

이렇듯 런던협약이 각 국가의 고유 환경정책에 입각하여 자원개발에 대한 개별적 주권을 가지는 것을 전제로 투기에 의한 해양오염을 규제하고 그 밖의 다른 해양오염원을 가능한 한 신속히 규제하기 위한 조치를 강조함에 따라 당사국들은 이를 국내

제도화를 통해 수용하고 있다.

우리나라는 해양환경관리법을 통해 해양오염에 대한 관리를 수용한다. 해양환경관리법에서는 해양배출이 가능한 폐기물의 종류, 폐기물 배출해역의 지정·관리, 폐기물해양배출업, 폐기물위탁자의 신고 등에 대하여 규정하고 있다.

폐기물 배출해역은 서해병, 동해병 및 동해정 3개 해역에서 지정·운용되고 있는데, 배출해역에 대해서는 해양배출이 해양환경에 미치는 영향을 분석·평가하여 배출해역 별로 폐기물 최대 배출허용량을 제한하여 관리하고 있다. 배출해역과 인근해역에 대한 오염도는 매년 모니터링하여 배출에 따른 해양환경 영향을 감시하고 있다.

폐기물을 해양에 배출하려는 경우에는 먼저 폐기물 배출해역을 지정받고 해양폐기물을 위탁처리하고자 하는 자로부터 폐기물을 위탁받아 지정된 해역에 배출할 수 있다. 배출업자는 폐기물해양배출업 등록이 되어 있어야 하며, 폐기물발생업체는 지방해양수산청에 직접 폐기물위탁·처리 신고를 하고 위탁·처리 신고증명서를

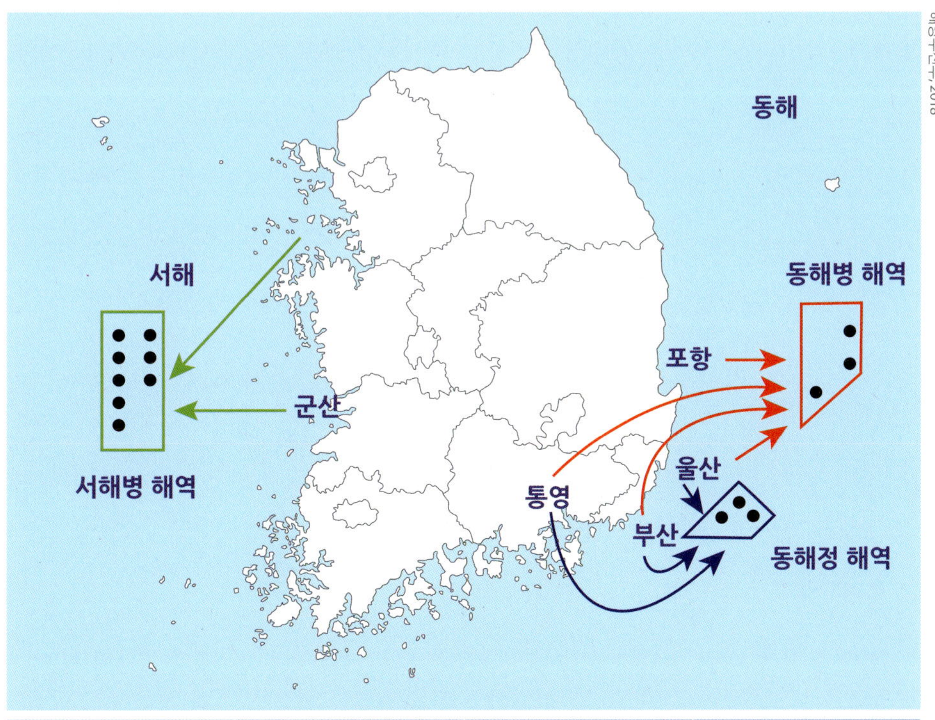

해양수산부, 2018

폐기물 배출해역

구분	동해병 해역	동해정 해역	서해병 해역
위치	포항 동방 125 km	울산 남동방 63 km	군산 서방 200 km
해역면적	3,538 km^2	1,189 km^2	3,165 km^2
평균수심	200～2,000 m	150 m	80 m

발급 받아야 한다. 현재 해양배출이 가능한 폐기물은 국제협약에서 허용한 동식물 잔재물, 수산가공 잔재물, 준설토 등 3종의 물질이다. 단계적으로 해양배출이 금지된 폐기물은 폐산 및 폐알카리(2002년 배출 금지), 건설공사오니(汚染; 오염 침전물) 및 청소준설토사(2006년 배출 금지), 정수공사오니(2007년 배출 금지), 가축분뇨, 가축분뇨처리오니 및 하수오니(2012년 배출 금지), 분뇨, 음식물 처리폐수 및 분뇨처리오니(2013년 배출 금지)이다. 또한 배출이 가능한 3종에 해당하여도 해양환경관리법 시행규칙 제12조 제2항 별표8에 따른 폐기물 해양배출 처리기준에 적합하여야 한다.

폐기물 해양배출자는 오염자부담원칙에 따라 부담금을 징수받는데, 부담금은 배출량, 폐기물 종류에 따라 차등 부과된다. 이는 수산발전기금 내 해양환경사업 계정을 두고 해양환경개선사업 목적으로 사용되는 해양환경개선자금으로 운용된다. 기금 위탁관리는 수협이 하며 기금 사용이 가능한 해양환경개선사업은 (1) 해양오염방지 및 해양환경의 복원에 관한 사업, (2) 해양환경의 보전 · 관리에 관한 사업, (3) 친환경적 해양이용 사업자 및 연안주민에 대한 지원 사업, (4) 해양환경개선조치에 대한 사업, (5) 해양환경 관련 연구개발사업, (6) 해양환경의 조사 · 연구 · 홍보 및 교육에 관한 지원사업, (7) 해양오염에 따른 어업인 피해의 지원 등 수산업 지원사업, (8) 친환경 선박의 기수개발 및 이용 · 보급을 위하여 필요한 사업 등이 해당한다.

〈부담금 산정방법〉

폐기물 해양배출량(m^3) × 단위당 기준부과금액× 부과계수

* 단위당 기준 부과금액 : 1,100원
* 부과계수 : 폐기물 종류별 1.0 ~2.34 (준설토 1.0, 분뇨 1.2, 분뇨처리오니 2.34)

● 해역관리

앞서 살펴본 직접 관리수단인 배출규제와 달리 해역관리, 오염총량관리는 해양오염에 대한 간접 관리수단이다. 근본적으로 하천으로 배출되는 오염을 관리함으로써 연안과 하구역의 수질 및 생태계를 유지 · 관리하기 때문에 유역관리의 한 종류로 보기도 한다.

우리나라 유역관리의 출발은 급속한 경제발전에 따른 연안의 도시화와 산업화이다. 연안의 도시화와 산업화는 육상기 오염원의 배출을 지속적으로 증가시켜왔고 그로 인해 특정 지역에서는 해양 수질과 연안퇴적물의 오염이 심각 수준에 이르렀다.

환경부는 이에 2002년 유역관리체제틀을 마련하고 4대강을 중심으로 중앙정부, 지자체, 지역주민 및 시민단체가 함께하는 상 · 하류 통합관리를 실시하기 시작하였다. 환경부의 유역관리는 수질관리를 목적으로 상 · 하류의 수자원 및 토지자원을 통합 관리하는 제도로, 핵심적인 수단은 수변구역 제도와 오염총량 관리제도이다. 그러나 이 제도만으로 유역의 최말단 연안 및 해양까지 관리가 이루어지기에는 한계가 있었고, 연안의 경우 관리 범위나 방법에 있어 연안역 특성을 고려한 결정이 요구되었다. 이에 등장한 제도가 해역관리제도이다. 대표적인 이행수단으로 환경관리 해역과 연안오염 총량관리제도가 있다.

대부분 하천을 통해 육상으로부터 해양으로 배출된다는 점을 고려하여 해역관리 범위는 기본적으로 하천 수계영역을 기반으로 설정된다. 국토환경관리 측면에서 전 국토의 수계영역을 설정하고 유역관리체계를 구축하고 있는 것과 유사하게 연안역을 중심으로 특정 연안에 집중적인 배출관리가 필요한 수계영역을 통합관리하기 위해 환경관리 해역을 설정하여 관리한다.

해양수질오염은 육상과 달리 지극히 천천히 나타나며, 오랜 시간 축적되어 오염과 피해가 발생하기 시작하면 그 수준이 심각하고 단시간 내에 회복하기 어렵다. 따라서 상대적으로 해양수질오염에 대한 경각심이 낮았고 관리체계를 구축 · 운영해온 역사가 비교적 짧은 편이다. 하지만 해역관리는 집중 개발이 이루어진 연안해역의 수질 개선 효과를 상당히 내면서 해양환경의 보전 및 관리를 위한 대표적 제도로 자리 잡아왔다.

이 책에서는 2007년 제정된 해양환경관리법에 근거한 해역관리 정책 중 환경관리 해역과 연안오염 총량관리에 대하여 기술하고자 한다.

● 환경관리 해역

환경관리 해역 지정 현황

우리나라는 해양환경을 체계적으로 보전 · 관리하기 위해 2000년부터 환경관리 해역제도를 도입하여 시행하고 있다. 이 제도의 지역적 관리범위는 육상오염원이 해역 환경에 미치는 부정적 영향을 관리하기 위해서 육지부도 포함하고 있다.

해양환경관리법 제15조(환경관리 해역의 지정 · 관리)에 의하면 해양수산부장관은 해양환경의 보전 · 관리를 위하여 필요하다고 인정될 경우 환경보전 해역과 특별 관리 해역(이하 '환경관리 해역')을 지정 · 관리할 수 있다. 이 경우 해양수산부장관은 중앙

해양수산발전 기본계획 및 하위 계획의 위상

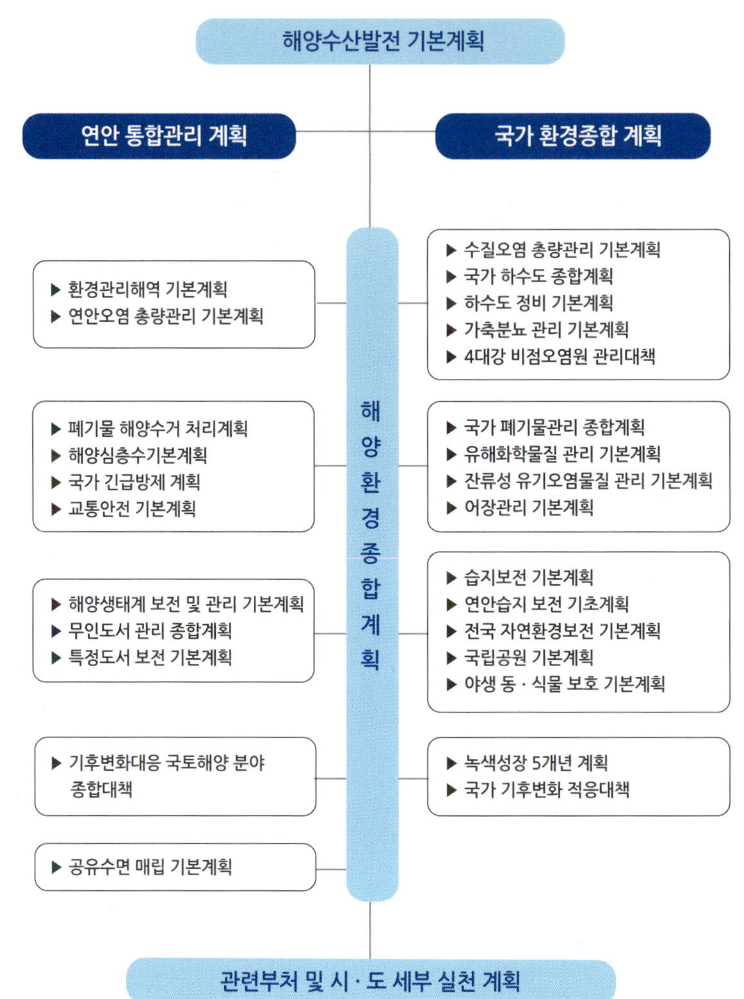

행정기관의 장 및 관할 시 · 도지사 등과 사전 협의하여야 한다.

환경보전 해역은 해양환경 및 생태계가 양호한 해역 중 「해양환경 보전 및 활용에 관한 법률」 제13조 제1항에 따른 해양환경기준의 유지를 위하여 지속적인 관리가 필요한 해역으로서 해양수산부장관이 정하여 고시하는 해역이다.

특별 관리해역은 「해양환경 보전 및 활용에 관한 법률」 제13조 제1항에 따른 해양환경기준의 유지가 곤란한 해역 또는 해양환경 및 생태계의 보전에 현저한 장애가 있거나 장애가 발생할 우려가 있는 해역으로서 해양수산부장관이 정하여 고시하는 해역이다.

또한 환경관리 해역의 지정 목적이 달성되었거나 지정 목적이 상실된 경우, 또는 당초 지정 목적의 달성을 위하여 지정범위를 확대하거나 축소하는 등의 조정이 필요한 경우, 환경관리 해역의 전부 또는 일부의 지정을 해제하거나 지정범위를 변경하여 고시할 수 있다. 이 경우 해양수산부장관은 대상 구역의 관할 시 · 도지사와 미리 협의하여야 하도록 규정하고 있다.

한편 특별 관리해역의 경우 1981년 해양오염방지법에서 지정근거를 마련하였으며, 1982년 10월에 울산, 부산, 진해, 광양 등 4개 해역 해면부 934 km^2를 특별 관리해역으로 지정(환경청고시 제82-6호)하였다. 1995년에는 해양오염영향권 내의 육지부를 포함하는 지정 및 행위제한 근거를 마련하였다. 1996년부터 1997년까지 특별 관리해역 추가지정을 위한 계획을 수립하였다. 당시까지는 현재의 환경보전 해역과 특별 관리해역이 분리된 개념이 아니었다. 1997년 7월부터 1999년 2월까지 원활한 해역 지정 및 효율적인 해역 관리를 위한 제도 개선안이 마련되면서 환경보전 해역과 특별 관리해역의 구분 지정, 관리기본계획 수립 · 시행 및 지정 절차 · 방법에 대한 개선 작업이 이루어졌다.

2000년 2월에 비로소 해양수산부 고시 제2000-3호에 의해 4개의 환경보전 해역과 5개의 특별 관리해역을 구분하여 고시하였으며, 현재까지 환경관리 해역으로 지정 · 관리하고 있다.

환경관리 해역 지정 현황

구분	해역명	지정면적(km^2)		
		전체	해면부	육지부
환경 보전 해역	가막만	255.29	154.17	101.13
	득량만	550.25	315.74	234.51
	완도 · 도암만	769.98	338.48	431.50
	함평만	306.61	140.73	165.87
	소계	1,882.13	949.12	933.01
특별 관리 해역	광양만	465.93	131.37	334.56
	마산만	300.65	142.99	157.66
	부산연안	741.50	235.73	505.77
	울산연안	200.85	56.56	144.29
	시화호 · 인천연안	1,181.88	605.76	576.12
	소계	2,890.81	1,172.41	1,718.40
총계		4,772.94	2121.53	2,651.41

해양수산부, 2020

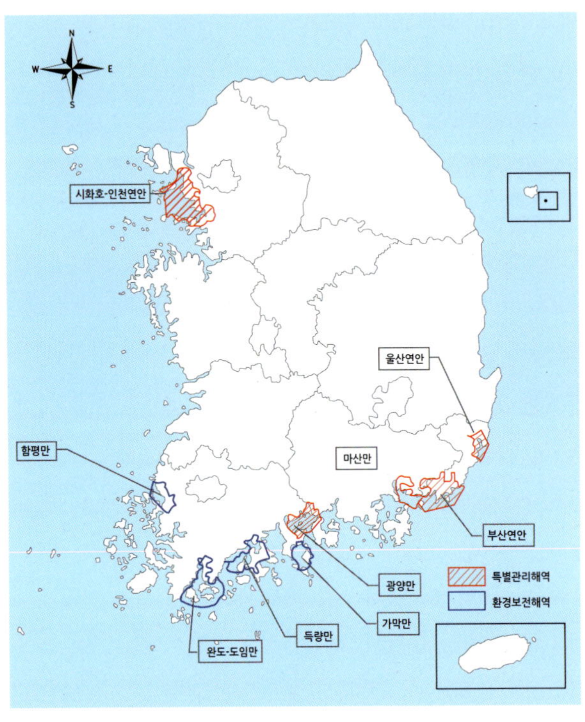

환경관리 해역 관리 현황

우리나라 연안의 과학적, 체계적 관리를 위하여 2000년부터 도입된 환경관리 해역 제도는 9개 대상 해역의 관리를 위한 기본 방향과 중점 추진과제를 도출하여 포함하는 제1차 환경관리 해역 관리기본계획(2000년)을 마련하였다. 동 관리기본계획은 “기본방향-관리목표 및 추진전략”, “5개 부문 14개 중점추진과제”, “시범해역 및 해역별 중점 관리 계획”으로 구성되었다(아래 표). 관리 목표를 달성하기 위한 7개 정책방향으로는 “해양환경관리의 전문성 강화, 오염원의 체계적인 관리 시스템 구축, 해역특성을 고려한 최적 환경개선모델 정립, 생물다양성 유지·보호, 지역공동협력체제 구축,

환경관리해역 관리 기본계획 및 환경관리해역기본계획의 주요 내용

계획 차수	관리 목표 및 비전	중점 추진과제
제1차 환경관리 해역 관리 기본계획	관리목표 : 지속가능한 해양수산기반 조정, 해양친화적 수변공간 창조	5대 부문 14개 중점 추진과제 - 환경 · 자원관리형 통합모니터링 및 정보관리 시스템 구축 : 3개 과제 - 해역오염원의 체계적인 관리시스템 구축 : 3개 과제 - 해역특성에 부합하는 해양환경개선 대책 수립 · 시행 : 2개 과제 - 생물자원의 지속가능한 이용 및 생물다양성 유지방안 수립 · 시행 : 2개 과제 - 더불어 함께하는(Win-Win 전략) 정책수단 개발: 4개 과제
제2차 환경관리해역 기본계획	비전 : 우리를 품은 바다, 경제와 상생하는 연안 계획의 목표 - 특별관리해역은 WQI 3등급 이상(1~3등급)의 비율을 74.7%에서 80%로, 환경보전해역은 2등급 이상(1~2등급)의 비율을 85.5%에서 90%로 개선 - 5월과 8월의 저층용존 산소 농도는 2 mg/L 이하 발생건수를 20건(2008~2012)에서 16건(2013~2017)으로 개선	5대 전략 분야 28개 중점과제 및 60개 세부추진과제 설정 - 합리적 정책결정을 위한 과학적 진단 및 정보관리 : 6개 중점과제 - 해역별 특성 및 현안 해결 지향형 관리 실현 : 6개 중점과제 - 해양생태계 기반 해역관리체계 구축 : 6개 중점과제 - 협력과 책임에 기초한 통합적 거버넌스 구축 : 5개 중점과제 - 환경관리해역 실효성 확보를 위한 관리체계 정비 : 5개 중점과제
제3차 환경관리해역 기본계획	비전 : 깨끗하고 풍요로운 바다 계획의 목표 - 생태기반 해수수질 ‘좋음(2등급)’ 이상, 해저퇴적물 ‘관리기준’이하	4대 중점분야 14개 추진과제 및 34개 세부추진과제 설정 - 오염물질 유입차단 : 4개 추진과제 - 수질 · 저질 환경 개선 : 3개 추진과제 - 해양건강성 증진 : 3개 추진과제 - 관리역량 강화 : 4개 추진과제

관리계획 수립 · 시행의 체계화, 시범해역 선정 및 집중관리로 투자의 효율성 및 파급효과 제고"를 제시하였다.

그러나 동 기본계획은 해양환경개선을 위한 구체적인 실행사업과 예산 확보 · 집행을 주요 내용으로 하는 일반 사업계획과 달리 환경관리 해역의 발전방향을 포괄하는 정책계획이었다. 또한 계획의 시행기간을 별도로 규정하지 않아서 계획수립 주기가 임의적이었다. 그리고 법률에 명시되지 않은 비 법정 계획으로 수립되어 해양환경보전 · 관리를 위한 중점 추진과제의 이행을 위한 예산 확보 및 사업 추진을 위한 관계부처의 협조에 한계가 있었다.

현재는 환경관리 해역제도의 실효성을 확보하기 위하여 해양환경관리법(2007년 제정) 제16조에 따라 환경관리 해역으로 지정된 9개 해역을 총괄하는 환경관리 해역 기본계획을 5년마다 수립하고 있으며, 제2차 기본계획(2013~2017) 수립 · 시행에 이어 3차 기본계획(2018~2022)을 수립 · 시행하고 있다(앞의 표). 동 기본계획은 해양수산발전 기본법 제7조에 따른 해양수산발전위원회의 심의를 거쳐 확정되었다.

한편, 환경관리 해역 기본계획은 아래의 사항을 포함하여 수립하고 있다.

▶ 해양환경의 관측에 관한 사항

▶ 오염원의 조사 · 연구에 관한 사항

▶ 해양환경 보전 및 개선 대책에 관한 사항

▶ 환경관리에 따른 주민지원에 관한 사항

▶ 그 밖에 환경관리 해역 관리에 관하여 필요한 것으로서 대통령령으로 정하는 사항

환경 관리 해역 기본계획을 구체화하여 특정 해역의 환경보전을 위하여 하위 계획으로 해역별 관리계획을 수립 · 시행하도록 되어 있다. 해역의 해양환경 현황, 관리여건을 반영하고, 관계 행정기관과 사전 협의하게 되어 있다. 해역별 관리계획은 제1차(2004~2009), 제2차(2014~2018)가 수립 · 시행되었으며, 제3차(2019~2023)가 수립 · 시행 중이다.

한편, 특별 관리해역의 지역 관리 역량을 강화하기 위하여 각 해역 별로 다양한 이해관계자가 참여하는 협의체로 민관산학협의회를 구성 · 운영하고 있다. 민관산학협의회는 2005년 6월 마산만이 구성된 이후 현재는 전체 특별 관리해역에서 구성이 완료되었다. 다만 시화호는 타 해역과 달리 환경악화의 국가 및 사회적 이슈로 2002년부터 시화호관리위원회라는 명칭으로 구성 · 운영 중이다.

환경관리 해역 기본계획 및 해역별 관리계획에 대한 이행평가는 계획의 시행에 대한 점검 및 개선 방안을 마련하는 데 중요한 절차에 해당한다. 계획에 대한 평가는 최근에 마련된 「환경관리 해역 기본계획 및 해역별 관리계획 이행 실태의 평가 및

관리에 관한 규정」(해양수산부고시 제2016-25호)에 따라 시행되고 있다.

제2차 해역별 관리계획 추진과제에 대한 시행과 예산 집행 등 이행실태를 연차별로 평가한 결과 특별 관리해역이 환경보전 해역보다 높은 이행실적을 보였다. 그러나 해역별 관리계획에 대한 관리목표 달성률은 환경보전 해역이 특별 관리해역보다 상대적으로 높게 나타났다.

제1차 기본계획의 시행에 대한 평가에서도 사회적 관심이 높고 오염도가 심한 특별 관리해역, 관리 역량이 높은 해역과 그 외의 해역 간에는 추진 사업에 대한 관심도 그리고 예산 확보 · 집행에 대한 의지의 차이 등이 지적되었으나 해역별 관리계획에 대한 이행평가에서도 비슷한 평가 결과를 보인 바 있으며, 이러한 평가 결과는 차기 계획 수립에 반영되어야 할 것이다.

● 연안오염 총량관리

오염총량관리의 개념

우리나라에서 오염총량관리는 환경부에서 육지의 주요 수계에 도입한 정책 수단이다. 오염총량관리를 도입하기 전에는 생활하수와 산업폐수 등에 대하여 배출허용기준, 즉 오염물질에 대하여 농도를 정하여 관리하였다, 그러나 산업화, 도시화로 인하여 오염물질을 포함하는 오 · 폐수의 배출량이 증가하였으며, 각 오염원의 배출허용기준을 준수하더라도 하천 등 수계로 유입되는 오염물질의 양이 증가하여 수계의 수질환경기준을 초과하는 제도적 한계에 직면하게 되었다.

이에 따라 도입된 오염총량 관리제도는 관리하고자 하는 하천의 목표수질을 정하고, 목표수질을 달성 · 유지하기 위한 수질오염물질의 허용부하량(허용총량)을 산정하여, 해당 유역에서 배출되는 오염물질의 부하량(배출총량)을 허용총량 이하로 규제하거나 관리하는 제도이다.

총량관리제도 도입 배경

환경부 · 국립환경과학원

외국의 오염총량관리 현황

미국의 오염총량관리는 청정수법 제303조(d)의 규정에 의거하여 전통적인 처리 기술에 근거한 수질관리를 통해 해당 수역의 수질 목표를 달성할 수 없을 경우 수질에 근거한 일간 총 허용부하량 Total Maximum Daily Loads, TMDL 계획을 수립 · 시행하여 수질을 개선하도록 하고 있다.

미국의 TMDL은 수질환경기준을 초과하는 전체 수계구간을 대상으로 실시하고 있으며, 미국 51개주, 4개의 미국령에서 1995년 10월 이후 2018년 현재까지 78,630건의 원인오염물질에 대해 총 74,001건의 TMDL을 수립하여 관리하고 있다.

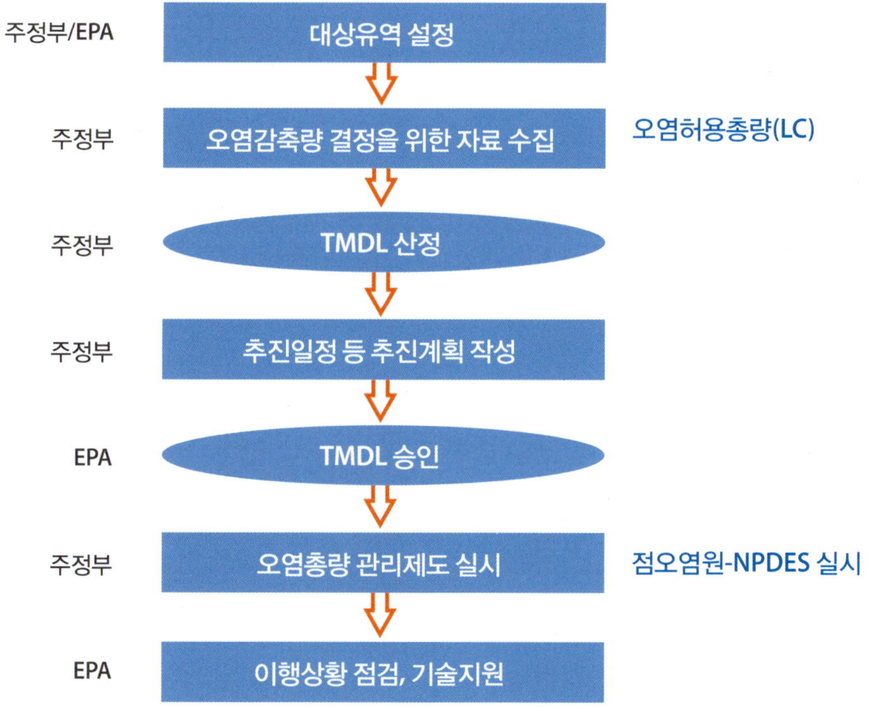

미국의 TMDL
수립·시행 흐름도

일본의 오염총량 관리제도는 도쿄만, 이세만, 세토내해 등 폐쇄 수역의 악화된 수질을 개선하기 위하여 실행 가능한 삭감목표량과 달성 목표연도를 정하여 이것을 지방정부, 발생원에 할당하고 이행하는 제도이다. 인구와 산업 성장, 폐수처리 기술 수준, 하수처리율 등을 고려하여 실행가능한 삭감목표를 정한 후 5년마다 기본방침을 수립 후 발생원, 지자체별 부하량, 삭감목표량을 제시한다. 1979년 COD를 대상으로 처음 시행되었으며, 2001년(제5차)부터는 질소와 인으로 확대 시행 중이다.

일본의 오염총량 관리제도 시행 현황

단계	기본계획 수립	대상물질	목표연도
1차	1979. 06	COD	1984
2차	1987. 01	COD	1989
3차	1991. 01	COD	1994
4차	1996. 04	COD	1999
5차	2001. 12	COD, N, P	2004
6차	2006. 11	COD, N, P	2009
7차	2011. 06	COD, N, P	2014
8차	2016. 09	COD, N, P	2019

● 우리나라의 오염총량관리 도입 현황

1998년 8월 팔당호 등 한강수계 상수원 수질개선 종합대책(안)(이하 '종합대책')을 통해 도입된 총량관리는 1999년 한강수계 상수원 수질개선 및 주민지원 등에 관한 법률 제정을 통해 수질오염총량 관리제도의 시행 근거를 확보하였다.

그리고 2002년에 3대강 수계(낙동강, 금강, 영산강 · 섬진강)의 수계 물 관리 및 주민지원 등에 관한 법률 제정으로 3대강 수계에 대한 법적 시행근거를 마련하였다.

한강수계의 경우 1999년 이후 잠실수중보 상류에 있는 광주시, 양평군, 남양주시, 용인시, 이천시, 가평군, 여주군 등 주요 시군이 총량관리시행계획 수립에 착수하였다. 그러나 광주시를 제외한 다른 시군은 제도 시행에 대한 의견 충돌로 시행이 지연되었다. 이후 광주시의 시행에 따른 총량관리제도에 대한 인식 호전으로 경기도 팔당 상류 7개 시군에서 임의제로 시행을 시작하였다.

한강수계 총량관리가 2013년 6월 임의제에서 의무제로 전환하여 시행 중이며, 대상지역도 팔당호 상류 경기도 7개 시군에서 팔당호 상 · 하류의 경기도, 서울시 및 인천광역시로 확대하여 시행하고 있다.

3대강 수계의 경우 시행근거인 3대강 수계(낙동강, 금강, 영산강 · 섬진강)의 수계 물 관리 및 주민지원 등에 관한 법이 2002년 제정된 이후 2004년에 BOD를 대상물질로 2005년 1차 수질오염총량관리제에 대한 기본계획을 승인하여 시행하였다. 2009년에 2차(2011~2015) 수질오염총량관리제에 대한 기본계획 승인으로 2011년부터 BOD와 TP를 대상으로 시행하였으며, 2016년부터 3단계(2016년~2020) 수질오염총량관리제를 시행하고 있다.

국내의 오염총량 관리 시행 현황 및 계획

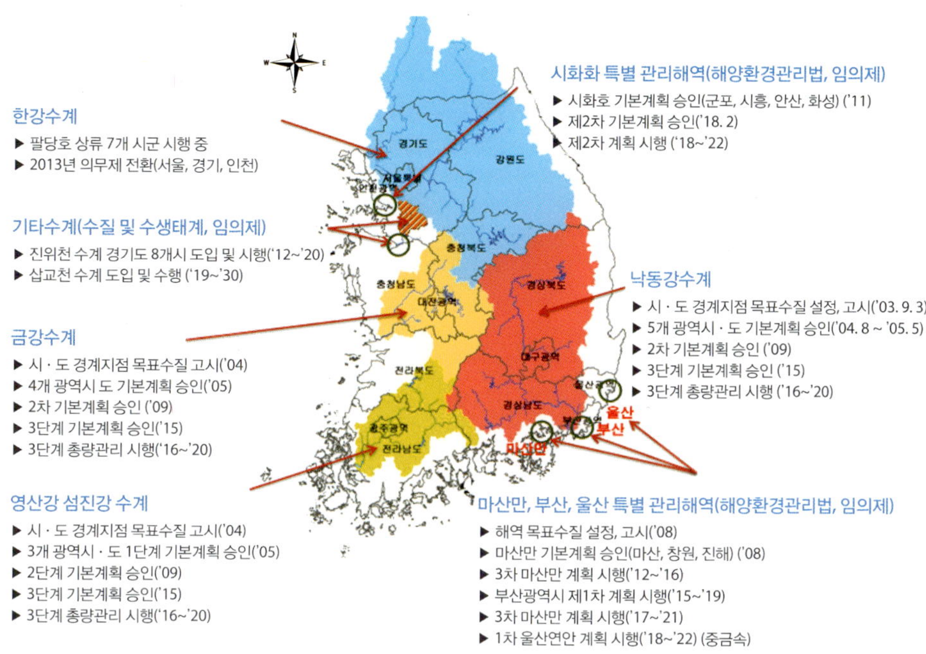

4대강 수계 이외의 기타 수계인 진위천과 삽교천 수계에 대해 수질오염총량관리가 시행되고 있다. 진위천 수계는 2010년에 기본계획이 승인되어 BOD를 대상으로 제1차 수질오염총량관리(2012~2020)가 시행 중이며, 삽교천 수계는 충청남도 3개 시군을 대상으로 2019년부터 BOD 및 TP를 대상으로 제1단계 수질오염총량관리(2019~2030)가 시행 중에 있다.

최근 본류 수질은 개선이 되었으나 지류의 수질개선이 미흡한 사례, 개발과 삭감 계획 적용 지역의 차이, 대상물질의 다양화 부족 등 유역단위 총량관리제의 한계를 보완하기 위해 지류별로 시급히 수질개선이 필요한 오염물질을 맞춤형으로 관리하는 지류총량제의 필요성이 증대하고 있다.

육상의 4대강 수계(한강, 낙동강, 금강, 영산강 · 섬진강)의 경우, 오염총량관리 조사 · 연구반을 4대강 수계 법률에 근거하여 환경부장관이 제도를 추진하는 과정에서 과학적 판단을 지원하기 위하여 관계 전문가 등으로 조사 · 연구반을 구성하여 운영 중이다.

연안오염 총량관리제 도입 · 시행

우리나라의 연안오염 총량관리는 해양수산부가 주관하여 수립한 범부처 합동계획인 제3차 해양환경보전종합계획(2006~2010)의 4대 주요 추진 사업 중 하나인 육상기인

오염원의 체계적 관리의 세부 사업으로 마산만 특별 관리해역 제1차 연안오염 총량관리(2007~2011)를 시범적으로 도입 · 시행하면서 시작되었다.

연안오염 총량관리는 특별 관리해역의 해양환경 개선을 위한 주요 정책적 수단으로 육상의 4대강 수계 및 기타 수계에서 시행 중인 오염총량관리와 비슷하게 해역의 환경관리 목표수질을 설정하고 허용부하량을 산정한 다음 목표수질의 유지 · 달성을 위해 유역에서 배출하는 오염물질의 총량을 허용부하량 이내에서 관리하는 제도이다. 연안오염 총량관리는 특별 관리해역 연안오염 총량관리 기본방침(해양수산부 훈령 제404호)에 따라 시행하고 있으며, 그림 6과 같은 절차에 따라 시행하고 있다.

이 제도의 시행은 해양환경관리법 제15조의2 제2항에 명시된 근거에 따른 조치사항인 동법 제15조의2 제2항 제2호에 의한 특별관리역 안에 소재하는 사업장에서 배출되는 오염물질의 총량규제에 따른 것이다. 동법 제15조의2 제3항에 의하면 오염물질의 총량규제를 실시하는 해역범위 · 규제항목 및 규제방법은 대통령령으로 정하도록 되어 있으며, 시행령 제11조에 따라 해양수산부장관은 오염물질의 총량규제를 실시하려는 경우 관계 중앙 행정기관의 장 및 시 · 도지사와 협의하여 오염물질 총량규제를 실시하는 해역을 지정 · 고시하도록 되어 있다.

또한 시행령 제12조에는 오염물질 총량규제 항목으로 (1) 화학적산소요구량, (2) 질소, (3) 인, (4) 중금속을 지정하고 있으며, 해양수산부장관이 관할 시 · 도지사와

연안오염 총량관리 수립 및 이행 절차

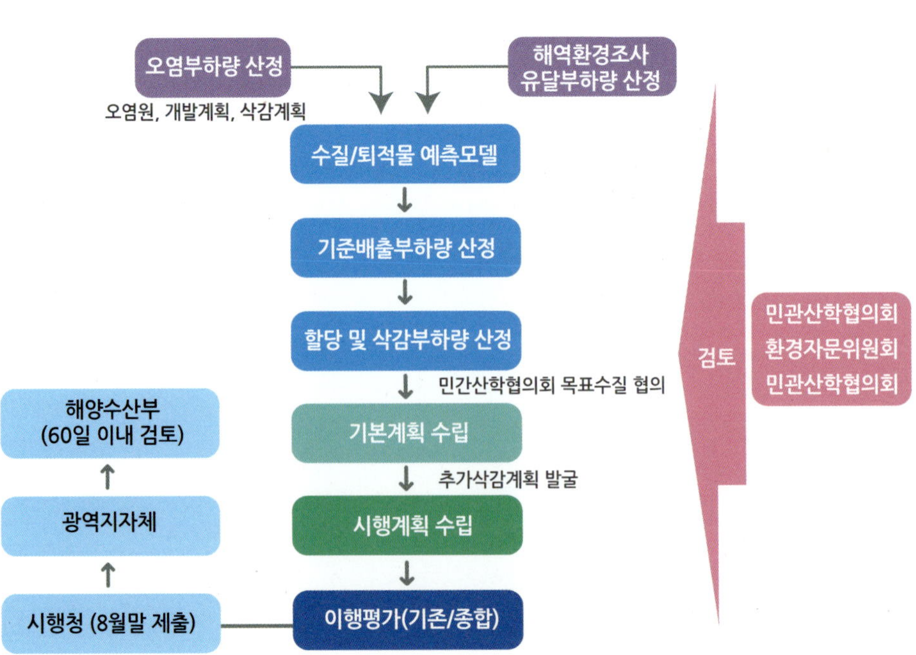

협의하여 결정하도록 되어 있다. 오염물질 총량규제를 실시하기 위하여 해양수산부장관은 아래 6개 사항이 포함된 총량관리기본방침을 수립하여 오염물질 총량규제 실시해역의 관할 시 · 도지사에게 알려야 한다.

⑴ 오염물질 총량규제 항목 및 목표수질

⑵ 오염원 조사 및 오염부하량 산정방법

⑶ 유역별, 행정구역별 및 오염원별 오염부하량의 할당

⑷ 시 · 지사가 수립하는 총량관리기본계획의 승인기준

⑸ 광역시장 · 특별자치도지사 · 시장 · 군수(광역시의 군수는 제외)가 수립한 총량관리기본계획의 승인기준

⑹ 총량관리기본계획 및 총량관리시행계획의 변경 시 승인을 요하지 않는 경미한 사항

마산만 특별 관리해역에 최초로 도입된 연안오염 총량관리제도의 경우 계획의 수립체제는 정책을 심의하고 결정하는 '관리위원회', 실무적인 검토를 수행하는 '민관산학협의회', 과학적 · 기술적 현안을 검토하는 '조사 · 연구반'으로 구성되어 있으며, 기술지침의 수립, 오염부하량 산정 및 목표수질 도출, 허용부하량 산정 등을 통해 과학적이고 체계적인 기반을 조성하였다.

마산만에 연안오염 총량관리가 도입된 이후 해양수산부는 특별 관리해역인 인천연안 · 시화호 특별 관리해역 중 폐쇄성이 강한 시화호의 해양환경 개선을 위하여 2013년에는 시화호 특별 관리해역, 2015년에는 부산연안 특별 관리해역, 2018년에는 울산연안 특별 관리해역을 확대 · 도입하였다.

울산연안 특별 관리해역은 다른 해역과 달리 퇴적물의 구리, 아연, 수은 등의 중금속을 대상물질로 하였으며, 그 외의 해역은 해수 중의 화학적산소요구량만을 시행하거나 화학적산소요구량과 인을 함께 대상물질로 정하여 시행하고 있다.

연안오염 총량관리의 이행평가

해양환경관리법 시행령 제14조에 따라 시행계획에 대한 이행실적을 매년 평가하게 되어 있다. 시행 주체인 지자체장은 총량관리시행계획에 대한 전년도의 이행사항을 해양수산부장관이 고시하는 바에 따라 평가하고 그 보고서(이하 '평가보고서')를 해양수산부장관에게 제출하여야 한다. 이 경우 시장 · 군수는 관할 도지사를 거쳐 제출하여야 한다. 그리고 해양수산부장관은 제출된 평가보고서를 검토한 후 오염물질 총량규제의 목적달성을 위하여 필요하다고 인정되면 광역시장 · 특별자치도지사 · 시장 · 군수에게 필요한 조치나 대책을 수립 · 시행하도록 요구할 수 있다. 이 경우

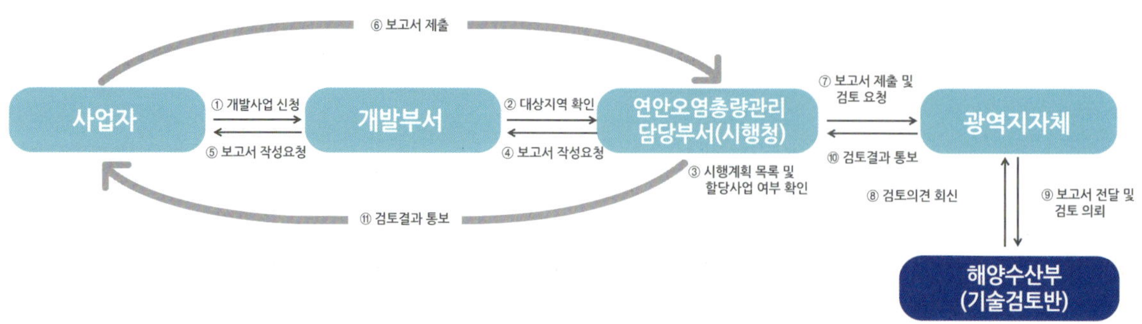

연안오염 총량관리의 기술검토 운영 절차

광역시장 · 특별자치도지사 · 시장 · 군수는 특별한 사유가 없으면 그 요구에 따라야 한다. 광역시장 · 특별자치도지사 · 시장 · 군수는 해양수산부장관이 정하는 바에 따라 오염원의 증감을 파악할 수 있도록 오염물질 총량규제 대장을 작성 · 보관하도록 되어 있다.

이행평가는 기본이행평가와 종합이행평가로 구분하여 실시하고 있으며, 기본이행평가는 전년도 1월 1일부터 12월 31일까지로 하고, 종합이행평가는 해당 차수별 계획기간 전체로 하고 있다.

연안오염 총량관리의 원활한 시행을 위하여 대상 해역 별로 기술지침을 마련하여 개발사업(환경개선사업)의 발생 및 배출부하량 산정에 대한 검토를 실시하고 있으며, 이는 각 해역 별로 구성된 기술검토단이 수행한다.

오염총량관리의 개념도

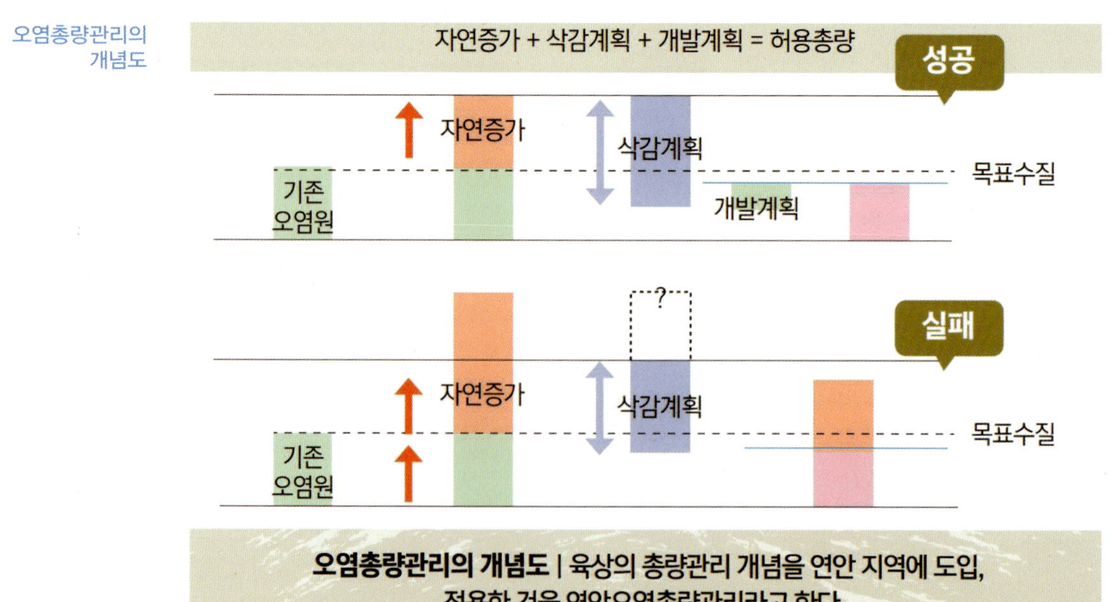

오염총량관리의 개념도 | 육상의 총량관리 개념을 연안 지역에 도입, 적용한 것을 연안오염총량관리라고 한다.

연안오염 총량관리의 성과와 한계

연안오염 총량관리가 시행된 특별 관리해역에서는 해양환경 개선을 위한 중앙 행정기관 및 지자체의 노력과 협조가 있었으며, 수질이 개선됨은 물론 생태계가 회복되고, 멸종위기종이 출현하는 등 가시적인 성과를 보였다.

그러나 이 제도가 해역 수질에 영향을 미치는 육상 오염원 관리에 집중됨에 따라 일부 한계를 드러내기도 하였다. 이 제도의 한계로 드러난 주요 내용은 제도 시행 부처와 오염원 관리 부처가 다름에 따라 협조체제의 완성도가 낮고, 오염원 자료 확정이 지연됨에 따라 이행평가보고서 작성에 문제가 발생했다는 점이다. 또한 대규모 개발 사업으로 인한 부하량이 증가함에도 불구하고 환경영향평가가 완료된 사업에 대한 제한이 어렵다는 것이다. 점오염원에 비해 비점오염부하량이 상대적으로 높음에도 불구하고 이에 대한 적절한 삭감 방안 마련 및 시행을 위한 재정 지원 부족도 한계로 들 수 있다. 대상 해역의 목표수질을 도전적으로 설정함에 따라 삭감량 발굴의 한계와 자연적인 수질 변동의 불확실성에 대한 고려가 부족하여 목표수질 달성 가능성에 대한 의문이 제기되기도 하였다. 또한 연안오염 총량관리에 대한 의무부여 또는 제도의 도입 · 시행에 따른 실질적 인센티브 부여에 한계가 있다.

따라서 점점 확대 시행되고 있는 연안오염 총량관리제도의 안정적인 정착과 효율적인 해양환경관리 정책 시행을 위해서는 제기된 사안의 해결과 함께 향후 발생 가능한 문제에 대한 선제적 대응에도 많은 노력을 기울여야 할 것이다.

해양쓰레기 관리와 자원순환

G20의 해양쓰레기 대응 공동 성명에 따르면 해양쓰레기 예방에 관한 사회 · 경제적 편익을 증진하고 폐기물 관리에서 자원순환을 촉진하며, 폐기물 통합관리체계가 지속가능하도록 지원할 것이다. 또한 G20의 오사카 블루오션 비전에 따르면 2050년까지 해양플라스틱 쓰레기로 인한 해양의 추가적인 오염을 'ZERO(0)'로 감축하겠다고 선언하였다.

홍선옥 동아시아 바다공동체
Our Sea of Easr Asia Network (O · S · E · A · N)

● 해양쓰레기 관리 요구

해양쓰레기의 정의

해양쓰레기는 바다쓰레기 또는 해양폐기물 등 여러 이름으로 불리기도 한다. 유엔환경계획 UNEP은 '바다와 연안 환경에 버려지거나 방치 또는 투기한 것으로, 지속성을 가지고 있고 제조 또는 가공된 고형 물질'은 무엇이든 '해양쓰레기'라고 정의하고 있다(UNEP, 2019). '지속성'이라는 단어는 해양쓰레기가 대부분 플라스틱으로 구성되어 있고, 나무나 금속류 같은 자연 물질이 썩거나 부식되는 반면 긴 시간이 흘러도 썩지 않고 환경에 남아 있다는 의미를 담고 있다.

일회용 컵, 페트병, 비닐봉지, 담배꽁초, 사탕포장, 폐가전제품, 건축폐기물 등 우리 주변에서 흔히 보는 쓰레기들이 바다로 들어가면 그것이 곧 해양쓰레기이다. 그러나 음식물 쓰레기 중 뼈, 조개껍데기처럼 일반 쓰레기로 배출해야 하는 것들은 바다로 들어갔을 때 자연적인 상태의 것과 구분하기 어려워 해양쓰레기의 정의에 해당하는지 불분명하다. 바다에서 이루어지는 여러 활동, 즉 레저활동, 수산업, 해운 등의 활동에서 나오는 각종 쓰레기, 폐어구 등은 해양쓰레기이다. 바다에서 사용 중인 어구는 버려진 것이 아니므로 해양쓰레기가 아니다.

해양쓰레기의 피해와 예측

해양쓰레기가 바다로 들어가는 양은 육상에서 수거, 처리하는 양에 비해 매우

적다. 최근 5년간 환경부가 제공한 통계에 따르면 하루에 발생하는 폐기물의 양은 약 42만 5천 톤이고, 이 중 생활계 폐기물만 따져보면 하루 5만 3천 톤, 1년에 1,900만 톤이 나오고 있다. 해양수산부가 추정한 통계에 따르면 최근 5년 간 1년에 바다로 들어가는 쓰레기는 약 14만 5천 톤으로 생활계 폐기물의 1%에도 못 미치는 양이다. 전체 폐기물 중에서는 0.1%도 안 된다.

그러나 해양쓰레기가 일으키는 피해는 막대해서, 돈으로 환산하면 수천억 원 이상의 피해가 매년 발생한다. 돈으로 환산하지 못하거나 아직까지 그런 시도를 해보지 않은 것을 감안하면 더 피해가 크다고 할 수 있다. 바다생물들이 해양쓰레기를 먹이로 착각하여 삼키는 경우, 해양쓰레기에 걸려 죽는 경우가 보고되고 있다. 단 하나의 쓰레기 조각이 한 마리의 바다생물을 죽일 수 있어서 적은 양이라도 피해가 큰 것이다. 바다에 떠다니는 해양쓰레기가 선박의 프로펠러에 걸려 배가 멈추는 사례가 비일비재하다. 어선은 말할 것도 없고, 여객선이나 해군함성조차도 이런 위험에 끝없이 노출되어 있다. 바닷가로 떠밀려온 쓰레기는 미관을 해쳐 관광객들이 멀리하게 되고, 계속 치워야 하는 기관에 재정 부담을 주게 된다. 특히 장마나 태풍, 폭우 등에 수반된 쓰레기는 물길을 따라 바다로 들어가 결국 최종 종착지에서 문제를 일으킨다. 버려진 폐어구가 바다를 떠다니며 어민들이 어업활동 하듯이 물고기를 잡는 유령어업의 피해도 흔하다.

태평양에 거대한 쓰레기로 이루어진 섬이 있다는 이야기가 인터넷과 언론에 회자된 것이 10여 년 전이다. 그 기원을 따지자면 1997년 미국 캘리포니아의 찰스 무어 선장이 항해 중 잔잔하고 그림 같은 바다에 이상한 덩어리와 부스러기들을 발견한 것이 최초이다(찰스 무어와 커샌드라 필립스, 2013). 이것은 '태평양 거대 플라스틱 지대'(원래는 '지대(patch)'인데 섬으로 번역되어 알려짐)로 알려져 우리나라 사람들의 머릿속에 '섬이 플라스틱 쓰레기로 되어 있는 모습'을 각인시켰다.

이 특이한 현상은 이후 수많은 과학자들의 관심을 받으며 연구 주제로 떠오르고, 많은 국제기구와 환경단체들은 새로운 해양환경 문제로 주목하기 시작하였다. 현재 해양쓰레기는 주로 플라스틱 재질이며 바닷물에 녹지 않고 세포보다 더 작은 크기까지 조각날 수 있음이 밝혀졌다. 작은 조각들은 점점 바다로 들어가 해류를 따라 환류대에 모이는데, 그것이 '태평양의 거대 플라스틱 밀집 지대'의 정체이다. 이것은 태평양뿐만 아니라 모든 대양과 적도, 극지방 그리고 바다 표면뿐만 아니라 심해의 심연 속에서도 발견되고 있다. 2004년부터는 이 플라스틱 조각들을 '미세플라스틱 microplastic'이라고 부른다.

미세플라스틱은 우리 일상생활 깊숙이 자리 잡고 있다. 소금, 수돗물, 페트병에 담긴 생수, 해산물, 맥주, 합성섬유, 인형 등을 비롯한 많은 제품과 주변 환경에서 미세플라스틱이 나온다는 보고가 늘어날 것이다. 대기와 먹는 물에 퍼져 있는 미세플라스틱이 인체로 들어오는 것은 당연한 일이며 바다에서도 미세플라스틱의 양은 늘어날 전망이다.

미국의 잼백 교수를 비롯한 여러 나라 학자들이 2015년『사이언스』지에 발표한 논문은 현재와 같이 가다가는 2010년 기준 480만 톤~1,270만 톤의 플라스틱 쓰레기가 바다로 들어가고 2025년에는 10배 이상 늘어날 것으로 전망하여 세계적으로 큰 충격을 주었다. 2020년 7월『사이언스』에 발표된 라오 박사를 비롯한 27명의 학자의 논문도 2016년 현재와 같은 수준으로 지속된다면 2040년에는 육상에서 플라스틱이 2.8배, 바다에서 미세플라스틱이 2.6배 증가할 것으로 추정하였다. 이 밖에도 여러 연구가 미래의 바닷속 플라스틱 쓰레기의 양이 늘어난다고 예측한다.

국제사회의 대책

국제적으로 보면 해양쓰레기로 인한 해양생물의 피해가 1960년대부터 보고되고 있었다. 1970~80년대까지 해양오염 문제를 해결하기 위한 여러 국제협약들이 만들어졌는데, 해양쓰레기는 아주 제한적으로만 다루어졌다. 2000년대 이후 '태평양 거대

쓰레기 지대'와 '미세플라스틱' 문제가 알려지면서 국제사회의 대응이 활발해졌다.

2005년 UN은 총회에서 해양 플라스틱 오염에 관한 결의안을 처음으로 채택하면서 국제기구와 회원국들이 해양쓰레기 대응 조치를 구체화할 것을 촉구하였다. 2011년 미국 하와이에서 열린 '제5차 해양쓰레기 국제 컨퍼런스'는 행사 이후 「해양쓰레기 예방과 관리를 위한 전 지구적 지침 : 호놀룰루 전략」이라는 문서를 통해 세계인들이 해양쓰레기 예방에 집중해야 함을 환기시켰다.

2014년 이후 UN환경총회는 '해양쓰레기와 미세플라스틱'에 관한 결의안을 계속하여 채택하고 있다. 2015년 UN은 2030년까지 국제 사회가 지향해야 할 발전 방향을 제시하기 위해 '지속가능발전 목표SDGs'를 선언하였는데, 이 중 14번(SDGs 14)은 해양의 이용과 보존에 관한 목표로, 바다를 건강하고 생산적으로 유지하기 위해 해결해야 할 주요 오염물질로 해양쓰레기를 지목하고 있다. 14.1(SDGs 14.1)은 "2025년까지 모든 형태의 해양오염, 특히 육상활동으로부터 발생한 해양쓰레기, 부영양화를 예방하고, 상당 부분 감소시킨다."라고 규정하고 있다. 목표 달성의 잠재적 지표로는 '해안 부영양화 지수 및 부유 플라스틱 쓰레기 밀도'를 제시하고 있는데 이것은 나라마다 적절한 지표를 선정할 수 있다.

해양쓰레기에 대한 국제사회의 대처

UN의 지속가능발전 목표를 달성하기 위해 UN환경총회는 해양 플라스틱 쓰레기와

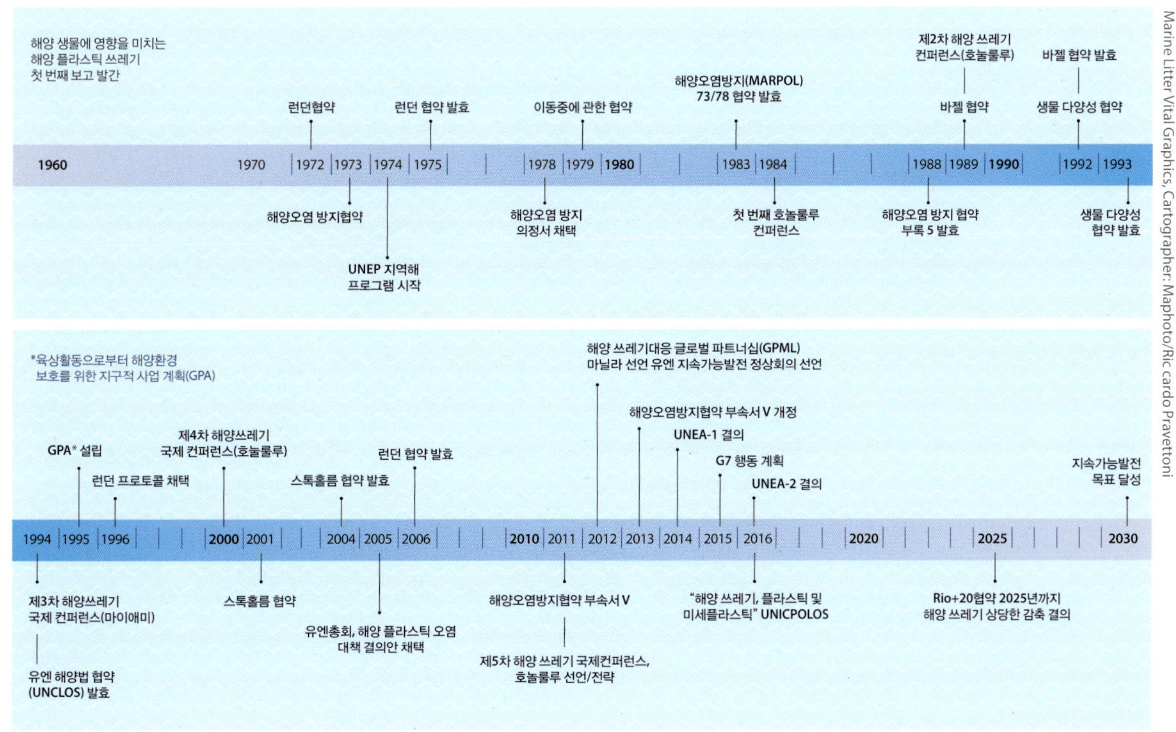

Marine Litter Vital Graphics, Cartographer: Maphoto/Riccardo Pravettoni

미세플라스틱 문제 해결을 위해 예방적 접근을 강조하고 있으며, 정부 · 국제기구 · 비영리기구 · 기업 등이 '해양쓰레기 대응 지구적 파트너십(Global Partnership on marine Litter, GPML)'에 참여하도록 권고하였다. 이후 해양 플라스틱 문제에 대응하는 지식과 전략의 격차를 줄이고 일회용 플라스틱과 폐기물 감축을 포괄하는 일련의 결의안들을 채택하였다. 이와 같은 해양 플라스틱 문제에 대한 UN 차원의 대응은 해양쓰레기 관리에 폐기물 관리와 함께 통합적으로 접근해야 할 필요성을 제기하며, 향후 플라스틱 규제와 관련된 강제성 있는 국제협약으로 발전할 가능성을 시사하고 있어 이에 대한 대비가 필요하다.

선진 20개국과 지역해의 대응

2017년 독일 함부르크에서 열린 선진 20개국(이하 'G20') 정상회담에서 해양쓰레기에 대응하기 위한 공동성명을 발표하였다. 이 공동성명에는 해양쓰레기 예방에 관한 사회 · 경제적 편익을 증진하고, 폐기물 관리에서 자원 순환을 촉진하며, 폐기물 통합관리 체계가 지속가능하도록 지원할 것이며, 자원 이용 효율성을 높이고, 인식 증진과 교육 그리고 연구를 확대한다는 내용이 포함되어 있다. 2019년 일본 오사카에서 열린 G20 정상회담에서도 다시 '오사카 블루 오션 비전'을 발표하고, 2050년까지 해양 플라스틱 쓰레기로 인한 해양의 추가적인 오염을 '영(0)'으로 감축하겠다고 선언하였다. 이것은 국제적 합의를 통해 구체적인 해양쓰레기 감축 목표를 제시한 최초의 사례이다. 플라스틱 쓰레기와 미세플라스틱의 해양 유입 예방조치를 전 세계적으로 취해야 한다고 강조하고 있으며, 플라스틱 제품의 생산에서 폐기까지 생애 주기 전체에 걸쳐 환경영향을 평가하는 분석기법을 해양쓰레기 발생 억제에 적용하겠다는 목표도 제시하고 있다. G20 회원국인 우리나라는 채택된 실행계획을 국내에서 이행하고, 그 성과를 보고해야 한다.

우리나라가 속해 있는 북서태평양환경보전실천계획(Northwest Pacific Action Plan, NOWPAP)과 동아시아해양조정기구(Coordinating Body on the Seas of East Asia, COBSEA)는 해양쓰레기 지역해 실천(행동) 계획 또는 전략 계획을 수립하여 회원국들이 이에 부합하는 노력을 이행할 것을 촉구하고 있다. 아시아태평양경제협력체(Asia-Pacific Economic Cooperation, APEC) 또는 황해광역생태계(Yellow Sea Large Marine Ecosystem, YSLME) 등 국제기구에서도 해양쓰레기 문제 해결을 위한 전략 계획이나 작업반별 실천을 이행하고 있다.

우리나라의 해양쓰레기 관리 정책

우리나라의 해양쓰레기 관리는 해양오염방지법을 모태로 하는 「해양환경관리법」을 기반으로 시작되었다. 「해양환경관리법」 제2조에서 '폐기물'을 '해양에 배출되는 경우 그 상태로는 쓸 수 없게 되는 물질로서 해양환경에 해로운 결과를 미치거나 미칠 우려가 있는 물질(제5호[기름]·제7호[선박평형수] 및 제8호[포장유해물질]에 해당하는 물질을 제외한다)'로 정의하고 있다. 동법 제24조(해양오염방지활동)는 '국가(정부)는 폐기물의 해양 수거·처리계획을 수립·시행하고, 해역관리청(시·도지사 등)은 세부 실천계획을 수립·시행'한다고 밝히고 있다. 이 법에 따라 폐기물의 해양 수거·처리 계획을 수립하여야 하지만, 실제로는 '해양폐기물' 대신에 '해양쓰레기'라는 용어로, '수거·처리계획'만이 아니라 '예방'까지도 포함한 계획을 수립하고 있다.

제1차~제3차 해양쓰레기 관리 기본계획의 주요 내용 (경상남도, 2020)

제1차 해양쓰레기 관리 기본계획 (2009~2013)	제2차 해양쓰레기 관리 기본계획 (2014~2018)	제3차 해양쓰레기 관리 기본계획 (2019~2023)
발생최소화 ▶ 해양기인 쓰레기 저감 ▶ 육상기인 쓰레기 해양유입 저감	**해양쓰레기 발생원 집중 관리** ▶ 페스티로폼 부표 관리 강화 ▶ 하천하구 쓰레기 해양유입 사전 관리 ▶ 생분해성 어구 보급 ▶ 깨끗한 어촌만들기 운동 ▶ 해양쓰레기 선상집하장 설치 운영	**발생원 별 저감 대책** ▶ 해양기인 쓰레기 발생 저감 ▶ 육상쓰레기 유입 차단 ▶ 해외유입 해양쓰레기 대응
처리능력강화 ▶ 수거·처리능력 확대 ▶ 수거·처리기술 개발	**생활밀착형 수거사업 강화** ▶ 해양폐기물 정화사업 ▶ 해안쓰레기 수거사업 ▶ 어장쓰레기 수거사업 ▶ 항만 부유쓰레기 수거사업 ▶ 재해쓰레기 수거 및 처리	**해양 플라스틱 수거 운반체계 개선** ▶ 수거 사각지대 해소 ▶ 지역 참여 수거환경 조성 ▶ 수거체계 효율화
관리기반 구축 ▶ 조사 및 통계체계 확립 ▶ 통합정보 체계 구축 ▶ 해양쓰레기 대응센터 설치 운영	**해양쓰레기 관리기반 고도화** ▶ 어구관리시스템 및 어구예치금 제도 도입 ▶ 해양쓰레기 대응센터의 활동화 ▶ 해양쓰레기 조사지침 및 통계 구축기법 개발 ▶ 국가해양쓰레기 모니터링 사업확대	**해양 플라스틱 처리 재활용 촉진** ▶ 처리 인프라 확충 및 관리 강화 ▶ 재활용 활성화 기반 마련
시민참여 및 국제 협력 강화 ▶ 시민참여 활성화 ▶ 교육훈련 및 홍보 활동 강화 ▶ 국제협력 강화	**대상자 맞춤형 교육홍보** ▶ 해양쓰레기 정책 대국민 홍보 전개 ▶ 해양쓰레기 정책역량 및 협력적 거버넌스 강화 ▶ 연안정화 시민참여 활성화 ▶ 패각 재활용 확대 추진 ▶ 대상별 맞춤형 교육 홍보 ▶ 지역해 국제협력 적극 참여	**관리기반 강화 및 국민인식 제고** ▶ 법적 기반 마련 ▶ 해양미세플라스틱 관리 기반 구축 ▶ 국민 참여 확대 ▶ 맞춤형 교육 강화

2009년 제1차 해양쓰레기 관리 기본계획은 '해양환경관리법'에 근거하여 수립된 최초의 해양쓰레기 국가 법정 계획이다. 현재는 제3차 계획까지 수립되어 이행되고 있다. 우리나라의 해양쓰레기 관리는 기존에 수거 사업을 중심으로 하던 것에서 예방으로 정책의 변화를 명시하고 있으며, 해양쓰레기를 관리할 조직과 정보의 기반을 강화하고, 중점 관리 대상을 선정하여 정책을 이행하는 방향으로 발전해왔다. 제1차 기본계획에서는 기존의 수거 중심에서 발생 최소화로 해양쓰레기 관리 패러다임의 전환을 천명하였다. 제1차 기본계획(2009~2013)에 따라 '해양쓰레기 통합정보시스템'이 구축되었고, '해양쓰레기 대응센터'가 해양환경공단 내에 설치되었다.

제2차 기본계획(2014~2018)에서는 폐스티로폼 부표를 중점 관리 대상으로 지정하였으며, 해양쓰레기 저감을 국민이 체감할 수 있도록 해안쓰레기 수거사업에 대한 지원 강화를 명시하였다. 제2차 기본계획 수립과 함께 기존 지자체에서 수행하던 해안쓰레기 정화사업에 대한 중앙정부의 지원이 확대되었다. 특히 폐스티로폼 부표 관리가 중점 사업으로 지정되어 친환경 부표 보급, 어업인 참여를 통한 폐스티로폼 회수 및 처리를 위한 통합관리체계 구축 등이 진행되었다.

해양폐기물 및 해양오염 퇴적물 관리법상 해양폐기물 관련 주요 내용

구분	주요 내용
기본계획 수립	해양폐기물 및 해양오염 퇴적물 관리 기본계획 10년마다 수립 · 시행(제5조)
폐기물 해양 배출	폐기물의 해양배출 원칙적 금지 배출 가능한 폐기물 처리 및 방법 기준(제7조)
	자연재해 등 예외적 해양배출 가능 기준 규정(제8조) - 폐기물을 해양에 배출하지 않으면 사람의 생명 · 신체나 재산에 심각한 위험을 끼칠 우려가 있을 경우 - 폐기물의 해양배출이 사람의 생명 · 신체나 재산의 심각한 위험을 막을 수 있는 유일한 방법인 경우 - 해양배출로 인한 피해가 그렇지 않은 경우보다 적다는 것이 확실한 경우
	폐기물의 매립 및 고립 배출 허가 규정(제9조)
폐기물 해양 유입 차단	하천 관리청의 폐기물 해양 유입 방지시설 조치 의무화 (제11조)
해양폐기물 수거	기초 자치단체장의 해안폐기물 수거 의무화 규정(제12조) 광역 자치단체장의 해상 또는 해중 부유폐기물 수거 · 처리 의무화 규정(13조)
	광역 자치단체장의 해저 침적폐기물 수거 · 처리 의무화 규정(제14조)
관련 업체 등록	해양폐기물 관리업(폐기물 해양배출업, 해양폐기물 수거업, 해양오염 퇴적물 정화업 등)의 등록 근거 (제19조)
전문기관 지정	전문적인 폐기물 검사와 해양폐기물 및 해양오염 퇴적물 조사를 위한 전문기관 지정 · 운영 근거(제25조)

제3차 기본계획(2019~2023)에서는 수거 사각지대(도서)에 대한 정책 개입, 해양쓰레기 처리 및 재활용 인프라 확충, 해양 미세플라스틱 관리 기반 구축 등이 새롭게 강조되었다.

2019년 12월에 새로 '해양폐기물 및 해양오염 퇴적물 관리법(약칭 해양폐기물관리법)'이 제정되면서 해양쓰레기 정책의 근거 법률에 큰 변화를 가져오게 되었다. 우선 이 법률은 해양쓰레기만이 아니라 해양오염 퇴적물과 이산화탄소 스트림까지 포함하고 있다. 이 법률에서 정의하는 "폐기물"은 「해양환경관리법」 제2조 제4호에 따른 폐기물을 말한다. 법률의 시행령과 시행규칙도 2020년 8월 제정되었고 법률은 동년 12월 4일부터 시행되었다. 해양환경관리법에서는 해양폐기물 등에 대한 실태 조사, 발생 예방, 오염 원인자 책임 부여 등에 관한 규정이 없었는데, 새 법에서는 이런 규정을 담았다.

이 법에서는 바다와 접하는 하천을 관리하는 행정청에 관할 하천의 폐기물이 바다로 들어가지 않도록 방지하는 의무를 부과하였다(제11조). 이로써 육상의 쓰레기를 사전에 막아 더욱 예방적인 접근이 가능해졌다. 특별자치도지사 · 시장 · 군수 · 구청장은 관할구역 바닷가에 있는 해양폐기물을 수거하도록 하고, 해역관리청은 관할해역의 해상 또는 해중에 떠 있는 해양폐기물을 수거하도록 하였다(제12조 및 제13조). 이것은 공간별로 해양폐기물 수거 주체를 명확히 한 것이다. 해양폐기물수거업의 부실을 막고 수거한 해양폐기물의 방치로 인한 민원을 예방하기 위해 최소 자본금 기준도 마련하였다(제19조).

환경부의 자원순환정책과 통합 과제

환경부는 UN의 '지속가능발전목표 12. 지속가능한 소비와 생산 양식의 보장'에 부합하도록 폐기물의 감량을 통한 자원순환형 사회 구현을 위해 2016년 「자원순환기본법」을 제정하여 시행하고 있다. 이 법률의 "폐기물"은 「폐기물관리법」상의 개념을 기반으로 하는데, "쓰레기, 연소재(燃燒滓), 오니, 폐유(廢油), 폐산(廢酸), 폐알칼리 및 동물의 사체 등으로서 사람의 생활이나 사업활동에 필요하지 아니하게 된 물질"로 정의하고 있다.

해양쓰레기 정책은 예방과 수거처리에 집중하는 반면, 육상의 폐기물 정책은 감량과 자원순환을 강조하고 있다. 해양쓰레기는 수거하는 데 많은 비용이 필요하고, 처리의 경우 재활용이 어려워 자원순환을 실현하기 어려운 한계가 있다. 앞으로 두 법률상 용어의 정의와 정책 방향의 통합이 필요한 과제이다.

해안선 보호 및 관리

해안선의 보호 및 관리는 영토관리측면에서 뿐 아니라 연안 완충지로서 연안 및 해양 생태계를 보호하기 위해 중요한 과제로 인식되고 있다. 체계적인 실태조사, 취약도 평가, 관리구역 지정, 대응사업 시행 등의 관리체계를 통해 해안선의 보호 및 관리를 추진한다.

장아름 한국해양과학기술원

● 해안선 관리의 필요성

이상향의 바닷가를 상상해보자. 따사로운 태양 아래 하얗고 고운 모래가 가득한 백사장과 하얀 파도가 잘게 부서지는 푸른 바다! 많은 이들이 꿈에 그리는 바닷가는 이런 모습이지 않을까? 그러나 꿈에 그리는 바닷가를 꿈에서만 보게 될 날이 올지도 모른다. 기후변화로 인해 해수면이 상승하고, 예전보다 강력한 폭풍이 덮쳐온다. 한편에서는 새로운 토지를 개발하기 위해 바다를 매립하고 제방을 쌓고 해안도로를 만든다. 전자는 해안가 폭풍해일로 인한 연안침식을 야기한다. 후자는 인공화로 인해 해양생물의 서식지가 감소하고, 해양 생태계의 환경 조절 기능을 저해하며, 연안침식을 가속하는 또 다른 원인이 된다.

이러한 문제를 해결하기 위해 정부는 해양수산부를 중심으로 해안선 보호 및 관리 정책을 시행하고 있다. 사전에서 정의하는 해안선이란 육지가 바다와 만나는 선을 의미하지만, 해안선 보호 및 관리 정책의 대상이 되는 해안선은 더 넓은 지역을 포괄한다. 바닷가와 간석지다. 바닷가는 육지 경계선인 지적선과 해안선 사이 공간을 의미한다. 간석지는 바닷가 해안선에서 해수면이 가장 낮을 때(약최저저조선) 노출되는 공간으로 선(線)적인 개념을 넘어 면(面)적인 공간을 의미한다.

해안선을 보호하고 관리하기 위한 주요 정책은 크게 세 가지로 구분된다. 첫째, 해안선의 현황을 파악하는 일이다. 어떤 대상을 보호하려면 보호 대상의 위치와 규모를 파악하고, 문제를 알아야 할 것이다. 해양수산부는 해안선 측량조사와 함께 바닷가 실태를 조사하여 집중적인 관리가 필요한 해안을 결정하고 관리한다. 둘째, 자연해안을 보존하고 관리하는 계획을 수립하는 것이다. 셋째, 연안침식에 대응하기 위한 정책

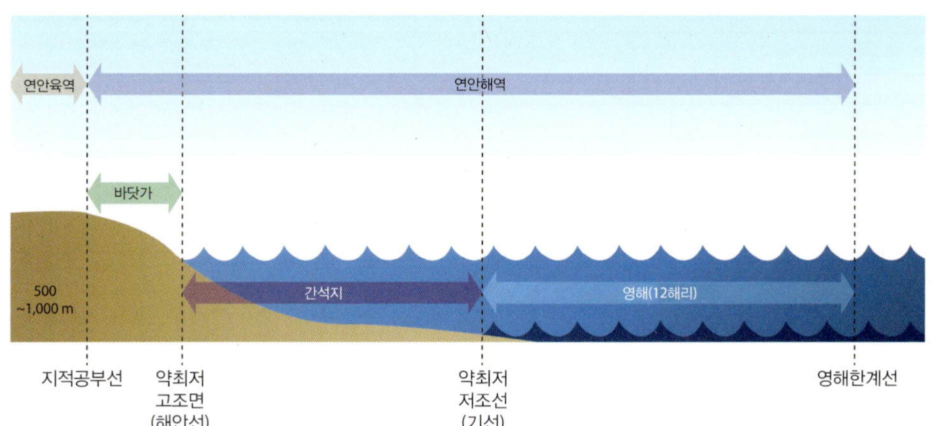

해안선 관리 범위 (바닷가와 간석지)

을 펼치는 것이다. 매년 연안침식이 발생하는 지역들에 대한 모니터링을 실시한다. 그리고 연안 정비 사업을 통해 침식이 발생한 지역을 보호하고 개선한다. 또한 연안침식이 심각하게 발생하여 침식 원인 행위를 관리할 필요가 있는 지역을 연안침식관리 구역으로 지정하여 관리한다.

● 해안선 조사

해안선의 현황을 파악하기 위해 정부는 국립해양조사원을 통해 전국 해안선의 측량을 실시하고 있다. 측량을 통해 해안선의 위치정보를 지리정보 시스템GIS으로 제작하고 배포 및 공개하고 있다. 1960년대부터 본격적으로 수로측량을 시작한 이후 전국의 해안선을 정확하게 측량하려는 노력이 결실을 맺은 것은 2010년 이후 현장 조사와 더불어 위성영상을 통해 해안선을 추출하는 디지타이징기법 등 과학기술의 발전을 통해서이다. 기존에는 육지지역 위주로 측량이 이루어졌는데, 접근이 어려운 도서지역이나 무인도서까지 포함한 조사가 완료된 것은 2014년으로, 이때 육지지역과 도서지역을 아우르는 전체 해안선 조사 결과가 최초로 발표되었다.

2014년 국립해양조사원 전국해안선 조사 결과에 따르면 우리나라 해안선의 길이는 14,962.8 km이다. 40,192 km에 이르는 지구 둘레 길이의 약 3분의 1에 해당하는 길이이다. 이 중 육지의 해안선 길이는 7,752.51 km로 52%를 차지하고, 도서지역의 해안선 길이는 7,210.30 km로 48%를 차지한다.

한편, 해안선의 위치나 길이뿐 아니라 해안선의 인공화 여부, 자연적 특성 등을 조사하여 관리한다. 인공적인 구조물 설치 여부에 따라 자연해안과 인공해안으로 구분하는데, 자연해안은 자연적으로 형성된 형태를 유지하고 인공구조물이 설치

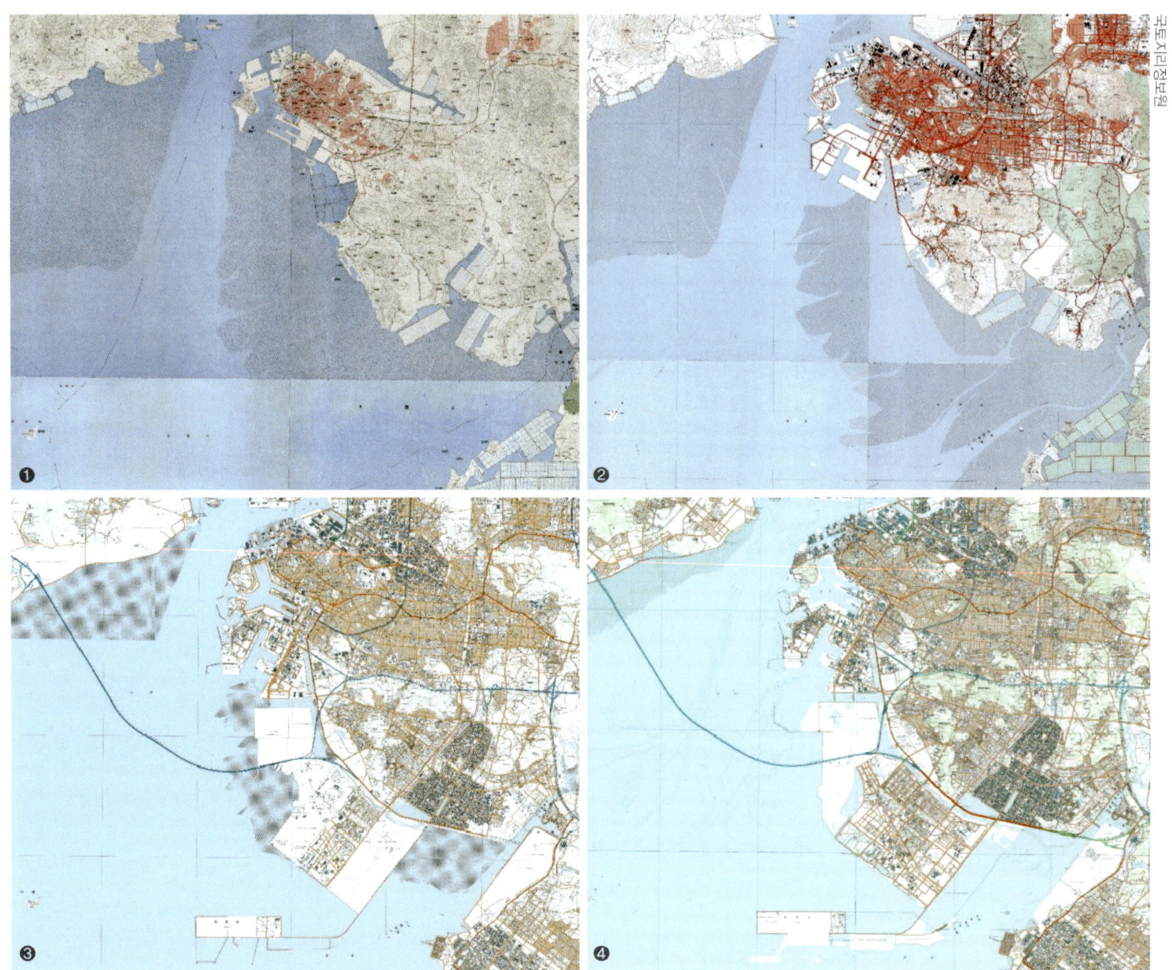

매립과 인공화로 인한 해안선의 급격한 변화

❶ 1960년대 인천 지형도
❷ 1980년대 인천 지형도
❸ 2000년대 인천 지형도
❹ 2015년 인천 지형도

되지 않은 바닷가를 의미하며, 인공해안은 인공적으로 제방 등이 형성되어 이용되고 있는 해안선을 뜻한다. 2014년 해안선 조사 결과에 따르면 육지부 해안선 중 자연해안선은 3,770.1 km(48.6%), 인공해안선은 3,982.4 km(51.4%)로 나타났다. 도서부 해안선 7,210.3 km 중에서는 자연해안선이 84.7%, 인공해안선이 15.3%를 차지하는 것으로 나타났다. 특히 인구와 산업이 밀집한 경기 · 인천 연안은 지속적인 개발과 매립으로 인해 인공해안선 비율이 73.9%로 자연해안을 찾기가 쉽지 않다. 급격한 경제성장을 이루던 산업화시기에 부족한 산업용지 · 농지 · 주택 건설을 위한 매립이 활발하게 이루어졌다. 1960년대와 현재의 지도를 비교하면 차이가 확연하게 나타난다.

과거에는 개발을 통한 경제성장을 최우선으로 여겨 간척과 매립, 해안도로 건설, 항만, 어항, 발전소 등을 위해 해안선의 인공화가 활발하게 이루어졌다. 그러나 최근에는 지속가능한 개발과 자연해안의 중요성이 높게 평가되면서 자연해안선 관리를 위한 정책의 필요성이 높아졌다. 자연해안은 해양생물의 서식지 역할을 하고 탄소조절 능력을 통해 기후변화를 조절하기도 하며, 식량생산 및 영양염과 침전물을 제거하고 수질을 개선한다. 또한 국민들에게 여가와 휴식의 공간을 제공하는 역할을 하는 등 사회·경제적으로 다양한 가치가 있다. 한편, 자연해안은 재해로부터 연안을 보호하기도 한다. 연안지역을 폭풍, 파랑, 해수면 상승, 침식으로부터 보호하기 위해 기존에는 방조제, 격벽 등 경성 구조물 설치를 우선하였지만, 최근에는 살아 있는 해안선 Living shoreline을 통해 해안을 안정화하는 기술이 주목받고 있다. 자연해안은 육지와 바다 사이에 완충공간을 제공하여 재해 위험을 낮춘다. 자연해안에 있는 모래나 자갈 등 퇴적물과 풀과 나무는 파랑 에너지를 잘게 분산시켜 고파랑 피해를 저감하기도 한다. 또한 재해 발생 시 회복력이 높아 미국 등 연안관리 선진국에서는 재해 계획을 수립할 때 살아 있는 해안선 기술 이용을 장려하고 있다.

● 자연 바닷가 관리 정책

자연 바닷가의 무분별한 인공화를 방지하기 위해서 다양한 관리수단이 사용되고 있다. 기본적으로 공유수면 관리 및 매립에 관한 법률을 통해 해안가를 매립해서 개발할 때는 반드시 국가로부터 매립면허를 받아야 하며, 10년마다 공유수면 매립기본계획을 세워서 전반적인 매립 수요를 관리하고 있다.

한편, 정부는 바닷가의 자연환경적 특성, 이용실태 등을 고려하여 바닷가의 유형을 구분하고 무분별한 개발을 억제하기 위해 바닷가 관리지침을 수립하였다. 지침에 따르면 바닷가의 유형을 자연 바닷가, 이용 바닷가, 토지등록 가능 바닷가로 구분하고 지적측량 및 수로조사를 통해 바닷가등록부로 관리한다. 또한 유형에 따라 관리방향을 설정하여 특성에 맞게 관리하고 있다.

자연 해안관리 목표제는 무분별한 자연해안의 훼손을 막고 보전하기 위해 지방자치단체가 지역 자연해안의 총량을 관리하는 제도이다. 자연해안을 자연해안선, 자연 바닷가, 조간대로 나누어 현재 물량을 확인하고, 향후 5년간 지방자치단체의 자연해안 개발 수요와 복원 수요를 계산하여 개발총량목표를 설정한다. 이후 설정한 목표 내에서 자연해안의 양을 유지하기 위해 무분별한 개발이나 훼손보다는 친환경적인 연안 이용과 개발을 유도할 수 있다.

원칙적으로 자연해안의 관리를 위해 바닷가에 시설물을 설치하거나 매립을 하고자 하면 허가를 받거나 계획에 대한 심사를 통해 승인을 받아야 한다. 그러나 불법적으로 무단 점용·사용 및 매립을 하는 사례가 적지 않다. 이를 근절하고 체계적으로 관리

바닷가 관리 유형

구분	자연 바닷가	이용 바닷가	토지등록 가능 바닷가
주요내용	자연적으로 형성된 바닷가로 인공구조물 등이 설치되지 않은 해안	인공적으로 형성되어 토지적·수면적 이용이 이루어지고 있는 해안	법정 개발계획에 의해 추진되었지만, 공사 이후 토지등록을 못하였거나 미뤄온 도로와 육지에 연결·설치하여 토지 성격이 강한 물양장
관리방향	- 자연 해안관리 목표제와 연계 - 자연 바닷가 가치평가 고려	- 바닷가 이용 특성 등에 따른 관리방안 마련 - 공유수면 매립 및 점용·사용 관리제도와 연계 방안 마련	- 선별하여 토지등록 추진
예시			

하기 위해 바닷가 실태조사를 수행하여 불법적으로 형성된 이용 바닷가는 전문가 및 관리기관의 검토를 통해 국유지로 등록하거나 원상회복 명령을 내릴 수 있다.

● 연안침식 관리

해안선을 변화시키는 또 다른 원인은 연안침식이다. 매립이나 시설물 설치로 인공 해안선이 바다 쪽으로 진출한다면, 연안침식은 파도나 해수면 상승에 의해 해안선이 육지 쪽으로 후퇴해 들어가는 현상을 야기한다. 사실 해안선의 모습은 자연적으로 변화한다. 계절풍과 해류의 영향으로 모래가 드나들면서 여름에는 쌓였다가 겨울에는 다른 곳으로 이동하기도 한다. 그러나 최근 모래의 이동 양상은 자연적인 변동폭을 넘어서거나 회복이 불가능한 수준으로 변화하고 있다. 그 결과 과거에는 넓은 백사장이었던 곳이 주변 개발로 인해 모래가 다른 지역으로 이동하여 암반이 드러나거나 모래가 깎여나가 절벽이 생기기도 한다. 침식의 피해를 받는 것은 자연해안 뿐만이 아니다. 파도에 붕괴된 제방과 해안도로, 폭풍해일로 금이 간 해안가 주택 등 다양한 구조물 피해가 나타난다.

연안침식의 양상과 원인은 매우 다양하고 서해, 남해, 동해의 환경에 따라 다르게 나타나지만, 대표적인 원인으로 주목되는 것은 기후변화이다. 해수면 상승과 함께 따듯해진 바닷물은 이전보다 강한 태풍을 빈번하게 발생시킨다. 파도의 높이가 높아지고 파도가 가지는 에너지가 커지기 때문에 해안가에 미치는 영향이 증가하고 있다. 한편, 해안가에 설치된 방파제와 같은 돌출구조물은 모래의 자연적인 이동을 차단하여 방파제 인접지역에는 모래가 쌓이고, 주변 해수욕장의 모래는 깎여나가기도 한다. 또한 상류 하천에 설치된 댐, 하구둑, 수중보 때문에 육지에서 바다로 공급되는 모래의 양이 줄어들기도 하며 건설에 사용되는 바다모래 채취로 인해 인근 바닷가에 영향을 미치기도 한다.

연안침식에 대응하고 추가적인 피해를 예방하기 위하여 정부는 연안침식 현황을 파악해서 피해가 발생한 지역을 정비하고, 침식을 발생시키는 행위를 제한하고 있다. 2003년부터 연안침식 실태조사를 통해 전국 250개 지역을 계절별로 침식 모니터링을 실시하고 있다. 현장조사 및 비디오 모니터링, 파랑 모니터링 등 다양한 조사방법을 통해 침식에 의한 해안선 변동 측량, 퇴적물 조사, 단면측량 측정 등을 수행한다. 침식 정도와 침식에 의한 영향 정도를 종합적으로 평가하여 침식등급을 A(양호), B(보통), C(우려), D(심각)의 네 등급으로 구분하여 관리하고 있다. 2019년 조사 결과 C등급은 136곳, D등급은 17곳으로 나타나 전체 대상지 중 61.2%에 침식으로 인한 피해가 발생한 것을 알 수 있다.

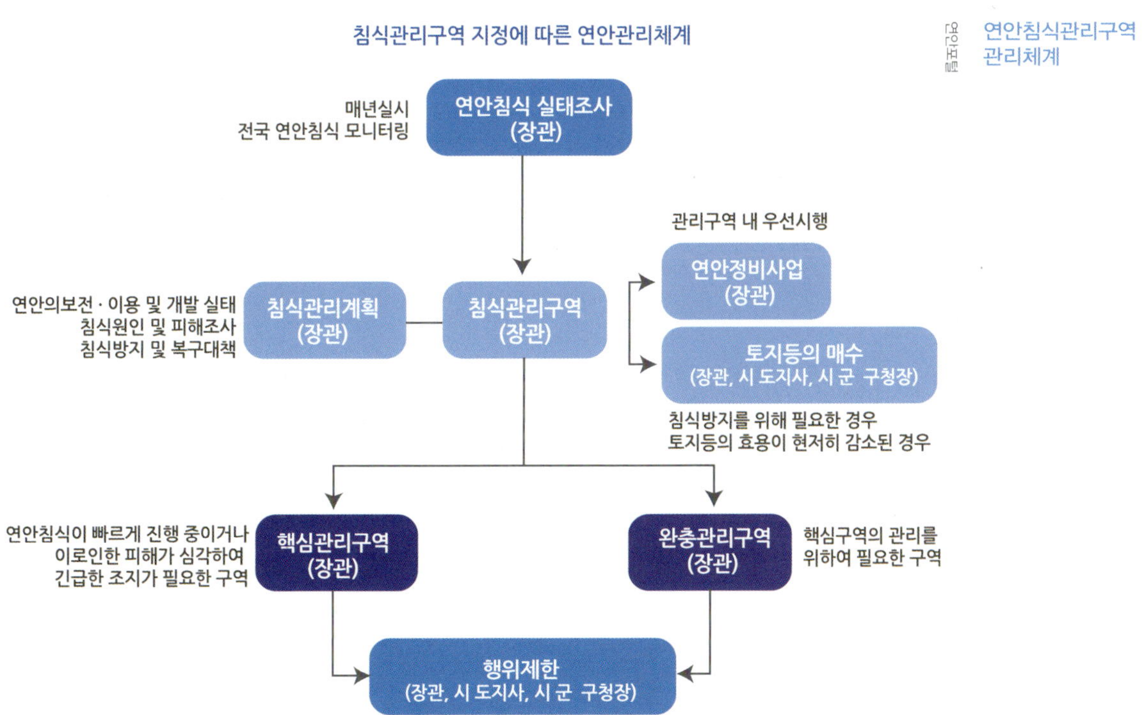

연안포털
연안침식관리구역 관리체계

침식이 심각하거나 지속적으로 침식될 우려가 있는 C등급과 D등급으로 평가된 지역은 연안정비 기본계획에 포함시켜 연안 정비 사업을 시행하고 있다. 연안정비란 침식의 영향으로 피해가 발생한 해안을 복구하고, 추가 침식을 방지하는 사업이다. 침식을 방지하기 위해 돌제나 이안제, 호안 등 구조물을 설치하거나 모래를 보충하여 백사장을 복원하는 양빈, 자연적으로 날아오는 모래를 유지하기 위해 울타리나 식물 등을 심는 포집 등 다양한 침식방지공법을 사용한다. 이를 위해 대상지의 침식 발생 원인과 퇴적물 이동 특성을 정밀하게 조사하고 컴퓨터 시뮬레이션을 실시하여, 대상지별로 알맞은 정비 방식을 선택하여 적용한다. 좀 더 체계적인 관리를 위해 10년마다 연안 정비 사업이 필요한 전국의 대상지를 선택하여 연안정비계획을 수립하고 있다.

특히 침식이 심각하여 국가 차원에서 관리가 필요한 지역은 연안침식관리구역으로 지정하여 관리하고 있다. 연안정비는 주로 물리적인 시설물 설치나 모래 보충을 통해 침식을 개선하고 있지만 한계가 있다. 최근에는 물리적인 정비의 한계 및 부작용 등으로 인해 비물리적인 대책을 함께 시행하고 있다. 침식이 매우 빈번하게 일어나 토지로서의 가치가 심각하게 감소하는 경우, 해당 지역의 토지 소유자로부터 토지를 구매하고 안전한 장소로 이주시킬 수 있다. 또한 침식을 가속화할 수 있는 바다모래 채취나 시설물 설치를 금지할 수도 있다.

연안침식관리구역은 핵심관리구역과 완충관리구역으로 구분된다. 연안침식이 빠르게 진행 중이거나 이로 인한 피해가 심각하여 긴급한 조치가 필요한 지역은 핵심관리구역으로 지정하고, 핵심관리구역 주변으로 보호할 필요가 있는 지역을 완충관리구역으로 지정한다. 이를 통해 연안 정비 사업을 우선적으로 시행할 수 있으며, 핵심관리구역에서는 연안침식을 유발하는 행위를 금지할 수 있다. 전국적으로 맹방해변(강원 삼척시), 봉편해변(경북 울진군), 대광해변(전남 신안군), 원평해변(강원 삼척시), 금음해변(경북 울진군), 꽂지해변(충남 태안군) 등 총 6개의 연안침식관리구역이 설정되어 있다.

지금까지는 침식이 발생하는 연안의 물리적 복원에 초점을 맞추었다면, 향후에는 이와 더불어 비구조적 대책의 시행력을 제고할 수 있는 제도적 개선이 필요하다. 특히 이주, 건축선 후퇴 등 비구조적 대책의 이행을 뒷받침할 수 있는 방안이 필요하다. 「연안관리법」 제34조의 5에서 토지 등의 매수에 대한 근거 규정을 두고 있지만, 토지 매수가격에 대한 토지소유자와의 협의 문제 등의 이유로 시행이 어려움을 겪고 있다. 토지보상법에 따른 절차 개선 및 토지 매입가격 기준 개선을 통해 현실화할 수 있는 방안을 모색할 필요가 있다.

연안침식 피해 사례

(태안 꽃지해변)

서해안의 대표 사구 해수욕장이 해안도로 개설 이후 모래가 유실되고 암반이 드러남.

고파랑 시 해안도로 파손과 지속적인 연안침식 피해 발생

* 해안도로 복원을 통한 연안 정비 사업 진행 중

(삼척 원평해변)

해안사구가 잘 발달해 있는 지역이었으나, 주변 항만 개발 및 하천 모래의 공급 감소로 인해 급격한 백사장 모래 유실 및 해안제방이 붕괴되는 피해 발생

지구상에는 약 1,400만 종의 생물종이 서식한다. 해양생물은 식량자원으로서 수산중심의 관리가 강조되어 왔으나, 최근에는 기후조절, 생태계 균형, 정화작용, 의약품 · 물질 개발 등과 관련한 해양생물 및 생태계의 가치가 중요하게 인식되고 있다. 우리나라는 갯벌보호와 해양보호 구역, 보호생물과 교란생물 관리 등의 조치를 통해 해양 생태계 유지와 해양생물 보호제도를 시행하고 있다. 해양보호 구역은 갯벌생태계를 보호하는 연안습지 보호 중심에서, 현재는 해양 생태계, 생태 과정, 서식처 및 생물종을 효과적으로 보호하기 위해 바다의 특정구역을 지정 · 관리하는 제도로 발전하여 왔다.

해양 생태계 및 생물보호 제도

Marine ecosystem and biological protection system

갯벌 보호와 해양보호 구역

갯벌에 살고 있는 생물들은 바닷물이 빠져 있는 동안 쉼 없이 움직이며 서로가 살아갈 수 있는 공간을 공유한다. 이들이 만든 구멍은 갯벌 깊숙한 곳까지 산소가 공급되게 하고 다른 작은 생물들이 살 수 있는 공간을 만들어 낸다. 갯벌에 서식하는 수십만 종의 박테리아는 육상기인 각종 오염물질을 분해한다.

이문숙 한국해양과학기술원

갯벌을 그저 고조시에 잠기고 저조시에 드러나는 연안의 평탄한 지역으로만 알고 있는 경우가 많다. 지형적으로 맞는 말이다. 갯벌은 조류에 의해 운반되는 퇴적물이 탄탄하게 쌓여 이루어지는 해안 퇴적지역이다. 해안 특성에 따라 혹은 파도 에너지의 세기와 조석의 상대적 영향 정도에 따라 펄갯벌 혹은 모래갯벌이 발달하기도 하며 혼성갯벌로 발달하기도 한다. 갯벌은 해양생물의 성육장이며 연안생태계의 모체가 되는 역할을 한다는 측면에서 그 가치가 높게 평가된다. 갯벌에 살고 있는 생물들이 바닷물이 빠져 있는 동안 쉼없이 움직이며 서로가 살아갈 수 있는 공간을 공유한다. 이들이 만든 구멍들로 갯벌 깊숙한 곳까지 산소가 공급되고 더불어 다른 작은 생물들이 살 수 있는 공간까지 만들어짐으로써 갯벌의 생태계가 건강하게 유지되는데, 갯벌에 서식하는 수십만 종의 박테리아는 육상에서 흘러나오는 각종 오염물질들을 분해하기도 한다. 갯벌 자체가 화학약품을 사용하지 않는 천연 하수처리장 역할을 하는 것이다. 우리나라 갯벌은 세계 5대 갯벌로, 지구상의 어떤 생태계와도 비교할 수 없는 독특한 생태환경을 가진 고유의 가치를 인정받는다.

우리나라의 해양보호 구역은 갯벌생태계를 보호하는 연안 습지보호지역을 중심으로 시작되었다. 이후 해양 생태계 보전 및 관리에 관한 법률을 제정한 이후 본격적인 해양 생태계 보호·보전 정책이 추진되면서 해양 생태계, 생태 과정, 서식처 및 생물종을 효과적으로 보호하기 위해 바다의 특정구역을 지정·관리하는 해양보호구역 제도가 발전하게 된다.

해양보호 구역에 대한 개념은 나라마다, 사회·제도적 여건 등에 따라 조금씩 상이하다. 다만 특정 생태계이든, 생태과정이든, 서식처 혹은 생물종이든 특별한 보호가 필요한 만큼의 가치가 있다고 평가되는 경우 지정되며, 관리를 위해 보호구역에서는 인간의 활동을 법률에 기반하여 제한한다는 점은 동일하다. 우리나라는 해양보호구역을 해양생물 다양성이 풍부하여 생태적으로 중요하거나 해양경관 등 해양자산이 우수하여 특별히 보전할 가치가 높은 구역으로 규정하고, 해양 생태계의 보전 및 관리에 관한 법률에 근거한 해양생태계 보호구역, 해양생물 보호구역, 해양경관 보호구역

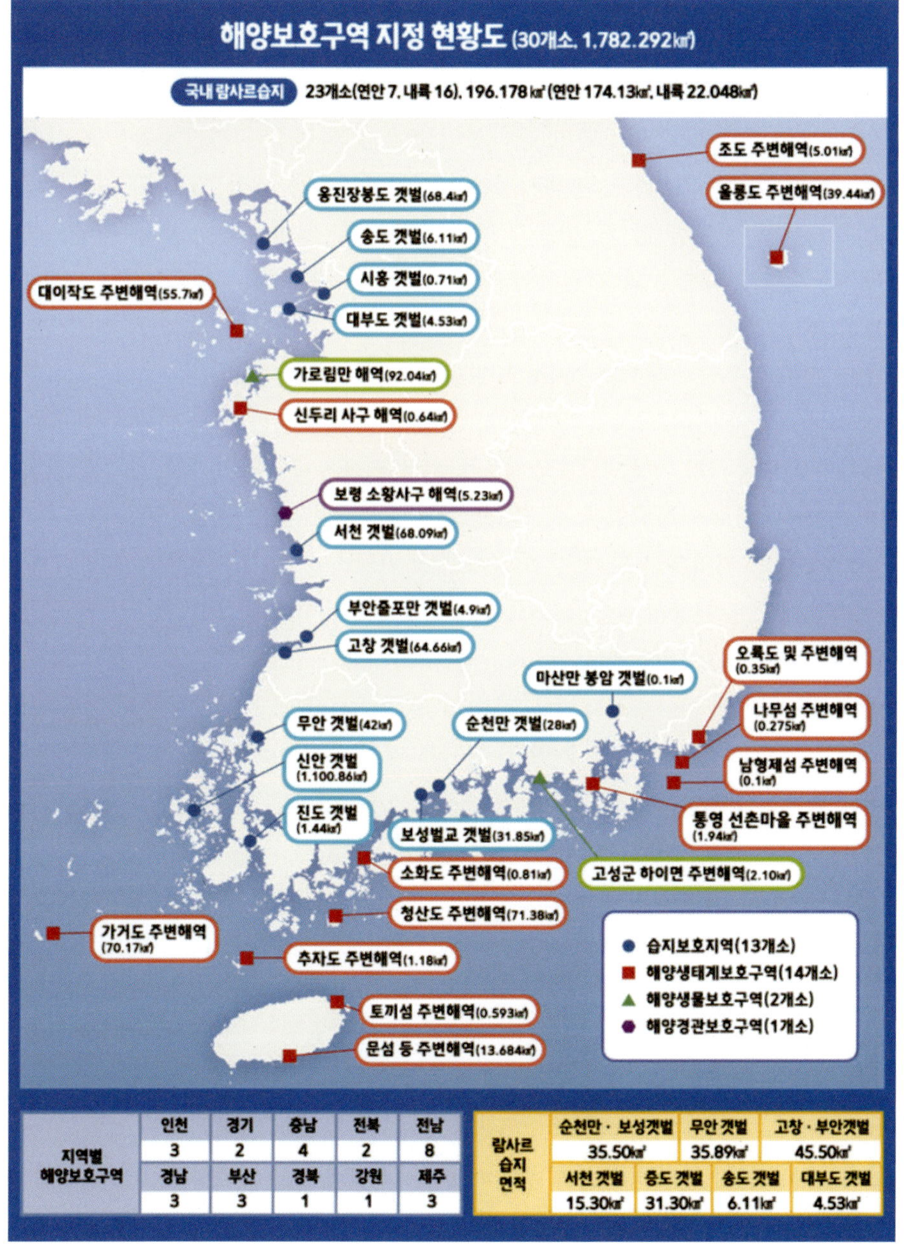

지역별 해양보호구역	인천	경기	충남	전북	전남
	3	2	4	2	8
	경남	부산	경북	강원	제주
	3	3	1	1	3

람사르 습지 면적	순천만 · 보성갯벌	무안 갯벌	고창 · 부안갯벌	
	35.50㎢	35.89㎢	45.50㎢	
	서천 갯벌	증도 갯벌	송도 갯벌	대부도 갯벌
	15.30㎢	31.30㎢	6.11㎢	4.53㎢

해양보호 구역 지정현황

해양환경정보포털

과 습지보전법에 따른 연안 습지보호지역을 해양보호 구역의 범주에 포함한다. 어떤 이는 광의의 개념으로 해양에 지정·관리되는 모든 보호구역(문화재보호구역, 국립공원, 수산자원보호구역 등)을 포함하여 말하기도 한다.

2020년 기준 전국 연안에 지정된 해양보호 구역은 총 30개소이며, 이 중 습지보호지역이 13개소, 해양생태계 보호구역이 14개소, 해양생물 보호구역이 2개소, 해양경관 보호구역이 1개소이다. 해양수산부는 해양보호생물·해양경관·해양생물 다양성 등 해역별 특성을 고려하여 매년 해양보호 구역을 지정해왔으나 2020년까지 관할해역의 10% 이상 지정을 권고하고 있는 생물다양성 협약의 목표에는 크게 못 미치는 수준이다.

해양보호 구역으로 지정되면 관리청의 예산을 지원받아 관리계획을 수립하고 관리사업을 수행할 수 있다. 관리사업은 해양생태자원에 대한 조사 및 지역주민을 통한 모니터링, 생태탐 방로·방문객 센터 등 생태관광 이용시설 설치, 해양쓰레기 처리·취해시설 제거 등의 지원사업 등이 있으며 이를 통해 지역의 일자리 창출이 가능해진다.

무안 갯벌은 우리나라 1호 습지보호지역(2001년 지정)이다. 무안 갯벌은 낮은 수심에 모래성분이 뛰어나고 복잡한 해안선이 어류 어식에 적합한 지역이며, 해양보호생물이면서 멸종위기 야생생물Ⅱ급에 해당하는 흰발농게의 서식지로 가치를 인정되받아 보호구역으로 지정되었다.

2호 습지보호지역은 진도 갯벌로, 2002년에 지정되었다. 진도 갯벌은 물살이 양호하고 수심이 얕은 개방형 해안으로 오염물질 정화 기능이 뛰어나고, 우리나라와 일본에만 분포하는 왕거머리말의 서식지로 가치를 인정받아 보호구역으로 지정되었다.

순천만 갯벌은 홍수나 폭풍 때 피해를 줄여주는 완충지 역할을 하는 습지로, 2003년 습지보호지역으로 지정되었다. 중국과 러시아에서 번식하는 흑두루미가 서식하고 갯벌에서 낟알, 어류 등의 먹이활동을 하는 것으로 알려져 있는데, 지난 20년간 20개 서식 개체수가 증가한 것으로 나타났다.

모래와 펄갯벌 지역인 옹진장봉도 갯벌 습지보호지역은 2003년 지정되었으며, 도요물떼새의 중간 기착지이자 노랑부리백로(해양보호생물, 멸종위기 야생생물Ⅰ급, 천연기념물 제361호) 등의 번식지로 알려져 있다. 노랑부리백로는 전 세계 대부분의 개체수가 서해안 섬에서 번식하는 것으로 알려져 있으며, 물고기와 게·새우 등의 갑각류와 갯지렁이로 먹이활동을 한다.

부안줄포만 갯벌 습지보호지역(2006년 지정)은 새만금 간척사업 이후 곰소만에 남은 유일한 갯벌로, 대추 형태의 대추귀고둥(해양보호생물, 멸종위기 야생생물Ⅱ급)이 갯벌 돌무더기나 갯잔디 지역에 서식하는 것으로 알려져 있다.

송도 갯벌 습지보호지역은 유일하게 시도가 지정한 습지보호지역으로 2009년에 지정되었다. 국제적 희귀조류인 저어새(해양보호생물, 멸종위기 야생생물 I 급, 천연기념물 제205호)의 번식지이자 중간 기착지 역할을 한다. 저어새는 전 세계에 약 2,700여 개체가 있는 것으로 알려졌는데, 약 200~300개체가 이 지역에 서식한다.

마산만 습지보호지역(2011년 지정)은 무역항으로 지정 · 운영 중인 마산항 내 유일한 갯벌로 붉은발말똥게(해양보호생물, 멸종위기 야생생물 II 급)가 갈대밭이나 기수역에 서식하는 것으로 알려져 있다.

시흥 갯벌 습지보호지역(2012년 지정)은 수도권 개발에도 불구하고 다양한 염생식물이 잘 유지되고 있는 것으로 알려져 있다. 특히 바닷가 습지의 여러해살이풀인 모새달(산림청 지정 희귀식물)의 서식지로 가치를 인정받았다.

2017년 지정된 대부도 갯벌 습지보호지역은 노랑부리백로(해양보호생물, 멸종위기 야생생물 I 급, 천연기념물 제361호)의 서식지이다.

서천 갯벌은 습지보호지역(2018년 지정)은 우리나라 3대 철새도래지로 평가받으며, 우리나라에 도래하는 검은머리물떼새(해양보호생물, 멸종위기 야생생물 II 급)의 30% 이상이 겨울뿐 아니라 텃새로 서식하는 것으로 알려져 있다.

고창 갯벌은 새만금 간척사업으로 많은 새만금 갯벌이 사라졌지만 여전히 생물다양성 가치가 우수하다고 인정되어 2018년 습지보호지역으로 지정되었다. 지구상에서 가장 큰 도요새와 알락꼬리마도요(해양보호생물, 멸종위기 야생생물 II 급) 등이 갯벌 인근 해안에서 게나 갑각류 등의 무척추 동물 먹이 활동을 한다.

서천 갯벌은 습지보호지역(2018년 지정)은 우리나라 3대 철새도래지로 평가받으며, 우리나라에 도래하는 검은머리물떼새(해양보호생물, 멸종위기 야생생물 II 급)의 30% 이상이 겨울뿐 아니라 텃새로 서식하는 것으로 알려져 있다.

보성벌교 갯벌은 자연하천인 벌교천이 펄갯벌과 이상적으로 이어져 자연성이 우수하다고 인정받아 습지보호지역(2018년 지정)으로 지정되었다. 국제적으로 생존개체가 적은 편인 검은머리갈매기(멸종위기 야생생물 II 급)가 갯벌이 있는 해안과 강 하구에 무리지어 서식한다.

신두리 해안사구 해양생태계 보호구역(2002년 지정)은 국내 최대 사구로 내륙과 해안 생태계를 연결하는 완충지역이며 통합생태계를 형성하는 곳이다. 국내 대표적인 해안퇴적지형으로 바다로부터의 영향과 퇴적양상이 변화하는 모래로 인해 독특한 식물상을 형성한다.

문섬 해양생태계 보호구역(2002년 지정)은 우리나라 유일의 산호 군락지로 암반생태계와 수중경관이 뛰어나 지정되었다. 해양보호생물 11종이 서식하고 해송이 암반지역 중심으로 서식한다.

대이작도는 풀등 등의 독특한 자연생태계와 지형적 경관을 이루고 있어 해양생태계 보호구역(2003년 지정)으로 지정되었다. 거머리말과 애기거머리말 군락이 수산생물과 저서생물의 주요 산란장이자 서식지이다.

소화도 주변해역 해양생태계 보호구역(2012년 지정)은 해식절벽과 풍화혈을 보이는 특이한 자연경관과 남해 고유종인 침해면맨드라미 서식지로서의 가치를 인정받아 지정되었다.

가거도 주변해역 해양생태계 보호구역(2012년 지정)은 해면의 일종인 빨강해면맨드라미가 수심 10~30m 깊이 암벽이나 바위에 부착하여 서식함에 따라 해양생물 다양성이 풍부하게 보전되는 가치를 인정받아 지정되었다.

나무섬 주변해역 해양생태계 보호구역(2013년 지정)은 대형육식성 포식자인 나팔고둥(해양보호생물, 멸종위기 야생생물Ⅱ급)이 서식하고 원시적 자연경관과 뚜렷한 주상절리 지형의 학술적 가치가 인정되어 보호구역으로 지정되었다.

남형제섬 주변해역 해양생태계 보호구역(2013년 지정)은 우리나라 유일한 아열대 생태계를 보유한 해역으로 밤수지맨드라미(해양보호생물, 멸종위기 야생생물Ⅱ급)가 서식하는 가치를 인정받아 보호구역으로 지정되었다.

청산도 주변해역 해양생태계 보호구역(2013년 지정)은 자연생태의 원시성과 경관을 보존하고 있고 새로줄조개사돈(지표종) 등 해양보호생물의 집단서식지로 가치를 인정받아 보호구역으로 지정되었다.

울릉도 주변해역 해양보호 구역(2014년 지정)은 수중 암반생태계가 잘 형성되어 있고 유착나무돌산호(해양보호생물, 멸종위기 야생생물Ⅱ급)의 서식지로 생물 다양성의 가치를 인정받아 보호구역으로 지정되었다.

해양보호구역의 관리 모델과 성과 예시

추자도 주변해역 해양생태계 보호구역(2015년 지정)은 천연잘피 서식지가 어류의 성육장으로 가치를 인정받아 보호구역으로 지정되었다. 우리나라와 일본에만 출현하

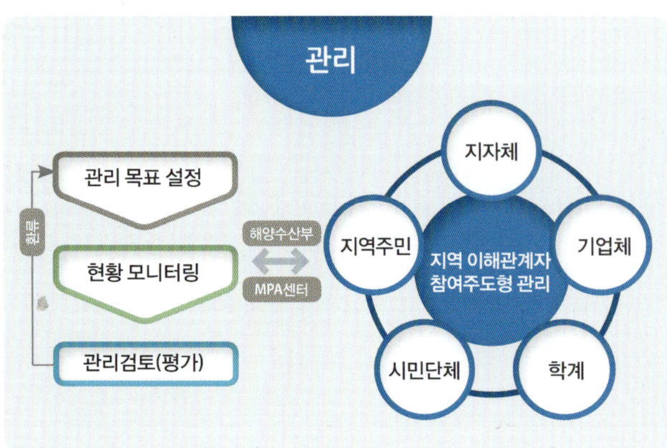

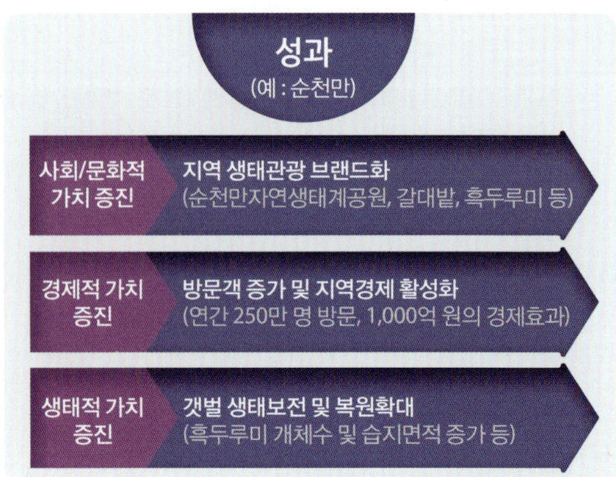

는 포기거머리말(해양보호생물)이 군락지를 형성하여 서식한다.

토끼섬 주변해역 해양생태계 보호구역(2016년 지정)은 뛰어난 자연경관과 풀 등의 특이한 지형경관, 수산생물 및 저서생물의 서식지 역할을 하는 거머리말과 애기거머리말 군락지의 가치를 인정받아 보호구역으로 지정되었다.

양양 조도 해양생태계 보호구역(2017년 지정)은 왕거머리말(해양보호생물)이 광범위하게 서식하고 수질정화기능이 뛰어나며 다양한 해양생물의 산란장 역할을 하는 가치를 인정받아 보호구역으로 지정되었다.

가로림만 해양생물 보호구역(2019년 지정)은 천연잘피의 서식지와 어류의 성육장으로 체계적 보전 · 관리가 필요하다고 인정받아 보호구역으로 지정되었다. 황해의 대표적 해양보호생물인 점박이물범(해양보호생물, 멸종위기 야생생물 Ⅱ급)이 서식한다.

고성 주변해역 해양생물 보호구역(2019년 지정)은 해양보호생물 상괭이를 보호하기 위해 지정되었다.

보령 소황사구는 국내 첫 해양경관 보호구역(2020년 지정)이다. 소황사구에는 노랑부리백로, 검은머리물떼새, 알락꼬리마도요 등 다수의 해양보호생물과 표범장지뱀, 삵 등의 멸종위기 야생생물, 갯그령, 순기비나무, 갯쇠보리, 통보리사초 등 사구식물이 다양하게 서식한다.

해양수산부는 해양환경공단에 해양보호구역센터를 설치하고 각 해양보호구역별 관리 현황을 모니터링하며 관리평가를 통해 보호구역 지정 목적 달성여부와 관리계획의 이행성과를 관리해오고 있다. 해양보호구역 지정의 가장 큰 목적인 생태적 가치 증진 뿐 아니라 사회 · 문화적 가치 증진과 그로 인한 경제적 효과를 성과로 검토하며, 매년 해양보호구역대회를 개최하여 가치를 공유하고 보호구역에 대한 국민인식을 증진하며 점진적으로 습지보전 의식을 확대하려는 노력을 계속하고 있다.

또한 1971년 이란의 람사르에서 채택되고 1975년 12월 발효된 람사르 협약(Ramsar Convention)에 국내 연안습지를 람사르 습지로 등록하기 위해 자료를 수집하고 기존 람사르 습지에 대한 정보를 업데이트 하며 람사르 사무국에 지속적으로 제출하고 있다. 람사르 협약은 습지는 경제적, 문화적, 화학적 및 여가적으로 큰 가치를 가진 자원이며 한번 손실될 경우 회복되기 어렵기 때문에 습지의 점진적 침식과 손실을 막는 것을 목적으로 한다. 2006년 순천만 갯벌과 보성 · 벌교 갯벌이 람사르 습지로 등록된 이후 2008년 무안 갯벌, 2009년 서천 갯벌, 2010년 부안줄포만 갯벌과 고창 갯벌, 2011년 신안증도 갯벌, 2014년 송도 갯벌, 2018년 대부도 갯벌이 람사르 습지로 등록되었다.

보호생물과 교란생물 관리

해양생물종 다양성은 연안개발로 인한 서식지 파괴, 혼획 · 남획 · 불법포획, 해양오염, 유전자 변형 생물체 등에 따른 생태계 교란, 유해생물 출현 등으로 위협받고 있으며 기후변화, 해수면 상승 등으로 개체군 군집에 직접적인 변화가 초래되고 있다.

이문숙 한국해양과학기술원

● 해양생물 보호 배경과 국제동향

지구상에는 약 1,400만 종의 생물종이 서식한다. 그중 국내 해양생물은 총 13,356종에 달한다(2018년 국가 해양수산생물종 목록집). 과거 해양생물은 식량자원으로서의 가치가 중요했으며 수산 중심의 관리가 강조되어왔다. 그러나 최근에는 단순한 식량자원이 아니라 기후조절, 생태계 균형, 정화작용, 의약품 · 신물질 개발 등과 관련한 해양생물 및 생태계의 가치가 중요하게 인식되며 이에 대한 보존 및 효율적 관리에 대한 요구가 높아지고 있다.

WWF 보고서(2016)에 따르면 종다양성과 개체군이 위협받는 이유는 다양하며, 종 회복탄력성(resilience)이 위협받으면 해당종이 절멸할 가능성이 매우 높아진다고 보고된다. 또한 생명을 위협받고 있는 생물 3,776개 개체군 중 50%가 넘는 1,981개 개체군의 개체수가 줄어든다고 나타났다. 해양 생물종 다양성을 위협하는 요인으로는 연안개발로 인한 해양생물의 서식지 파괴, 혼획 · 남획 · 불법포획, 해양오염, 유전자 변형 생물체 등에 따른 멸종위기종 및 생태계 교란, 유해생물의 출현 등이 대표적이며. 기후변화, 해수면 상승도 생물 개체군과 군집에 직접적인 변화를 초래하는 요인이 된다. 따뜻한 해역에 서식하던 생물이 점차 북쪽으로 이동할 뿐 아니라 기후변화의 속도를 따라가지 못하는 생물종은 위험에 처하기도 한다. 제한된 서식지를 가지는 멸종위기종이나 희귀종은 적합한 서식지를 찾지 못하고 멸종될 가능성이 높아진다. 기후변화로 질병이나 해충, 외래종이 확산되면 고유 생물은 변화된 것에 적응하지 못하고 멸종하게 되며, 생물 다양성은 감소하게 되는 것이다.

생물종 다양성과 군집개체수 자체를 보전하고 이를 통한 지구환경 · 생태계의 지속가능성을 유지하려는 국제규범에는 대표적으로 다음의 3가지가 있다.

첫째, 생물다양성 협약 Convention on Biological Diversity, CBD은 유엔이 지구환경문제를 논의하고 협력을 도모하기 위해 환경개발회의를 개최한 것을 계기로 탄생한 3가지 협약(생물다양성 협약, 기후변화협약, 사막화방지협약) 중 하나이다. 생물 다양성의 보전, 생물 다양성 구성요소의 지속가능한 이용, 유전자원 이용으로 발생하는 이익의 공정하고 공평한 배분을 목표로 하며 협약은 서문, 42개 조항, 2개 부속서로 구성된다.

둘째, 멸종위기에 처한 야생동식물의 국제 거래에 관한 협약 Convention on International Trade in Endangered Species of Wild Fauna and Flora, CITES은 CITES 부속서 1, 2, 3을 통해 국가 간의 무역을 중지하지 않으면 머지않은 장래에 멸종될 생물종 대상 목록(부속서1), 멸종위기는 아니지만 부속서에 등재되지 않을 경우 멸종될 위기에 놓인 생물종, 부속서1에 올라 있는 동물과 혼용되기 쉬운 생물종 대상 목록(이상 부속서2), 각 국가에서 지정하여 등재한 생물종 대상 목록(부속서3)의 기준을 정하고 있다.

세계자연보전연맹 International Union for Conservation of Nature, IUCN은 세계 최초 및 최대 규모의 글로벌 환경네트워크로, 멸종위기에 처한 동식물의 적색목록Red list을 작성하여 회원국에 배포하고 있다. 적색목록에 따르면 멸종위기에 처한 동식물은 (1) 절멸종 Extinct, (2) 자생지 절멸종 Extinct in the Wild, (3) 심각한 위기종 Critically Endangered, (4) 멸종위기종 Endangered, (5) 취약종 Vulnerable, (6) 위기 근접종 Near Threatened, (7) 관심필요종 Least Concern의 7단계로 구분된다.

셋째, 이동성야생동식물보전협약 Convention on the Conservation of Migratory Species of Wild Animals, CMS은 국경을 통과하거나 국외로 이주하는 야생동물 종의 보호 및 양호한 보전상황 회복을 위한 야생동물 종을 지정하고 있다. CMS 부속서1에는 멸종위기에 처한 생물종, 부속서2에는 바람직하지 않은 보호 상태에 놓여 있어 국제적 협조가 필요한 생물종이 규정되어 있다.

● 해양보호생물 관리

해양보호생물은 특히 생존을 위협받거나 보호해야 할 가치가 높은 해양생물을 말한다. 해양 생태계의 보전 및 관리에 관한 법률에 따른 해양보호생물종은 우리나라의 고유한 종, 개체수가 현저하게 감소하고 있는 종, 학술적 · 경제적 가치가 높은 종, 국제적으로 보호가치가 높은 종으로 규정하고 있다. 현재 포유류 16종(고래 10종), 무척추 동물 34조, 해조류(해초류 포함) 7종, 파충류 4종, 어류 5종, 조류 14종 등 총 80종이 지정되어 있다.

해양보호생물

1. 포유류

번호	국명(보통명)	학명	비고
1	귀신고래	*Eschrichtius robustus*	CITES Ⅰ, IWC 포획금지종, IUCN 관심필요종
2	남방큰돌고래	*Tursiops aduncus*	CITES Ⅱ, IWC 포획금지종, IUCN 자료부족종
3	대왕고래	*Balaenoptera musculus*	CITES Ⅰ, IWC 포획금지종, IUCN 멸종위기종
4	보리고래	*Balaenoptera borealis*	CITES Ⅰ, IWC 포획금지종, IUCN 멸종위기종
5	북방긴수염고래	*Eubalaena japonica*	CITES Ⅰ, IWC 포획금지종, IUCN 멸종위기종
6	브라이드고래	*Balaenoptera edeni*	CITES Ⅰ, IWC 포획금지종, IUCN 자료부족종
7	상괭이	*Neophocaena asiaeorientalis*	CITES Ⅰ, IWC 포획금지종, IUCN 취약종
8	참고래	*Balaenoptera physalus*	CITES Ⅰ, IWC 포획금지종, IUCN 멸종위기종
9	향고래	*Physeter macrocephalus*	CITES Ⅰ, IWC 포획금지종, IUCN 취약종
10	혹등고래	*Megaptera novaeangliae*	CITES Ⅰ, IWC 포획금지종, IUCN 관심필요종
11	고리무늬물범	*Pusa hispida*	IUCN 관심필요종
12	띠무늬물범	*Histriophoca fasciata*	IUCN 관심필요종
13	점박이물범	*Phoca largha*	멸종위기 야생생물 Ⅱ급, 천연기념물 제331호, IUCN 관심필요종
14	물개	*Callorhinus ursinus*	멸종위기 야생생물 Ⅱ급, IUCN 취약종
15	바다사자	*Zalophus japonicus*	IUCN 절멸종
16	큰바다사자	*Eumetopias jubatus*	멸종위기 야생생물 Ⅱ급, IUCN 위기근접종

2. 무척추 동물

번호	국명(보통명)	학명	비고
1	갯게	*Chasmagnathus convexus*	멸종위기 야생생물 Ⅱ급
2	남방방게	*Pseudohelice subquadrata*	멸종위기 야생생물 Ⅰ급
3	눈콩게	*Scopimera bitympana*	
4	달랑게	*Ocypode stimpsoni*	
5	두이빨사각게	*Perisesarma bidens*	
6	붉은발말똥게	*Sesarmops intermedius*	멸종위기 야생생물 Ⅱ급
7	흰발농게	*Uca lactea*	멸종위기 야생생물 Ⅱ급
8	의염통성게	*Nacospatangus alta*	멸종위기 야생생물 Ⅱ급
9	기수갈고둥	*Clithon retropictus*	멸종위기 야생생물 Ⅱ급
10	나팔고둥	*Charonia lampas*	멸종위기 야생생물 Ⅰ급
11	대추귀고둥	*Ellobium chinense*	멸종위기 야생생물 Ⅱ급, IUCN 자료부족종
12	금빛나팔돌산호	*Tubastraea coccinea*	멸종위기 야생생물 Ⅱ급

번호	국명(보통명)	학명	비고
13	둔한진총산호	*Euplexaura crassa*	멸종위기 야생생물 II급
14	망상맵시산호	*Echinogorgia reticulata*	멸종위기 야생생물 II급
15	미립이분지돌산호	*Dichopsammia granulosa*	CITES II
16	별혹산호	*Verrucella stellata*	멸종위기 야생생물 II급
17	깃산호	*Plumarella spinosa*	멸종위기 야생생물 II급
18	유착나무돌산호	*Dendrophyllia cribrosa*	멸종위기 야생생물 II급
19	잔가지나무돌산호	*Dendrophyllia ijimai*	멸종위기 야생생물 II급
20	착생깃산호	*Plumarella adhaerans*	멸종위기 야생생물 II급
21	측맵시산호	*Echinogorgia complexa*	멸종위기 야생생물 II급
22	검붉은수지맨드라미	*Dendronephthya suensoni*	멸종위기 야생생물 II급
23	밤수지맨드라미	*Dendronephthya castanea*	멸종위기 야생생물 II급
24	연수지맨드라미	*Dendronephthya mollis*	멸종위기 야생생물 II급
25	자색수지맨드라미	*Dendronephthya putteri*	멸종위기 야생생물 II급
26	흰수지맨드라미	*Dendronephthya alba*	멸종위기 야생생물 II급
27	긴가지해송	*Myriopathesd lata*	천연기념물 제457호, CITES II
28	망해송	*Antipathes dubia*	CITES II
29	빗자루해송	*Antipathes densa*	CITES II
30	실해송	*Cirrhipathes anguina*	CITES II
31	해송	*Myriopathes japonica*	멸종위기 야생생물 II급
32	선침거미불가사리	*Ophiacantha linea*	멸종위기 야생생물 II급
33	유사벌레붙이말미잘	*Synandwakia multitentaculata*	
34	흰이빨참갯지렁이	*Paraleonnates uschakovi*	

3. 해조류(해초류를 포함한다)

번호	국명(보통명)	학명	비고
1	거머리말	*Zostera marina*	IUCN 관심필요종
2	게바다말	*Phyllospadix japonicus*	IUCN 멸종위기종
3	삼나무말	*Coccophora langsdorfii*	멸종위기 야생생물 II급
4	새우말	*Phyllospadix iwatensis*	IUCN 취약종
5	수거머리말	*Zostera caulescens*	IUCN 위기근접종
6	왕거머리말	*Zostera asiatica*	IUCN 위기근접종
7	포기거머리말	*Zostera caespitosa*	IUCN 취약종

4. 파충류

번호	국명(보통명)	학명	비고
1	매부리바다거북	*Eretmochelys imbricata*	CITES I, IUCN 심각한위기종
2	붉은바다거북	*Caretta caretta*	CITES I, IUCN 취약종
3	장수거북	*Dermochelys coriacea*	CITES I, IUCN 취약종
4	푸른바다거북	*Chelonia mydas*	CITES I, IUCN 멸종위기종

5. 어류

번호	국명(보통명)	학명	비고
1	고래상어	*Rhincodon typus*	CITES II, IUCN 멸종위기종
2	홍살귀상어	*Sphyrna lewini*	CITES II, IUCN 멸종위기종
3	가시해마	*Hippocampus histrix*	CITES II, IUCN 취약종
4	복해마	*Hippocampus kuda*	CITES II, IUCN 취약종
5	점해마	*Hippocampus trimaculatus*	CITES II, IUCN 취약종

6. 조류

번호	국명(보통명)	학명	비고
1	검은머리물떼새	*Haematopus ostralegus*	멸종위기 야생생물 II 급, 천연기념물 제326호, IUCN 위기근접종
2	넓적부리도요	*Eurynorhynchus pygmeus*	멸종위기 야생생물 I 급, IUCN심각한위기종
3	노랑부리백로	*Egretta eulophotes*	멸종위기 야생생물 I 급, 천연기념물 제361호, IUCN 취약종
4	바다쇠오리	*Synthliboramphus antiquus*	IUCN 관심필요종
5	바다오리	*Uria aalge*	IUCN 관심필요종
6	바다제비	*Oceanodroma monorhis*	IUCN 위기근접종
7	뿔쇠오리	*Synthliboramphus wumizusume*	멸종위기 야생생물 II 급, IUCN 취약종
8	쇠가마우지	*Phalacrocorax pelagicus*	IUCN 관심필요종
9	슴새	*Calonectris leucomelas*	IUCN 위기근접종
10	아비	*Gavia stellata*	IUCN 관심필요종
11	알락꼬리마도요	*Numenius madagascariensis*	멸종위기 야생생물 II 급, IUCN 멸종위기종
12	저어새	*Platalea minor*	멸종위기 야생생물 I 급, 천연기념물 제205-1호, IUCN 멸종위기종
13	청다리도요사촌	*Tringa guttifer*	멸종위기 야생생물 I 급, CITES I, IUCN 멸종위기종
14	흰수염바다오리	*Cerorhinca monocerata*	IUCN 관심필요종

해양수산부는 해양보호생물의 보호를 위해 다양한 보호대책을 추진하고 있다. 생물종 관리계획을 수립 및 이행하며, 생물종 다양성 위협 요소를 파악하고 저감계획을 수립 이행한다. 또한 가치 있는 복원종을 선정하여 복원계획을 수립 및 이행해 왔다. 대표적 사례로 2018년 정부는 해양보호생물인 바다거북의 인공증식과 구조·치료를 통해 개체를 확보하고 제주도 연안의 산란장에 방류하였다.

한반도 주변해역은 급격한 환경변화를 맞이하고 있는 대표적 지역으로, 기후변화에 의한 해수온도 상승이나 해양산성화의 속도가 전 세계 평균보다 2~3배 이상 높게 나타난다. 이런 변화는 해양생물에 직접 영향을 미치는데 해양생물 개체수를 감소시키고 종다양성을 저하시킨다. 이미 주변해역의 사막화 현상, 어획량 변동, 해역별 출현어종의 변화 등은 확인되고 있다. 이에 정부는 2016년 해양보호생물이 야생에서 스스로 생존할 수 있도록 서식지 기능을 강화하고 개체수 회복을 위한 관리전략을

해양수산부, 2016

백령도에 조성된 점박이물범 쉼터

고래연구센터, 해양수산부, 2016

백령도 점박이물범

발표하였으며, 2018년에는 중장기 복원방안을 수립하였다. 해양 생태계의 보전 및 관리에 관한 법률에 근거한 해양보호생물의 관리 수단은 종에 대한 직접적인 규제, 보전 · 관리체계 구축, 서식지에 대한 보전, 보호 · 증식 · 복원, 민간보호활동 육성 등으로 구성된다. 그리고 이를 지원하기 위해 해양 생태계보전협력금이 활용된다.

해양 생태계보전협력금으로 운영되는 해양 생태계 서식처 기능개선 및 복원사업의 대표적인 예로 독도 기각류 서식처 기능개선사업과 백령도 점박이물범 서식처 조성 및 관리 사업이 있다. 독도의 경우 2015년부터 갯녹음 원인생물(성게, 석회 조류 등)제거, 해조류 이식 및 천적생물(돌돔 등) 활용 등 복합적인 개선 및 복원을 추진하였다. 백령도 점박이물범 보호를 위해서는 2016년부터 점박이물범 쉼터를 조성하고 서식생태를 모니터링하였으며 서식지 위협요소를 관리하였다. 그 결과, 해양수산부의 조사에 따르면 2008년 백령도에 왔던 점박이물범의 동일 개체 3마리가 2018년도에도 찾아온 것으로 확인되었다.

또한 해양보호생물제도의 경우 해양보호생물의 주요 서식지 · 산란지를 위협요인으로부터 관리하기 위해 해양보호 구역 지정 · 관리와 연계하여 운영함으로써 제도의 효과를 높이려 힘쓰고 있다. 하지만 해양보호생물에 대한 지정 기준 및 관리지침이 마련되지 않고 보호등급이 구분되어 있지 않아 보호 관리를 추진하는 데 한계로 작용하는 것으로 평가되며, 중장기적으로 위협에 대응하고 복원이 적극적으로 이루어지기 위한 측면에서는 생물종에 대한 서식실태 자료가 부족하고, 증식이나 복원 기술 개발의 수준이 낮은 것으로 평가되고 있다.

해양보호생물을 종합적이고 체계적으로 관리하기 위해 이들의 서식환경에 대한 기초자료를 충분히 확보하고 개체수 회복을 위한 서식지 보호와 증식 기술이 개발되어야 하며, 지정 · 보호 · 관리를 지속적으로 추진하기 위한 중장기적 대책 마련이 요구되고 있다. 또한 해양보호생물을 불법 포획, 채취, 유통, 이용하는 행위에 대한 관리감독을 강화할 필요가 있으며, 혼획 방지를 위한 기술개발 등도 요구되고 있다.

● 유해 해양생물과 해양생태계 교란생물 관리

유해 해양생물은 사람의 생명이나 재산에 피해를 주는 해양생물을 말하며 2020년 기준 식물플랑크톤 5종, 자포동물 5종, 극피동물 2종, 태형동물 3종, 식물 2종이 지정되어 있다. 해양생태계 교란생물은 외국으로부터 유입되어 해양 생태계의 균형에 교란을 가져오거나 교란할 우려가 있는 해양생물을 말하며, 척삭동물인 유령멍게가 지정되어 있다.

유해 해양생물 및 해양생태계 교란생물과 관련해서는 이미 갯끈풀을 포함한 18종

유해 해양생물

분류군	국명(보통명)	학명
식물플랑크톤	디노피시스	*Dinophysis spp.*
	슈도니치아	*Pseudo-nitzschia spp.*
	알렉산드리움	*Alexandrium spp.*
	차토넬라	*Chattonella spp.*
	코클로디니움	*Cochlodinium polykrikoides*
자포동물	노무라입깃해파리	*Nemopilema nomurai*
	보름달물해파리	*Aurelia aurita*
	작은부레관해파리	*Physalia physalis*
	작은상자해파리	*Carybdea brevipedalia*
	커튼원양해파리	*Chrysaora pacifica*
극피동물	별불가사리	*Asterina pectinifera*
	아무르불가사리	*Asterias amurensis*
태형동물	관막이끼벌레	*Membranipora tuberculata*
	세방가시이끼벌레	*Tricellaria occidentalis*
	자주빛이끼벌레	*Watersipora subovoidea*
식물	갯줄풀	*Spartina alterniflora*
	영국갯끈풀	*Spartina anglica*

해양생태계 교란생물

분류군	국명(보통명)	학명
척삭동물	유령멍게	*Ciona robusta*

의 유해 · 교란 해양생물종에 대하여 관리기술 매뉴얼을 제작 · 배포하고 지속적인 제거 사업을 추진하고 있는바, 이에 대한 지속적인 확대 및 고도화가 요구되고 있다.

2016년 유해 해양생물로 지정된 갯끈풀은 2008년 강화도 남단에 최초로 유입된 외래 침입종이다. 다년생 초본으로 조수간만의 차가 큰 바닷가 진흙에 분포하는 염생식물이다. 지하경을 길게 뻗고 잔뿌리가 많아 복잡한 근계(complex root system)를 형성하며 무성번식으로 재생하여 다른 토종 염생식물(칠면초 등)의 번식을 방해하고 갯벌을 육지화한다. 해양수산부는 2019년부터 갯끈풀 분포조사, 제거 및 관리, 모니터링 및 효과분석 등을 실시하고 있다.

물속에서 유영하는 모습은 아름답지만 치명적인 독을 가진 해파리는 여름철 출

갯끈풀 분포지도

몰하여 피서객들이나 주변 어류 및 어구에 다양한 피해를 주는 종이다. 전국적으로 해파리 피해가 컸던 2012년, 부산에서 해파리에 쏘인 피서객은 1,594명에 달했다. 우리나라에는 6종의 해파리가 출현하고 있는데 그중 가장 많은 수를 차지하는 종 중 하나가 보름달물해파리이다. 해파리 부착유생(폴립)은 알에서 깨어나 최대 5,000개의 성체로 분열 · 증식하므로, 폴립이 성체가 되기 전에 제거하면 성체 구제 비용의 0.8~3.1%만 필요하기 때문에 저비용, 고효율로 해파리의 대량 발생을 예방하는 방법으로 알려져 있다. 해양수산부는 2013년부터 보름달물해파리 폴립 제거 사업을 지속적으로 추진해오고 있다. 보름달물해파리는 4~8월 전국 연안의 흐름이

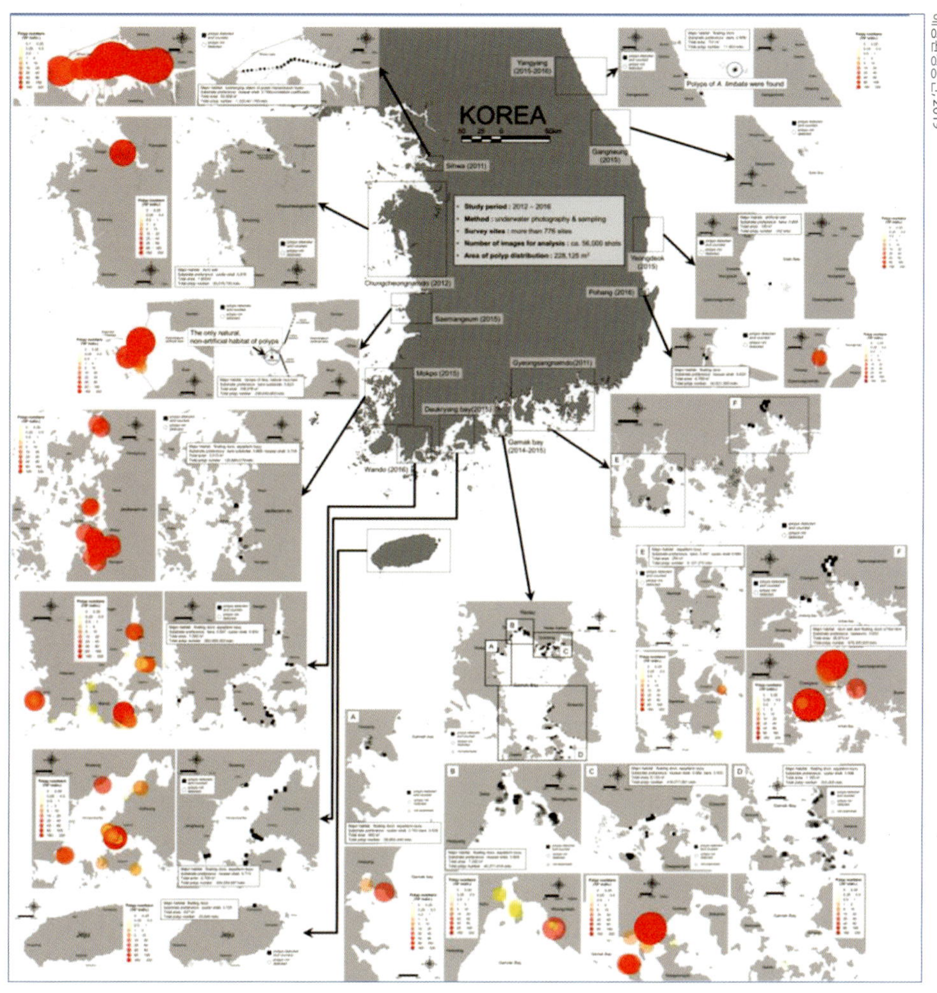

보름달물해파리 분포도

해양환경공단, 2019

약한 곳에서 대량 출현하는 종으로, 어업활동이나 발전소 시설, 해수욕객에서 피해를 유발하여 유해 해양생물로 지정되어 있다.

해양생물이 살아가는 바다는 기후변화를 최전선에서 맞이하게 되는 곳이다. 특히 우리나라 주변해역은 수온상승, 해양산성화 등 세계 평균보다 2~3배 정도 높은 수준으로 평가되어 급격한 생태계 변화에 대한 적절한 대응이 요구되고 있다. 향후 우리는 해양산성화에 취약한 생물종 구분, 기후변화에 취약해 멸종할 것으로 예상되는 고유종의 유전자원 보전체계 구축, 유해 해양생물 및 해양생태계 교란생물에 대한 지속적인 관리 확대 및 기술 고도화를 통해 해양생물 다양성을 유지하고 건강한 생태계가 주는 혜택을 지속적으로 영위할 수 있게 해야 한다.

북한의 국제법 해석과 태도는 분명하지 않다. 그러나 개별법에서는 '조약 우위' 혹은 '동등효력', '국내법 우선' 등이 혼재되어, 적어도 국제법 우위 혹은 동등효력을 인정하는 것으로 해석된다. 유엔해양법협약에는 서명국으로 참여하였으나, 비준은 하지 않고 있다. 국제법 및 해양과학기술 분야에 대한 국제적 환경변화를 지속적으로 모니터링하고 있으나, 주변해역을 스스로 관리하기에는 기술과 정보의 한계가 있다. 문제는 해양자원의 관리능력 부재를 제3국에 전적으로 의존하고 있다는 것이다. 이는 북한 해양자원의 황폐화와 함께 한반도 주변해역 전체 자원에 영향을 주고 있으며, 남 · 북한이 조속히 해양분야 협력을 추진하여야 하는 이유다.

북한의 해양법과 정책

North Korea's Maritime Law and Policy

북한의 국제법 해석과 입법체계

북한의 국제법 수용은 국익을 기준으로 수용 여부가 결정되는 경향도 있다. 북한은 유엔해양법협약을 비준하지 않았으나, 협약의 대부분이 관습법화 되었다는 점에서 북한에 적용하는 것이 문제가 되지 않는다. 북한이 채택한 해양관련 정책은 다수가 유엔해양법협약에 기초하고 있거나, 일부는 국가이익에 따라 그 수용을 의도적으로 차단하고 있다.

양희철 한국해양과학기술원

● 북한의 국제법에 대한 태도

북한의 국제법에 대한 태도

해양법은 국제법과 국내법으로 구성된다. 그러나 해양에 관한 국내법은 항상 국제법적 일면(一面)을 갖는다. 이는 해양에 관한 국내법은 어떤 영역의 법보다 국제적 기준과 합의의 연계성을 갖고 있어야 된다는 의미이기도 하다. 따라서 북한의 해양법을 이해하는기 위해서는 국제법 영역과의 교류, 혹은 국내법 제도로의 수용 현황을 살펴보는 것이 중요하다. 이는 북한의 해양에 관한 제도적 형성이 국제적 규범과 어떻게 교류하면서 형성되는가의 문제이면서, 매우 폐쇄적인 북한정보를 고려할 때 일반적으로 승인된 국제규범의 틀을 통해 북한의 접근 가능한 태도를 해석하는데 필요하기 때문이다. 북한의 국제법에 대한 태도를 해석하는 방법에는 북한에서 발표된 문헌을 분석하거나 국제기구에서 표명된 북한의 입장, 특정 분쟁이슈 등을 통해 나타난 북한의 관행 등을 통해 살펴볼 수 있다.

북한이 국제법을 인정하고 수용하고 있는가의 질문은 사실 오랫동안 국내 학계에서 논의가 있어 왔다. 다만, 이러한 논란은 1991년 UN에 가입하고, 많은 국제기구에 대표를 파견하고 서방 국가들과 협정을 체결하고 있다는 점 등으로 볼 때, 큰 의미는 없다고 보인다. 다만, 북한에서는 국제법이 어떻게 해석되고, 국내법으로 수용되고 있는가 하는 이행력을 판단하는 것이 보다 효과적일 것이다. 북한의 국제법에 대한 태도와 해석을 엿볼 수 있는 초기 문헌으로는 1971년 사회과학원 법학연구소가 출판한 「법학사전」[1], 과학백과사전종합출판사가 1988년 출판한 「현대국제법연구」가 있다.

이후 1992년 김일성종합대학출판사의「국제법학(법학부용)」, 2002년 사회과학원 법학연구소가「국제법사전」을 편찬하였는데, 이는 북한의 국제법 연구와 관심이 상당한 정도로 진행되고 있다는 것을 알 수 있다. 이 외에, 국제법에 대한 북한 학자들의 해석과 접근을 다룬 논문은 다수가 국내에 소개된 바 있는데, 그 범위는 국제법에 대한 정의, 국제법 일반, 조약법, 해양법, 해사법, 인권법, 국제형사법, 분쟁해결, 국제경제법, 무력충돌법, 국가책임 등으로, 거의 모든 영역에 대한 기본적 접근을 보이고 있다.

북한의 국제법 연구와 관심영역의 확대는 국제법에 대한 무조건적 비판 보다는 북한의 이해(利害)에 따른 수용적 방식으로 전환되는 데서도 나타난다. 예컨대, 1971년 법학사전, 1988년 현대국제법연구, 1992년 국제법학, 2002년의 국제법사전 등에서 기술되는 국제법 인식은 적어도 북한이 국제법과의 교류를 통한 관계형성의 기조를 형성하고 있음을 알 수 있다. 예컨대, 1971년의 접근은 "국제관계를 규제하는 법"으로 정의하면서도 "제국주의자들에 의하여 조작된 불평등적인 국제관계와 침략적인 국제법규범을 철폐하여 국제법의 공인된 원칙에 기초한 국제관계와 국제법규범의 형성을 위해 적극 투쟁하고 있다"는 수용적이면서도 선별적 불인정 측면에서 접근하고 있다. 반면 1992년 국제법학에서는 국제법을 "국제관계에서 국가들이 지켜야 할 행동규범이며 행동준칙이다"고 설명하고, 2002년 국제법사전 또한 "국제관계에서 국가들이 반드시 지켜야 할 행위규범의 총체"라고 정의하고 있다. 이는 북한의 국제법에 대한 수용 태도가 특정 영역별로 선택적으로 미참여 혹은 참여의 차이가 있을 뿐이며, 자국의 이해와 관련된 국제법 문제에 대하여는 구체적 해석을 통해 이익을 확보하는 과정에 있다고 보인다. 이미, 북한은 1968년 미국의 푸에블로호 Pueblo Incident 피랍사건, 남북한 간 북방한계선 Northern Limit Line, NLL에 대한 주장, 핵무기비확산조약 Non Proliferation Treaty 등에서도 국제법에 근거한 해석과 주장을 한 바 있다(이장희, 북한의 국제법 일반에 대한 동향과 전망, 2004, p.240.).

국내법에서 국제법의 지위

국제법과 국내법 관계에 대한 북한의 해석은 다소 모호하게 접근되고 있다. 예컨대, 북한의 국제법 사전에 의하면 국제법은 규제대상, 적용범위, 제정형식과 법률관계 당사자, 이행보장 수단 등에서 국내법과는 차이가 있다고 적고 있다. 그러나 이러한 차이에도 불구하고 국제법과 국내법은 상호 일정한 영향을 주며, 또한 국내법 규범 역시 국제관계의 발전에 영향을 준다고 해석한다(북한 사회과학원, 국제법사전, 2002, pp.65-66.). 이는 일견 북한의 국제법에 대한 태도가 이원론(二元論) 보다는 일원론

1) 1971년의「법학사전」에서는 특히 "국제법"에 대한 정의를 두고 있는데, 이에 의하면 국제법은 국가들 간의 투쟁과 협조과정에서 이루어지는 관계를 규율하며, 개별적 국가 혹은 여러 국가들의 강제에 의하여 그 준수가 보장되는 행위준칙으로 규정하고 있다.

(一元論)에 기반한 것으로 해석될 수 있다. 여기서 일원론과 이원론이라 함은 국제법과 국내법의 관계를 이론적으로 구명하려는 것인데, 일원론은 국제법과 국내법을 하나의 통일적 법체계로 보고, 국제법이 국내법의 일부로 자동 수용하는 것을 말한다. 반면, 소위 이원론은 국제법과 국내법이 전혀 다른 법체계를 형성한다는 설(設)이다. 이 설에 의하면 국제법과 국내법은 상호 아무런 관계가 없기 때문에 국제법이 곧 국내적으로 타당할 수도 없다. 즉, 국제법이 적용되기 위해서는 국내법으로 변경되거나, 수용되어야 한다.

북한의 국제법에 대한 태도가 일원론에 기초하고 있다면, 국내법과 국제법 중 우위에 있는 것은 무엇인가? 먼저 북한의 국제법 사전은, 국내법 우위론은 국내법과 국제법의 연관관계를 심하게 왜곡하는 것으로 부당하다는 입장이다. 이 이론은 독일제국주의자들이 침략전쟁을 합리화하기 위해 만든 20세기 초 이론이라는 태도다(사회과학원 법학연구소, 국제법사전, 2002, p.41). 한스 켈젠(Hans Kelsen, 1991~1973) 또한 국내법 우위의 일원론에 대하여는 제국주의 이론이라고 평가한 바 있다. 그렇다면 북한의 국제법에 대한 태도가 국제법 우위의 일원론으로 해석될 수 있는가? 이미 북한은 서구 중심의 국제법을 '정통국제법'으로 분류하여, 제국주의 이익에 맞게 설계된 것이라고 평가한 바 있다(김영철 · 서철원, 현대국제법연구, 1988, pp.5-11). 북한의 입장에서 '현대국제법'은 당연히 사회주의 및 신흥세력이 참여한 합의 문서를 의미하며, 이때 국제법은 내정불간섭과 불가침, 자주권 존중 및 평화와 호혜 등을 기본 원칙으로 하여야 한다. 따라서 국제법과 국내법의 관계에 대한 북한의 해석 또한 '자주주권'이 모든 국제관계의 원칙이어야 한다는 태도다. 즉, 북한은 다자조약과 중요한 양자조약들은 국제법 규범으로 인정하면서도 불평등예속조약은 국제법 연원이 될 수 없다는 것이다(사회과학원 법학연구소, 국제법사전, 평양, 사회과학출판사, 2002. p.65.). 이는 북한의 국제법에 대한 태도가 기본적으로는 국제법 우위의 일원론에 접근하고 있다는 평가가 가능하다.

상술한 내용으로 볼 때, 국제법과 국내법의 관계에 대한 북한의 태도가 적어도 양자의 밀접한 관계를 인정하고 있다는 것은 분명하다. 북한의 국제법에 대한 비판은 단지 국제기구 혹은 국제사회의 결정이 북한에게 과도한 '의무' 혹은 '자주권'의 침해로 다가오는 것을 차단하기 위한 대응적 조치일 뿐, 국제법과의 관련성을 부정하는 태도는 아닌 것으로 해석된다.

일반적으로 국제법이 국내법에서 갖는 지위는 헌법을 통해 규정된다. 북한의 헌법은 국제법과 국내법과의 관계를 명확하게 규정하고 있지는 않다. 다만, 다수의 법에서는 '조약 우위', '조약과 국내법의 동등효력', '국내법 우선'의 규정들이 함께 수용되고 있다는 것에서 국제법 우위 혹은 적어도 동등효력을 갖는 것으로 이해된다. 한편 북한에서 조약 체결권은 내각(헌법 제119조)에 있으며, 조약은 "국가, 정부, 해당 기관의 명의"로 체결한다(조약법 제3조)고 규정되어 있다. 다만, 국가의 명의로 조약을 체결하는 전권대표에게는 최고인민회의 상임위원회 위원장의 명의로 된 위임장을, 정부의 명의로 조약을 체결하는 전권대표에게는 내각총리 또는 외무상의 명의로 된 위임장을, 해당 기관의 명의로 조약을 체결하는 전권대표에게는 기관책임자의 명의로 된 위임장을 준다(조약법 제7조). 최고인민회의(헌법 제91조)와 최고인민회의 상임위원회는 조약을 비준하거나 폐기(헌법 제110조)할 수 있다. 일반적으로 국제법은 자동적으로 국내법으로 편입되는 '편입이론(혹은 수용이론)'과 국내법 제정이나 판결을 통해 수용된다는 '변형이론'으로 구분된다. 이러한 규정으로 볼 때, 북한의 경우 국제법을 국내법질서로 편입되는 데 있어서 다른 기관의 사전 개입이 요구되지 않게 된다. 즉, 북한이 승인한 국제법에 대하여는 편입이론에 가까운 태도를 보이고 있는 것으로 평가된다.

UN 헌장에 부속되어 있고 헌장의 불가결한 부분을 구성하는 국제사법재판소International Court of Justice, ICJ 규정은 국제법 연원과 관련하여 "(a) 분쟁국가들에 의하여 명시적으로 승인된 규칙을 수립하고 있는 일반 또는 특별 국제협약, (b) 법으로 수락된 일반관행의 증거로서의 국제관습, (c) 문명국들에 의하여 승인된 법의 일반원칙, (d) 제59조의 규정을 조건으로 법규 결정을 위한 보조수단으로서 재판상의 판결 및 여러 국가의 가장 우수한 학자들의 학설(가르침)" 등을 언급하고 있다(제38조제1항(b). 국제법 연원에 대하여 북한의 국제법사전은 "국제협약과 국제관습" 만을 국제법의 연원으로 언급하고 있으며, 국제협약과 국제관습법 양자 간의 효력은 동등하다고 본다. 그러나 이를 근거로 북한이 기타의 연원을 부정하는 것으로 해석하기는 어렵다. 북한 김일성종합대학출판사(력사법학)의 논문에서는 "분쟁 당사자들 사이의 협상과 담판 …… 보조적 수단으로서 화해와 중재, 조정의 방법을 적용하게 된다. …… 서로의 주장에서 차이가 날 때 국제재판소에서의 재판을 통하여 해결하는 방법도 선택하게 된다"고 적고 있으며(한영서, 국제분쟁의 평화적 해결과 관련한 국제재판의 발전에 대한 고찰, 2007, pp.86-91), 과학백과사전출판사 출판 논문에서는 "겐티리스의 국제법학설은 당시 국제법 발전에 일정한 기여를 하였지만 일련의 제한성을 가지고 있다"(길명학, 겐티리스의 국제법학설의 제한성, 2009, pp.47-52)고 해석하는 등 국제법학설과 국제판례의 발전적 상호 작용에 대하여 수용적 태도를 취하고 있기 때문이다.

UN해양법협약에 대한 북한의 태도와 적용

북한의 국제법에 대한 수용 태도는 해양 분야에서의 적용과 태도를 해석하는 데 중요한 근거가 된다. 유엔해양법협약에 대한 북한의 태도 또한 미비준 상태일 뿐,

영해의 폭과 기선(기점)의 운용, EEZ 제도의 수용, EEZ에서의 외국인 등의 경제활동에 대한 규정 등 다수의 입법 조치를 차용하거나 수용하면서 국내 제도를 형성하고 있다. 예컨대, 영해에 관련해서는 1955년 내각결정 제25호에 따라 12해리를 채택한 것으로 알려지며, 1977년 〈조선민주주의인민공화국 경제수역을 설정함에 관하여〉, 1978년 〈조선민주주의인민공화국 경제수역에서의 외국인과 외국배, 외국비행기들의 경제활동에 관한 규정〉 등을 통해 제3차 유엔해양법회의를 통해 논의되는 사항들을 서둘러 국내법으로 규정, 선포한 바 있다.

북한은 제1차, 제2차 해양법회의에 참여하지 않았다. 따라서 해양법에 대한 북한의 태도는 1973년부터 시작된 제3차 유엔해양법회의 참여 과정에서의 북한대표 발제 내용과 UNCLOS 전후 단계에서 표출된, 해양법 문제에 대한 정책과 해석을 통해 살펴볼 수 있다. 다만, 이때의 태도가 반드시 현재의 북한 입장과 일치되지는 않는다. 당시의 북한의 국제해양법에 대한 태도는 이미 형성된 "제국주의 위주의 질서"를 "신생 독립국 및 개발도상국 등 진보적 국가의 의사"에 따라 새롭게 대치하는 측면에서 주장되었고, 이후 북한의 정책적 이행과 실현은 국방이익과 소위 체제적 이익을 동시에 반영하며 수용되었기 때문이다.

북한의 기존 해양법 체제에 대한 불만과 제3차 유엔해양법회의의 참여 목적은 북한 대표 발언을 통해서 잘 나타난다. 예를 들어, 1974년 제2회기(베네수엘라)에서 개최된 회의 시, 주 쿠바대사였던 북한의 김국훈은 기조연설을 통해 "본 회의는 새로운 경향 및 변경된 국제관계에 따라 국제해양법 분야에서 일어나는 모든 문제를 토의해야 하며 모든 나라와 국민의 포부에 따라 그것을 해결해야 한다. … … 해양법 분야에서 제3세계의 인민들은 그들의 영해 및 그 관할권 하에 있는 수역의 범위를 자기들 나라의 현실적 여건에 따라 독자적으로 확장 …… 제3세계 나라들에 의해 올바르게 제기된 200해리 한계의 문제는 세계 여러 나라들의 지지를 얻고 있다."고 언급, 유엔해양법협약의 성문화가 기존 서구 중심 질서에 대한 대응적 측면에서 접근되었다는 것을 알 수 있다. 또한 연안국의 영해와 국가관할권 설정은 "자국의 지리적 조건, 경제적 현실, 국방상의 안전 그리고 이웃 연안국들의 이익을 고려한 적절한 기준에 의해 그 영해 및 국가 관할권 하에 있는 한계를 독자적으로 정해야 한다는 제3세계 국가들의 요구를 전폭적으로 지지한다"고 함으로써, 당시 형성되고 있었던 관할권 확장 추세를 적극적으로 해석하는 태도였다.

이후 북한이 유엔해양법협약에 서명하고 비준은 하지 않았으나, 북한 내부에서 발간된 국제법과 해양법 관련 논문 등은 해양관할권 범위에 대한 접근은 기본적으로 유엔해양법협약과 기준을 같이하고 있다. 다만, 해역별 법적 성질은 유엔해양법협약의 평시적 접근 보다는 '군사안보적'이고 '주권적' 성질로 변화시켜 운용하고 있다는 것을 알 수 있다. 2002년 발간된 북한의 국제법 사전(2002)에서도 자신들의 영해가 "기산선(기선)으로부터 12해리까지의 바다"라고 밝히고 있으며, 1998년 발간된 논문에서도 "령해의 폭을 어느 정도로 할 것인가는 오랫동안 치열하게 론쟁 문제로 되었다. …… 1982년 12월에 채택된 유엔해양법협약이 체결되기까지는 8년 동안 령해의 너비문제는 심각한 론쟁문제로 제기되었다. 사회주의 나라들과 신흥세력 나라들의 완강한 투쟁에 의하여 연안국이 12마일까지 령해를 정할 수 있다는 것이 규정되었다"(김영철 · 서철원, 현대국제법연구, 1988, pp.96-97.)고 적고 있다.

구분		북한의 수용 태도
영해	내각결정 제25호(1955년)	12해리
EEZ	조선민주주의인민공화국 경제수역을 설정함에 관하여(1977년)	200해리. 해양경계는 중간선

상술한 내용으로 보건대, 북한의 유엔해양법협약 미비준에도 불구하고, 북한은 유엔해양법협약이 규정하는 주요 근간을 국내 법제로 수용하고 있는 것으로 판단된다. 물론 '역사적 만'에 대한 해석, '군사경계선'의 적용은 분명 유엔해양법협약의 규정 해석에 부합하지 않거나 위반된 사항은 여전히 심각한 문제로 지적된다. 그러나 유엔해양법협약을 북한에 적용하는 것에 대한 문제는 없다고 보인다. 주지하는 바와 같이, 1982년 채택된 유엔해양법협약은 2020년 현재 168개 국가(EU포함)가 비준함으로써, 국제사회에서 일반적으로 승인된 국제관습법으로 되었다고 볼 수 있다. 국제관습법의 특징은 일단 관습법규로 형성되면 보편적 구속력, 즉 '모든 국가'를 구속하며, 이는 당사국들에게만 적용되는 '조약'과 달리 타율적 성격을 갖는다. 다만, 관습법의 보편적 구속력에는 예외가 허용되는 데, "완강한(지속적) 반대국가 persistent objector"의 규칙이다. 그리고 이때의 반대는 관습규칙이 형성되고 있는 동안 처음부터 반대하여야 하고, 공개적이고 명시적으로 그리고 반복되어야 한다. 결국 북한이 1982년 협약을 비준하지 않았다는 점에서는 그 실질적 적용의 이행력을 확보하는 데 한계는 있으나, 해양경계획정 등 제반 사무를 처리하는 것에서 국제관습법 적용을 통해 해결되는 데 문제는 없을 것으로 사료된다. 사실상 북한에 대한 적용의 문제는 유엔해양법협약 당사국간의 적용 규범과 본질적 구별은 없다고 해석되어야 한다.

흥미로운 것은, 1986년 북한과 구소련간 배타적경제수역 및 대륙붕 경계획정 시, 양국은 모두 협약 서명국이면서 비준을 하지 않은 상태였다. 그러나 이들 양국은 경계획정 협정의 서언을 통해 "쌍방 모두 1982년 유엔해양법협약의 서명국임을 고려"한

해양법협약에 대한 북한의 태도(제3차 UN해양법회의 및 최근)

주장(영역)		제3차 해양법회의(기간)	현재
신 해양법질서 수립		제국주의 이익을 위해 수립된 낡은 제도를 진보적 국가의 의사에 따라 새로운 해양법으로 대치하는 것 (최성국, 새 국제해양질서는 수립되고야 말 것이다, 로동신문, 1981(9. 21)	협약에 서명하였지만 비준하지 않은 상태
기선	기준	최저간조선	저조선 (최저썰물선)
	기선	▪ 최저간조선 ▪ 직선기선	▪ 통상기선 ▪ 직선기선 (서해남부 일부 可)
	강 하구	▪ 만수역, 항구수역의 외계를 연결하는 선 (사회과학원, 법학연구소, 법학사전, 1971, p.182)	▪ 간조노출 시 가의 하구선을 직선으로 연결하여 그은 선
	역사적 만		▪ 동한만 : 함경남도 신포시 송도갑과 강원도 고성군 수원단을 직선 연결 ▪ 서한만 : 평안북도 신도군 비단섬 마안각 ➜ 황해남도 룡연군 장산곶 직선연결 *최금숙, 공화국 국내수역의 중요제도, 김일성종합대학학보 : 력사법학, 제59권 제4호, 2004, p70.
	항구수역		항구수역 폐쇄선 = 기선
영해		▪ 12 해리 영해(1953년 정전협정체결정) → 1955년 내각결의 제25호 (12해리 영해)→1968년 푸에블로호 나포(12해리 기준)	▪ 12해리 영해
		▪ 200해리 영해 (AALCO, Verbatim Record of the Discussion, 쿠알라룸푸르 개최, 1976, p.74. *AALCO는 Asian-African Legal Consultative Organization의 약자로 아시아-아프리카 지역 국가들의 국제법 자문과 공동의 법적 관심사를 논의하고, UN 등 국제기구와 국제법적 협력을 도모하는 조직. 1956년 Committee로 설립되었던 것을 2001년 AALCO로 변경	
		▪ 12해리영해(김영철 · 서철원, 현대국제법연구,1988, pp.96~97) *사회주의 나라들과 신흥세력 나라들의 완강한 투장에 의해 규정되었다고 주장	

주장(영역)		제3차 해양법회의(기간)	현재
무해통항		▪ 외국선박 : 사전허가(사회과학연구소 법학연구소, 『법학사전』, 1971, p.182) ▪ 외국군함 : 적용되지 않음(불인정)(김영철 · 서철원, 현대국제법연구, 1988, pp.97~98) ▪ 핵추진선과 핵물질 또는 유독물질 수송 선박 : 지정된 항로와 해상분기점에서 통과 가능(김영철 · 서철원, 현대국제법연구, 1988, pp.98~99)	▪ 사전승인
외국군함의 영해 내 법령위반		▪ 퇴거요청 → 불응 시 자위권 행사(제7차 회기, 1978)	▪ 금지
군사 경계선	목적	-	▪ 이익보호, 주권, 군사적 방위 목적
	범위	-	▪ 동해 : 영해기선에서 50해리 ▪ 황해 : 영해기선에서 EEZ 범위까지
	행위 금지	-	▪ 어업행위 금지 ▪ 외국인/외국군용함선/외국군용 비행기 : 수상/수중/상공에서 행동 금지 ▪ 민용선박, 민용비행기 : 사전합의/승인 → 항행/비행 가능
어업수역	범위	70해리(*1966년 일본 어선 나포 시, 70해리 어업수역 기준 적용)	▪ EEZ체제 흡수
EEZ	범위	200해리	▪ 200해리
	해양과학조사	-	▪ 1개월 전 신청 → 허가 → (동의)이익과 자료 공포
	어업활동	-	▪ 협정-계약-인가 받은 외국인과 외국배 : 1개월 전 신청서 제출(EEZ 진입 24시간 전에 좌표, 날짜, 시간 통보)
	시설물설치와 탐사 등	-	▪ 사전승인 → 고기잡이(허가), 시설물 설치, 촬영, 조사, 측정, 탐사, 개발과 그 밖에 경제활동에 장애되는 행위
해양경계획정 원칙		▪ 형평의 원칙(제8차 회기, 1979)	▪ EEZ 200해리 → 중간선
심해저 자원		▪ 인류공동의 재산 → 국제기구가 관리 → 이익은 신생 독립국에 배분(『국제법사전』, 2002, p.286)	-

다는 사실을 적시하고 있다는 점이다. 이는 북한이 협약 당사국은 아니나, 현재 유엔 해양법 협약의 제규정을 북한에 적용하는 것에서는 전혀 문제가 없는 것으로 판단된다.

● 북한의 입법 체계

한 국가의 법제 혹은 법률 상태에 대한 평가는 일반화하여 접근될 수 없다. 특히 북한과 같은 특수한 체제를 형성하고 있는 제도적 환경을 고려한다면 더욱 그렇다. 한 나라의 질서를 형성하는 법은 그 사회의 발전 형태와 이념적 특징을 담고 있으며, 이는 자유주의 혹은 사회주의라는 정치적 체제를 통해 다시 차이를 보이고 있기 때문이다. 국제적으로는 동일한 법질서를 형성하고 있는 유형에 따라 대륙법계와 영미법계, 사회주의법계 등으로 구분하기도 한다. 북한의 법체계는 구소련과 동구권 국가에서 형성한 사회주의법계에 해당한다. 북한의 법체계는 이를 답습하고 있으나, 1972년 사회주의헌법을 채택한 이후 주체사상이 입법에 반영되었다. 북한의 사회주의 헌법은 특히 세습의 정당화와 개인권력의 절대화, 국가권력의 사유화를 통해 강한 통치수단을 확보하는데 활용되고 있다.

북한의 입법 발전사

북한의 국내입법형식은 ① 헌법, ② 부문법, ③ 최고인민회의 법령과 결정, ④ 국무위원회 결정과 명령, ⑤ 최고인민회의 상임위원회 정령 · 결정 · 지시, ⑥ 내각 규정, ⑦ 내각결정과 지시, ⑧ 내각위원회 · 성의 지시, ⑨ 지방인민회의의 결정, ⑩ 지방인민위원회의 결정과 지시 등으로 형성되어 있다. 그러나 단계별 법체계에도 불구하고 노동당의 입법과정에서의 역할은 사실상 절대적이다. 법에 대한 개정은 '수정보충'과 '개정'으로 구분된다(통일부, 북한법을 보는 방법, 2006, p.30).

북한의 입법 발달사를 4단계로 나누어 보면, 먼저 1948년 조선민주주의인민공화국 성립 시기부터 1972년 제5기 최고인민회의 제1차 회의가 〈조선민주주의인민공화국 사회주의헌법〉을 제정한 시기를 1단계로 볼 수 있다.[2] 이 시기는 전후 회복과 사회주의 개조기간에 해당하며 입법은 주로 과도기적 성질을 띠고 있었다. 초기에 제정된 법령은 지속적으로 수정되었는데, 이 시기 가장 중요한 입법 작업으로는 북한 정권과 사회주의제도의 안정화 수단이었던 〈형법〉(1950년 제정)이 있다. 제2단계는 1972년부터 1992년 제9기 최고인민회의 제3차 회의가 〈헌법〉을 개정한 시기까지를 평가할 수 있다. 북한은 이 기간 동안 많은 입법작업을 수행하였는데, 주로 민사와 경제관리 부분에 집중되어 있다. 1976년 〈민사소송법〉, 1977년 〈토지법〉, 1983년 〈세관법〉, 1986년 〈환경보호법〉, 1989년 〈합영법실시규정〉, 1990년 〈조선민법전〉과 〈가족법〉, 1992년〈합작법〉 등을 제정하였다. 제3단계는 1992년 헌법 개정부터 1998년 헌법 개정 시기까지이다. 북한은 이 시기에 경제에 대한 통제를 매우 완화시키고, 대량의 법을 제정하거나 이전 법에 대한 대대적 수정을 진행하였다. 이 시기는 특히 1993년의

2) 북한의 헌법은 1948년 최고인민회의 제1기 1차 회의에서 제정되었으며, 1972년 사회주의헌법으로 개정될 때까지 4차례 수정 작업이 있었다. 기존의 수정 작업은 사소한 기술적 수정에 해당하지만, 1972년 헌법은 '헌법'을 '사회주의 헌법'으로 변경하고 국가통치기관의 권한에 대폭 변경이 가해졌다는 점에서 사실상의 헌법 제정으로 평가된다. 2020년 현재까지 북한의 헌법은 총 15차례 수정되었다.

〈외환관리법〉과 〈상업법〉, 〈토지임대법〉을 제정하였고, 1999년 〈민사소송법〉, 1995년 〈보험법〉,〈공증법〉, 〈형법전〉등에 대한 수정이 진행되었다. 북한의 법률체계와 입법기술은 1990년대 상당히 표준화되었는데, 이는 대외경제개방 정책의 일환에서 나온 것으로 보인다. 국제사회에서 북한에 대한 제도적 폐쇄성과 인권보호 환경의 취약성 평가와 비교할 때, 형사소송법과 인권, 민사 등의 분야에서 많은 제도적 개선과 국제적 기준의 수용적 태도를 보이고 있기도 하다. 북한의 이러한 입법과 내용에 대한 태도변화는 관련 법령집을 적극적으로 외국어로 발간하는 작업을 봐도 충분히 알 수 있다. 그러나 이러한 변화가 상호 법령 간 유기적 관계로 전영역에서의 점진적 변화로 진화되는 것으로 평가하기에는 아직 이르다. 북한의 법적 변화의 대부분은 대외적으로 외국투자자 유치를 위한 개방적 법제의 일환이거나, 조금은 과감한 조항일 경우 사회전체 구조가 관련 내용을 수용적으로 정착시키기에는 환경적 한계가 너무 크기 때문이다. 예를 들어, 소유권의 다양화 조치로 개인소유권을 수용하였으나, 이는 여전히 소비재 소유에 제한적이며, 사영(私營)경제에 대한 소유권을 의미하지는 않기 때문이다(통일부, 북한법을 보는 방법, 2006, pp.31-32.).

제4단계는 1998년 이후의 입법 과정인데, 특히 섭외적 입법 작업이 다수 수행되었다. 특히 정치적 긴장완화 국면에 따라 북한은 개방 범위를 대폭 확대하였는데, 관련 내용은 입법을 통해 수용되고 있다. 1999년〈외국인투자기업노동규정〉, 2000년 〈조선국합영법실시규정〉, 2001년〈외국인투자기업 하이테크기술 유치규정〉,〈가공무역법〉이 제정되었고, 〈합영법〉에 대한 수정이 있었다. 2002년에는 〈외환관리법〉을 수정하였고, 2006년에는 〈중국과 북한의 민사 및 형사사법협조에 관한 협정〉을 체결한 바 있다. 2000년대 들어 가장 큰 변화는 2012년 제정된 〈법제정법〉으로 평가된다. 이는 북한의 입법이 단순한 통치 '수단'의 의미에서, '형식'과 '과정'의 표준화와 규범화 문제로 점진적 변화를 꾀하고 있다는 의미이기도 하다. 이는 특히 2000년 제정된 중국의 〈입법법〉과 매우 유사한 입법 단계를 거치고 있다고 판단된다. 중국은 1990년대 이후 본격화된 개혁개방에 따라 점진적으로 경제와 섭외적 성격의 법률을 대량 제정하게 되는 데, 이때 각각 권한에 의해 제정된 법령은 상호 충돌되고 모순되는 현상이 산재해 있었다. 이는 법제의 통일과 존엄을 훼손할 뿐 아니라 법집행을 어렵게 하는 다양한 문제를 야기하였다. 중국의 입법법은 이러한 법령과 규칙 등의 위계를 명확히 하고, 입법 기관별 권한을 명료하게 하는데 중요한 근거를 제공하였다.

북한의 입법체계와 특징

북한의 입법 변화 단계를 보면 과거 러시아와 중국의 법제도 변화와 매우 유사하다. 개방과 시장화에 성공한 중국의 법과 제도개선의 단계적 이행이 북한이 추구해야 할 가장 안정적이고 사회적 발전 방향이 유사하다는 점에서 사실상 모델법이기도 하다. 그러나 입법과 수용태도는 상술한 두 나라와 비교할 때 상당히 폐쇄적으로 접근되고 있다는 것도 사실이다. 이러한 평가는 특히 북한이 적극적으로 국제적 기준과의 접목을 통해 접근하고 있는 대외교역활성화 및 남북교역에 관한 법률과 비교할 때 보다 분명하게 나타난다. 이는 북한의 법과 제도적 개선이 내부 사회를 통제 가능한 경우에 수용적인 것이지, 북한 내부의 시장경제 도입과 사상적 영향을 줄 수 있는 경우의 수용력은 매우 낮다는 것을 알 수 있다.

한편, 북한의 대내외적 법령에 대한 홍보와 대중화 작업 역시 대외적으로 점진적 '법치국가'로의 전환을 보여주기 위한 일련의 작업으로 평가된다. 예컨대, 북한은 2004년 일반 대중이 볼 수 있는 〈조선민주주의인민공화국 법전〉, 2006년 〈조선민주주의인민공화국 법규집(외국투자부문)〉을 발간한 바 있으며, 1991년에는 외국 소개형으로 〈환경보호법〉을 영문으로 발간한 바 있다. 물론 이러한 작업이 북한의 입법이 '법치(法治)'로의 전환이거나 혹은 국제사회와의 정상적 소통을 위한 국제적 기준을 법적으로 수용하고 있다는 것으로 해석할 수는 없다. 북한의 섭외적 성격의 투자규범과 보장은 여전히 국제적 수준에 미치지 못하고, 실제 이행 환경은 법이 추구하는 내용 보다 사실상 '인치(人治)'의 형태가 보다 강하게 작용하기 때문이다.

북한에서 발간한 대중용 및 국외 배포용 법전

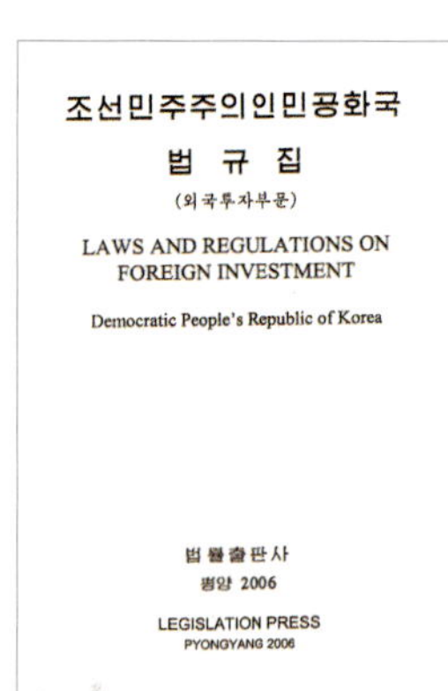

2012년 제정한 북한의 법제정법에 의하면,[3] 북한의 법형식은 부문법, 규정, 세칙 등 3가지 유형으로 구분된다. 이중 〈법〉이라는 명칭은 최고인민회의와 최고인민회의 상임위원회 만 사용할 수 있다. 입법권은 최고인민회의가 행사하며(제8조), 법 형식별 위계는 "헌법 → 부문법 → 규정 → 세칙"의 단계로 이루어져 있다. 다만 입법체계에서

3) 북한의 법제정법은 총 76개 조항에 부칙 1조로 구성되어 있으며, 2013년 7월 시행되었다.

눈에 띠는 것은 최고인민회의 상임위원회의 역할이다. 규정에 따르면 북한에서 최고인민회의는 "헌법을 수정, 보충하거나 부문법을 제정 또는 수정, 보충하고 최고인민회의 휴회 중에 최고인민회의 상임위원회가 채택한 중요 부문법을 승인"하도록 하고 있다(제9조). 최고인민회의 상임위원회는 최고인민회의 휴회 중에 부문법을 제정하거나 수정, 보충하며 주권부문, 인민보안부문, 사법검찰부문, 그밖에 필요한 부문과 관련한 규정을 제정하거나 수정, 보충한다(제10조). 다만 휴회 중에 채택된 중요 부문법에 대하여는 최고인민회의의 승인을 다시 받도록 하고 있다(제17조). 그러나 최고인민회의와 최고인민회의 상임위원회의 관계를 볼 수 있는 가장 중요한 것은 법해석 부분에서 나타난다. 북한의 〈법제정법〉 제24조는 "헌법과 부문법, 최고인민회의 상임위원회에서 채택된 규정에 대한 해석은 최고인민회의 상임위원회가 한다. 최고인민회의 상임위원회가 부문법과 규정에 대하여 한 해석은 해당 부문법이나 규정과 동등한 효력을 가진다."고 규정하고 있는 바, 사실상 최고인민회의 상임위원회가 입법과정에서 가장 막강한 역할과 결정권을 가지고 있는 것으로 해석된다.

북한의 입법기관별 법형식과 법해석권

제정권자	법형식	명칭표기	법해석권
최고인민회의	헌법	헌법	최고인민회의 상임위원회 (해석은 부문법 및 규정과 동등한 효력)
	부문법	법	
	규정	법시행규정	
		규정	
최고인민회의 상임위원회	부문법	법 → 정령으로 공포	
	규정	규정 → 결정으로 공포	
내각	규정	법시행 규정	내각
내각위원회, 성	세칙	세칙	내각위원회, 성
도(직할시) 인민회의, 인민위원회	세칙	법시행세칙	도(직할시) 인민위원회
		규정시행세칙	
		세칙	

해역관리에 관한 법과 정책

북한은 러시아와 동해에서 해양경계획정을 완료한 상태다. 중국과는 영해 경계만을 확정하였다. 북한의 해양관할권 분야에서 독특한 것은 역사적 만과 군사경계선 설정이며, 이는 유엔해양법협약과는 상당히 어긋난 형태로 시행되고 있다.

양희철 한국해양과학기술원

● 북한의 해양 관련기관

북한의 해양공간 및 자원에 대한 이용 수준과 기술, 과학적 조사 성과는 아직 낮은 단계이다. 그럼에도 불구하고 해양의 중요성에 대한 북한의 인식은 매우 높다. 북한은 매년 7월 12일을 '해양의 날', 매월 7월과 8월을 '해양월간'으로 지정하여 다양한 해양 활동을 전개하고 있다. 해양의 날과 해양월간은 1952년 7월 12일 설립된 '수로국'을 기념하여 김일성이 1999년에 지정한 날인데, 이 기간 동안 북한은 해양자원 보호 및 개발사업을 위해 해양지식 보급 사업을 전개하는 한편 해양측량 · 관측 등 연구사업과 문화 · 체육행사 등 각종 해양 관련 행사를 실시하고 있다. 해양 부문에 관한 지식과 기술의 중요성을 주민들에게 인식시킴으로써 해양자원 개발을 위한 친숙한 환경을 조성하기 위한 것으로 보인다.

북한의 해양정책을 추진하는 중앙부처는 내각에 소속된 육해운성과 수산성이 있으며, 연구와 사업기능을 담당하는 국가과학원, 기상수문국이 있다. 다만 북한의 해양 관련기관을 살펴보기 위해서는 먼저 북한의 제도적 특징을 살펴볼 필요가 있다. 이는 북한의 모든 의사결정이 공산당의 지도 아래 수행되고, 이러한 특징은 해양 분야의 입법과 정책이행 과정에서도 그대로 수용되어 이루어지기 때문이다. 해양 분야의 입법은 최고인민회의와 최고인민회의 상임위원회에서 제정하고, 구체적 이행은 내각을 통해 이루어진다. 그러나 사회주의 국가인 북한에서 실질적 권력은 '조선노동당'으로부터 시작되며, 모든 정부조직과 사회에 대한 통제 또한 최상위의 '당'에 의해 지배되고 결정되는 구조이다.

북한의 당조직

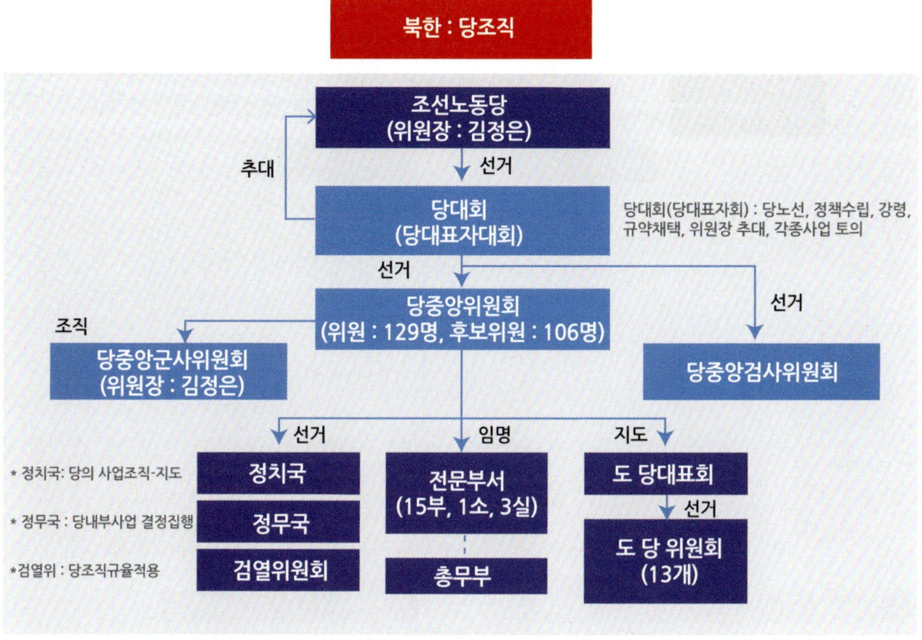

즉 북한의 정치체제를 노동당, 입법부(최고인민회의), 사법부(재판소, 검찰소), 행정부(내각)로 볼 때, 모든 권력의 원천과 정책방향은 조선노동당으로부터 비롯한다. 이는 북한 헌법 제11조의 "조선민주주의인민공화국은 조선로동당의 영도 밑에 모든

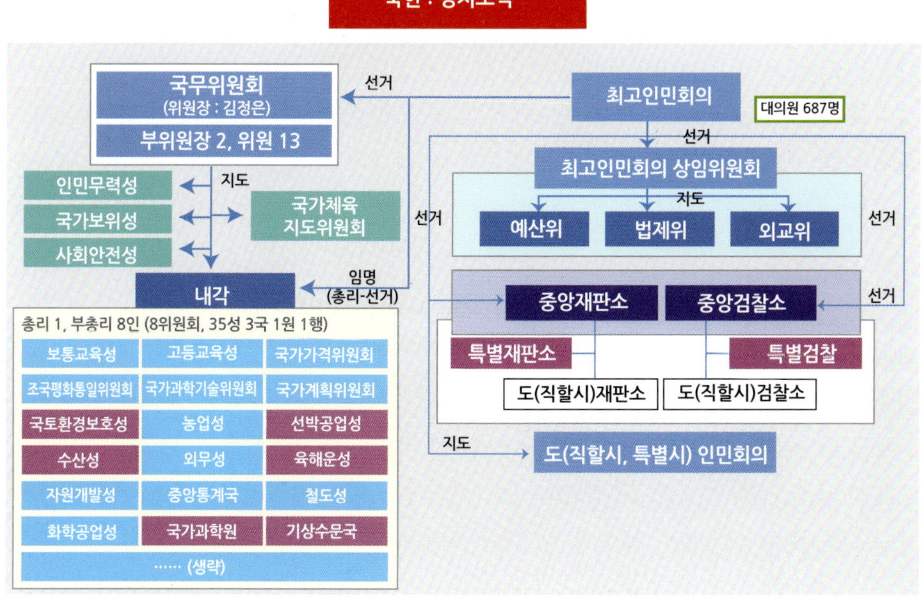

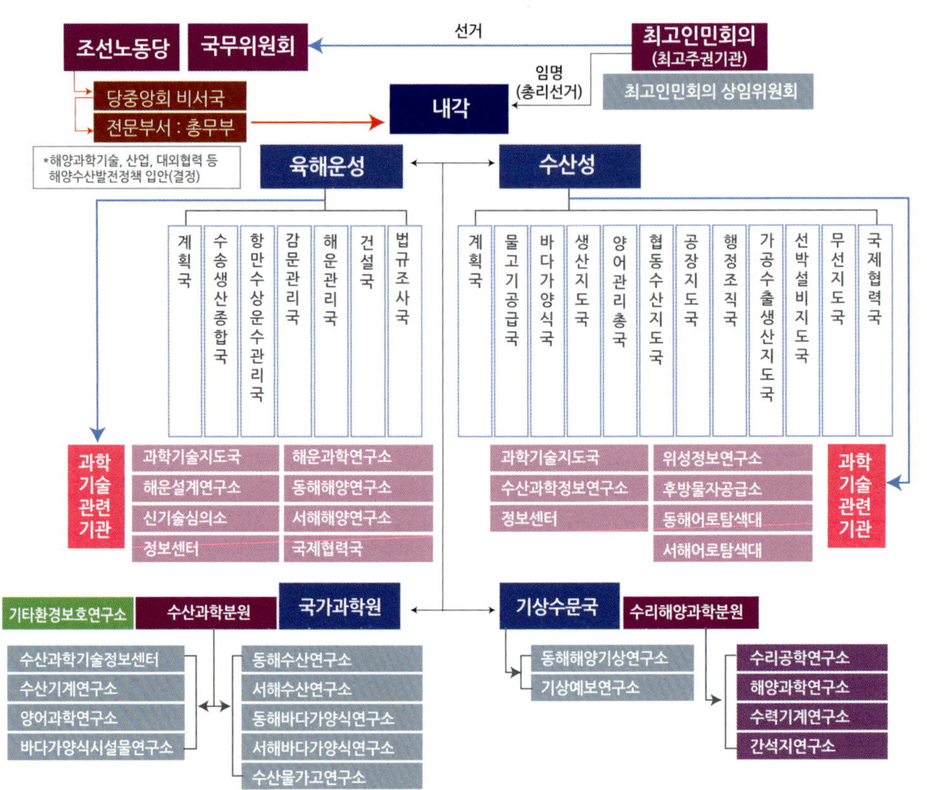

활동을 진행"한다는 규정, 노동당 규약 제47조의 "조선인민군은 당의 위업, 주체혁명 위업을 무장으로 옹호 보위하는……"이라는 규정, 노동당 규약 제53조의 "인민정권 기관은 당의 령도 밑에 활동"한다는 규정 등에서도 명확하게 나타난다. 또한 북한의 정치체제는 '수령'이라는 최고지도자의 절대권력이 형성되어 있다는 점에서 여느 사회주의 국가와도 다른 독특한 통치체계를 지녔다고 할 수 있다. 이때의 수령은 김일성, 김정일, 김정은에게 부여된 칭호이며, 김정은은 2019년 헌법 개정을 통해 '국무위원장'에서 '국가 대표'로 권한을 부여받고 있다(제100조).

해양 분야에 관한 의사결정을 보면, 조선노동당의 비서국이 북한의 정책방향을 결정하고 지시하면, 조선노동당의 총무부가 내각에 하달하고, 이를 육해운성과 수산성을 통해 이행하는 절차로 이루어진다. 육해운성은 북한의 해사 및 항만수송운수 업무를 담당한다. 육해운성의 과학 관련기관으로는 과학기술지도국, 해운과학연구소, 서해와 동해 해양연구소 등이 있다. 북한의 수산성은 해양정책, 어업, 수산, 어촌, 해양조사, 해양자원개발, 해양안전, 양식, 해양과학기술 등의 업무를 담당하며, 주요 부서로는 무선지도국, 선박설비지도국, 가공수출생산지도국, 협동수산지도국, 양어관리총국, 바다가양식국 등이 있다. 수산성의 과학기술 관련기관으로는 위성정보연구소, 후방물자공급소, 동해 및 서해 어로탐색대, 수산과학정보연구소 등이 있다.

조선노동당과 육해운성 그리고 수산성 외에 북한 해양수산 분야의 연구역량을 제고하는 데 가장 중요한 기관은 국가과학원과 기상수문국이다. 국가과학원 산하에는 수산과학분원이 있는데, 수산과학분원에는 동해와 서해 수산연구소, 동해와 서해의 바다가양식연구소, 수산물가공연구소, 수산과학기술정보센터 등이 소속되어 있다. 북한의 해양수산 분야에서 대내외적으로 가장 활발하게 교류하고 정책적 중요성을 인정받는 조직으로는 기상수문국이 있다. 기상수문국은 우리나라의 기상청에 해당하는 곳이지만, 수행 기능은 기상, 해양, 환경오염실태 조사 외에 바다의 해양상태, 대기와 물 등 군사적 영역에 속하는 분야를 포괄하여 접근한다는 점에서 대외적으로 공포된 기능보다 다양한 역할을 수행한다. 기상수문국은 재해재난에 취약성을 보이는 북한에서 특히 주목받는 부처인데, 김정은 국무위원장은 2014년 최고지도자로서는 처음으로 해당 부처를 현지 지도한 바 있으며, 미래과학자거리에 가장 먼저 입주시킨 기관 또한 기상수문국이었다. 실제로 북한의 기상수문국은 12개 부처와 10여 개의 지방기상청, 27개의 기상관측소, 370개의 지역관측소 등으로 편제되어 있고, 인력 또한 약 4천 명을 상회하고 있다는 점(박재훈, 북한의 기상법제에 관한 검토, 최신외국법제정보, 2019, p.28)에서 북한 체제 내에서 얼마나 중요한 위치에 있는지 이해할 수 있다. 기상수문국 관련 전문인력 양성은 기상과 수문, 환경학 중심의 김일성종합대학을 비롯하여 기상수문단과대학, 기상수문국 박사원, 김제원대학(농업기상) 등이 수행하고 있다.

종합적으로 볼 때, 북한의 해양수산 분야의 과학기술적 지향점은 2000년대 이후 이미 '정보화', '현대화', '해양정보 통합환경구축', '식량문제 해결', '첨단과학기술' 등을 목표로 설정하고 있다. 북한의 내부문제를 해결하고, 동시에 해역관리의 국제적 수준으로의 전환을 꾀하려는 노력이다. 그러나 북한의 해양공간 관리 수준과 해양자원의 이용 현실은 그렇지 않다. 해양과학기술은 여전히 낮은 수준에 머물러 있고, 해양조사에 기반한 해역관리 능력은 초보적이며, 전체 해역관리가 사실상 '국방안보적' 목적에서 통제된다는 점에서 해양산업과 자원이용을 목적으로 하는 '해양산업'을 유도하기에는 한계가 있다. 이러한 특징은 육역과 해역을 연계하는 연안 인프라(전력, 통신, 교통 등)의 부족과 연계되어 전체 해양산업화의 발전을 저해하는 중요 요인으로 작용한다. 북한의 해양정책이 여전히 어선과 어구의 현대화, 식생활 향상을 통한 먹거리(식량) 문제 해결 중심으로 형성되는 이유이다.

● 북한의 해역관리

내수와 영해

(1) 내수와 역사적 만

북한에서 내수는 '내해'라는 용어로 사용된다(김일성종합대학출판사, 『국제법학(법학부용)』, 1992, p.100). 북한의 내수가 특히 주목받는 것은 UN해양법협약이 규정한 조건과는 상당히 괴리된 방식으로 서쪽과 동쪽에 직선기선을 통해 넓은 내수를 형성하고 있기 때문이다. 물론 북한이 공식 문건이나 법령을 통해 영해기선을 선포하거나 내수의 범위를 확정적으로 공포한 적은 없다. 다만 북한 내부의 국제법 교과서와 과거 외국의 북한 영해 진입 등의 사례에서 나타난 태도로 보건대, 영해기선을 매우 과감하게 설정하여 운영하고 있음을 알 수 있다.

북한의 관할해역 범위 설정에 대한 기본원칙은 "바다를 가진 모든 나라는 자기나라 해안선의 자연지리적 조건과 경제 국방상 리익, 력사적 조건을 고려"하여, "일반기산선과 직선기산선, 만과 항구수역의 경계선을 기준선으로 삼아 령해의 폭을 설정"할 수 있다는 것이다(사회과학원 법학연구소, 『법학사전』, 1971, p.182 ; 김영철 ·

서철원, 현대국제법연구, 1988, p.97). 여기서 '일반기산선'과 '직선기산선'은 UN해양법협약이 규정하는 '통상기선'과 '직선기선'으로 해석할 수 있다. 그러나 북한의 영해기선 설정은 협약의 주된 기법인 이들 방법론과는 조금 다른 방식을 보인다. 그렇다고 북한이 협약이 규정하는 통상기선과 직선기선 방법을 완전히 무시하는 태도는 아닌 듯하다. 이들 두 접근법에 대하여는 협약이 기술하는 것과 동일하게 분석하고 있지만, 다만 최종적인 방법의 선택은 연안국이 자국의 이익과 조건에 따라 자유롭게 결정할 문제라는 것이다.

이와 관련하여 북한의 영해기선 설정 방식에서 특히 눈에 띄는 점은 '항구수역'이나 '력사적 만'에 대한 해석과 언급이다. 북한의 최금숙이 발표한 논문「공화국국내수역의 중요제도」에서는 "만(灣) 수역이 국내수역으로 되자면 일반적으로 만의 자연입구의 너비가 23 mile을 초과하지 말아야 하며 24 mile을 초과하는 경우에는 그것이 력사만으로 인정되어야 한다. 력사만은 경제적 리익과 국방상 중요성으로부터 오랜 력사적 기간 한 나라의 국내수역으로 인정되어온 만이다. 력사만은 연안국의 선포와 다른 나라들의 묵시적인 인정을 통하여 공인되게 된다. 공화국의 력사만에 대한 규제에서는 동조선만을 력사적으로 규제한 것이다. …… 공화국의 력사만에 대한 규제에서는 이와 함께 서조선만을 력사만으로 규제한 것이다"라고 언급하고 있다(최금숙, 공화국 국내수역의 중요제도, 김일성종합대학학보 : 력사법학, 2004, p.70). 이외에 북한은 "일반기산선과 직선기산선 이외에 항구수역과 만수역에 직접 잇닿아 령해를 설정하게 되는 경우에는 항구수역이나 만수역의 경계선 자체를 기산선으로 하여 령해의 너비를 설정할 수 있다"고 기술하고 있는데(김영철 · 서철원, 현대국제법연구, 1988, p.97), 이는 북한의 기선 설정방식이 '항구수역'의 폐쇄선을 통해서도 접근 가능하다는 입장을 취하고 있다는 의미이다. 이들 네 개의 기준 가운데 북한이 어떠한 기준을 정책적으로 선택하고 있는지 성문화한 문서를 찾아볼 수는 없다. 다만 북한은 동해에서 동한만과 경성만 전체를 폐쇄선으로 이은 직선으로 영해기선을 설정하고 있으며, 서해에서는 압록강 하구에서 장산곶까지 직선으로 연결하여 서한만을 폐쇄하는 방식의 기선을 설정하고 있는 것으로 해석된다. 북한 내부의 문헌을 근거로 볼 때, 북한의 동해와 서해에서의 폐쇄선은 '항구수역' 혹은 '직선기선' 방법보다는 '력사만'을 근거로 영해기선을 주장하고 있다는 것은 분명하다. 그리고 북한의 력사만을 형성하는 폐쇄선의 내측은 내수로 간주된다.

한편, 북한의 최금숙은 하구(강이 직접 바다로 유입하는 지역)에 대하여도 언급하고 있는데, "강의 하구계선을 긋는 방법을 규제한 것은 공화국의 주권이 전적으로 미치는 수역의 범위를 명확히 확정하기 위해서이다. 우리 공화국은 강의 하구선 규정과 관련한 국제법적 요구에 따라 강의 하구선(기산선)을 최대간조 때의 강의 량안

두 점을 직선으로 련결하여 그은 선으로 규정하였다"고 적고 있다(최금숙, 공화국국내수역의 중요제도, 김일성종합대학학보: 력사법학, 2004, pp.70~71). UN해양법협약 제9조가 규정하는 "강이 직접 바다로 유입하는 경우, 기선은 양쪽 강둑의 저조선 상의 지점을 하구를 가로 연결한 직선으로 한다"는 규정과 동일하다. 이는 북한의 두만강 하구와 압록강 하구에 관한 사항으로, 북 · 중 및 북 · 러 간 해양경계획정을 위한 기준선으로 강의 하구 저조선을 연결한 폐쇄선이 활용되었다는 것을 알 수 있다.

영해의 폭

북한의 영해 설정을 위한 기준은 기본적으로 UN해양법협약이 규정하는 '저조선'과 동일한 개념으로 생각되는 "최저썰물선"을 기준으로 한다(김영철 · 서철원, 현대국제법연구, 1988, p.97). 영해의 폭에 대한 북한의 입장을 살펴보면, 1970년대까지는 "3해리~12해리 혹은 그 이상의 령해를 설정"할 수 있다는 태도였지만(사회과학원 법학연구소, 『법학사전』, 사회과학출판사, 1971, p.182), 1980년대에 들어서는 "1982년 12월에 채택된 UN해양법협약이 체결되기까지는…… 사회주의 나라들과 신흥세력 나라들의 완강한 투쟁에 의하여 연안국이 12마일까지 령해를 정할 수 있다는 것이 규정되었다"고 적고 있어, 사실상 12해리 제도를 수용하고 있는 것으로 판단된다. 물론 1970년대의 문헌적 언급이 북한의 영해 폭을 반드시 '12해리 이상'으로 설정한 것으로 해석되지는 않는다. 영해의 폭에 대한 정식 선포나 규정을 외부로 노출한 바 없기 때문에, 1970년대의 태도는 가능하면 확대지향적 입장이었다는 것으로 해석할 수 있다.

영해 폭에 대한 북한의 입장은 2002년 발간된 『국제법사전』이 "기산선으로부터 12해리까지의 바다수역"이라고 밝힌 것으로 보건대(사회과학원 법학연구소, 『국제법사전』, 2002, p.180), 12해리를 북한이 영해 폭을 설정하는 정책이자 확정된 범위라고 해석하는 데 무리가 없다고 사료된다.

국제해양법재판소 재판관이었던 고故 박춘호 재판관은 구소련 자료를 인용하여 북한이 1955년 「내각결정 제25호」를 통해 12해리 영해를 채택하였다고 기술하고 있지만(Choon-ho Park, East Asia and the Law of the Sea, Seoul National Univ. Press, 1988, p.170) 직접 확인된 바는 없다. 12해리를 기준으로 하는 영해 폭에 대한 북한의 태도는 1968년 미국 푸에블로호 사건 USS Pueblo incident에서 처음 확인된 바 있다. 이 사건은 미국 해군 정보수집함이었던 푸에블로호가 1968년 북한 동해 원산 앞바다에서 북한 해군에 의해 나포된 사건이다. 문제는 나포된 푸에블로호의 피랍 지점이 북한의 영해에 해당하는가 아니면 영해 외측에 해당하는가였다. 이후 미국은 북한과의 교섭을 통해 승조원들을 석방하는 데 합의하였지만, 협상의 자세한 내용은 알려지지 않았다.

다만 미국이 북한의 영해 범위를 12해리로 인정하였다는 점과, 북한 역시 영해 폭을 12해리 기준으로 설정하여 운용하였다는 점은 중요하다. 이는 영해 폭에 대한 북한의 태도가 외부로 직접 표명된 최초의 사건이다. 한편, 1962년 북한이 중국과 체결한 「경계조약」과 1985년 소련과 체결한 「국경획정에 관한 조약」 역시 모두 12해리 범주를 영해 경계범위로 설정하고 있다.

UN해양법협약 제17조는 영해에서 "모든 국가의 선박"은 "무해통항권 innocent passage 을 향유"한다고 규정하고 있다. 이때 '무해 innocent, 無害'라 함은 통항이 연안국의 평화, 공공질서 또는 안전을 해치지 않는 것을 말한다. 예컨대 외국선박이 영해에서 "(a) 연안국의 주권, 영토보전 또는 정치적 독립에 반하거나, 또는 국제연합헌장에 구현된 국제법의 원칙에 위반되는 그 밖의 방식에 의한 무력의 위협이나 무력의 행사, (b) 무기를 사용하는 훈련이나 연습, (c) 연안국의 국방이나 안전에 해가 되는 정보 수집을 목적으로 하는 행위, (d) 연안국의 국방이나 안전에 해로운 영향을 미칠 것을 목적으로 하는 선전행위, (e) 항공기의 선상 발진 · 착륙 또는 탑재, (f) 군사기기의 선상 발진 · 착륙 또는 탑재, (g) 연안국의 관세 · 재정 · 출입국관리 또는 위생에 관한 법령에 위반되는 물품이나 통화를 싣고 내리는 행위 또는 사람의 승선이나 하선, (h) 이 협약에 위배되는 고의적이고도 중대한 오염행위 (i) 어로활동, (j) 조사활동이나 측량활동의 수행, (k) 연안국의 통신체계 또는 그 밖의 설비 · 시설물에 대한 방해를 목적으로 하는 행위, (l) 통항과 직접 관련이 없는 그 밖의 활동"에 종사하는 경우, 이는 무해하지 않은 '유해有害'한 행위가 된다(UN해양법협약 제19조).

북한의 영해에서 모든 외국선박은 "사전 허가"를 받은 경우에만 통과할 수 있다. 이때 '모든 외국선박'이라는 표현으로 인해 '군함'도 포함된 것으로 해석되지만, 실제로는 그렇지 않은 듯하다. 북한에서 발간된 『현대국제법연구』에 의하면, 영해의 법적 지위는 "신성불가침"이다. 다만 "연안국은 령해에 수립된 국제법적 제도에 따라 외국배들의 통과를 허용한다"고 기술하고, 외국선박이 향유하는 "무해통항권은 연안국의 안전과 경제적 리익을 침해함이 없이 령해를 통과할 수 있는 권리이다"라고 적시하고 있다(김영철 · 서철원, 현대국제법연구, 1988, pp.97~98). 또한 북한은 "핵추진선과 핵물질 또는 유독물질을 수송하는 배들에 대하여서는 지정된 항로와 해상분기점에만 국한시켜 통과할 수 있다"고 하고 있는바(앞의 책, pp.98~99), 이는 UN해양법협약 제22조가 규정하는 "영해 내의 항로대와 통항분리방식"을 수용한 것으로 보인다.

● 군사경계선, 배타적경제수역과 대륙붕

배타적경제수역은 영해에 인접한 수역으로 연안국의 권리와 관할권 및 다른 국가의 권리와 자유가 국제법에 의해 규율되는 공간이다. 연안국은 UN해양법협약에 따라 영해기선으로부터 200해리까지 배타적경제수역을 향유할 수 있는 권리가 있다(UN해양법협약 제57조). 연안국은 이 공간에서 "(a) 해저의 상부수역, 해저 및 그 하층토의 생물이나 무생물 등 천연자원의 탐사, 개발, 보존 및 관리를 목적으로 하는 주권적 권리와, 해수 · 해류 및 해풍을 이용한 에너지생산과 같은 이 수역의 경제적 개발과 탐사를 위한 그 밖의 활동에 관한 주권적 권리"를 향유한다. 또한 "(i) 인공섬, 시설 및 구조물의 설치와 사용, (ii) 해양과학조사, (iii) 해양환경의 보호와 보전" 등과 같은 관할권을 행사한다(UN해양법협약 제56조). 배타적경제수역에서 다른 국가는 "항행 · 상공비행의 자유, 해저전선 · 관선부설의 자유 및 선박 · 항공기 · 해저전선 · 관선의 운용 등과 같이 이러한 자유와 관련되는 것으로서 이 협약의 다른 규정과 양립하는 그 밖의 국제적으로 적법한 해양 이용의 자유"를 향유한다(UN해양법협약 제58조).

북한의 배타적경제수역와 유사한 관할권 주장은 1966년 이른바 70해리의 '어업수역'을 적용한 것에서 시작된 것으로 평가된다. 미국의 버틀러 William E. Butler 교수는 북한이 1966년 이래로 일본에 대하여 70해리 어업수역을 적용하였다고 주장한 바 있으며(Butler, The Pueblo Crisis : Some Critical Reflections, *Proceedings of the American Society of International Law*, 1969, p.12), 1968년 미 국무장관 러스크 또한 푸에블로호에 대한 입장을 밝히면서 북한이 "어업목적만을 위해 70해리 관할권"을 주장한다고 보고받았다는 사실을 언급한 바 있다(Contemporary Practice of the US Relating to International Law, *American Journal of International Law*, 1968, p.756).

이후 북한은 제3차 UN해양법회의를 통해 확산된 배타적경제수역 개념을 1977년 「조선민주주의인민공화국 경제수역을 정함에 관하여」(1977년 6월 21일)로 정식 수용하였다. 북한은 이어 「군사경계선설정에 관한 조선인민국 최고사령부의 보도」(1977년 8월 1일)를 공포하였다. 1년 뒤에는 다시 「경제수역에서의 외국인과 외국배, 외국비행기들의 경제활동에 관한 규정」(1978년 8월 12일)을 선포함으로써 배타적경제수역에 대한 북한의 대외적 태도를 확고히 하였다. 북한이 설정한 '경제수역'은 UN해양법협약이 규정하는 '배타적경제수역'이다.

북한이 선포한 규정에 의하면, 북한의 배타적경제수역은 "바다자원을 보호관리하고 적극 개발, 리용할 목적"으로 설정되었으며, 그 폭은 영해기선으로부터 '200해리'까지로 하고, 200해리를 그을 수 없는 수역에서는 '중간선(북한 용어로는 '반분선')'까지로 그 범위를 설정하도록 하고 있다. 북한은 배타적경제수역의 수중과 해저, 하층토(지하)에서 생물 및 미생물자원에 대하여 '자주권'을 행사한다. 북한의 배타적경제수역 내에서 외국인과 외국선박, 외국항공기 등은 관련기관의 '사전승인' 없이 "고기잡이, 시설물 설치, 촬영, 조사, 측정, 탐사, 개발과 그 밖에 경제활동에 장애로 되는 행위

들"을 할 수 없다. 또한 이 범위 내에서는 "바닷물과 대기의 오염을 비롯하여 인명과 자원에 해를 주는 모든 행위"는 금지된다. 배타적경제수역 안에서 "어로활동을 하도록 허용받은 모든 선박"들은 북한의 어업 및 해상질서를 엄격하게 준수하여야 한다.

「경제수역에서의 외국인과 외국배, 외국비행기들의 경제활동에 관한 규정」(이하 「규정」)은 북한 배타적경제수역에서의 어업활동, 과학조사, 해양환경보호 등을 규정하고 있다. 외국인과 외국배가 북한에서 어로활동을 하려면 "허가"를 받아야 하며(제5조), 실질적으로 어로행위를 하도록 북한의 승인(협정, 계약, 인가)을 받은 외국인은 1개월 전에 자원감독기관에 신청서를 제출하고(제6조), 허가증을 받은 다음 해당 수역 진입 24시간 전에 자원감독기관에 알려야 한다(제9조). 다른 합의가 없는 한 외국배는 북한 배타적경제수역에서 진행하는 어로행위에 대한 요금을 지불하여야 한다(제17조). 단, 외국인과 외국배는 북한의 "군사경계선 안에서와 따로 정한 금지구역"에서는 어로행위를 할 수 없다(제20조).

「규정」은 또한 북한 배타적경제수역에서의 과학연구, 즉 '해양과학조사'에 대하여도 규정하고 있는데, 이에 대한 신청과 허가증 발행 기관 또한 '자원감독기관'으로 동일하다(제24조). UN해양법협약과 다른 점은, 북한 배타적경제수역에서 해양과학조사를 진행하고자 하는 외국인, 외국배, 외국비행기는 '과학연구허가 신청서'를 '1개월 전'에 자원감독기관에 제출하도록 하고 있다(제25조). UN해양법협약 제248조는 다른 나라의 배타적경제수역과 대륙붕에서 해양과학조사를 진행하고자 할 때는 "해양과학조사사업 개시예정일 6개월 전"까지 해양과학조사와 관련된 정보를 제공할 의무를 부여하고 있다. 또한 외국인, 외국배, 외국비행기가 북한 배타적경제수역에서 해양과학조사를 진행할 때에는 북한의 '공동연구'에 응하여야 하고(제27조), 과학연구를 통해 얻은 이익과 자료는 북한의 '해양과학연구기관'에 알려야 하며, 북한 해양과학연구기관의 동의 없이 공포할 수 없다(제28조). 한편, 북한은 외국에 의한 해양과학조사가 "(1) 생물 또는 비생물자원에 대한 탐사 및 개발, (2) 굴을 뚫거나 폭발물을 쓸 때, (3) 북한의 바다 경제활동에 간섭할 때, (4) 북한의 안전에 어긋나는 행위"를 하는 경우에 그 진행을 정지시킬 수 있다(제29조). 기타 제31조부터 제34조까지는 해양환경의 보호에 대한 의무사항을 규정하고 있다.

북한은 배타적경제수역 외에 동해와 서해에서 대륙붕을 향유하고 있지만, 그 범위는 기본적으로 배타적경제수역과 같으며, 달리 설정될 이유가 없다. 즉 북한의 배타적경제수역 범위는 대륙붕 범위와 동일하다고 해석할 수 있으며, 그 권리와 의무는 주로 배타적경제수역에서 다루어지는 것과 동일하다.

북한의 배타적경제수역과 함께 살펴볼 것은 이른바 '군사경계선'이다. 이는 북한의 특유한 제도로, 국제적으로나 UN해양법협약 어디에서도 관련 규정을 찾아볼 수 없다.

「군사경계선설정에 관한 조선인민군 최고사령부의 보도」는 그 설립 의도를 기술하면서, "경제수역을 믿음직하게 보위하며 민족적 리익과 나라의 자주권을 군사적으로 철저히 지키기 위하여 군사경계선을 설정"한다고 규정하고 있다. 이에 따르면, 북한의 군사경계선은 동해에서는 "영해의 기산선으로부터 50마일"이고, 서해에서는 "경제수역 경계선"까지를 범위로 한다. 즉 북한의 군사경계선은 '선(線)'의 개념이 아닌 '구역 (區域)'의 개념이며, 동해에서는 "영해(12해리)를 포함한 배타적경제수역의 일부(38해리)"를 포함하는 공간이며, 서해에서는 "영해기선에서 배타적경제수역의 최외곽 경계선"까지를 모두 포괄한다.

특히 북한은 '군사경계선' 내(수상, 수중, 공중)에서 "외국인, 외국군용함선, 외국군용비행기들의 행동을 금지"하고 있으며, "민용선박, 민용비행기(어로선박 제외)들은 해당한 사전 합의 혹은 승인 밑에서만 군사경계선 구역을 항행 및 비행할 수 있다"고 규정함으로써, 사실상 영해보다 더 강한 성격의 통제수역을 운용하고 있는 셈이다. 북한의 '영해 무해통항권'에 대한 태도가 외국선박에 대하여는 '사전승인'을 요구하고 있음은 이미 살펴본 바 있다. 영해를 포함하지만 그 외측의 범위까지를 포괄하여 넓게 설정된 배타적경제수역 일부 혹은 전부를 동일한 기준으로 통제하고 있다는 사실로 미루어볼 때, 북한 영해에서의 무해통항은 더 높은 수준의 제한을 받는다고 해석할 수 있다.

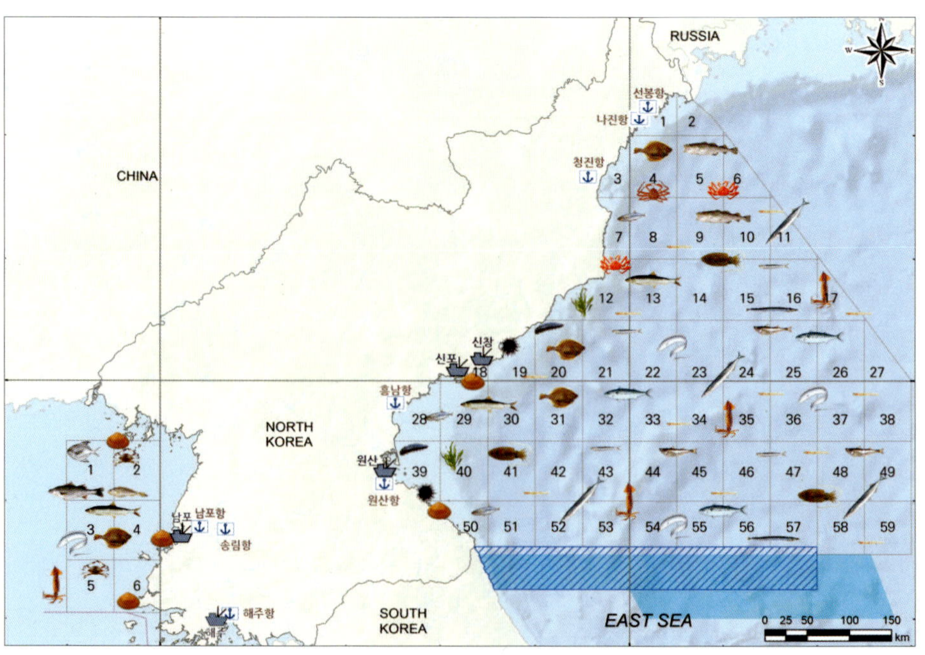

북한의 해역별 해양자원 및 인프라 구축 정보

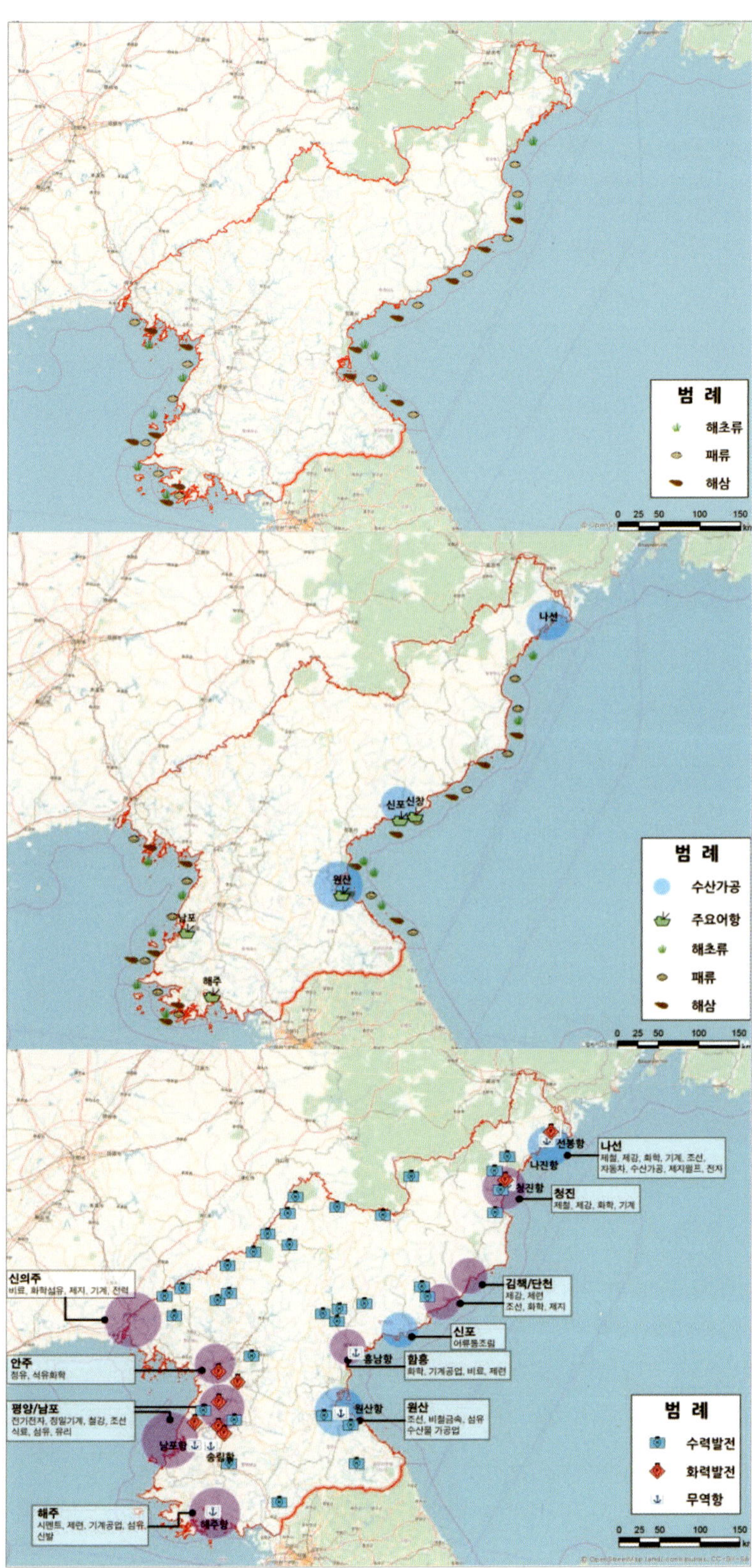
범 례
해초류
패류
해삼
0 25 50 100 150
나선
신포
신창
원산
남포
해주
범 례
수산가공
주요어항
해초류
패류
해삼
0 25 50 100 150
선봉항
나진항
나선
제철, 제강, 화학, 기계, 조선, 자동차, 수산가공, 제지펄프, 전자
청진항
청진
제철, 제강, 화학, 기계
신의주
비료, 화학섬유, 제지, 기계, 전력
김책/단천
제강, 제련
조선, 화학, 제지
신포
어류통조림
안주
정유, 석유화학
흥남항
함흥
화학, 기계공업, 비료, 제련
평양/남포
전기전자, 정밀기계, 철강, 조선
식료, 섬유, 유리
원산항
원산
조선, 비철금속, 섬유
수산물 가공업
남포항
송림항
해주
시멘트, 제련, 기계공업, 섬유, 신발
해주항
범 례
수력발전
화력발전
무역항
0 25 50 100 150

남북한 해양갈등 현황과 관리협력 방향

북한은 매우 풍부한 해양자원을 보유하고 있으나, 대부분의 자원 이용을 제3국에 의존하고 있다. 해저석유가스는 중국과 몽골, 어업자원은 중국 자본이 진출해 있다. 중국의 북한 해역 진출은 특히 수산자원을 황폐화하고 있으며, 그 영향은 남쪽 어민들의 어업에도 직접 영향을 주고 있다.

양희철 한국해양과학기술원

● 남북한 해양공간(자원) 통합관리를 위한 해양협력 필요성

북한은 우리나라 경제성장의 안정성을 위협하는 가장 큰 장벽이다. 그러나 북한의 인적 자원과 자연 자원은 통일시대를 준비하기 위한 가장 중요한 기회요소이기도 하다. 북한의 자원 중 가장 기대되는 것은 역시 광물자원이다. 예컨대 남한의 약 150배 규모로 평가되는 철광석이 세계 1위인 남한의 조선산업, 5위인 자동차산업과 연계될 때 그 경제력은 더욱 커질 수 있다. 국가의 경제성장에서 광물자원의 중요성은 지난 2010년 중국과 일본 간 조어대열도(일본명 '센카쿠열도') 주변에서 일본의 중국 어선 나포로 발생한 중국의 희토류 수출 중단 조치와 일본의 어민 석방 사안에서도 나타난 바 있다. 이때 분쟁의 시작은 '어업'이었지만, 중국이 일본을 압박한 중요한 무기는 전략 광물로 대두된 희토류였다. 북한의 희토류 부존량은 약 4,800만 톤으로 중국에 이어 세계 2위로 평가되며, 이는 첨단산업의 필수 비타민으로 간주된다. 남북한 간 '자원'과 '산업' 연계의 파급력을 보여주는 대표적 사례이다. 북한의 지하자원은 남한의 23배로 평가되며, 석탄 · 석회석 · 마그네사이트 · 철광석 · 우라늄 · 흑연 · 아연 · 희토류 · 금 중 8개 광물 매장량은 세계 10위권이고, 석유매장량은 약 40억에서 735억 배럴로 평가되고 있다. 중국은 북한 서한만 석유가스자원 개발도 진행하였으며, 2006년 이후에만 10여 개의 시추를 통해 부존 가능성을 확인한 바 있다.

광물자원이 비교적 잠재적인 미래 가치라면, 어족자원은 현 단계에서도 어종별, 특정 지역별 협력을 통한 경제적 교류가 가능하다는 점에 주목할 필요가 있다. 중국은 2000년을 전후로 어장과 수산물 양식, 가공 및 유통 등 전 분야에 걸쳐 북한에 진출한 것으로 알려졌는데, 특히 5.24 조치(북한의 천안함 폭침 이후 이명박 대통령이 선언한 남북관계 단절 선언) 이후 동해와 서해 모든 수산물에 대한 전매권을 확보한 것으로 알려진다. 2004년에 약 40척의 조업으로 시작된 중국의 북한 동해수역 진출은 최대 약 1300척까지 확대된 바 있다. 중국의 북한 동해 진출은 1995년 이후 중국이 실시하는 "해양휴업제도(6월 15일~9월 15일. 단, 시기는 매년 달라진다)"가 원인이며, 주로 산둥성, 랴오닝성, 저장성 어업기업을 중심으로 북한 동해조업이 수행되고 있다. 북한과 중국의 협정(합의)은 중국어업협회와 북한 간 합의 형식으로 추진되고 있다. 북한은 척당 약 3만 7천 달러(2010년 이전에는 2만~3만 달러)의 입어료를 받고 어장을 개방하며, 중국 어선의 입어료는 연간 약 1,500만 달러에서 4,810만 달러에 달할 것으로 추정된다. 북한 동해 EEZ의 대부분을 어장으로 확보한 중국 어선은 합의된 오징어뿐 아니라 모든 어종을 싹쓸이하여 어장을 황폐화시켰다. 그 결과는 어민들의 생산량뿐 아니라 우리의 수산물 먹거리에까지 영향을 미치고 있다. 북한의 해양수산자원의 적정 관리가 더 이상 남의 일이 아닌 우리의 일이 된 것이다.

북한의 동해안은 한류와 난류가 만나는 세계적 어장으로, 유용수산자원은 약 600여 종이며 이 중 120여 종이 생산되는 것으로 보고되고 있다. 주요 수산자원으로는 명태 · 조기 · 멸치 · 꽁치 · 임연수어 · 갈치 · 민어 · 청어 · 오징어 · 가자미 · 대구 등의 연근해 어족, 미역 · 다시마 등 해조류와 패류, 갑각류가 있다. 다만 최근에는 명태 · 오징어 · 정어리 등 주요 어족 자원의 감소로 생산 여건이 점차 나빠지고 있으며, 특히 어선 부족, 어로 장비 및 기술의 낙후, 선박용 유류 부족 등으로 수산물 생산량이 급격히 감소되는 추세이다. 서해와 마찬가지로 북한의 동해에서는 중국과의 어업합작 사업이 다양하게 진행되고 있는데, 이는 동해 어족자원의 고갈을 초래하는 원인이기도 하다. 문제는 중국의 북한 수역 진출이 단기간에 종료되지 않는다는 점이다. 북한 스스로의 주변해역 관리와 자원보전 능력, 기술 수준이 크게 향상되지 않는 한, 해양자원 이용에 대한 북한의 중국 의존은 당분간 지속될 수 있다.

한반도 주변수역의 해양자원이 '북한'과 '남한' 이분법적으로 진행될 수 없는 이유이다. 그리고 현 단계에서 남북한에는 '공존'과 '협력', '생존'을 위한 해양협력이 필요하다. 이는 장기적으로는 통일시대 해양자원의 합리적 이용을 지향하고, 남북한 어족자원의 지속가능한 이용 정책을 위해 공조하여야 한다는 것을 의미한다. 이에 동해와 서해에서 남북한 어업협력(사업)의 다양한 정책이 시급히 추진되어야 하는데, 남한에서는 부족한 수산자원의 어획공간을 확보하고 북한에서는 양식을 포함한 어족자원 관리 기술을 수용하는 방식의 접근이 효과적일 것이다. 기술적으로는 남한 어민들에게 특정 어종 중심의 어장 접근권을 부여하고, 북한 해역 내에서 포획한 제한된 수산자원을 남북교류 등을 통해 관리하며, 기술이전, 잉여 수산자원에 대한 협력 등이 상호 공존할 수 있는 방안이다.

남북해양수산 협력 방안

북한의 국토면적은 약 12.3만 km^2, 해양면적은 약 14만 km^2에 달하며, 해안선 길이는 약 6,000 km에 달한다. 남한의 해양면적이 약 43만 7천 km^2라는 점을 고려하면, 남북한 통합된 해양공간은 약 58만 km^2에 달한다.

남북 해양수산 기술 협력 수요는 다양하게 접근될 수 있다. 그리고 그 협업은 일방적 접근이어서는 안 된다. 그동안 다양한 남북협력이 진행되었지만, 북한의 기술 수준이 여전히 국제적 기준에 도달하지 못한 이유는 북한이 수용할 수 있는 '적정기술'이 아니었거나 '북한의 정책수요'와 일치하지 않았기 때문일 수 있다. 남북해양협력은 지나친 정치적 성격으로 접근할 필요도 없다. 이제는 주변해역에서 "지속가능한 해양자원의 이용"과 "보전"을 위한 필수적이고 생존적인 이유로 협업관계가 설정되어야 하기 때문이다.

이를 위해 북한이 요구하는 구체적 해양 분야 협력수요에도 귀를 기울일 필요가 있다. 해양 분야에서 요구되는 북한의 수요는 정책방향과의 연계성, 북한의 수용가능성을 통해 살펴볼 수 있다. 북한 지도부의 정책방향을 식별하는 방법으로는『로동신문』을 활용하는 방식이 유력하다. 김정은 시대로 접어들면서 나타난 북한『로동신문』을 분석하면, 북한 해양수산 분야의 핵심 키워드는 수산사업소, 양어(식), 어장탐색, 과학화, 현대화 등으로 요약된다. 이는 북한의 정책이 어업 현대화, 자재 국산화, 양식 생산 증대, 통합생산체계 구축 등을 우선함을 의미한다. 또 다른 측면에서 북한의 수용가능성은 남측이 제공하는 기술의 북한 정착 가능성(적정기술)과 육상인프라 연계성, 해양공간의 민감성 등을 통해서 가늠할 수 있다. 즉 상호 협력거점이 북한에 설정될 경우, 우리의 기술이 북한에서 수용가능한 정도로 인프라가 구축되어 있는지를 살펴보아야 한다. 예컨대 해양수산물 가공공장을 위해서는 도로망과 전력망이 구축되어야 하며, 어로수역을 할당 받을 경우에는 북한의 군사안보 지역과 연계된 민감한 거점을 고려하며 접근되어야 한다. 이는 남북한이 육상을 매개로 접근하는 협력 방식과는 상당히 다르다. 예컨대 '개성공단'처럼 육상을 중심으로 협력 거점을 설정할 경우 북한은 남한 인력의 이동을 아주 쉽게 감시할 수 있으며, 북한의 통제가 가능한 범주에서 움직임을 조절할 수 있다. 반면, 해양공간을 대상으로 한 협력거점은 우리 측에서 북한수역으로 진입한 인력과 행위 모두를 효과적으로 통제할 수 없다는 점에서 민감한 이슈가 될 수 있다.

앞에서 우리는 북한의 해양공간이 특히 '군사적' 성격으로 강화되어 설정되어 있다는 것을 살펴보았다. 즉 북한이 해양공간에 대하여 갖는 민감성은 군사기지 혹은 군사안보적 영역과 연계될 수 있다는 점에서 우리 측에 '협력' 공간으로 제공하기에는 상당한 제약이 발생할 수 있다. 예를 들어 북한과의 지질조사, 석유가스 자원조사 등은 현재의 남북 신뢰 수준으로는 수용하기 힘들다. 해양과 연접한 육상인프라(전력, 수송로 등) 구축 환경을 고려해야 하는데, 분명한 사실은 해양수산 분야의 협력은 작은 것에서 시작하되, 그 수요 또한 상호 신뢰와 수용가능성에 기반하여야 한다는 것이다.

이러한 이유로 현재까지 북한 해양수산 분야에 대한 과학기술 협력에 가장 적극적인 것은 중국이다. 이는 북한과 중국이 군사적으로 밀접한 동맹관계를 형성하고 있다는 점에서 찾을 수 있을 것이다. 군사안보적 영역에서 서로 밀접한 관계를 맺고 있다는 점에서, '해양공간'에 대한 다양한 접근과 협력이 가능한 것이다. 1957년부터 시작된 북·중 과학기술 협력은 최근에도 기상, 해양과학, 양식 등의 영역에서 꾸준히 진행되고 있다. 북·중 간 해양수산 협력은 정책, 석유가스 자원개발, 항만 개발, 기상, 어장 확보, 가공, 양식 등 전 분야에 걸쳐 있어서, 중국이 북한 해양을 선점 내지 독점하고 있다고 보인다. 주의할 점은, 중국의 북한 진출(교육, 기술협력)은 철저하게 북한이 수용 가능한 기술적 적정성을 고려하여 시도되고 있다는 것이다. 동시에 중국은 북한과의 신뢰를 기반으로 한 해양자원 독점이라는 실익 또한 확보하고 있다. 따라서 남북 해양수산 협력에서는 또한 북한이 기존에 형성하고 있는 협정, 국가 간 관계 등을 함께 살펴볼 필요가 있다.

그럼에도 불구하고 남북한 해양수산 협력의 당위성은 충분하다. 다만 추진을 위한 양측의 협력사업 수요와 각 추진 영역 등이 얼마나 남북한 간 신뢰를 바탕으로 수용될 수 있는가의 문제가 있을 뿐이다. 해양수산 분야에서 남북협력 사업으로 거론되는 분야 역시 사실상 전 영역을 망라하고 있다는 점에서 그 수요는 넘친다.

그러나 여전히 간과하고 있는 것이 있다. 대부분의 수요가 남북 신뢰의 정도(수준)를 너무 높게 평가하거나, 북한 해역의 실질 정보와 무관하게 도출되고 있다는 점이다. 남북 해양수산 협력은 무조건적 진출로 해결될 사안이 아니다. 과거 진행되었던 다수의 협력사업 또한 북한의 현지 정보에 기반하지 않는다는 점에서 지속성을 갖지 못했다. 북한 학자들의 요구 또한 북한 내부의 역량 강화가 수반되어야 지속성이 있다는 뜻이다. 남북한 해양수산자원의 통합적 관리기반은 시급하다. 다만 그 협력은 일방적이지 않아야 하며, 진출하려는 자와 수용하려는 자의 물질적·정책적 접점이 확보되어야 한다.

찾아보기(가~마)

나

다

라

마

찾아보기(마~아)

바

사

아

찾아보기(아~하)

자

차

카

파

하

찾아보기(하~Z)

1~9, A~Z

찾아보기(1~Z)